伟大科学家的对话，
向《物种起源》发起挑战，
科学方法论证生命起源之谜！

在《物种起源》一书中，达尔文公开承认进化论存在重大缺陷，并阐述了他疑惑的关键点。然而，当今那些想把达尔文主义做为唯一科学课程的公共辩护人们却不希望达尔文的这些疑虑被传播到学生那里。本书着重强调了达尔文最重要的疑问——寒武纪大爆发之谜。

查尔斯·达尔文知道他提出的理论并没有解释生命历史的一个重大难题——“寒武纪生命大爆发”，许多生物突兀地出现在5.3亿年前的化石记录中，而这之前的岩层化石中并未发现其先祖形式。这些生物不可能凭空而生，它们是如何进化而来？它们的祖先是谁？其中间的过渡体又是什么？

这一论题引起了全世界生物科学家们的广泛思考，并开展了激烈讨论。以理查德·道金斯、克里斯托弗·希钦斯为首的一批生物学家们，坚决拥护达尔文进化论，出版了一批较为读者认可的畅销图书，如《上帝错觉》等，书中尖锐地抨击反对派“智能设计论”的生物起源观点。而本书的出版又对此进行了有力驳斥，从寒武纪化石到全世界科学家的实验研究，透过鲜活的案例分析，进行了一场科学挑战。

《达尔文的疑问》引用了近现代世界范围内一百多位生物学家的对话，重点阐述了自然选择与随机突变在生物进化史中的不确定性以及智能设计理论的合理性，向传统达尔文进化论提出挑战，探索生物进化之谜。

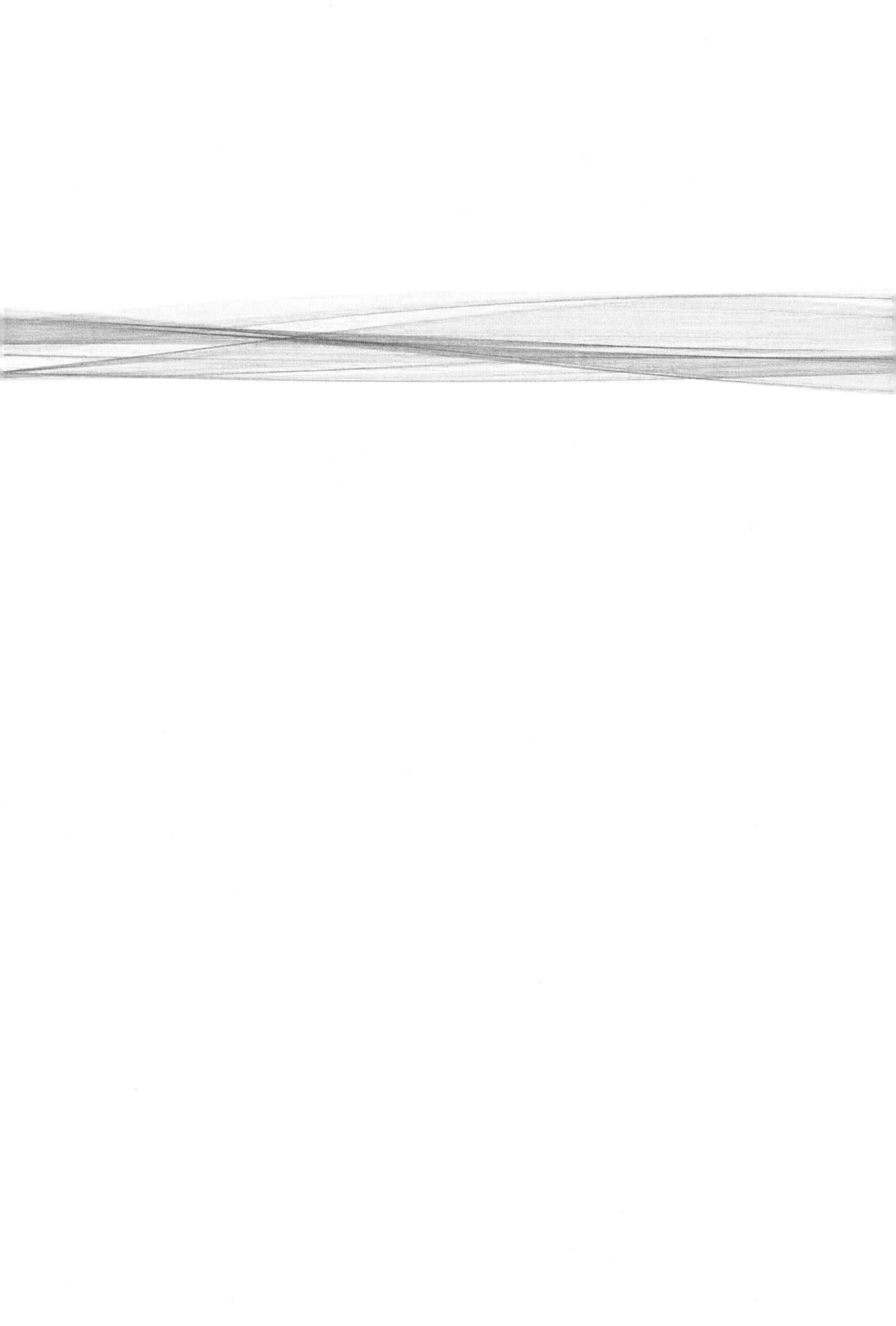

科学可以这样看丛书

Darwin's Doubt

达尔文的疑问

动物生命的爆发性起源与智能设计

〔美〕斯蒂芬·C. 迈耶(Stephen C. Meyer)著
周妮娅 蔡 颖 何 悦 译

精辟驳斥《物种起源》
寒武纪大爆发与智能设计
推翻新达尔文主义和超越《细胞签名》

重庆出版集团 重庆出版社
果壳文化传播公司

版贸核渝字(2014)第44号

图书在版编目(CIP)数据

达尔文的疑问/〔美〕迈耶著;周妮娅等译. —重庆:重庆出版社,2016.7(2022.3重印)
(科学可以这样看丛书/冯建华主编)
书名原文:Darwin's Doubt
ISBN 978-7-229-10278-4

Ⅰ.①达… Ⅱ.①迈… ②周… Ⅲ.①达尔文学说-研究 ②进化论-研 Ⅳ.①Q111

中国版本图书馆CIP数据核字(2015)第182865号

达尔文的疑问
Darwin's Doubt
〔美〕斯蒂芬·C. 迈耶 著 周妮娅 蔡 颖 何 悦 译

责任编辑:连 果
责任校对:朱彦谚
封面设计:何华成

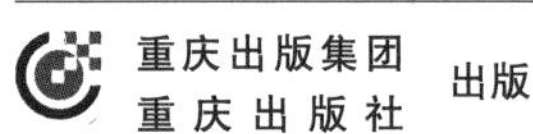
出版

重庆市南岸区南滨路162号1幢 邮政编码:400061 http://www.cqph.com
重庆出版集团艺术设计有限公司制版
重庆长虹印务有限公司印刷
重庆出版集团图书发行有限公司发行
E-MAIL:fxchu@cqph.com 邮购电话:023-61520646
全国新华书店经销

开本:720mm×1 000mm 1/16 印张:26.25 字数:430千 插页:8
2016年7月第1版 2022年3月第1版第4次印刷
ISBN 978-7-229-10278-4
定价:59.80元

如有印装质量问题,请向本集团图书发行有限公司调换:023-61520678

Advance Praise For *Darwin's Doubt*
《达尔文的疑问》一书的发行评语

“对于像我们这样长期受传统达尔文主义影响的古生物学家来说,承认新达尔文主义无法解释寒武纪大爆发这一点是非常困难且痛苦的。近年来取得的新数据不仅没有解决达尔文主义面临的困境,反而使之更加艰难。迈耶清楚、准确地描述了这个问题的各个层面。他的书颠覆了传统进化研究的游戏规则,并且指引了我们在寻找动物起源新理论方面的正确方向。”

——马克·麦克梅纳明(Mark Mcmenamin)博士,
霍利奥克山学院古生物学家,
《动物发生》(*The Emergence of Animals*)一书作者

“《达尔文的疑问》一书里没有不屑一顾的极化对立。它运用了大量专业、谦恭的对白,为搭建一座跨越文化隔阂、跨越进化断层的桥梁提供了机会。”

——乔治·丘奇(George Church)博士,
哈佛医学院遗传学教授,《创世纪》(*Regenesis*)一书作者

“迈耶的作品非常美妙。他将繁复的信息重新编排,写得像我见过的其他作者一样简洁生动……这本书(以及他的整个工作主旋律)——用真正的科学挑战了科学。我深切盼望着,长久以来已被定型了的关于生命起源的争论能迎来思想意识上最大程度的自由……这是一本精彩的、引人入胜的作品。”

——迪安·孔茨(Dean Koontz),
《纽约时报》的畅销书作者

“《达尔文的疑问》是至今为止我所见过的,40年来在研究寒武纪大爆发相关科学领域中证据最新、最准确、最全面的评述。这是一项在动物起源方面引人入胜的调查,也是在智能设计方面一个有说服力的例子。”

——沃尔福-埃克哈德·龙宁(Wolf-Ekkehard Lönnig)博士,
马克斯·普朗克研究院植物育种研究资深名誉科学家(生物学)

“迈耶的书根植于先进的分子生物学理论，证明了对动物起源的解释不仅仅是解释了失踪的化石问题，并且是解释了分子水平上的一个更大的工程性问题。他用数学般的精确度，说明了为什么新达尔文主义机制无法产生构建新动物所需的遗传信息。一本优秀的必读之作。”

——拉塞尔·卡尔森(Russell Carlson)博士，
乔治亚大学生物化学和分子生物学教授，
复杂碳水化合物研究中心技术主管

“《达尔文的疑问》是对生命进化历史一段最重要时期有趣的探索，复杂的动物躯体模式迅速风化并留在了伯吉斯岩层化石中……达尔文主义和智能设计，这两种信仰无论哪个才是进化的真正主导，《达尔文的疑问》都是一本值得被阅读、讨论以及被吸引的作品。”

——斯科特·特纳(Scott Turner)博士，
纽约州立大学生物学教授，
《修补匠的同谋》(*The Tinkerer's Accomplice*)一书作者

“这是一部杰作……本书见多识广、研究仔细、前沿且论点有力。它直面达尔文理论的质疑并论及了对新达尔文主义的假设。这本书非常必要，我建议所有层次的学生，从专业到非专业人员都应该阅读。”

——诺曼·C. 内文(Norman C. Nevin)，医学博士，
英国皇家病理学学院会员，
贝尔法斯特女王大学名誉遗传医学教授(已退休)

“《达尔文的疑问》是斯蒂芬·C. 迈耶写的另一本好书。显然，斯蒂芬·C. 迈耶认真听取了那些质疑智能设计的各方论点，并彻底地解决了它们。真正重要的是达尔文主义者们都仔细阅读了这本书并作出了回应。”

——斯图尔特·伯吉斯(Stuart Burgess)博士，
布里斯托尔大学机械工程系的主任

“我一生都在研读科学书籍。多年来我已经读了数百本,《达尔文的疑问》是有史以来最好的科学图书之一。这本书是宏伟的、真正的杰作,值得我们研究数百年。”

——乔治·吉尔德(George Gilder),技术专家,经济学者,
《纽约时报》的畅销书作者

“这个值得引起重视的问题就是进化的机制问题。进化到底是盲目的,无方向的,还是受控于一个头脑中已有明确目标的智慧体?为了证实后者,斯蒂芬·C. 迈耶在《达尔文的疑问》一书中巧妙地陈列了一系列令人信服的证据。”

——威廉·S. 哈里斯(William S. Harris)博士,
斯坦福大学医学院和南达科塔大学教授

“迈耶博士运用大量的科学证据,撰写了一本既前沿又全面的图书,揭示了新达尔文主义学说在解释生命历史方面失败的原因。《达尔文的疑问》一书很重要的,它的论点有理有据,它的插图清晰漂亮,它所举的事例让非专业人士都容易理解。”

——马蒂·莱索(Matti Leisola),阿尔托大学生物工程教授,
芬兰《生物复杂性》(*Bio-Complexity*)总编

“迈耶为智能设计才是生物起源唯一可行的科学理论这一点提出了充分新颖的理由。他对自然主义的挑战毫无疑问会受到那些致力于唯物主义世界观的人士的强烈抵触,但迈耶的论点也给那些寻求真理的人们提供了给养。”

——唐纳德·L. 尤尔特(Donald L. Ewert)博士,
分子生物学家,研究院的名誉会员(已退休)

“斯蒂芬·迈耶所著《达尔文的疑问》是一本真正卓越的书籍。在这本413页(英文版)的书里分三部分紧绕主题论点,引用了753个文献,他提出物质生物进化论唯物主义观点严重错误的证据,从正面肯定了智能设计理论。”

——马克·C.比登贝(Mark C. Biedebach)博士，
加利福尼亚州立大学生物科学学院的名誉退休教授

“这是一本关于动物生命起源和达尔文进化论危机的好书，非常清晰、真实、全面、富有逻辑性且信息量巨大。对于专业和非专业人士都是令人愉悦的读物。”

——谭嫦娥(Chang'e Tan)博士，
密苏里哥伦比亚大学分子生物学家，发育生物学家的副教授

“斯蒂芬·C. 迈耶对生命历史提出了深刻并值得深思的见解。大法官路易斯·布兰代斯(Justice Louis Brandies)教导我们，‘阳光是最好的消毒剂’，而迈耶博士让阳光照射了进来。”

——斯蒂芬·A.巴策尔(Stephen A. Batzer)博士，法医

“斯蒂芬·C. 迈耶的书是一个备受期待的重磅炸弹，这本书详细叙述了有关达尔文进化论大量的问题，也详细介绍了智能设计的事例。试问自己：这类书籍通常有多少能得到遗传学家和古生物学者的广泛好评？答案是：从来没有！只有它！”

——汤姆·伍德沃德(Tom Woodward)博士，
剑桥大学三一学院的研究教授，
《达尔文反击》(*Darwin Strikes Back*)一书的作者(捍卫智能设计)

“斯蒂芬·C. 迈耶的新书《达尔文的疑问》，引人入胜且研究严谨，不仅阐明了生物学家和古生物学家对寒武纪爆发证据缺失的疑问，而且提供了另一种更有意义的观点。”

——理查德·魏卡特(Richard Weikart)博士，
加利福尼亚州立大学斯坦尼斯洛斯分校的历史学教授，
《从达尔文到希特勒》一书(*From Darwin to Hitler*)的作者

“迈耶是一个声音随和的、有才华的作家，他清楚地解释了纷杂而有趣的历史。而他的解释是这历史中的所有争论里最意义深远的一个，可能在未来会成为经典的描述。”

——特里·斯坎比亚(Terry Scambray)，
《新牛津评论》(*New Oxford Review*)

目录

1 □引言

1 □第一部分　失踪的化石之谜
3 □ 1 达尔文的复仇女神
25 □ 2 伯吉斯动物寓言集
47 □ 3 柔软的躯体和强硬的真相
71 □ 4 化石并未失踪?
89 □ 5 基因能说明问题吗?
103 □ 6 动物生命之树
123 □ 7 间断平衡!

137 □第二部分　如何构建动物?
139 □ 8 寒武纪信息大爆发
153 □ 9 组合通胀
167 □ 10 基因和蛋白质的起源
189 □ 11 假设一个基因
207 □ 12 复杂适应性及新达尔文主义数学
229 □ 13 躯体模式的起源
243 □ 14 表观遗传革命

259 □第三部分　达尔文之后是什么?
261 □ 15 后达尔文主义世界和自组织
279 □ 16 后(新)达尔文主义时代
299 □ 17 智能设计的可能性
313 □ 18 寒武纪大爆发中智能设计的征象
337 □ 19 科学的规律
357 □ 20 利害攸关

365 □致谢
367 □注释

引 言

今天，当人们一提到“信息革命”的时候，一般都会想到硅芯片、软件代码、手机和超级计算机，很少有人将“信息革命”与微小的单细胞生物或者动物生命的出现联系起来。2012 年的夏天，我坐在英国剑桥狭窄的中世纪街尾写下了这些文字。半个多世纪前也是在这里，生物学历史上一场影响深远的信息革命发生了。这场信息革命是由两位科学家——弗朗西斯·克里克（Francis Crick）和詹姆斯·沃森（James Watson）发起的。在当时看来，他俩和革命二字毫不相关，但如今他俩已是名垂青史。1986 年我来到剑桥大学开始做博士研究，自此以后，我就一直着迷于研究他俩的发现到底是如何改变我们对自然界生命的理解的。自从 20 世纪 50 年代沃森和克里克第一次阐明了 DNA 的化学结构和遗传特性以来，生物学家开始了解：生物，就像依靠数字化信息的高科技设备一样，生命体的信息存储在一个扭曲的、内含 4 个特定化学代码的双螺旋结构中。

由于生命信息对生物的重要性，生命史中发生的许多独特的“信息革命”，如今越来越显而易见。这类革命不是人类的发现或发明，而是生命世界本身的信息暴增。现在，科学家们知道，构建一个生物体需要信息；从一个简单的生命形式中构建一个全新的生命形式，更需要海量的新信息。因此，化石标本不仅记录了生物创新的脉搏——一个全新形式的动物生命的起源，它也证实了生物圈信息内容的显著增加。

2009 年，我在《细胞签名》（*Signature in the Cell*）一书中对生命历史上第一次“信息革命”进行了描述和讨论，也就是关于地球上始祖生命的起源问题。在这本书里，我简述了这个 20 世纪 50—60 年代分子生物学的新发现：DNA 所含的信息以数字形式存在，它有 4 个化学亚单元（称为核苷酸碱基），这些核苷酸碱基的功能正如书面语言中的字母或计算机代码中的符号。分子生物学研究表明，细胞运用复杂的信息处理系统将储存在 DNA 里的信息提取并表达出来，用以构建它们赖以生存所必需的蛋白质。

科学家们想要解释生命起源，就必须先解释这些富含信息的分子以及细胞信息处理系统是如何产生的。

这类存在于活细胞中的信息（即能关系到序列整体功能的“特定”的信息）产生了一个亟待解决的谜题。间接的物理或化学过程都无法证明，这种能够产生特定信息的能力到底是始于“纯粹的物理性还是化学性”的前体物质。正因为如此，化学进化理论无法解答生命的起源之谜，这也是目前少数主流的进化生物学家正在争论的问题。

在《细胞签名》一书里，我不仅讲述了在生命起源研究中的一个众所周知的僵局，我还为智能设计理论列举了肯定性的实例。尽管我们尚不清楚从物理性或化学性前体中产生功能性数字代码的材料原因，但是基于之前一致性的、反复被验证过的经验，我们已经知道，有一种材料原因已经被证明了具有产生这种信息类型的能力。这个原因就是智能或思维。正如信息理论家亨利·夸斯特尔（Henry Quastler）的观察：“信息的创造与意识活动是习惯性相关的。”每当我们发现功能信息，不论这些功能信息是在无线电信号中的、石碑上记载的、磁盘上刻录的，还是生命起源科学家在尝试设计建造一个自我复制的分子中产生的，我们都对这些信息进行跟踪并对它们进行溯源研究，同时我们总是会意识到这并非一个简单的过程。出于这个原因，即使是对最简单的活细胞进行数字信息的探索，也显示出智能设计在生命起源中起到了作用。

诚然，我的书是有争议的，但却是以一种意想不到的方式激起了争议。尽管我明确表示，我写的仅仅是一本关于始祖生命起源的书，但是许多评论家的反应就好像我还写了另外一本完全不同的书一样。实际上，很少有人攻击我书中的真正论点：信息对于生命的起源是必需的，而智能设计才是对信息起源的最佳解释。相反，大多数的批评意见都集中在这本书是否体现了新达尔文生物进化理论的评判标准上。而这个新达尔文生物进化理论，其主旨是试图解释新的生命形式是从简单的、预先存在的生命形式中起源的。我认为：没有任何化学演化进程能够解释——在 DNA（或 RNA）中，这些从简单的、预先存在的化学物中产生的，能够创造出生命的信息到底是如何起源的。因此为了反驳我，许多批评家引用已知在生命有机体中能起作用的化学演化过程，特别是那些在已知的、富含信息的 DNA 片段中自然选择作用与随机突变起作用的演化过程来证明他们的论点。换句话说，这些批评者，引用了一个作用于信息丰富的先存 DNA 上的无定向的进化过程来驳斥我的论点。而我的论点却恰恰就是，这个盲目的、毫无方向性的进化过程根本无法产生 DNA 中生命起源所必需的信息[1]。

举个例子，著名的进化生物学家弗朗西斯科·阿亚拉（Francisco Ayala）也试图反驳《细胞签名》。他认为，根据对人类和较低等灵长类动物 DNA 的研究表明，这些生物体的基因组的出现是一个无导向的、不可控的进程，而不是智能设计的结果。但其实我的书并没有瞄准人类进化问题或试图解释人类基因组起源，而且阿亚拉本人也明确地暗示了，可能在某些低等的灵长类动物中还另外存在含有丰富信息的基因组。

其他的评论家以哺乳动物的免疫系统为例，来阐述自然选择和基因突变产生新生物信息的能力。只有在哺乳动物宿主奇迹般存活的前提下，哺乳动物的免疫系统才能执行该命令；在始祖生命的起源后逐渐出现了大量的遗传信息，并在这些遗传信息的基础上形成了精巧的预编程序，该程序调控着自适应能力的大小，而自适应能力决定了哺乳动物的免疫系统。另外的评论家则坚定地维护“迈耶的主要论点”，关注“无义随机突变和选择将信息添加到（预先存在的）DNA 里”，由此来试图反驳本书对新达尔文主义生物进化机制的批判。

我发现这一切有点超现实，感觉仿佛迷失在了卡夫卡（Kafka）小说失落的章节里。《细胞签名》并没有批判生物进化理论，也没有质疑突变和选择能对预先存在的具有丰富信息的 DNA 进一步添加新信息。这么多评论家对我所做的批判，都仅仅是些伪命题。

科学家们在试图解释生命起源时，那些对于特定问题并不熟悉的人们，可能并不能马上了解为什么自然选择理论对于解释生命的第一次起源没有什么帮助。毕竟，如果自然选择和随机突变可以在活生生的有机体中生成新的信息，那么它在生命起源之前的环境里为什么不能这样做？但是，原始生命起源前后的环境差异对我的论点而言是至关重要的。自然选择认为生命起源的前提是预先存在的具有繁殖/复制能力的活生命体。然而，现存细胞的自我复制取决于信息丰富的蛋白质和核酸（DNA/RNA），而这类具有丰富信息的分子的起源正是生命起源研究需要解释的问题。现代新达尔文主义的创始人之一，费奥多西·多布然斯基（Theodosius Dobzhansky）肯定地说：“生物起源以前的自然选择是自相矛盾的说法”。又或如前诺贝尔奖得主，分子生物学家和生命起源研究员克里斯汀·德·迪夫（Christian de Duve）解释说，“生命起源以前的自然选择理论是失败的，因为自然选择需要信息，而这些信息是如何起源的应该先被解释清楚”。显然，援引一个生命起源了之后才起作用的进程，或者说是援引一个在生物信息出现后才起作用的进程来解释生命起源，这论据并不那么地充分。

其实，我早就有强大的理由，足以质疑突变和选择能否增加足够多的、类型正确的新信息来解释大规模的进化，或“宏观进化”（即发生在生命史上的各种大规模的进化或信息革命的创新）。因此，只要是与人争辩，我已经越来越不愿忍让那些我认为是实质上错误的言论了。

即使我没有写这本书，或是因为要回应对《细胞签名》的种种评论而发表我的论点，评论家们对我的批评也越来越多，持续发酵。因此我还是决定写那么一本书。这就是本书的由来。

当然，出版这本书也是一种能以更和谐的方式终结这场争论的途径。如今，许多进化论生物学家即使不情愿，但也不得不承认：没有哪个化学进化理论能够合理地解释生命的起源或是解释产生生命最基本最必要的信息的起源。那么为什么你们要把这个从未被证明了的理论放在首位呢？

尽管进化论通过教科书、大众媒体和官方科学发言人的宣讲已广泛普及，但事实上，正统新达尔文的生物进化理论，与化学进化理论一样，也面临着严峻的挑战。生物学的亚学科——细胞生物学、发育生物学、分子生物学、古生物学，甚至进化生物学，这些学科的领军人物都在同行评议的技术文献中，公开批评了现代版本的达尔文理论的关键原则。自从1980年以来，哈佛大学古生物学家斯蒂芬·杰·古尔德（Stephen Jay Gould）宣布新达尔文主义“尽管仍然能作为教科书中的正统理论而存在，但实际上已经死亡”。这些生物学中批评性言论的砝码在过去的每一年都在稳步增长。

源源不断的技术文章和书籍都对突变和选择机制的创新能力产生新的疑问[2]。这些质疑不断累积已经颇具规模，以至于杰出的进化论者现在必须定期向公众宣告以消除他们的疑问，就如生物学家道格拉斯·菲秋马（Douglas Futuyma）所做的：“我们只是不知道进化是如何发生的而已，但不要因此就怀疑它是否发生过”[3]。一些顶尖的进化生物学家，特别是那些与“阿尔滕贝格16（Altenberg 16）”科学组织有关联的科学家们，由于他们怀疑突变和自然选择机制的创造力，因此他们公开呼吁构建一个新的精确的进化理论。

新达尔文主义所面临的根本性问题，其实和化学进化理论一样，就是新型生物信息的起源问题。尽管新达尔文主义者经常把生命起源的问题作为一个孤立的异常事件不予理会，但顶尖的理论家们也承认新达尔文主义无法用自然选择来解释新型突变的起源——这个问题同样也是生物信息的来源问题。实际上，信息起源的问题根植于当代达尔文理论诸多症结的最深处，从新躯体模式到复杂结构系统的起源都涉及到信息的起源问题，比如说翅膀、羽毛、眼睛、定位系统、血液凝结、分子机器、羊膜卵、皮肤、神经系统和多细胞系统的起源。

与此同时，已有经典例证来说明自然选择和随机突变的威力并不涉及到新型遗传信息的创造。例如，许多生物学教科书告诉我们，在加拉帕戈群岛上著名的雀类，随着时间的推移，雀喙发生了不同的形状和长度的改变。他们同样也还记得英格兰蛾的种群，会随着工业污染不断恶化从灰色变成黑色。这种故事常常被作为生物通过自然选择而进化的具体实例。事实的确如此，但这取决于如何定义“进化”。这个词有很多层的意思，然而很少有生物学教科书对它们进行区分。从在先存基因库中发生的细碎的周期性变化，到自然选择作用于随机突变而创造出完全新型的遗传信息和结构，“进化”可以指任何东西。近年来，众多一流的生物学家都在科研论文里解释道：不能将小规模进化或“微进化”改变的结果外推，用来解释大规模或“宏观进化”的创新。对于大多数事件来说，微进化的改变（例如颜色或形状的变化）只是运用或表达了现有的遗传信息。而宏观进化则是构成新器官和整个躯体模式所必需的，需要全新的信息才能完成。越来越多的进化生物学家指出，自然选择解释了“只有适者才能生存，但不是出现的都是适者”。现在的生物技术文献通常充满了世界级的生物学家对新达尔文理论各个方面的质疑，特别是对其核心宗旨，即对所谓的自然选择和突变机制的创造力的质疑。

然而，捍卫新达尔文主义的言论也是非常流行，并保持着快速增长的势头，即使在这些大量出现的关键科学观点中极少有人承认这个理论的地位。它的认知度如此之高，但在相关同行评议的科学文献里又站不住脚，一个理论出现这样两极分化的情况是很罕见的。现代新达尔文主义作为所有生物学大统一理论，看似得到了科学记者、博主、生物学教科书作者和其他受欢迎的科学发言人等人士的一致好评。高中和大学教科书里也毫无条件地全盘接受其原则，向广大学子灌输它的内容，并且还否认有任何针对它的重大科学批判存在。同时，一些官方的科学组织——如美国国家科学院（NAS）、美国科学发展协会（AAAS）和美国生物学教师协会（NABT）等，还要经常向公众保证达尔文理论的当代版本在合格的科学家中享有明确的支持，达尔文理论的生物学证据也会获得压倒性的支持。例如，2006年美国科学发展协会宣布，“科学界内部没有关于进化理论有效性的重大争议”。媒体则尽职尽责地随声附和，2007年《纽约时报》的科学作家科妮莉亚·迪安（Cornelia Dean）称，“进化理论作为对地球生命复杂性和多样性的解释性理论，至今没有其他任何可让人信服的科学理论能够挑战它”。

该理论受到的广泛欢迎，与其在同行评议科技期刊里的实际地位之间的差异程度，就像2009年我为德克萨斯州教育委员会作证时一样，让我感觉特别的辛酸。当时，州教育委员会正在考虑在其科学教育标准中通过一项规定，即鼓励教师告知学生这些科学理论的优势和弱点。然而有几个团体却声称“教授优势和弱点”是《圣经》中神创论的密语，或者是为了将进化理论从课程教学中删除而想出的坏点子，因此是否要通过这项规定就变成了一个棘手的政治事件。然而，在这一规定的捍卫者们坚称既不会因此惩罚教授神创论，也不会删除进化论之后，反对者们又改变了他们的立场。他们以不需要考虑现代进化理论的弱点为由攻击这项规定，因为国家科学教育中心的发言人欧也妮·斯科特（Eugenie Scott）在《达拉斯晨报》上坚称：“进化论没有弱点。”

当时，我正在准备一部合集，上面收录了上百篇经过同行评议的科研论文，都是生物学家们在领先的科学技术期刊上发表的关于该理论重大问题描述——稍后我会在证词中将这部合集提交给专委会。毫不含糊地说，我知道斯科特博士（Dr. Scott）在相关科学文献中对于达尔文理论地位的见解是扭曲的。我也知道，她试图阻止学生听到那些进化论的重大问题，这些问题即使是查尔斯·达尔文本人听到了也会非常不安。在《物种起源》一书中，达尔文公开承认他的理论存在重大缺陷，并阐述了令他疑惑的关键要点。然而，当今那些想把达尔文主义作为唯一科学课程的公共辩护人显然不希望达尔文的这些疑虑，或是其他任何关于现代达尔文进化论的科学疑虑被传播到学生那里。

本书阐述了达尔文最重大的疑问，这到底是个什么样的疑问？书中调查了遥远的地质历史时期中的一个事件——这一时期中地球上突然出现了大量的、各种各样的动物生命，而在这一时期之前的化石中却并没记录到任何这些动物进化的前体形式，这一神秘的事件通常被称为“寒武纪生命大爆发”。在《物种起源》一书中，达尔文也承认了这一事件的存在，并把这个神秘事件视为一个困扰他的异常点——一个他只有寄希望于将来的化石发现才能消除的谜团。

本书共分为三个主要部分。第一部分“失踪的化石之谜”，首先描述了对达尔文理论产生的第一个疑问——前寒武纪化石记录中的寒武纪动物，它们的祖先在哪里？接着又讲述了生物学家以及古生物学家为了解决这个谜题而进行了一系列前赴后继的，却并不成功的尝试的故事。

第二部分“如何构建动物？”解释了为什么信息对于生命系统重要性的发现，使寒武纪大爆发之谜变得更加疑云重重。生物学家们现在知道寒武纪大爆发不仅代表了新的动物形态和结构的爆发，同时也代表了信息的爆发（这实际上就是地球生命史上发生的，最重要的一次“信息革命”）。自然选择和随机突变的无定向机制产生了构建寒武纪动物形式所需的生物信息，第二部分对于这一解释中存在的问题进行了探讨。在这部分的章节里，解释了为什么现在有这么多顶尖的生物学家都怀疑新达尔文主义机制的创造力，以及在最新生物学研究的基础上针对这个机制所提出的四条严厉的批判。

第三部分“达尔文之后是什么？”评价了如今的进化理论，看看其中是否有比标准新达尔文主义对生命形式和信息的起源更令人满意的解释。第三部分我还介绍并评估了智能设计理论，认为它可能是一个能够解答寒武纪之谜的方案。在最后一章中，讨论了把这些智能设计理论在生物学中受到的争议放到更大的哲学问题中（比如说，这个生机勃勃的人类世界的存在）来思考的意义。生物形式和信息来源问题——这个达尔文所承认的、表面上看来孤立的异常点——已渐渐成为所有进化生物学都存在的根本性问题的例证，随着本书故事的展开，它会逐渐变得越来越清晰明了。

这问题到底是从何而来？为什么它给进化生物学带来了危机？要想知道为什么，我们需要从事情的最开头讲起：从达尔文自己的疑问，从引发这些疑问的化石证据，以及从两位维多利亚女王时期著名的博物学家，哈佛大学的古生物学家路易斯·阿加西斯（Louis Agassiz）和查尔斯·达尔文之间的冲突讲起。

PART Ⅰ

THE MYSTERY OF THE MISSING FOSSILS

第一部分

失踪的化石之谜

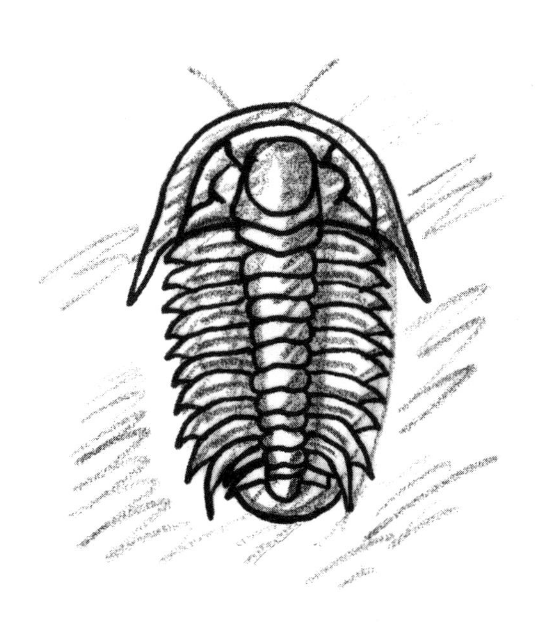

1　达尔文的复仇女神

1859年，当查尔斯·达尔文完成了《物种起源》这部伟大著作的时候，他认为书中几乎已经把有关进化的所有线索都解释清楚了——除了一个问题之外。

无论以什么样的标准来衡量，《物种起源》都是一个非凡的成就。《物种起源》就如同一座雄伟的哥特式大教堂，达尔文雄心勃勃地将许多的迥然不同的元素整合成了一个庞大的综合体，用来解释比较解剖学、古生物学、胚胎学和生物地理学等不同领域中的各种现象。不仅如此，《物种起源》还因为浅显易懂而令人印象深刻。达尔文在《物种起源》中，仅用了两个中心思想就解释了各类生物学证据，其理论的两大支柱就是普遍共同祖先（universal common ancestry）观点和自然选择（natural selection）观点。

达尔文理论的第一支柱：普遍共同祖先，体现在达尔文理论的生命史部分。这个观点认为，所有的生命形式最终都来源自遥远过去的一个共同的始祖。在《物种起源》末尾一个著名的段落中，达尔文写道，“所有在地球上的有机生物都起源于一个共同的原始生命”[4]。达尔文认为，这种原始形式逐渐发展成为新形式的生命，进而再逐渐发展成其他的生命形式，历经数百万代，最终产生了目前我们见到的这些所有的复杂生命形式。

如今的生物教科书通常采取与达尔文一致的方法，用一个庞大的分枝（源达尔文的进化树，本书均用分枝表示）树描绘这个理念。达尔文的这棵生命之树，其主干代表了第一个单细胞生物体，树的分枝代表了从主干发展出的新的生命形式（见图1.1）。树的纵轴代表时间的方向，水平轴则代表生物形式的变化或生物学家所谓的“形态学距离”。

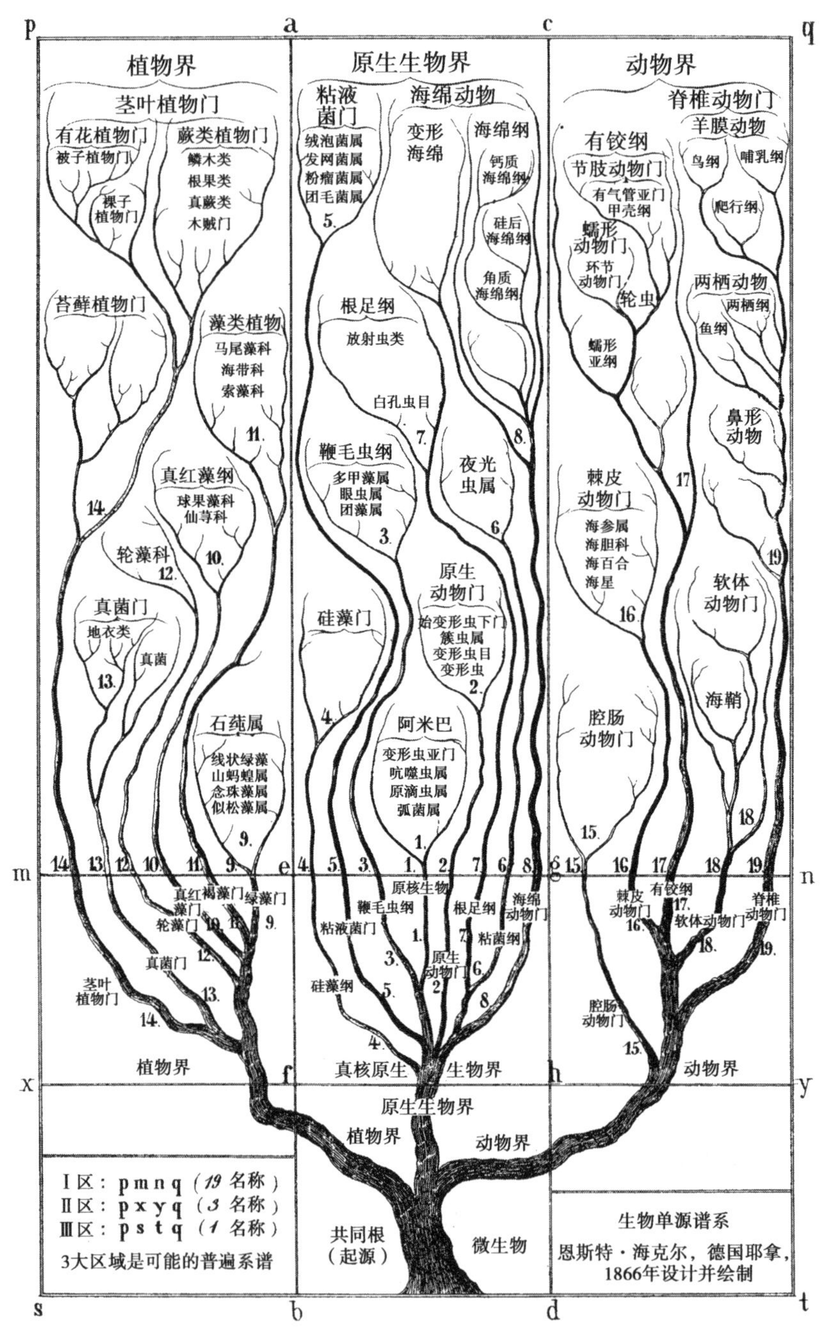

图 1.1　达尔文的生命进化之树，由 19 世纪德国进化生物学家恩斯特·海克尔（Ernst Haeckel）设计并绘制（译者注：海克尔为最早绘制生命形式系统树的生物学家，此图绘于 1866 年，与现在分类已有所区别）。

生物学家通常把达尔文理论中的生命历史称作“普遍共同祖先”，表明地球上的每个生物体，都是以“后代渐变”的方式由一个单一的共同始祖发展而来。达尔文在《物种起源》中认为这种观点是生物多样性的最好解释：化石形态的自然演替，各个物种（如加拉帕戈雀）的地理分布，以及差别巨大的生物体之间却有解剖学和胚胎学相似性等等。

达尔文理论的第二支柱：自然选择，一个作用于生物体及其后代性状特征形成中的随机变异的过程，它肯定了进化过程的创造力[5]。鉴于普遍共同祖先学说假设出了一个模式（分枝树）来代表生命的历史，因此达尔文的自然选择观点就涉及到一个演化过程，一个生命之树中所暗含的、达尔文认为能够产生变化的演化过程。

有一种众所周知的过程，叫做“人工选择”（artificial selection）或“选择育种”（selective breeding），达尔文通过与这个过程进行类比，形成了自然选择的思想。在 19 世纪，任何熟悉家畜繁殖（比如说，狗、马、绵羊或者鸽子）的人都知道，人类饲养者只要通过对具有某些特定性状的家畜进行针对性繁殖，就可以改变其特征。苏格兰北部的牧羊人，为了提高羊在寒冷的北方气候里生存的可能性（或为了收获更多的羊毛），需要毛量多的羊。要达到这个目的，他只能选择毛量最多的公羊和毛量最多的母羊进行繁殖。如果牧羊人一直选择后代羊群中毛量最多的羊进行繁殖，经过一代又一代，最终他可能就会培育出一个毛量更高的羊类品种。达尔文写道，在这种情况下，“人类累积选择的力量是关键”；“大自然赐予生物体连续的变异；而人类则在对其有利的方面额外增加这些变异的发生。”

达尔文指出，家鸽在人为有意识的饲养下已被培育成一个令人眼花缭乱的品系：传书鸽（carrier），长有很长的眼睑和“阔大的口”；“短面翻飞鸽”（short – faced tumbler）的喙部外形则和鸣鸟类（finch）很相像；普通翻飞鸽，喜爱密集成群地飞行并“在空中翻跟头”。此外，最奇特的是突胸鸽（pouter），其身、翼和腿特别长，“嗉囊异常发达，当它膨胀时胸前形成一个大圆球”，令人惊异。

当然，养鸽人通过仔细筛选和选择培养，使家鸽取得了这些惊人的形态变化。但正如达尔文指出的那样，自然也有其筛选的方法：有缺陷的生物，其存活和繁殖后代的可能性也比较小，而那些携带有有利变异的后代则更有可能生存下来、繁殖，并把这些优势传递给后代。在《物种起源》中达尔文认为，这个过程——这个自然选择作用于随机变异的过程，就像人类育种家对动物所做的有智慧有意识的选择那样，可能会改变生物的特征。而自然本身就可以是一个育种家。

我们再来研究羊群。想象一下，如果是在非人为选择的情况下，毛量最多的公羊和母羊自然繁殖。在经历了一连串的严冬后，羊群里除了毛量最多的羊外其他的都死了。如今，只剩下毛量多的羊继续繁殖。如果历经数代都是非常寒冷的冬季，那结果会和以前不同吗？这群羊最终会变成生来就产毛量高的种群吗？

这就是达尔文伟大而深刻的见解。自然——在环境变化的形成或其他因素变化的形成过程中——就像一个有智慧的代理人做出有意识的决定一样，可能对生物群体也起到了相同的作用。自然青睐那些有别于其他的特性，特别是能使生物体在种群特征变化中具有功能或生存上优势的特性，自然使它们能够长久保存下来。在这种作用下产生的变异不是“人工选择”的结果，即不是由一个有智慧的育种家有意识选出的一个理想特征或变异，这种变异是一个完全彻底的自然的过程。此外，达尔文推断：自然选择作用于随机产生的变异的这个过程，是在众多变化中导致生命之树产生重要分枝的“首要促变因素”。

《物种起源》横空出世，瞬间抓住了科学界的关注。达尔文关于人工选择的比喻强而有力，他提出的自然选择和随机变异机制很容易被人们接受，他在避免潜在异议方面的技能所向披靡。此外，他对普遍共同祖先学说的解释性论据可以说真是精彩绝伦。因此当《物种起源》一书读到完结的时候，许多人都认为，似乎除了一个问题以外，达尔文已经阐明了所有的争议点。

疑达问氏 异常点：达尔文的怀疑

尽管达尔文的理论综合体是全面的，但有一组事实始终困扰着他——关于这部分内容，他的理论至今仍然无法清楚地解释。让达尔文困惑的是一组来源于遥远的地质历史时期的化石记录，这一时期起初俗称“志留纪”（Silurian），后被称为寒武纪（Cambrian）。根据这些化石记录，我们知道在这一时期地球上突然出现了大量的动物生命。

在这一地质时期，地质柱的沉积岩层中突然出现了许多新的、具有复杂解剖结构的生物，但是在更早期的沉积岩层中，并没发现有先于这些生命体的更简单的先祖形态的证据。今天的古生物学家们将其称为“寒武纪大爆发”。达尔文在《物种起源》中坦率地描述了他对这个谜题的关注：“如果根据我的理论，志留纪（寒武纪）时代之前必然在某处累积了大量的含有化石的岩层，但实际上却并未发现这些化石，要想理解这一点是非常困难的。”他写道：“我所说的，就是这种大量的许多同类物种突然出现在已知的最底层化石岩层中的这种方式。”这些动物化石出现得如此之早，难以符合达尔文渐进演化的新理论，此外还有另一位科学家站了出来，迫使达尔文必须面对化石之谜。

疑达问氏　对手

瑞士出生的哈佛大学古生物学家路易斯·阿加西斯是那个年代最训练有素的科学家，他对化石的了解无人能及。达尔文送了一本《物种起源》给阿加西斯，虚心请教他的意见，期望能把他招募为盟友（图1.2）。当伟大而年迈的博物学家从邮递员手中接过这个平凡的包裹，打开了这个绿色的、体积小小的，却已激起了大西洋两岸暴风骤雨的包裹，也许，阿加西斯从他的研究中退休就是为了集中更多精力，来审视这本书中引人瞩目的疑问，回顾他早有耳闻的研究工作。他怀着极大的兴趣阅读了这本书，并一边读一边在书页边缘做下笔记，但到了最后，阿加西斯的结论却让达尔文失望了。阿加西斯认为化石记录，尤其是寒武纪动物生物大爆发的化石记录，是达尔文的理论里无法逾越的难关。

图1.2　路易斯·阿加西斯（左）。查尔斯·达尔文（右）。

达氏疑问 双重挑战

为了说明阿加西斯和达尔文的分歧，我们研究一下 1859 年就有详实资料记载的三叶虫和腕足类生物这两个寒武纪化石记录。腕足类动物（图 1.3）有两瓣壳，外观看起来就像蛤或者牡蛎，但其内部结构却完全不同。如图所示，腕足类动物拥有一个生殖腺，外套膜，外套膜腔，前体腔，消化道，触手冠。触手冠是一个具有摄食功能的环状触手，以口为中心在左右形成马蹄形或环形的触手冠，终止于肛门向外开口。腕足类动物显示出一种高度复杂的整体躯体模式，有许多复杂的、功能性的集成解剖系统和部件。例如它被覆纤毛的触手，可精确地引导经口流进的水流。

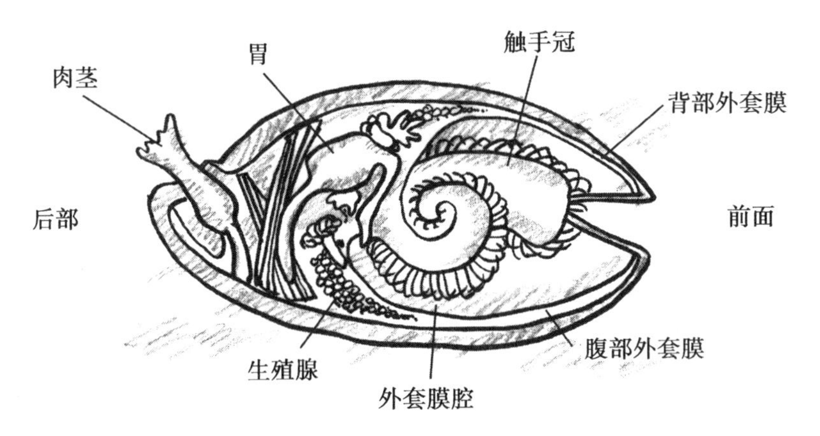

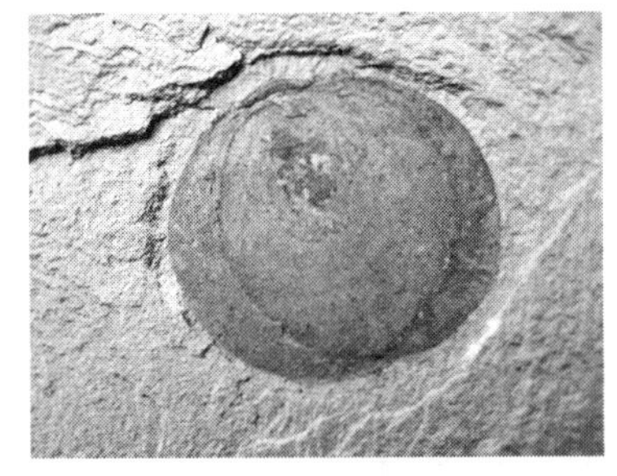

图 1.3　腕足类动物内部解剖结构（上）。腕足动物化石显示仍保有其内部结构（下左）。化石显示腕足动物壳体的外部结构（下右）。

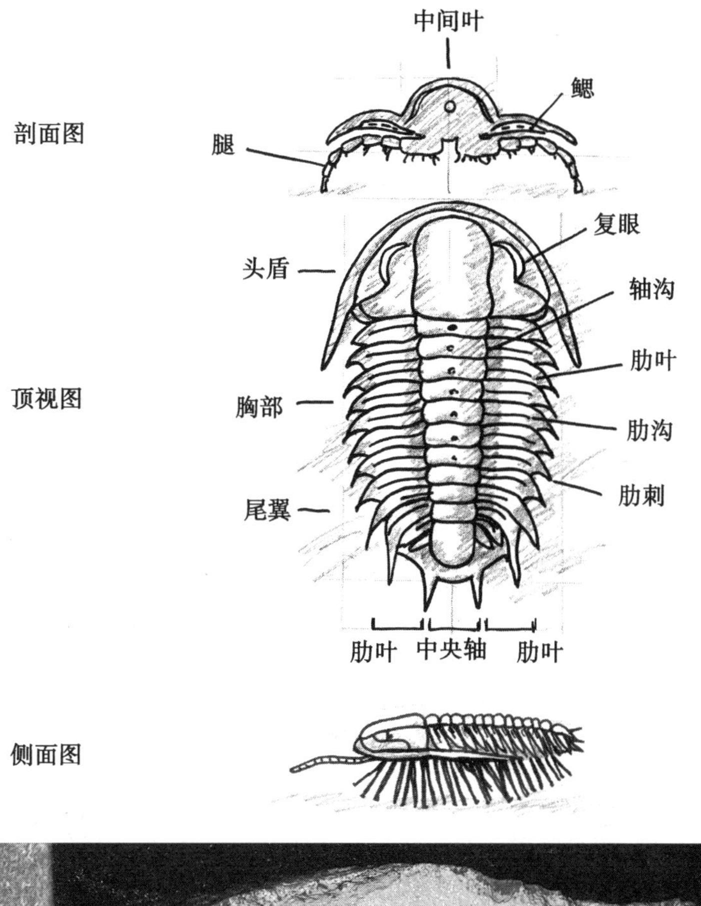

图1.4　三叶虫解剖结构（上）。丘疹关杨虫（Kuanyangia pustulosa）属三叶虫化石（下）。

三叶虫的结构就更加复杂（图1.4），从头部分成三个纵向叶（隆起的中间叶和两侧平坦的颊部），主体分为三个部分：头部、胸部和尾部，前两个部分可多达30节。每节的间肋沟都有一对肢，头部有三对肢。最引人注目的发现是，甚至一些非常早期的三叶虫都有复眼，复眼结构意味着这些不那么原始的动物拥有360度的视野。

这样复杂的解剖构造的突然出现，对达尔文进化论中的普遍共同祖先和自然选择两大部分都提出了挑战。

疑达问氏 寒武纪大爆发和自然选择的作用

寒武纪的化石证据，对于达尔文声称的自然选择具有产生新形式生命的能力来说，是一个重大的挑战。正如达尔文所述，自然选择能够产生重大生物学变化取决于三个不同要素的存在：（1）随机产生的变异，（2）变异的遗传可能性，（3）生存竞争，导致了这些相互竞争的生物中成功繁殖的差异性。

达尔文认为，生物性状的变异是随机产生的。一些变异（如厚羊毛）可能是在特定的环境条件下由于生存竞争所赋予的。这种变异是可遗传的，后代将会保留这些赋予的功能和生存优势。当自然“选择”了这些成功的变异时，种群特征就发生了变化。

达尔文也承认，有利变异会导致其最终发生永久性的改变，这点对于物种来说是罕见的，但同时也是适度必要的。形态上的重要变异，进化生物学家称之为“大突变”，将不可避免地产生畸形和死亡。只有较小的变异，才能满足生存能力和遗传可能性的考验。

紧随而来的问题是，在人类的存在时间尺度上，这种进化机制的益处是很难甚至不可能体现出来的。但在足够的时间条件下，有利变异会逐渐积累并产生新物种，只要时间足够久远，甚至可以从根本上组成新的生物和躯体模式。达尔文认为，如果人工选择仅仅在几个世纪里就可以从野生株构建出这么多奇特的品种，那么可以想象一下数百万年的自然选择能够带来怎样的变化。这样的话，即使是复杂结构的起源（比如说哺乳动物的眼睛）也都能够解释了。眼睛的起源问题是对进化论的首个挑战，而据此则可以将它解释为哺乳动物的眼睛可能是由最初的简单结构（例如光敏点）经过漫长的时间逐步进化而来。

难就难在这儿。达尔文的自然选择和随机变异机制必然需要大量的时间来形成全新的生物，这就产生了一种进退两难的情况。阿加西斯敏锐地发现了这一点并揭露了出来。

在1874年的《大西洋月刊》上刊登的“进化以及生物类型的持久性”一文中，阿加西斯解释了他质疑自然选择的创造力的理由。他认为，小规模变异绝对无法产生“种差”（“specific difference”）（即物种间的差异）。与此同时，无论是逐渐达到或突然发生的大规模的变异，都不可避免地导致不育或死亡。正如他所说，“事实就是，极端变异最终会导致退化或不育；就像巨兽的灭绝一样”。

基于相同原因，达尔文坚信他所设想的进化变异过程应该是连续渐进，长期而缓慢的。因此达尔文也意识到，自然选择通过作用于那些微小的、一步步的变异，即使仅仅是把单细胞生物构建成为三叶虫，也需要不计其数的过渡形式，以及远超过实际地质时间的失败生物实验时间。华盛顿大学古生物学家彼得·沃德（Peter Ward）后来解释，达尔文对于未来的化石发现有着非常特殊的期待，他希望古生物学家能发现比已知的动物化石岩层更底层的化石。特别是“其间的地层出现的化石越来越复杂，直到最后出现三叶虫化石”。达尔文指出，“如果我的理论是正确的，那么毋庸置疑的就是，在最底层的志留纪（寒武纪）地层沉积之前已经流逝了漫长的岁月，这段时期可能与志留纪（寒武纪）时代到如今的时间一样长，或者远远超出这个时间间隔；在这段我们完全未知的、浩瀚漫长的时间里，世界上遍布着活的生物。”[6]

自然选择机制必须逐步作用于小的增量变异之上。确实，达尔文实际观察到，并且在自然选择和人工选择的类比理论中描述出来的变异类型实在是少之又少。只有经过数代的选择和微小变异累积，育种家才能培育出具有显著变化的物种特征。虽然如此，但这些物种特性的变化差异，跟前寒武纪与寒武纪之间天差地别的生命形式相比，已经是非常微不足道的了。当一天的工作接近尾声时，阿加西斯加快速度写下如下批注：达尔文通过类比、引用鸽子的例子来支持人工选择以及自然选择的创造力。但是鸽子仍然是鸽子。根据达尔文机制的逻辑推断，生物体的解剖结构和形态发生显著变化的时间需要无数个百万年，而这么漫长的时间恰恰证明了寒武纪大爆发不可能是由进化而来的。

疑达问氏 寒武纪大爆发和生命之树

对于达尔文连绵不断分枝延续的生命之树构想来说，寒武纪动物群的突然出现对它构成了一种既独立又相关的困扰。根据达尔文机制自身内部的逻辑要求，要想产生出真的、新型的动物物种，不仅需要数百万年，更需要数不尽的传代次数。因此，即使发现少数貌似可信的、自前寒武纪祖先到寒武纪后代的中间体证据，也达不到完全符合达尔文所描述的生命历史的要求。阿加西斯认为，如果达尔文的观点是正确的，那么我们就应该发现，不是只有一个或几个环节缺失了，而是从所谓的祖先到假定的后代之间不可胜数的连接环节都被遮蔽了，以至于我们几乎察觉不到。然而，地质学家并没有发现能够指向寒武纪动物群的众多过渡形式。相反，地层剖面中的记录却显示这些最早的动物就是突然出现的。

阿加西斯认为，这些突然出现的动物形式以及缺失的前寒武纪先祖形式的证据，驳倒了达尔文的理论。关于这些早期形式，阿加西斯问道，“它们的化石遗迹在哪里?”他坚持认为，达尔文关于生命史的构想“是矛盾的。（埋在地球岩石地层中的动物化石向我们介绍了它们自己，还讲述了它们在地球表面的演替过程。）让我们倾听它们的声音吧——毕竟，它们的证词就是，它们是现场的目击者和参与者”。

疑达问氏 默奇森，塞奇威克和威尔士寒武纪化石

对于阿加西斯提出的问题，达尔文进行了谦卑的回应。他没有对阿加西斯置之不理，而是承认阿加西斯的论据具有相当大的力量。此外也并非只有阿加西斯一个学者发表了这些疑惑，其他顶尖的博物学家都认为寒武纪化石证据对于达尔文理论来说是一个巨大的障碍。在当时，也许最适合探索已知的最低化石地层的地方就是威尔士，并且那里还有一位权威专家罗德里克·英庇·默奇森（Roderick Impey Murchison），他用古威尔士部落的名字为最早的地质时期（志留纪）命名。在《物种起源》发表五年前，他就开始呼吁关注这些突然出现的复杂生物，如首次出现复眼的三叶虫等

这类标志着已开始进入生命显著蓬勃发展时期的生物。对他来说，寒武纪时期的化石发现否定了生物是从原始的和相对简单的形式逐渐进化的这一观点：“这些最早期的生物遗迹，宣告着它们生来就具有高度复杂的组织，彻底排除了生物从低级到高级形式的衍变假说。”

另一位威尔士丰富化石记录的先锋开拓者，亚当·塞奇威克（Adam Sedgwick），也认为达尔文忽略了这些证据，正如他在1859年秋天写给达尔文的一封信里说道：“从一开始沿着所有的实际情况进行探索的时候，你就背离了正确的归纳方法。”塞奇威克可能回想起了28年前，剑桥大学教授亨斯洛介绍达尔文来当他的助理，他们两人一起到威尔士西北部的上斯旺西谷地区旅行，考察那里的古岩层地质。该地层就是突然出现的动物生命的强有力的证明，也是两人一直共同研究着相同的证据。塞奇威克用一个拉丁化的英语单词“寒武纪”来命名威尔士地层，“寒武纪”这一名称最终取代了“志留纪”，作为最早的动物化石地层的命名。

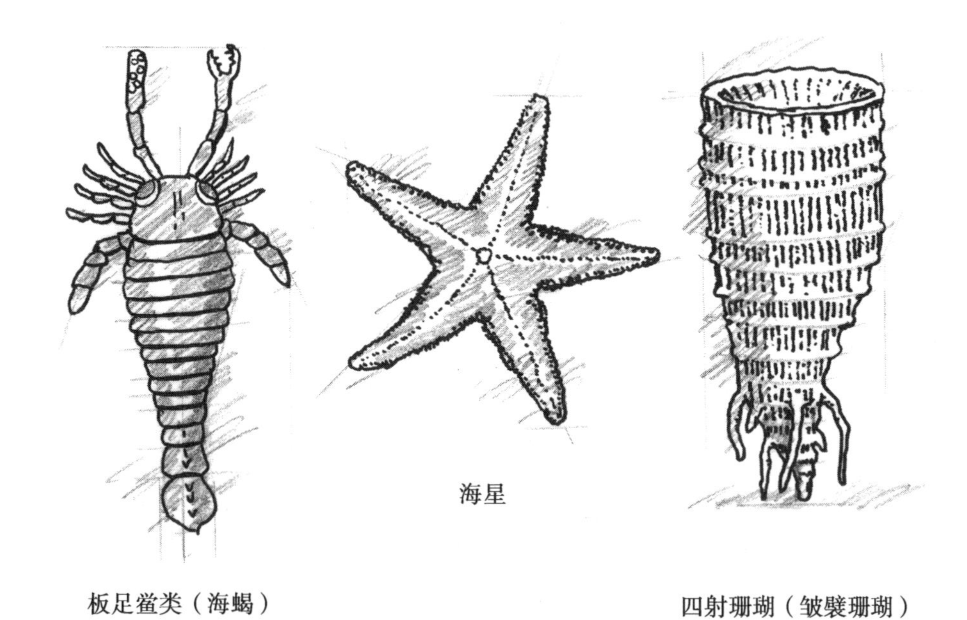

图1.5　奥陶纪时代最早出现的三种生物：板足鲎类（海蝎），海星和四射珊瑚（皱襞珊瑚）。

塞奇威克强调，这些寒武纪动物化石简直就是从地层剖面里莫名其妙地凭空蹦出来的。但他同时也重点指出，他质疑达尔文进化模型还有一个更广泛的理由：突然出现的寒武纪动物仅仅只是延伸贯穿整个地层柱的间断模式最突出的实例而已。例如位于寒武纪之上的奥陶纪地层，在寒武纪时期出现的三叶虫、腕足类动物家族会出现在奥陶纪地层的什么位置?[7]这些生物连同众多其他类型的生物一起，在奥陶纪非常突然地消失。但同时在奥陶纪地层中也发现有新成员突然出现，如板足鲎类（海蝎），海星和四射珊瑚（或称皱襞珊瑚）等（参见图1.5）。在之后晚古生代（later Paleozoic）时期的泥盆纪（Devonian），首次出现了两栖动物（如鱼石螈属）。又过了许久之后，许多古生代（包含寒武纪、奥陶纪和后续的四个时期）的主要生物突然在被称为二叠纪（Permian）的时期灭绝了。在二叠纪之后的三叠纪（Triassic）时期，如海龟和恐龙等全新的动物出现了。塞奇威克认为这种间断性，不是异常而是规律。

间断年代测定

在塞奇威克之前，各化石地层已被证实彼此间存在显著差别，地质学家曾用它们之间明显的间断性作为岩石年代测定的一个关键手段。最初，确定各种地层的相对年代（relative age）的最佳方法是基于叠复原理（law of superposition）。简言之，沉积岩的原始沉积总是一层一层地叠置起来，表现了下老上新的关系。如今，与一幅广为流传的讥讽漫画相反，无论过去或现在，受人尊重的地质学家们对这种方法都是批判地使用。在地质学最基础的培训中就会讲到，岩层受到地壳上升、下降等各种不同现象影响变得扭曲、颠倒，甚至混合得乱七八糟。这就是为什么地质学家总是在寻找其他方式来估计不同地层相对年代的原因。

1815年，英国人威廉·史密斯（William Smith）想出了另一种确定地层顺序的方法。史密斯参加了开凿运河的测量与调查工作，在研究了不同化石层后他指出，地层结构是有规律的，每一层都含有其特殊的化石，不同时期的化石类型之间有非常强烈和突兀的间断，地质学家可以使用这一方法确定地层的相对年龄。即使地质地层是扭曲的和颠倒的，地质学家也可以通过地层之间清晰的间断来辨别它们的沉积顺序，尤其是在有足够广泛、丰富抽样的地质遗迹可供调查研究互相参照的条件下。虽然此法也有其局限性，但这种方法已经成为一个标准的年代测定技术，与叠加法和其他较新的放射测定法联合使用用来测定地质年代。[8]

确实，测量地质年代对于现代历史地质学来说是多么地重要，要想不过分强调实在是很难的。正如哈佛大学的古生物学家斯蒂芬·杰·古尔德（Stephen Jay Gould）说的那样，化石演替的现象就决定了地质层主要时期

纪元	时期	交替时期	历元（北美洲）	持续时间（百万年）
新生代	新第三纪	第四纪	全新世	23
			更新世	
		第三纪	上新世	
			中新世	
	早第三纪		渐新世	43
			始新世	
			古新世	
			0.66亿年前	
中生代	白垩纪			79
			1.45亿年前	
	侏罗纪			56.3
			2.013亿年前	
	三叠纪			52.9
			2.542亿年前	
古生代时期	二叠纪			44.7
			2.989亿年前	
	石炭纪			60
			3.589亿年前	
	泥盆纪			60.3
			4.192亿年前	
	志留纪			24.6
			4.438亿年前	
	奥陶纪			41.6
			4.854亿年前	
	寒武纪时期 5.3亿年前			55.6
			5.41亿年前	
新元古代(前寒武纪)	埃迪卡拉时期			94
			6.35亿年前	
	其他前寒武纪时期			大约4000（40亿年）

图 1.6　地质时间表

的名称（参见图1.6）。“现代多细胞生命出现的历史大约有6亿年，将这段时间以5 000万年为一个单位，分为相等的、容易记忆的、从1—12或A—L的任意单位”，古尔德写道。“但地球却不仅嘲笑我们的简单化，而且以更有趣的方式来嘲弄我们。生命的历史不是连续发展的，而是不时地被地质上瞬时、阶段性的大规模物种灭绝和随后发生的生物多样化所短暂中断的。”早期的评论人士对达尔文提出的疑问是：这些主要的特定的地质年代，其化石记录是如此地不连贯，尤其是凭空冒出动物来的寒武纪。达尔文是怎么样使他的渐进演化理论符合这些不连贯的化石记录的？

一种看不见的解决方案

当然，达尔文也深刻地意识到了这些问题。正如他在《物种起源》中指出的，“古生物学家如阿加西斯、皮克（Pictet）、塞奇威克等，都把某些物种以特定形态突然整体出现的方式，视为是物种演变理论的一个致命缺陷。如果数量众多的同一属或同一族的物种，真的是突然间同时开启生命历程，那么这一事实对于后裔通过自然选择缓慢修饰演化的理论来说无疑是致命的。”然而，达尔文提出了一个可能合理的解决方案，用来解释没有发现预期的前寒武纪化石证据的原因。他认为化石记录可能还不完整：要么是因为寒武纪动物的祖先形式没有变成化石，要么是因为我们还没有找到这些化石。“我看着这些自然地质记录，它们是对这个世界历史的不完美保存，并且用千变万化的方言将历史写了下来，”达尔文写道。“这部生命的历史之书，我们只掌握了最后的一卷，仅仅只有两个或三个国家涉及其中。在这一卷里，只是偶尔有散落的章节保存了下来；章节里的每个页面，只有零散的几行留存下来……根据这种观点，争论上的难点就会大大降低，甚至消失。”

然而达尔文自己也不是很满意这个解释。对阿加西斯而言就更不会接受如此说法了。“达尔文以及他的追随者，其论点的绝大部分都是完全消极的，”他写道，他们“因此抛弃了举证的责任……然而，被中断的地质记录，在多数情况下说不定就是一部完整的序列，从中可以确定其连续的特征”。阿加西斯的这一说法又基于什么依据？“因为最精巧最微妙的结构，就像胚胎的生长阶段一样具有极易损毁的性质，它们往往从最早期开始就被确定地保护着。由于他们的缺失证明了一些受喜爱的理论（如进化论）是虚假的，因此我们没有权利来推断这些消失的类型。”

尽管达尔文自己并不热衷于回应阿加西斯提出的异议，但他此时似乎已经满足了。达尔文所整理出的占压倒性优势的证据，似乎能支持他的理论。无论如何，许多著名的、比阿加西斯更年轻的博物学家如约瑟夫·胡克（Joseph Hooker），托马斯·赫胥黎（Thomas Huxley），恩斯特·海克尔（Ernst Haeckel）和阿萨·格雷（Asa Gray）等，都迅速与达尔文的进化论思想结成联盟。实际上，某些科学家，尤其是苏格兰工程教授弗莱明·詹金（Fleeming Jenkin）和英国遗传学家威廉·贝特森（William Bateson）一直对自然选择的有效力表示质疑。但是，虽然存在着一些严肃的科学批评观点，达尔文进化理论还是获得了越来越广泛的支持，并很快给生命史的这场争论下了定论。像阿加西斯那样全面反对达尔文进化论的学者，他们的影响力却变得越来越无足轻重。

疑达问氏　深入剖析阿加西斯

阿加西斯是不是给达尔文理论出了一个真正的难题，一个谜团，至少是亟待解决的问题？假如这个谜团真的存在，那么这个问题应该如何解答？如果这个谜团不存在，那么这些才华横溢、知识渊博的科学家们怎么会脱离在主流科学观点之外呢？

后达尔文时代的科学史学者通常在尝试回答后一个问题的时候，典型的答法是把阿加西斯描绘为一位博学多才和受人尊敬的科学家，然而他的思想过于保守而赶不上新浪潮，因此在他的巅峰贡献后陷入了哲学偏见的境地。传记作家爱德华·卢里（Edward Lurie）描述这位哈佛大学博物学家是一个“19 世纪的巨人……一个受周围环境影响颇深的人，一个以非凡的意识理解生命可能性的人”。同样地，历史学家梅布尔·罗宾逊（Mabel Robinson）说，她期待已久的阿加西斯传记“将重现这个人的天赋，以及他终极一生轻率而辉煌的比赛”。她说，“他因其罕见的天赋而被人们记住”，“一个不朽的吹笛手（译者注：引自格林童话《穿花衣服的吹笛手》）”。这些学者，甚至包括达尔文自己，也只是随声附和阿加西斯同时代的人，“你们在哈佛是怎样一群人！”达尔文告诉美国诗人亨利·沃兹沃斯·朗费罗（Henry Wadsworth Longfellow）。“我们两所大学放在一起人们都不会完全喜欢的。为什么？因为有阿加西斯——他是第三所大学。”

即便如此，还有许多历史学家认为阿加西斯受德国唯心主义影响太深而不能正确评估达尔文的事实依据。生物学的唯心主义哲学家认为，生命形式是卓越超然的理念起作用的例证，而且这些生命体精巧复杂的组织为自然界中存在有目的的设计这一点提供了证据。历史学家安德森·亨特·杜普雷（A. Hunter Dupree）评论道，“阿加西斯的唯心主义基础无疑就是他关于物种及其分布的概念”，他坚信每种生命类型起源的背后一定有一个神圣的或智能的缘由。科学之舟已经从理想主义过渡到现代经验主义，而阿加西斯由于从他的老师，法国解剖学家乔治·居维叶（Georges Cuvier）以及哲学家弗里德里希·谢林（Friedrich Schelling）（弗里德里希·谢林“疯狂地试图将所有自然现象都放到一个统一又绝对的系统里”）那里吸取了太多过时的理想主义思想，使得他已从科学之舟上跌落[9]。杜普雷解释道，阿加西斯并不只是理念上的错误，而是令人讨厌的蒙昧主义者，对“从经验主义延伸至博物学都进行积极的打击”。

爱德华·卢里（Edward Lurie）的评价更简单，也更加耐人寻味：“阿加西斯是有能力做出最令人敬佩的科学发现的科学家，这些工作反映了他对科学方法的奉献精神”，然而，“阿加西斯又会通过看上去荒谬可笑的形而上学的媒介来解释这些数据”。就是这个对自然世界进行了“最一丝不苟、最精确描述”的人，对他的观察概括起来就是“始终沉浸在理想主义的幻想中”。简而言之，卢里认为“阿加西斯的宇宙哲学观导致了他对演化理论的如此反应”。

19 世纪晚期，随着科学的进步，将自然现象诉诸为神的行动或神的思想的解释逐渐被摈弃。这种实践活动被编纂成为自然主义方法论的法则。根据这些法则，科学家们应该接受的假设就是：这个自然界的所有特征都可以被解释为是物质作用的结果，而不是来源于智慧、思想或意识的代理有目的性的起到的帮助作用。

自然主义方法论的拥护者们说，科学之所以成功，恰恰正是因为它孜孜不倦地避免引入创造性智慧，并且科学通过寻找确实的物质原因来证明自然世界以前的神秘特征。19 世纪 40 年代，法国哲学家奥古斯特·孔德（August Comte）认为科学的进步要经过三个截然不同的阶段。在神学阶段，它求助于神灵的神秘作用来解释自然现象，无论是雷电现象还是疾病的蔓延。第二阶段，则是更高级的形而上学阶段，倾向于用抽象的概念来解释科学，如柏拉图的理型（forms）或亚里士多德的目的论。而孔德则认为，只有在抛弃了这些抽象概念之后，只有在参考了自然法则，或参考了严格的物质原因或进程来解释自然现象的时候，科学理论才能到达真正的成熟阶段。他认为，只有到达第三阶段，也是最后阶段，科学才可以实现“正面的”知识。

19世纪末期，越来越多的科学家们接受了这个“实证主义”设想。阿加西斯一直认为，这些寒武纪化石说明了有“思想的作用”以及“智力的干预”，因此坚决反对这个新理念。对许多人来说，他那卓越的思维仅仅是证明了他无法放弃已经过时了的唯心主义方法。科学进步的列车已经远远把阿加西斯抛在了后面。

疑达问氏　古老化石的复原

然而，尽管阿加西斯明确地排斥自然主义方法论的原理，但据此就想把他描绘成另一个时代的老古董也很困难。首先，阿加西斯在经验方法方面的成就无人能及。有个关于阿加西斯的故事，讲的是这个教授指导他的学生经历艰苦的三天观察一条鱼，这是新生作文教材中一版再版的标志性故事。故事里的学生名叫塞缪尔·斯卡德（Samuel Scudder），一边盯着这种黏滑的生物一边焦虑地拔着自己的头发，他搞不懂为什么阿加西斯教授反复地问他对这种“可怕的鱼”有没有观察到新发现。但是到了最后，斯卡德终于突破了深度和精度的瓶颈，他的观察能力到达了一个全新的水平。梅布尔·罗宾逊（Mabel Robinson）指出，对于当代读者而言，如今的教学方法与斯卡德时代相比似乎并没有多少革新性，这是因为阿加西斯训练出了一支掌握了他的方法的、能干又年轻的自然法学家队伍，这支队伍又将阿加西斯的方法传播到其他大学，并传授给他们的学生，未来的教授们。

美国实用主义的创始人威廉·詹姆斯（William James），他于1865年与阿加西斯一起去南美洲探险。其间在给他父亲的一封信中大力赞扬了阿加西斯对实证严格恪守的态度。在信中这位年轻人谈到，他深感“那些存在于大背景下的特殊事实，阿加西斯对它们的认识比我知晓的任何其他人都更有分量”，“他观察迅速，以及过目不忘的能力”使构建精确的数据库变为可能。詹姆斯最终从事于心理学研究领域，但令人印象深刻的阿加西斯模式使得他将实证研究法带入了心理学[10]。

卢里承认，阿加西斯在美国科学家眼里的声望源自于他无与伦比的地质学、古生物学、鱼类学、比较解剖学和分类学知识。阿加西斯对自然界细节的热情，促使他着手组织并建立起了一个在博物学家们、水手们和世界各地的传教士们之间信息共享及交流的系统。他搜集的标本超过435桶，其中还有一组极为罕见的植物化石。在一年的时间内，阿加西斯就积累了91 000多件标本，并确定了近11 000种的新物种，这使得哈佛大学自然历史博物馆远超世界上其他的博物馆。

阿加西斯也不遗余力地用了大量篇幅，从字面上、从喻意上运用经验法去评估《物种起源》，为了追溯达尔文的行程，他的研究航行最远到达了加拉帕戈群岛。正如阿加西斯对德国动物学家卡尔·盖根堡（Carl Gegenbauer）解释的那样，他"想摆脱所有的外部影响和之前的偏见，来研究达尔文理论"。

宗教或哲学的偏见影响了阿加西斯科学判断的想法，但这产生的已是另外的问题了。正如历史学家尼尔·吉莱斯皮（Neal Gillespie）解释的那样，阿加西斯是"首屈一指的、反对宗教干扰科学的人"。此外，阿加西斯表明自己完全愿意接受，在超自然因素干预之前的自然机制才是最好的解释。因为他认为，物质的力量和自然的法则，就像一个根本性设计方案的产品，他所见到的任何创造性的工作最终都源于造物主。例如，阿加西斯这样假设胚胎的发育情况：他把从受精卵发育到成年人的自然进化归因为一种自然现象，认为这不会威胁到他对造物主的信仰。他也欣然接受太阳系的自然演进概念，认为一个高明的宇宙建筑师可以通过二级自然原因起作用，这与通过代理的直接作用一样有效。在《物种起源》副本的旁注中，他表明对生物进化有着相同的态度。他写道，"上帝创造出多变的物种，或是上帝制定出产生多变物种的法则，这两者之间到底有多大的差别?"

卢里认为，达尔文这个主要对手的第三个问题，就是阿加西斯是细节大师，但不擅于从细节中概括。然而历史记录却显示完全不是这么回事。例如，阿加西斯可以从冰河时期大量细节性的线索中进行推论，通过一系列的事实巧妙地解释了冰川消融的原因，成功地演示了地质的构建。

让我们直接比较一下达尔文与阿加西斯。他们都研究了苏格兰高地的格伦·罗伊（Glen Roy）平行滩列（parallel roads）奇妙的地质现象。格伦·罗伊是罗伊河的一个山谷，是一个令人惊叹的美丽之地，多年来游客们最感兴趣的是它是沿着罗伊河峡谷两侧山壁的三条平行道路（见图 1.7）。苏格兰传说认为这是为早期苏格兰国王，或者是为神话中的勇士芬戈尔（Fingal）建造并使用的狩猎之路。科学家们后来经过论证知道，这些道路是自然形成的，并非人工形成。达尔文和阿加西斯都坚信这是自然过程所导致的，然而他们得出的解释却是截然不同。产生这种现象的原因到底是什么？在达尔文的自传里，他这样解释，“我对南美的海波地区所观察到的现象有很深刻的印象，于是，我把这些平行线归因于海洋运动；但当阿加西斯提出他的冰川—湖泊理论后，我不得不抛弃了这一观点。”[11] 随后，在十九世纪末、二十世纪初的调查也证实了阿加西斯的阐释是正确的。

阿加西斯，他不只是一部移动的百科全书，或只是一个永不满足的、一叶障目的化石采集者。而那些坚持否定阿加西斯的学者们，仅仅只能举着阿加西斯排斥达尔文理论的旗子来支持他们的立场；但他们不能因此来说明阿加西斯解释证据的无能，再用这个假设出的无能来解释阿加西斯不接受达尔文理论的缘由。那样只会形成一个循环争辩，永远也辩不出个结果来。

图 1.7　格伦·罗伊的平行滩列。

对于伟大的阿加西斯质疑达尔文理论的这一历史难题，有一个更显而易见的解决方案：实际上，突然出现在地质记录里的寒武纪化石，就是对达尔文理论的明确反抗。简而言之，真正的奥秘就在眼前。

为什么这么说？有两个最终的考量。首先，正如前文指出的，达尔文本人也认可了阿加西斯提出的异议。正如他在《物种起源》中承认的一样，“为什么我们没有发现丰富的、属于寒武纪之前初始时期的化石沉积物，对于这些质疑我还不能给出令人满意的答案。……目前仍然是一团迷雾；而且这一点可能会成为真正能驳倒我的有力证据。”

其次，对于未能发现预期的寒武纪生命形式的化石先祖这一点，达尔文无法解释，回答不了阿加西斯充满力量又绝妙无比的疑问。如同阿加西斯所说的那样，达尔文理论的问题不仅仅是化石记录在总体上的不完整，或是化石记录里生命先祖形式的普遍缺乏。据阿加西斯分析，这个问题的根本就是化石记录的选择性不完整。

为什么会这样？阿加西斯问道，为什么达尔文的生命之树，总是在主要分枝连接节点上的化石记录不完整？但是，按现代古生物学的说法，代表了主要已知生物种属的“终末枝”的化石记录缺失却很罕见？这些终末

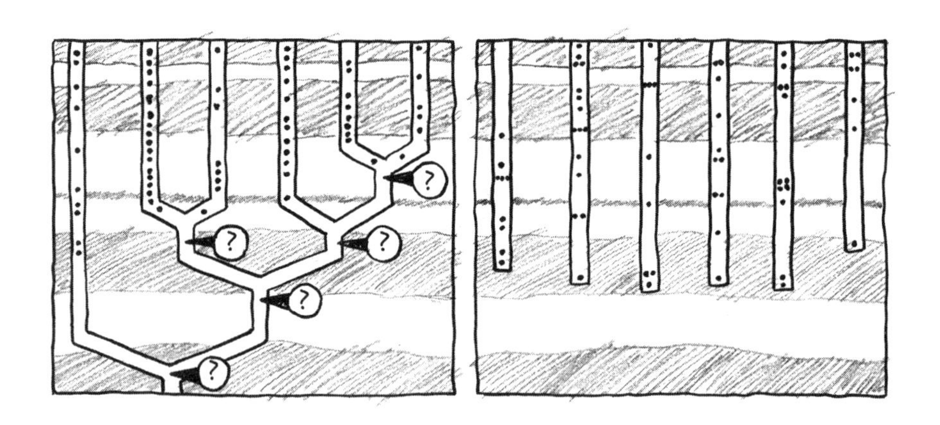

图 1.8　图中的垂直线条代表已知动物门。垂直线条里的点代表从那些已发现化石中动物的不同阶层的门。左图显示建立在达尔文理论基础上，预计的动物的生命之树。右图显示简化的前寒武纪 - 寒武纪 - 化石记录的实际模式。请注意缺失的是化石代表的内部分枝和节点。

枝在生命之树中体现得很好（见图1.8），往往延伸了无数代，历经数百万年，而在达尔文生命之树连接节点的“内部分枝”却总是缺失，总是有选择性地缺失。阿加西斯解释说，达尔文理论“部分依赖于假设。历经岁月演替，只有找到那些已经从历史记录中退出的过渡类型，才能证明达尔文关于这些类型是被保存下来了的结论”。[12]对于阿加西斯而言，达尔文理论就像一个假设的故事，不是诚实地解释我们拥有的证据，却是对缺乏的证据搪塞而过。

对于阿加西斯的论点，我们能有个简单的回答吗？如果有，那为何在超过了他期待未来化石发现的时间期限后，达尔文却仍然没能给出一个解答。

疑达问氏 经久不衰的谜团

《物种起源》出版后的那几年，随着达尔文思想的成熟，进化论逐渐被大众接受，其科学魅力不断增长，阿加西斯的顾虑暂且被搁置他处。虽然如此，但一个谜团仍然一直静静地躺在生物学家们的脚下，后代科学家们将会重新审视它，并不断寻求解决的方案。正如达尔文所说的，在他的时代寒武纪化石还相对较少，对于大爆发时期也只有一点模糊的认识。但也许未来的科学家们可以用新发现来支撑他的观念。

这个故事讲述的是从达尔文时代延续到现在，从南威尔士的斯旺西山谷到遥远的中国南方化石遗址，人们如何不断地尝试解答寒武纪之谜。在接下来的一章里，探索工作将从十九世纪末持续到二十世纪初，从不列颠群岛跨越到英属哥伦比亚，一直到策马河（Kicking Horse River）化石遗址。策马河的化石发现是如此地令人震惊，即使是到了今天，古生物学家以及那些最多疑又坚定的科学唯物主义者一提到它的名字都带着孩子般的崇敬。

2　伯吉斯动物寓言集

哥特神话里的恶魔出没都有电闪雷鸣和摇摇欲坠的宅邸，存在主义文学里有让人迷乱的城市风光，罗曼史里有着茉莉花装饰的高不可攀的露台。而在平凡人的生活中，舞台通常是不确定的：整洁的郊区农场老院里，错综复杂的家庭悲剧被揭开，被施了魔法的罗曼恋情之花越过隔墙怒放。只有在小说中，我们才可以见到如此精细的布局编排和戏剧性的效果。但是，20 世纪最具革命性的化石发现却更像一部小说：故事的背景与时空相呼应。

有一组在夏季探险期间拍摄的照片，照片里有一个精瘦秃顶的男人，眼角挂着和蔼可亲的笑纹，两眉之间深深地嵌着思考的纹路；他站在摇摇欲坠的岩石旁，手持锄头，凝视着远方位于高耸的斜坡和危险山脊之间的多石山峰。越过一个山脊，在下一个林线（森林界限）前，查尔斯·杜利特尔·沃尔科特（Charles Doolittle Walcott）到达了他能看到几英里以外的地方。西北方的瓦普塔山（Mount Wapta）的山峰笔直地指向天空。山下翡翠湖（Emerald Lake）绿色的湖水，来自于矿产丰富的冰碛层。东部和西部的雪山一直延伸到地平线（见图 2.1 和图 2.2）。只有东北方向的视野看不到景色。这里，贫瘠山脊上遍布着普通平凡的页岩。当然，跟任何神话故事一样，这里面有真正的珍宝——一处不是用距离而是用岁月来衡量的隐含美景。

当时担任史密森学会主任的沃尔科特（Walcott），正处于他职业生涯中最重要的阶段。比这更重要的是，他即将开启古生物学历史上最引人注目的发现：丰富的中寒武纪化石，包括许多以前未知的、保存完好的细节精致的动物形态。这一发现，说明有比达尔文时代已知的寒武纪更意外的事件发生，并且这一事件详细描绘出了比迄今我们能想象到的更加丰富的生物类型和结构多样性。

图 2. 1　伯吉斯页岩和周边地区的风景。

图 2. 2　查尔斯·杜利特尔·沃尔科特在现场（公元 1911 年）。

如此丰饶的生物类型到底是从何而来？为什么也是同样突然出现在寒武纪期间呢？沃尔科特是探索了伯吉斯页岩的第一人，他也是首位针对以上问题作出解答的科学家。

疑达问氏 动物寓言集

对古生物学家来说，发现伯吉斯页岩的决定性线索是个传奇一般的故事。古生物学家斯蒂芬·杰·古尔德（Stephen Jay Gould）认为，在查尔斯·沃尔科特的前研究助理查尔斯·舒赫特（Charles Schuchert）为沃尔科特写的讣告中，已经很好地把这个传奇故事呈现了出来：

> 沃尔科特关于动物群最引人注目的发现之一，就是在1909年，当季野外调查将结束的时候发现的动物化石。当时沃尔科特夫人的马沿着小径向下滑的过程中，翻出了一块石板，立即吸引了沃尔科特的注意。这是一个巨大的宝藏——完全陌生的中寒武纪时期甲壳纲动物化石。但是石板的母岩位于山脉的何方？雪依然在飘，谜题不得不留到下一个调查季去解决。第二年沃尔科特再次回到瓦普塔山，并最终根据石板追踪到那一层页岩——距菲尔德镇3 000英尺（约914.4米）之上的伯吉斯页岩。

古尔德也讲述了这个传奇故事，但他在讲述的同时也揭露了它的真相："想想这个传说初始特征——因为坐骑的马蹄打滑而踩出好运气……野外调查季节里最伟大的发现（伴随着飘雪和黑暗降临加深了结尾的戏剧性效果），经历了整个冬季焦虑、不满的等待，人们欢欣鼓舞地折返此处，细心地、有条不紊地工作，最终从未知岩石跟踪到主矿脉。"古尔德的结论是，这是一个吸人眼球的故事，但纯属编造。沃尔科特日记透露出那个夏天，天公作美气候适宜，夜晚也非常温暖，他的团队有足够的时间进行挖掘工作。身为地质学家的古尔德，从沃尔科特的日记以及对沃尔科特的认识里得出结论：次年夏天他们再次回到现场时，显然只用了一天就完成了定位主矿脉的工作，而不是传说中的整整一周。

古尔德把这整个事件归结为一个自吹自擂的故事。这个传说的叙述手法是因为好运气而有了新发现，再经历了令人沮丧的延迟，最后才是主人公们偶然获得的胜利（见第7章）。但是对于科学界来说整个伯吉斯发现故事的弱点，就是在叙述如何发现的过程中有各种虚构的成分，就好像在小说里的风景设置还不足够迷人。考虑到沃尔科特和之后的调查人员在这里发现的东西，这个戏剧效果的弱点是可被理解的。在接下来的几年里，沃尔科特的团队独自搜集了超过65 000件标本，其中许多标本都被完好地保存着。此外还有一些很奇特的样本，花费了古生物学家半个多世纪的时间才把它们正确地归类。

沃尔科特采石场里发现了一对奇怪的生物：马尔三叶形虫（Marrella）和怪诞虫（Hallucigenia）。马尔三叶形虫，也称为花边蟹（lace crab），是一种非同寻常的生物形式。沃尔科特把它描述为三叶虫的一种类型，后来剑桥古生物学家哈里·惠廷顿（Harry Whittington）的研究结果中既没有把它分类为三叶虫，也没有归类为螯肢动物（包括蜘蛛在内的节肢动物亚族）中，甚至没有把它看作甲壳动物，而是把它作为一种与节肢动物根本不同的动物形式[13]。这个生物可分为二十六段，每段都有一条可行走的多节的腿和游泳用的羽状鳃分枝。它的头盾有两对长长的向后的尖刺，其头底部的特征是有两对触角。一对短而粗，另一对长而弯（见图2.3）。

怪诞虫属于节肢动物祖先所在的动物群。它的一端是一个圆团形（可能是头）（译者注：2015年最新发表在《自然》杂志上的文章已经推翻了这个说法，这个“球状头”实际上是肠道内被挤出的内脏，最终也一同形成了化石。）连接着一个圆筒形的躯干，躯干上有7对斜向上生长的长刺，且两侧对称，它们每个的长度都和躯干的长度差不多（见图2.4）。这种生物的腹部是七对触手，分别对应背上的一对长刺，触角向远处延伸。下腹部在躯干变细和向上的弯曲前的部位还有三对短触角，也许是身体柔韧易弯曲的部分。每个较大的触角似乎有一个空心管与肠腔连接，触角的顶端有螯。这种古代生物是如此奇特，以至于古生物学家无法相信他们所看到的，认为这样的奇幻生物“只有做梦才能梦到”，所以命名为怪诞虫。

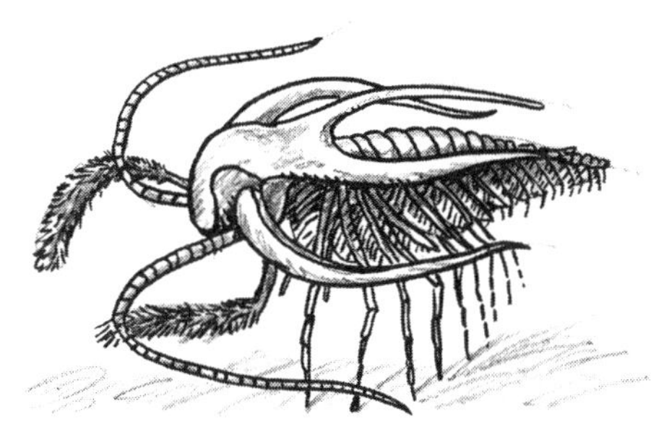

图 2.3　马尔三叶形虫示意图（左）。马尔三叶形虫化石照片（右）。

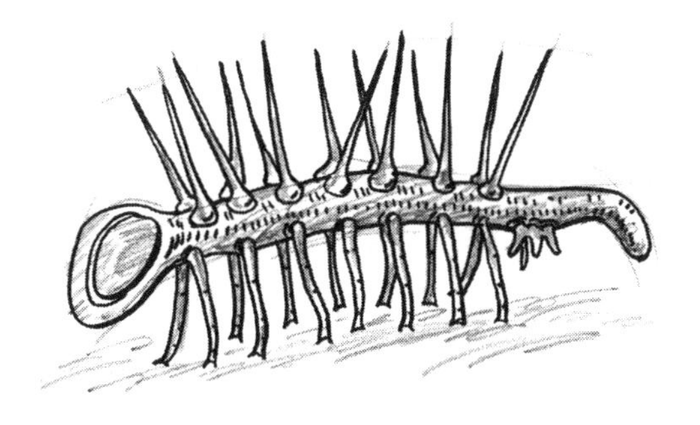

图 2.4　怪诞虫示意图（上）。怪诞虫化石照片（下）。

如今，“寒武纪生命大爆发”一词已成为常见的短语，因为沃尔科特采石场所发现的各式各样的生物群，从地质学角度来说它的横空出世就如同从科幻小说里天马行空的发现一样。动物群的这一爆发性出现，几乎所有现有动物门类在伯吉斯动物群中都可以找到代表，另外还发现了大概有二十个到二十六个动物门属的典型代表是首次出现在地球上的[14]（见图2.5）。

"门"（phyla）是指生物分类系统的分部。门是构成最高的（或最广泛的）动物界生物分类范畴，每个门都表现出独特的体系结构、组织类型或躯体模式。常见的门，如：腔肠动物门（珊瑚和水母）、软体动物门（鱿鱼和蛤蜊）、棘皮动物门（海星和海胆）、节肢动物门（三叶虫和昆虫），以及包括人类在内所有脊椎动物的脊索动物门。

每个门类的动物都有其特征，分类学家对它们进行划分和进一步的分组，逐步地缩小分类，以纲和目开头，最终再细分为科、属和种。动物界的最广泛和最高类别，例如门和纲，指动物生命的主要类别和其典型独特的躯体模式。低等分类级别，如，属和种，指生物体间只有较小程度的差异，通常体现了组建它们的身体部件和结构有类似的组合方式。

在整本书里，我将像大多数寒武纪古生物学家一样，使用传统的分类方式。不过，我知道一些古生物学家和分类学家现在更提倡"系统发育分类"（"phylogenetic classification"），一种常用的"不排序"（rank-free）的分类法。现代系统发育分类的拥护者认为，传统分类系统在确定一组特定的生物有机体应归为哪个特定的级别（如门、纲或目）时缺乏客观标准。因此，他们试图消除分类（和排序）中的主观性，根据类群是否来自最近共同祖先来判断其分类关系，而且可以根据分子数据来进行分析。这种分类方法还能够将出现在生命之树上的物种进行分类。尽管如此，但是传统分类方法仍然是科学界的通用方法，因此系统发育分类的拥护者们在对特定的生物进行技术研讨的时候，还是常常使用传统分类学的分类方法。所以，尽管我赞同系统发育分类倡导者（见下文）的某些观点，但还是选择了传统的分类方法。

地质时间	首次出现的动物门的估计数量	动物门累计值	动物门的名称
前寒武纪	3	3	刺细胞动物门（？） 软体动物门（？） 海绵动物门
寒武纪	20	23	环节动物门 腕足动物门 苔藓动物门 毛颚动物门 脊索动物门 腔骨纲 栉水母动物门 棘皮动物门 内肛动物门 真节肢动物门 半索动物门 软舌螺动物门 叶足动物门 铠甲动物门 线形动物门 帚虫动物门 鳃曳动物门 星虫动物门 缓步动物门 古生动物门
后来地质时期	4	27	线虫动物门（白垩纪） 纽形动物门（石炭纪） 扁形动物门（始新世） 轮虫动物门（始新世）
化石记录中未出现	9	36	棘头动物门 环口动物门 二胚虫目 腹毛动物门 颚胃动物门 动吻动物门 直泳动物门 舌形动物门 扁盘动物门

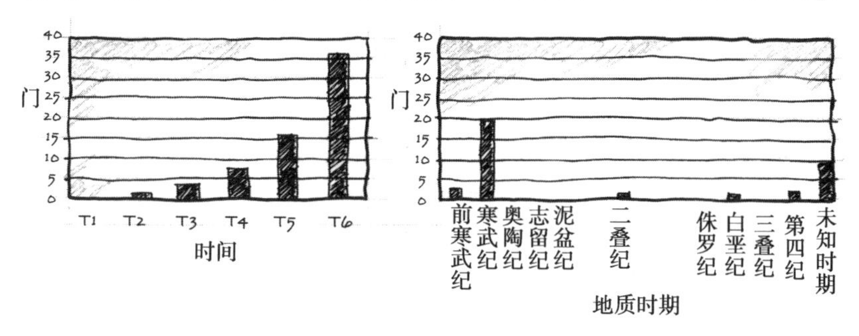

图2.5　图表显示了化石记录中首次出现的不同动物门的代表。根据达尔文的理论，生物形态的差异应该随着时间的推移逐渐增加，不同生物体躯体模式和门的数量稳步增长（上）；显示了新的门数目不断稳定增加是随着一个门的成员发生多样化而产生新的门（左下）；显示了寒武纪第一次出现的门数量激增的真实情况，而紧随其后地质历史各期中很少或没有新门产生（右下）。

值得注意的是，在任何情况下，采用系统发育分类都不会淡化寒武纪大爆发之谜。无论生物学家们怎样对它们进行归类，寒武纪大爆发都是进化生物学界的一大悬案，不仅仅是因为出现了多种多样、丰富无比的动物门类，而且是出现了大量的独一无二的动物形式和结构（根据已测的数据，可能也是因为动物门类增加的缘故）。因此，不管科学家是否决定使用较新的不排序分类表，或较早。较为传统的林奈氏（Linnaean）动植物分类法，都需要解释这一“进化奇迹”——需要解释这些突然涌现出来的、具有新的解剖结构和组织模式的、作为事实保存在化石中的寒武纪动物。(有关该问题的扩展技术讨论，请参考注释[15]。)

寒武纪大爆发有一个特别戏剧性的事实，就是许多新型海洋无脊椎动物的首次出现（以单独的无脊椎动物门[16]、亚门和传统分类法中的纲为代表）。某些动物的有矿化的外骨，包括这些动物的代表门类，如棘皮动物、腕足动物和节肢动物，但它们之间有着完全特异又新颖的躯体模式。此外，对伯吉斯动物群的研究中发现三十多个新型的生物躯体模式，化石中动物的软体与硬体部分都保存得非常完好（见图2.6）。

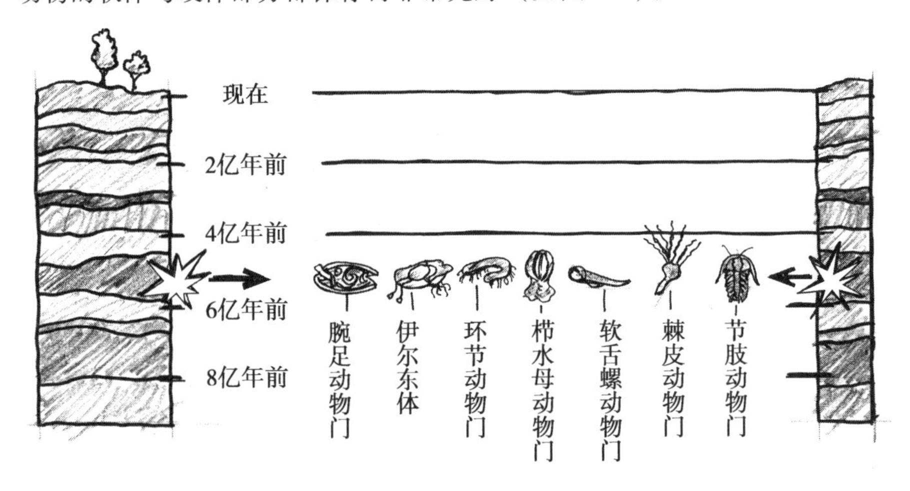

图2.6　第一次出现在寒武纪沉积岩记录中的主要动物种类代表。

伯吉斯页岩动物品种的极度多样化，使得古生物学家花费了几十年的时间才充分地理解其种类。例如，沃尔科特曾试图将每种新形式的化石都归类到现存的所有生物群。然而，在艰难的尝试中，他意识到解决这个具有革命意义的采石场所体现出的疑问比整理现有分类法更加重要。他约见年轻的路易斯·阿加西斯，并卖给阿加西斯他第一次发现的部分化石，后来又描述阿加西斯为“我可以信任并追随的向导”，并在其著作中“谨以该发现向阿加西斯在研究中的伟大想法致敬”。但在阿加西斯和达尔文的这场伟大的辩论中，沃尔科特站在了英国人达尔文这边。伯吉斯页岩的发现不仅使沃尔科特深深着迷，同样也令他深感疑惑。

疑达问氏　令人费解的模式

多年来，鉴于沃尔科特的发现，古生物学家们认真考虑了前寒武纪—寒武纪化石记录的总体模式。特别是，他们还注意到几个达尔文学说观点中未预料到的寒武纪大爆发的特点：（1）突然出现的寒武纪动物形态；（2）缺少从更简单的前寒武纪形式到寒武纪动物的中间过渡化石；（3）一系列惊人的全新动物形式与新型的生物体躯体模式；（4）在更次要的、小规模的多样化和变异发生前，出现了形态上截然不同的化石。这种模式，颠覆了进化论者对于进化是从逐渐的、微小的、递增的改变，并渐渐导致形态上越来越大的差异的期望。

疑达问氏　失踪的树

图2.7和图2.8阐明了由突然出现和缺少中间过渡体这两个特征所构成的首要难题。这些图示的形状会随着时间推移而发生变化。第一张图显示，达尔文主义所期望的只是从微小的变化开始逐渐累积而导致的形态变化。达尔文主义信奉的是，通过微进化变异产生的渐进改变，产生了进化历史中的典型代表——分枝树。

让我们比较一下这个分枝树与化石记录中的分枝树。图2.7和图2.8的下半部分显示的是前寒武纪地层，其中并没有发现我们所预期的、从前寒武纪到寒武纪动物群的中间过渡化石证据。相反地，根据前寒武纪—寒武纪的化石记录，尤其是根据沃尔科特发现的伯吉斯页岩证据表明，从地质学角度上体现了复杂的、新颖的生物体躯体模式是突然涌现出来的。

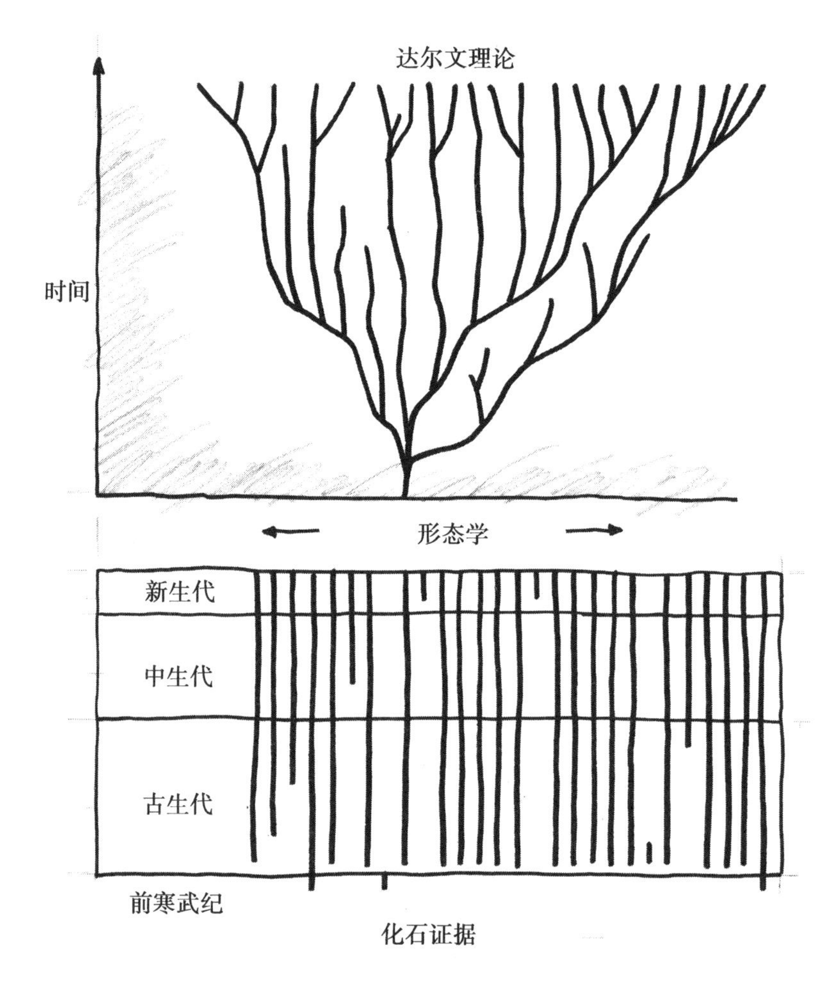

图2.7　动物的起源。达尔文理论（上）预言的逐渐进化改变与化石证据（下）的对比，显示了主要动物种属的突然出现。

当然了，这些化石记录正如达尔文预期的那样，显示了从前寒武纪到寒武纪时期复杂生物体的全面增长。但是，伯吉斯页岩所引发的问题不是复杂性生命体数量的增加，而是生命体结构复杂性的巨大突破。从简单的前寒武纪生物（详见第3章），一下突飞猛进到截然不同的寒武纪生命形式，这似乎发生得太突然，无法用自然选择的渐变和随机突变机制简单地解释这一现象。在伯吉斯页岩或沃尔科特时代其他任何已知的沉积岩中，都没有发现这些新的生命形态有中间过渡体的记录。相反地，在寒武纪地层中还出现了完全独特的生物，如奇异的节肢动物欧巴宾海蝎（Opabinia）

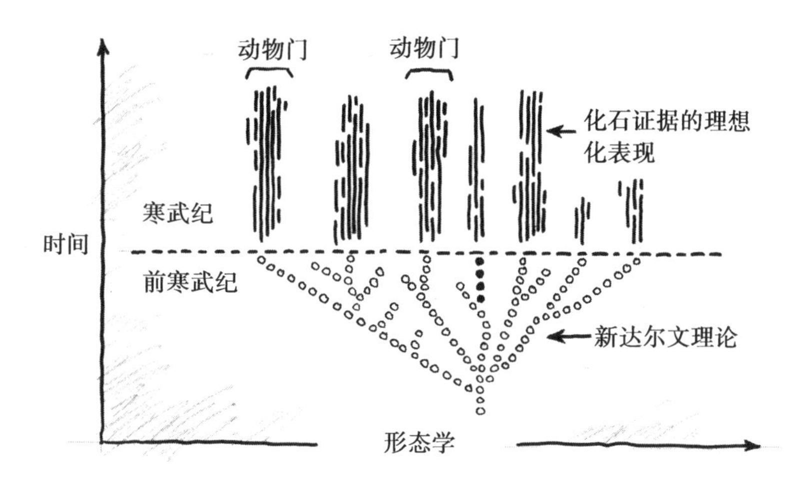

图 2.8　根据达尔文理论，寒武纪岩石下面的地层应该有许多先祖和中间过渡类型的证据。绝大多数动物门的这些形态还没有被发现。预期尚缺的形式用灰色圆圈表示。线条和黑圈表示的是已被发现的门的化石代表。

（图 2.9）。它拥有 15 段铰链式的体节、14 对鳃、30 个蹼状游泳叶、长树干象鼻状的吻、复杂的神经系统，以及 5 只单独的眼睛。欧巴宾海蝎的形态是如此怪异，与寒武纪地层所发现的其他设计同样复杂而躯体模式上完全不同的生物一起，都是寒武纪生命大爆发的代表。

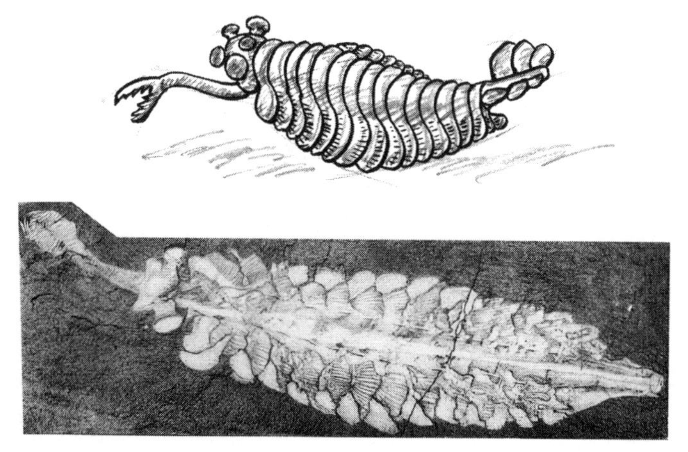

图 2.9　欧巴宾海蝎示意图（上）。欧巴宾海蝎化石照片（下）。

正如我们所知，达尔文把突然出现的寒武纪动物看作是对进化论的重大挑战。自然选择若要跨越从相对简单的生命形式到精致复杂的生物之间的巨大鸿沟，需要极其漫长的时间。

达尔文预见性地认识到进化论的这个局限性[17]。在达尔文时代，地质学家们采用的是相对年代测定法来推断岩石的年龄。当时人们还不会使用我们现在的放射性测量法来确定岩石“绝对”年龄的方法。因此，他们无法明确地测出从累积形成沉积岩柱这个过程的具体时间跨度到底有多长，也就是说，确定进化进程需要的时间区域更广泛。当时的科学家们既未发现细胞内部精细复杂的工作机理，也没发现可使生物发生显著性改变甚至适度进化的具有丰富信息的结构（DNA、RNA 和蛋白质）。即使是这样，达尔文也能够根据他所已知的有机体复杂性以及对他对于自然选择机制运作原理的个人理解，来推断后代渐变所需的时间和其他许多问题的细节。

回顾达尔文原始论据的背景就能揭示其原因所在。在《物种起源》中，他力图反驳著名神学家威廉·佩利（William Paley）提出的钟表——钟表匠比喻。佩利认为，如果你在沙滩上发现一只手表，它是如此的精巧不可能来自天然形成，所以手表必然有一个设计者（钟表匠）；同样，生物体如此精巧复杂，它们也应该有一个超自然的智慧的“钟表匠”（设计者）。运用自然选择原理，达尔文提出一个纯粹的自然的作用机制，这个机制能够构建出许多生命形式的复杂器官和结构（如眼睛）。他的自然选择机制，通过一次一小步的改变，并在此过程中摈弃危害性的变异、抓住稀有的有益的机会来构建此类系统。如果演化是靠这一“整只手表”推动的，换句话说，演化是始于像三叶虫眼睛这样的整个解剖系统的，那么生物学就会重新回到老旧荒谬的想象时代。因此，除非达尔文的进化机制是历经沧海桑田，将最微小的随机改变都保存了下来并逐步不间断地起作用，要不然该机制就无法解释寒武纪生命形式大爆发的真正原因。

疑达问氏 更多的失落环节

伯吉斯页岩所揭示的寒武纪大爆发有两个特点，即前面提到的特点（3）及特点（4）。它不仅证实了寒武纪谜团的真实情况，而且在古生物学家们寻找新化石来解答这个谜团的过程中，这一悬案还变得更加地深不可测起来。

首先，伯吉斯页岩中所发现的这些丰富多彩的新型生命形式，按进化论的说法，多细胞生命体要想集合成如此复杂的结构（特点3），需要的过渡形式的数量远远超出我们之前估算的数值。每种新颖奇异的寒武纪生物，如奇虾（anomalocaris）（图2.10）、马尔三叶形虫、欧巴宾海蝎以及名副其实的怪诞虫，这些先祖生命形式也需要自身过渡时期的系列祖先。然而，在更低的地层里都没有发现其更明显的祖先形式，它们在哪里？

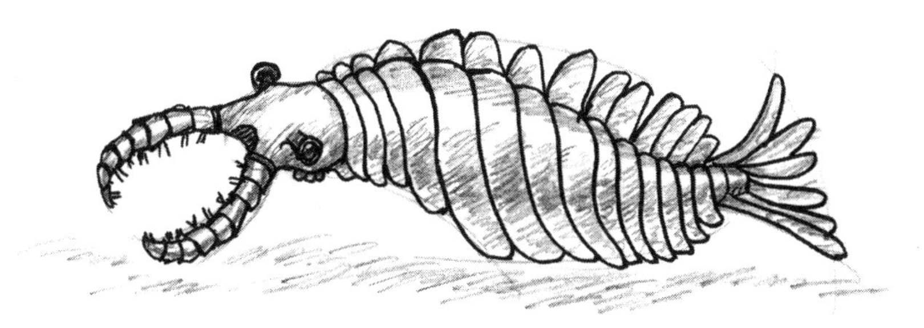

图2.10　奇虾示意图（上）。奇虾化石照片（下）。

达尔文曾经希望进一步的化石研究能够最终解决这个与进化论相悖的问题，然而沃尔科特的发现并不是达尔文期望的那个发现。伯吉斯页岩，不仅未能如预期的那样揭示出已知寒武纪动物的祖先前体形式，它还显示出一大群多种多样的、我们之前未知的、需要补齐它们自身前体的进化长链的动物类型。这些情况的出现，使得达尔文理论越来越难解释寒武纪大爆发了。

自上开始

然而，沃尔科特终其一生，都没有认识到伯吉斯页岩所产生的另一个难题（前面讨论过的特点4）。实际上，这个问题是由沃尔科特之后的寒武纪专家们提出来的，尤其是史蒂芬·杰·古尔德（Stephen Jay Gould）。根据达尔文理论所指，新的动物形式都是由一个共同祖先起源而来，起初它们彼此之间会非常相似，而这些生命形式之间的巨大差别（即古生物学家所谓的分异度），只会在长时间的、增量积累的变化作用后出现。就其技术上的意义来说，分异度（disparity）是指区分更高级别分类形式如门、纲和目上的主要差别；而多样性（diversity）一词是指有机体归类为不同属或种之间的细微差别。换言之，分异度是指生命的基本主干；多样性是指主干上的变异。在化石集合中生物的躯体模式越多，分异度就越大。在伯吉斯页岩中的动物形式就体现出巨大的分异度。此外，首次出现在伯吉斯页岩里的动物生命，在其形态上有很大的区别；每个高级分类下的许多低等级分类（如种或属）所代表的多样性，都标示了一个新的生物躯体模式。

伯吉斯页岩现场及其周围环境很好地阐释了多样性和分异度之间的区别。著名的沃尔科特采石场隐藏在加拿大洛基山脉与大陆的分水岭处。徒步6英里穿越风景如画的幽鹤国家公园（Yoho National Park）才能到达这里——四周围绕着塔卡考瀑布（Takakkaw Falls）、翡翠湖、冰川和冰川消融后露出的山峰。在这样生态多样化的环境里，徒步旅行者有机会发现松鼠、旱獭、鹿、驼鹿、麋鹿、狼，还有北美野山羊。还可能见到罕见的灰熊或加拿大猞猁，同时敏锐的观鸟者们可能会瞥见云雀、白尾松鸡、珍稀的水鹨或灰冠朱雀；白头鹰、鹰类或游隼；河乌、松鸡、迁莺或丑鸭。

尽管这里有这么多的动物类型，但其实它们都来自同一个门类——脊索动物门（Chordata），甚至是来自同一亚门——脊椎动物亚门（Vertebrata）。想象一下，我们徒步远足来到采石场挖掘，沿路幸运地见到了这里的每一种动物，在大饱眼福之后，就到达了沃尔科特的采石场。在这个采石场，你挖掘出的不只是单一亚门的几十种动物化石，而且是迥然不同的多达几十个生物门的动物化石，这是多么令人激动啊！

根据达尔文的理论，进化中的生命体，其形式上的差别或“形态距离”（morphological distance），应该是在自然选择的作用下，随着时间的推移逐渐增加，从小规模的变异逐渐积累产生越来越复杂的形式和结构（包括产生最终的新的躯体模式）。也就是说，物种间小规模的差异或多样性，在发生时间上是先于门之间大规模形态差异的。如前牛津大学的新达尔文主义生物学家理查德·道金斯（Richard Dawkins）所说，“在同一个属内的不同的种，在充足适当的时间内，变成在一个科内不同的属。稍后，科也会出现分歧点，分类学家（专门进行分类的专家）更喜欢将之称为目，然后出现纲，接下来是门。”

达尔文在《物种起源》中阐述了他的观点。在解释著名的树形图（图2.11上）时，他指出该插图不仅仅只是阐明了普遍共同祖先理论。树形图也说明了高分类群如何通过积累细微变化而从较低的分类群中脱离出来。他说，“该图表明了从不同种类之间的小差异逐渐增加而成为物种间的巨大差别的步骤。”他还宣称，自然选择的修饰过程将最终超越种、属的形成，而“根据如图中所示的不同修饰的数量，产生两个完全不同的科或目”。在他看来，这一过程会一直持续下去，直到在形式上产生足够大的、分类学家可归类为新的纲或门的不同差异。简言之，多样性的发生在时间上先于分异度，并且在门这一级的躯体模式上的差异只会出现在种、属、科、目和纲级别的差异发生之后。

但是，化石记录中的真实情况是与这种预期相违背的（图2.11下与图2.12相比较）。根据化石记录显示，首先出现的动物形式都是不同门类的代表，紧接着的才是比这些门类更低一级的多样化生物。而不是像原来预期的，越来越多的种属差别导致了更多的科的出现，进而更导致了目、纲和门类的产生。

没有谁能比罗杰·勒温（Roger Lewin）在《科学》杂志上所解释的寒武纪时期更富戏剧性了：“为了建立较高级别的类群有几种可能存在的模

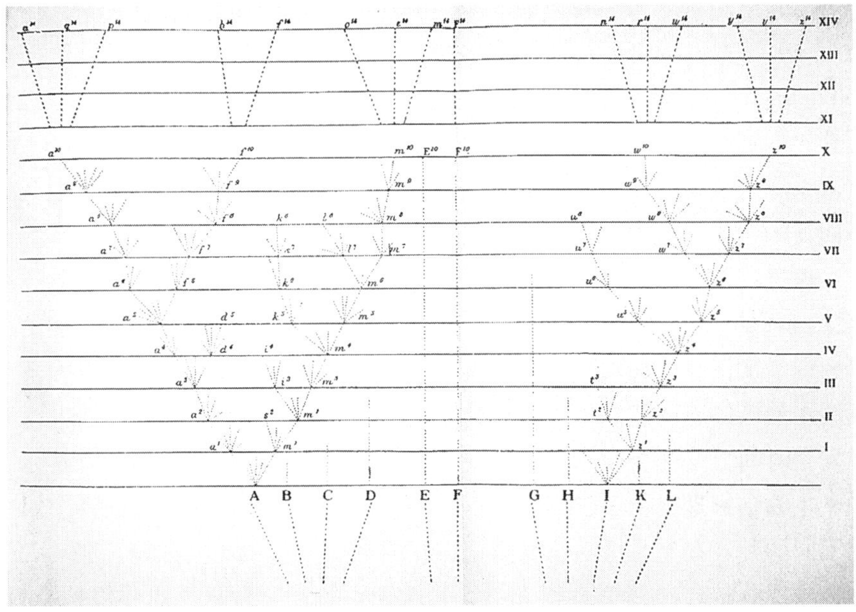

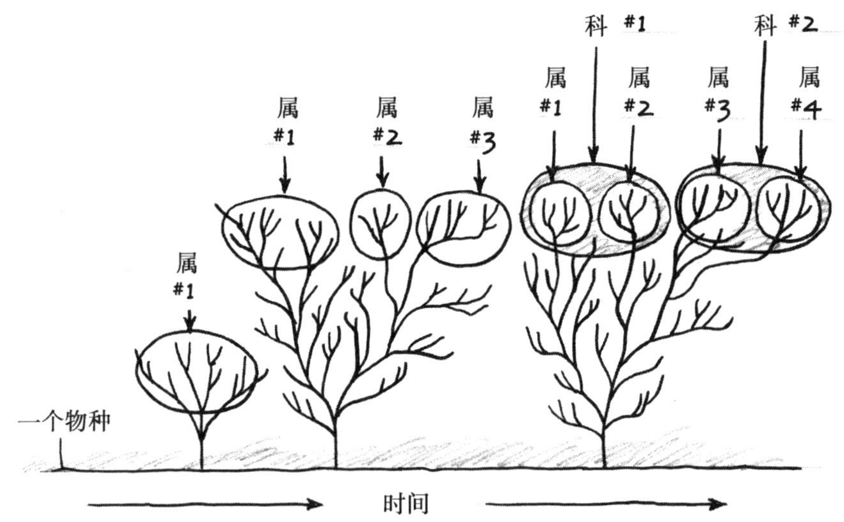

图2.11　达尔文理论的共同祖先学说阐述了著名的生命分枝树，图片复印自《物种起源》（1859）（上）。达尔文所设想的生命树—时间生长方式：新物种产生出新的属和科，最终导致新的目、类和门（图中没有描绘这些更高的分类类别）（下）。

式，其中最著名的两个模式是自下而上和自上而下的途径。第一种自下而上倒锥形模式是进化理论的模型，新奇事物随进化一点一点地涌现；而寒武纪大爆发则符合第二种模式，生命自上而下的爆发式形成。”又如古生物学家道格拉斯·欧文（Douglas Erwin）、詹姆斯·瓦伦丁（James Valentine）和杰克·塞普科斯基（Jack Sepkoski）在他们对海洋无脊椎动物骸骨的研究中写道：“化石记录表明门的多样化的主脉，发生在纲之前，纲在目之前、目在科之前……更高级的分类群似乎并不通过较低的分类群的累积而发生分流。”换句话说，不是先发生物种的增殖和其他低等级分类群的代表起源再建立起较高类群，而是如门和类等最高级别的分类学差异首先产生（也有极少数是从种属级别开始的）。只有在后来的、较新地层中的化石记录了更低分类群代表的增殖：不同的目、科、属，等等。因此，我们可没法指望新达尔文主义的自然选择作用于随机突变机制，能形成我们在寒武纪生命大爆发之后的生命历史中所观察到这个自上而下模式。

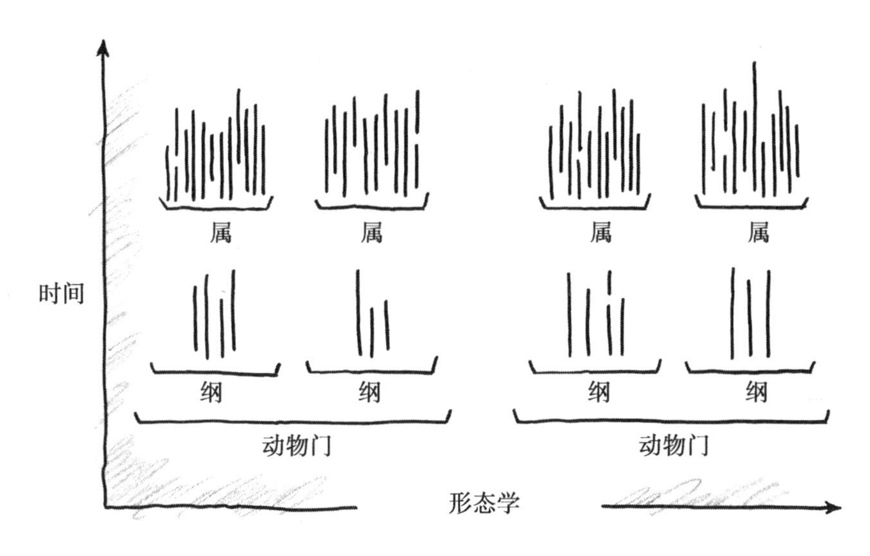

图 2. 12　化石记录里出现的自上而下的模式：差异先于多样性。

当然了，现代系谱分类的倡导者，他们使用的“不排序”分类法摒弃了分类等级和层次结构，在他们的系统中没有“上”和“下”，因此不会将这种现象描述为一种“自上而下”的模式。然而，系谱分类的倡导者承认“性状”（有机体的特性或特征）的不同组合都能标记在进化枝（可能共享一个共同祖先的密切相关的生物体组）上，不论进化枝的形态差异是大还是小。一些系谱分类的领军人物指出，这些化石记录显示出了一个模式，即有少数性状特征首先出现在进化枝时就标记了巨大的形态差异，之后通过在每个进化枝内增加其他性状的组合，就能标记出这些进化枝间的较小差异。进化枝之间较大的差异首先出现，在进化枝内部的较小差异随后出现，即主旋律先于变奏曲出现。

以现代系谱分类的创始人维利·亨尼希（Willi Hennig）为例，他指出一旦出现特殊群体，这些群体内可允许的变异范围就缩小了。在他的经典论著《系谱分类学》（*Phylogenetic Systematics*）中，亨尼希赞许地引述了另一个古生物学家的话：“由于组织内部的根本分歧愈来愈小，因此，连续群体进化的幅度也逐渐缩小。哺乳动物相比爬行动物，其群体类型更加统一和封闭，也即是说，哺乳动物的类型肯定比两栖类坚头亚纲动物的类型更加封闭。”亨尼希接着解释说：“同样的现象在每个更高或更低的系谱分类单位中反复地出现。”[18]

然而达尔文认为，小规模的变异和差异应首先出现，再逐渐引起较大规模形态上的差异，这恰恰与化石记录中的模式证据相反。因此，伯吉斯页岩的发现和之后的分析，无论古生物学家倾向于使用哪个分类系统，从达尔文主义角度来看都揭示了化石记录另一个令人费解的特征。的确，沃尔科特的发现完全颠覆了达尔文所预期的自下而上模式——或者说，先小变再大变的模式。

疑达问氏 第一印象

伯吉斯动物群保护工作中的非凡条件有助于揭示目前寒武纪时期生物形态多样性（和分异度）的丰富程度。在细颗粒的页岩上，伯吉斯化石看起来像阴刻的平版印刷画（参见彩色插图15和16），甚至有些柔软的部分如鳃和内脏都被保留下来。这不符合古生物学常规，通常软组织在石化产生前就会腐烂，留下的只是坚硬的部分，例如骨、牙齿和壳体被保留下来。伯吉斯页岩是与众不同的，它把寒武纪动物群保存下来，以留给后世探索，因为它不仅拥有数之不尽的寒武纪动物，同时也有保存完好的软组织化石的精美盛宴。

想象一下伯吉斯化石形成的过程，可以帮助我们理解伯吉斯动物化石形成所需的非比寻常的条件。所有伯吉斯页岩的动物化石都是生活在巨大的碳酸盐岩礁附近的海洋生物，后来由于板块地壳活动向上推动，形成现在的大教堂悬崖（Cathedral Escarpment）。伯吉斯页岩中的海洋生物在被埋葬了很久之后，这些地壳运动驱使化石从海底向上、向东沿断层移动了数英里，与此同时也形成了几百万年以后沃尔科特攀爬的这座山。

我们要感谢这地球板块的地壳运动，大陆现在所处的位置和它们数百万年前所处的位置是迥然不同的，这些寒武纪生物生活时的大陆板块后来形成了北美洲，才让我们今天有机会见到这些珍奇的生物。

板块构造活动解释了为什么这些珍贵的海洋生物化石不是存在于海底的某处，而是在幽鹤国家公园（加拿大）的群山中被发现。但是人们仍有疑问：那么多不同类型的海洋无脊椎动物，包括软体动物，它们为什么能异常完好地保存下来？古生物学家们认为，伯吉斯页岩中的海洋动物之前居住在古代海洋的水下悬崖或陡坡底部的附近。由于板块构造活动，这个水下悬崖的边缘块发生断裂。悬崖的岩块跌落，随之在水下形成泥流。这种滑塌和流动把伯吉斯动物运送至数公里外更深的水域，并将其深深地埋在那里。这种保存方式不但无损，同时也远离了食腐动物和细菌。古生物学家发现这些生物在海底以多种角度堆积保存，说明泥流很可能是极其汹涌的。这些泥流的速度和压力迅速产生出一个无氧的，有利于动物尸体保存的环境。然后，湍急的泥流在适当的黏稠度和压力下，把细砂和黏土压入动物身体的裂隙，使之在没有撕裂其纤弱肢体的情况下就发生了石化，只有在这种理想情况下保存下来的化石，现代的古生物学家才能够观察到它们的全貌。

这些化石能被保存下来的部分原因是由于当时的特殊条件所致，然而科学家们至今对于寒武纪动物群前所未有的分异度还有疑虑。基于伯吉斯页岩和世界各地的其他化石遗址的证据，寒武纪时期见证了前所未见的，更多完全不同的生物体躯体模式的出现。这种分异度发生在最意料之外的时间，也就是说，发生在动物生命的开端时期。

疑达问氏 假象学说

沃尔科特认识到了这些难题，抱着对达尔文主义忠诚的信奉，他一直致力于寻找解决办法。他意识到，从原则上来说，前寒武纪的化石记录有助于解释寒武纪的化石记录。发现丰富的前寒武纪化石，有助于我们换个角度一点一滴地逐渐了解伯吉斯模式的变化细节。然而当时，在前寒武纪地层中并没有发现任何明显的过渡形式，更没有一个明确的、能够代表较低分类群增殖形成越来越高分类范畴的自下而上的动物进化模式。不过，沃尔科特的一个想法给他带来了新的希望。

地球的表面随着地质年代发生改变，使得伯吉斯动物群戏剧性地保存了下来，或许正是这一点启发了沃尔科特。沃尔科特敏锐地意识到，在如此高海拔的地区还能找到海洋生物，这无疑是大陆和海洋随地质年代推移而改变了位置。于是地质学家沃尔科特，独创性地从地质学角度解答了动物生命起源的生物学问题。他指出，前寒武纪时期是大陆剧烈上升的时期，三叶虫的祖先在前寒武纪海洋从陆地消退的时候发生了第一次演化。接着在寒武纪初期，海洋再次上升，覆盖各大洲，并沉积新近演变出的三叶虫。因此，按照沃尔科特的说法，三叶虫和其他独特的寒武纪生命的祖先前体的确存在，但它们并没有在寒武纪早期才升高到海平面以上的沉积层中形成化石；相反，在寒武纪前海平面较低的那段时期，三叶虫以及它们的先祖形式被近海堆积，而现在这个地方只有深海沉积物。沃尔科特把这段三叶虫和其他动物在近海区迅速演变的神秘时期命名为"利帕尔纪间期"（Lipalian interval）（"利帕尔纪"一词来自希腊语，意为失落的）。按这个观点，突然出现在地质柱状剖面中的寒武纪生物体躯体模式只不过是一个"人造的"不完全的动物化石样品。事实上，谁都无法到达那可能包裹了寒武纪动物群先祖的海底沉积层。古代海洋的海侵（transgression）和海退（regression），使得我们无法发现寒武纪动物群的祖先前体。

沃尔科特的假象学说（也称为"利帕尔纪间期"假说），是达尔文关于尚未被发现寒武纪的动物化石祖先朴实说法的显著进展。沃尔科特假说的优势在于利用已知的地质作用来解释三叶虫的突然出现，以及其祖先和过渡形式的缺乏。一旦海底钻井技术发展到可以对近海沉积岩石采样的时候，就可以对这个假说进行验证。

虽然沃尔科特也承认，他的假说在试图解释证据的缺乏方面基本上没有说服力，但他坚信这是对他古生物资料广泛抽样后的合理推断。“我完全了解，上述结论主要基于对元古界（Algonkian）（前寒武纪）岩石中的海洋动物群缺失的概述，”他写道，“但是对于寒武纪动物群突然出现的原因，没有比我的这个假说更合理的了，除非前寒武纪化石被发现而证明我是错的。”

疑达问氏 统合与分割

沃尔科特运用另一套策略，以使得伯吉斯页岩的发现符合达尔文的进化理论。负责对生命形式的不同群体进行识别和命名的分类学家，一般可分为两种类型：“统合派（lumpers）”和“分割派（splitters）”。“统合派”倾向于把不同生物体聚集在相同的大类别中，然后再用较低等级的分类来区分它们；“分割派”往往把相似的生物体分隔成许多高等级的分类群。沃尔科特赞成统合派，他在处理伯吉斯化石时就使用该方法，以弱化寒武纪新生命形式突然爆发性增殖的有关难题。

当沃尔科特返回史密森学会时，他试图将伯吉斯所有的如天外来客般形态奇特的化石都归类到现存的所有生物群分类中。他运用统合法，把形态上明显不同的马尔三叶形虫和三叶虫两种生物，不仅归在了同个门中，还归在了同个纲（三叶虫纲）里。他的分类理由是：该生物体预示了三叶虫的出现（图1.4 和图 2.3比较）。古尔德后来批评沃尔科特的分类方法是“鞋拔子”（译者注：意为硬塞进去）。他说，即使是与沃尔科特同道的统合分类者，耶鲁大学古生物学家查尔斯·舒赫特（Charles Schuchert），也质疑对马尔三叶形虫的分类。古尔德指出沃尔科特使用这一“策略”，是为了尽量弱化伯吉斯化石形态学上的巨大差异所导致的疑问。

现今也有一些古生物学家不同意古尔德对沃尔科特分类法的批评。不过，少数古生物学家认为沃尔科特使用统合分类法来解释这些化石，实际上是背离了寒武纪大爆发的真实情况。例如，大多数学者既把马尔三叶形虫归类在现存的现代门类里，即节肢动物门，同时他们也把它归类在一个崭新而单独的纲内，即马尔三叶形虫纲。然而，不论把马尔三叶形虫归类于哪一个新型的门或纲，都比不过解释为何突然出现如此多清晰而新颖的寒武纪化石这一点来得重要。

疑达问氏 缓兵之计

沃尔科特以为他解答了寒武纪大爆发之谜，广大的达尔文主义支持者会感恩地接受他的分类学方法以及他的假象学说。因为沃尔科特的方法也为有朝一日能发现前寒武纪动物类群的主干及其主要分枝的证据带来希望，其信徒不能因为将主张达尔文主义的古生物学拖入无法验证的教条领域中而被指控。他们只有等待海底钻探技术的出现，并期望大洋深处的自然环境是适宜的、不受干扰的，并保存着重要寒武纪生物体躯体模式的坚实证据。

但沃尔科特的理论成就也并不意味着他的功绩。他对伯吉斯页岩的发现以及对该发现的理解，就像是一个对他的客户绝对忠实的辩护律师，在偶然中发现了一个房间，里面充斥着客户怀疑他的线索。他却通过把不同的化石形态分组归入现有的门类，以及发表独创性的假象学说，找到一条简洁的途径，用达尔文主义的方式来解释这一切看似与他所述根本不相符的证据。

在为沃尔科特忽视了伯吉斯化石的重大特征而进行辩解的时候，古尔德指出，是沃尔科特日益增加的、各方各面的管理需求，使得他没有多余的时间去重温动物分类学的基本类别。根据达尔文主义的基本假设，动物是作为自然选择作用于小增量变异的结果而逐步起源的。那么，在所有的这些化石中，沃尔科特根据这一原则重新验证过的又有多少呢？

3　柔软的躯体和强硬的真相

2000年春天，由西雅图发现学院赞助、在华盛顿大学地质学院举办了一场讲座，主讲人是著名的中国古生物学家陈均远教授（图3.1）。由于他在挖掘中国南方新发现的寒武纪时代化石的真相，陈教授在科学界的地位正逐步提高。陈均远教授在云南省昆明市澄江镇附近发现了珍贵的寒武纪早期的动物化石。1995年的《时代》杂志关于寒武纪大爆发的封面故事中提到澄江发现，使人们对化石的兴趣飙升。截至这次讲座前，陈教授已经发表了大量关于这种新生命形式的科学论著，确立了他作为这个独特地质背景化石群首席专家的地位。

毫无疑问，陈均远教授的到访激起了华盛顿大学全体教员的极大兴趣。他带来了引人入胜的照片以及世界上最古老的、在远隔万里的东方异国中保存最完好的寒武纪化石样品。要知道，澄江化石群现场是迄今地球上发现的分布最集中、保存最完整、种类最丰富的“寒武纪生命大爆发”例证，甚至超越了传奇的伯吉斯页岩。

化石群发现于澄江附近的帽天山（图3.2），其间发现了更多不同类型的寒武纪生物的躯体模式，来源的寒武纪岩层晚于伯吉斯的岩层年代，其图像的保真度非常高。这些中国化石更有助于证实寒武纪生命大爆发。

陈均远教授所报告的澄江发现无疑具有非凡的意义。然而，很快有听众对陈均远教授的科学正统性质疑。在陈均远教授的演讲中，他强调了来自中国的化石证据与达尔文的正统理论之间的显著性矛盾。因此，听众席里的一位美国教授警告式地提出问题：你这样如此直率地对达尔文主义表达出质疑，你难道不紧张吗？我记得当时陈教授苦笑着回答：“在中国，我们可以批判达尔文，言论是自由的。在美国，你可以批评政府，而不能批判达尔文。”

图 3.1　陈均远

图 3.2　帽天山露头（左）。在帽天山现场的前寒武纪—寒武纪边界标记（中和右）。

不过在听过了讲座之后，听众们很快认识到陈教授有充分的理由质疑达尔文所描绘的生命历史。正如陈教授解释的那样，中国的化石发现将达尔文的生命之树“颠倒”了过来。此外，他们对查尔斯·沃尔科特假象学说的版本也质疑，该假说可是达尔文渐进主义（gradualism）理论的关键支柱。

重游伯吉斯

截止到 1917 年，查尔斯·沃尔科特完成了对伯吉斯页岩的最后发掘，他和他的团队已搜集了超过65 000件化石标本，所有的这些标本都被运到史密森学会的自然史博物馆并编制了目录。1930年，另一位美国古生物学家，哈佛大学教授珀西·雷蒙德（Percy Raymond），对伯吉斯页岩开展了再次调查，最终他采集的标本也被运送并保存于美国。

由于这两次挖掘工作是两位杰出的美国人所领导的，因此最初并没有在加拿大公开展示伯吉斯化石的收藏。许多加拿大科学家认为这一事件是国家之耻，所以在20世纪60年代，加拿大地质调查局委托一支英国队伍再次发掘沃尔科特采石场。为了让“伯吉斯页岩归国”，绝大部分新近发掘出的化石都永久地陈列在加拿大[19]。这支团队由剑桥大学古生物学家哈里·惠廷顿率领（见图3.3），他的两个研究生西蒙·康威·莫里斯（Simon Conway Morris）和德里克·布里格斯（Derek Briggs）协助工作，这两个人最终都因伯吉斯页岩成为了国际知名专家。

图3.3　哈里·惠廷顿。

在仔细分析了伯吉斯的寒武纪动物群后，惠廷顿意识到沃尔科特严重低估了这群动物的形态差异。很多的生物都具有独特的躯体模式，独特的解剖结构，或两者兼有。在伯吉斯展品中，欧巴宾海蝎显示出独特的形态，它有五只眼睛、十五段明显的体节，在其长吻的末端还有一个爪子。怪诞虫、奇虾、莱克斯（Nectocaris：意为“会游泳的虾”）和其他许多伯吉斯动物也是如此形态奇异，独一无二。直至今日，古生物学家描述莱克斯时，都不能确定它到底是更像节肢动物呢，还是更像脊索动物或头足部动物（一个软体动物纲；见图 3.4）。

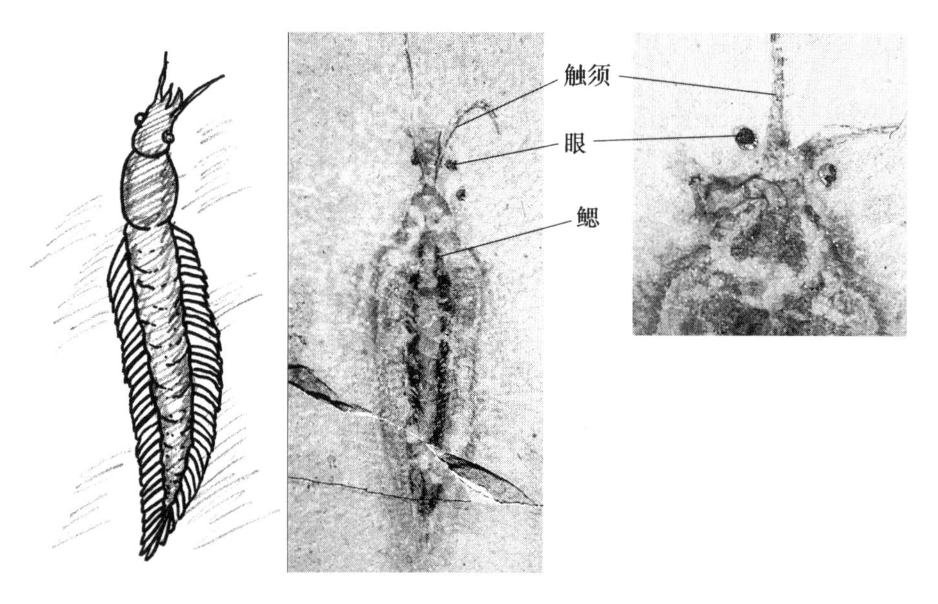

图 3.4　莱克斯的示意图（左）。莱克斯化石照片（中，右）。

惠廷顿发现，现有的分类无法归类这些生物，即使是用更高级的纲或门这样的分类学类别，归类这些生物仍然是非常勉强的。当然了，里面也有很多动物很容易归入现有的动物门，能明确地代表独特的亚门或纲。例如，奇虾（从字面上讲，“古怪的虾”）和马尔三叶形虫，都有着坚硬的外骨骼，明确地代表了节肢动物或是与节肢动物非常相近的生物。然而，每一种动物又都拥有许多独特的解剖部位，并且组成这些部位的方式也不同，因此又必须将它们与熟悉的节肢动物（如之前寒武纪古生物的主要研究对象三叶虫）清楚地区分开来。

三叶虫专家惠廷顿，与其他人一样对此也是非常明白的。1971年，他发表了首篇关于伯吉斯生物群全面综合分类的综述。在这篇文章中，他果断地破除了沃尔科特先前尝试把所有的寒武纪形式归入已有分类范畴的做法。

通过如此处理，惠廷顿再次强调了伯吉斯生物群存在着形态学上的分异度，并且在此过程中，他摒弃了沃尔科特妄图使寒武纪问题最小化而提出的统合策略。沃尔科特将所有的伯吉斯动物统合入现有的门和纲中，看似通过减少新型门类的数量来减少分异度的难题（门类越少所需的中间过渡形式就越少）。但惠廷顿从伯吉斯动物群上清楚地认识到分异度的存在，他的研究结果不仅削弱了沃尔科特所提出的解决寒武纪之谜的方案，还重点突出了其未解决的核心问题：新型生物形式的起源。

疑达问氏 海底探测

尽管惠廷顿以及后来的古尔德，都驳斥了沃尔科特早期试图把所有的伯吉斯动物“硬塞”进现存分类类别的做法，但是，现在的许多古生物学家也并不认同史蒂芬·杰·古尔德将许多伯吉斯页岩生物完全视为外来物种，而忽视其与任何现代群组之间密切联系的做法。而且这些古生物学家也认为，在寒武纪首次出现生物，其总门的数量比古尔德认为的更少，说不定跟沃尔科特所认定的数量差不多。就如前一章中讨论过的，因此现在仍有不少古生物学家更青睐“不排序”的分类方法。

无论如何，大多数古生物学家都认识到，伯吉斯页岩证实了非同寻常的、数量丰富的、形态新奇的动物形式的存在，包括存在许多具有独特的解剖结构和身体部位组成的生物。如此一来，无论对这些动物的归类是否存在意见分歧（它们的形态是如此的奇特，就算是五岁的儿童都能够将它们与所有已知的生命形式区分开来），仍然需要解释它们的起源。因此，如上所述，沃尔科特使用的“统合法”并不能解答寒武纪之谜[20]。

那么沃尔科特提案的第二部分——假象学说的情况又如何？为了评价这一假说，沃尔科特设计了一个更明确和更客观的测试方法。回想一下，沃尔科特认为是由于海侵和海退的作用所导致的寒武纪化石记录中寒武纪动物祖先前体缺失。他假定存在着一个地质年代的间隔，在这前寒武纪的海洋里，寒武纪动物的祖先在近海处发生进化，并最终被堆积在海洋的沉积岩层里。根据这一假说，这些沉积物如今在大陆地区已经不存在了，只有在大洋深处才有发现它的可能。除非等古海洋上升覆盖大陆，就像被保留在沉积物中的寒武纪海洋动物遗骸一样位于海平面以上，我们才可能与它们相见。

沃尔科特提出这个巧妙的地质场景的时候，当时的技术尚无法进行测试证实。但是随着海底钻井技术的发展，在20世纪40—60年代，石油公司已经能够钻取几千英尺深的海洋沉积岩了。地质学家评估了这些钻孔岩心的内容物后发现，并没有沃尔科特所预计的前寒武纪化石。

相反，这个假说还产生了另外一个更加根本性的问题。在沃尔科特提出假象学说的那个时代，地质学家们认为海洋和大陆板块基本上是保持稳定的，彼此之间是相对固定的状态。造山运动、断层作用以及其他的地质学过程都被归因于全球性的海平面变化。海平面变化，低谷的沉积物被不断充填成为地槽，岩浆沿着地壳的裂隙上升至地壳的浅处形成堆积的岩浆岩，甚至会导致地球缩小的现象。

地球庞大的实心板块实际上是处于运动中的，它通过俯冲、海底扩张的板块构造过程持续地进行着自我循环，但在当时尚未有人提出这个观点。然而，现代的板块构造学说能够肯定，大洋地壳物质最终会切入地球并在俯冲的过程中熔化。在板块俯冲过程中，地表岩石发生熔化后，形成新的熔融岩浆来源。最终，地球深部的岩浆从大洋中脊的某个地方涌出形成新的火成岩，此过程被称为海底扩张。这一切都遵循着一个规则，即任何海洋地壳火成岩顶上的海洋沉积物，在地表都有一个有限的“寿命”。最终，这些沉积岩与大陆边缘碰撞，深深陷入上地幔并熔化形成岩浆。

这种周期循环所导致的结果，就是任何海洋沉积物的最大年龄都受到了严格的限制。根据现代的估计，现存海洋地壳最古老的部分仅仅是从侏罗纪（或约1亿8 000万年前）开始——远远比包含了三叶虫祖先化石的地层年轻。根据板块构造的证据，科学家抛弃了沃尔科特提出的假象学说和利帕尔纪间期的说法，认为这两个假说是不可行的。今天的古生物学家已经不指望能在海洋沉积物中找到任何三叶虫的前寒武纪祖先了，因为他们意识到，海洋盆地里没有前寒武纪的沉积物。前寒武纪地层能被发现的地方，只会是在大陆上。

疑达问氏 假象学说的其他观点

虽然沃尔科特试图解释寒武纪动物祖先化石缺失的努力终成泡影，但科学界仍有其他版本的假象学说在继续流传。这些说法通常有两种基本形式：一些科学家声称，缺失的前寒武纪祖先化石仅仅是因为别的什么原因尚未发现而已——化石缺失是化石记录采样不完整的假象；另一些科学家则认为，前寒武纪沉积岩中没有将这些缺失的化石保存下来——前寒武纪的动物根本没能保存下来，因此不可能找到什么缺失的化石。

沃尔科特否定了古生物学家们对很多地方进行简单的查找或抽样的想法。他指出，地质学家们已经广泛地调查了“一大批北美洲东部的寒武纪和前寒武纪地层”。虽然他们搜寻的范围“从阿拉巴马州到拉布拉多地区；从内华达州和加利福尼亚州远至亚伯达省和不列颠哥伦比亚省的北美洲西部地区，并且还有中国地区”，但他们的调查依然没有突破。沃尔科特认为各大洲根本没有寒武纪祖先的化石遗迹保留下来。

在沃尔科特之前的一些地质学家曾想得更远，他们认为通过极高的温度和压力，即“普遍变质作用”（universal metamorphism）这一过程，所有的前寒武纪沉积岩都被摧毁了。而沃尔科特否定了这一假说，因为他自己在其他地方就见过“大批北美大陆上的前寒武纪沉积岩”。其他的地质学家认为，演化创新的大爆发仅发生在停止沉积的时期，并从而再次导致化石无法保存。但是，正如古尔德对沃尔科特假象学说的评价那样：这种解释也显露出许多科学家“既无奈又特殊……它源于挫折，而不是源于发现的乐趣”。

疑达问氏 假象学说的当代版本：太软或太小

“普遍变质作用”设想被判了死刑之后，一些古生物学家提出了更简单、更直观、貌似更合理的假象学说。他们声称，之前所说的寒武纪动物的过渡类型，可能因为是太小或太软，或两者皆备，以至于没能保存下来。

加州理工学院的发育生物学家埃里克·戴维森（Eric Davidson），认为寒武纪动物的过渡形式是“类似于现代海洋幼虫的微观形态”，它们实在是太小而无法被可靠地石化[21]。其他的进化科学家，例如格雷戈里·雷（Gregory Wray）、杰弗里·莱文森（Jeffrey Levinson）和利奥·夏皮罗（Leo Shapiro），认为寒武纪动物祖先没有保留下来是因为它们缺乏如贝壳和外骨骼等坚硬的部件[22]。他们辩称，由于软体动物很难石化，我们不应该期望在前寒武纪化石记录中能找到想象中软体寒武纪动物祖先的遗骸。加州伯克利大学古生物学家查尔斯·R.马歇尔（Charles R. Marshall）对这些解释进行了概括：

> 要记住我们是透过化石和地质记录允许的窗口来看到的寒武纪“大爆发”，这一点很重要。因此，当谈到寒武纪“大爆发”时，我们通常指生物大体（通过肉眼可以看到的）的外观和可保存的（因此主要是骸骨）形式……如果这些生物既小又无骨，那么我们就不必期望能在化石记录中看到它们。

乍一看这个说法还挺合理，然而已有几个科学发现对这些版本的假象学说质疑。对于寒武纪动物祖先太微小而无法被保留的说法，较早前古生物学家们就已经知道了，古代的前寒武纪岩石中还保存着丝状微生物（或许是蓝藻细菌）的细胞，因此这一观点显然不能成立。加利福尼亚大学洛杉矶分校的古生物学家J.威廉·索普福（J. William Schopf），报告了在澳大利亚西部的瓦拉沃纳（Warrawoona）地层中发现的极为古老的化石样品。这些石化的蓝藻保存在34.65亿年的层状硅质岩（微晶沉积岩）里，在同一地层里还保存着叠层石垫（译者注：叠层石是原核生物所建造的有机沉积结构，通常表明有细菌的存在），内部还保留有稍年轻的，大约34.5亿年年龄的白云岩沉积物（见图3.5）。

图 3.5　寒武纪时代化石叠层石的照片（左）。精细层和粗糙层交替结构的前寒武纪叠层石化石横截面（右）。

这些发现对寒武纪祖先太小而无法在化石记录中保存下来这种假设构成了危胁。保存有石化的蓝藻和单细胞藻类的沉积岩更古老，因此，更容易被地球板块构造活动破坏的是这些沉积岩，而不是比它地质年代小的含有寒武纪动物祖先的沉积岩。然而，事实却是这些更古老的岩石以及它们所包含的化石都完好地幸存下来了。古生物学家们既然能在如此古旧和罕见的沉积岩里找到这么微小的石化细胞，难道他们还不能够在更年轻、更丰富的沉积岩中找到一些寒武纪动物祖先形式吗？但遗憾的是这些生物的祖先至今仍未被发现。

这一假说的第二个说法——寒武纪祖先因为太软而不能保存——也受到了质疑。有几个原因：首先，一些古生物学家质疑硬体寒武纪动物是否有软体祖先形式的解剖学可行性[23]。他们提出，如许多动物所代表的腕足动物门和节肢动物门，由于它们的生存取决于它们保护自身软体不受外界有害环境侵袭的能力，因此它们的软体部分可以先不进化，而在添加外壳之后再发生进化。如加利福尼亚大学伯克利分校的古生物学家詹姆斯·瓦伦丁指出，以腕足动物群为例，“没有一个持久的骨架，腕足动物的躯体模式（Bauplan）就不会有功能。”陈均远和他的同事周桂琴也观察到：“腕足动物群这样的动物……没有一个矿化的骨架就不能生存。节肢动物具有分节附肢，同样需要一个坚硬、有机或矿化的外壳。"

由于这些动物是需要硬体的典型代表，因此陈均远和周桂琴假定这些动物的祖先形式是存在的，它们应该就在前寒武纪化石记录里，一直保存在某个地方。因此，前寒武纪地层中不存在这些寒武纪动物祖先的硬体部分，这就表明这些动物是在寒武纪时期首次出现的。因此他们一直斩钉截铁地强调："在前寒武纪地层中没有观察到这种化石，证明这些门出现的时间就是在寒武纪。"[24]

需要指出的是，该论点不适用于所有的寒武纪动物群体。在我看来，该论点尚不足以达到"证据"的地位。许多寒武纪的门系，包括以硬壳为主要特点的动物门系，如软体动物门和棘皮动物门，都有软体的代表动物。例如，已知最早的软体动物金伯拉虫（Kimberella），就没有坚硬的外壳（尽管它确有其他坚硬的部分）。显而易见，某些有硬壳的寒武纪动物群体确实可能存在软体的祖先。

如果说某些节肢动物或腕足动物的祖先（尤其是一些年代极其遥远的祖先）没有硬壳，这确实是可能的。软体有爪动物门（天鹅绒虫）曾被视为节肢动物的祖先，虽然最近越来越多的研究对这一想法表示怀疑。根据化石记录，有爪动物门出现在节肢动物之后，支序分类学分析表明有爪动物门可能是节肢动物门的姊妹，而不是节肢动物的祖先，归类属于节肢动物门。即便如此，这个观点却很难反驳，因为特别是要排除节肢动物或腕足动物可能存在一个深植于前寒武纪的软体祖先的可能性。

不过，以达尔文观点来看，在生命史上很难出现所有寒武纪节肢动物或腕足动物的祖先（尤其是与这些动物相对近代的祖先），全部都没有硬体的情况。有许多突然出现在寒武纪的节肢动物类型，如三叶虫、马尔三叶形虫、延长抚仙湖虫（Fuxianhuia protensa）、三叶形虫（Waptia）、奇虾，所有的这些动物都有坚硬的外骨骼或身体部件。此外，已知现存的唯一没有坚硬外骨骼的节肢动物囊舌虫（pentastomids），与节肢动物之间存在着寄生关系。实际上，如果前寒武纪中确实存在这种节肢动物祖先，如果节肢动物是像达尔文理论所说那样渐进出现的，那么毫无疑问，许多出现在寒武纪的节肢动物的某些近代祖先，必然会在前寒武纪化石记录中留下一些外骨骼的遗骸。

此外，节肢动物的外骨骼是一个紧密集成的解剖系统的一部分。特殊的肌肉、组织、肌腱、感觉器官，以及一个介于动物软组织和外骨骼之间的特殊的胸内隔系统（endophragmal system）整合在一起，形成了对所有节肢动物生存不可或缺的蜕皮支撑、外骨骼生长和维护的结构。有的解剖系统，通过支持、促进外骨骼的生长和维持，赋予了动物功能优势（反之亦然）。因此，如此精妙系统的起源是达尔文进化论的最佳例子，让我们想象一下这些独立的解剖子系统如何通过相互协调完成"共同演化"进程的。没有这个系统，动物会很容易受伤。因此，这些相互依存的子系统似乎不太可能在没有外骨骼的情况下发生独立进化，只有在长期的演变过程结束的时候，外骨骼在已经整合了的软体综合系统的基础上作为一种添加物而突然进化。

因此，如果那个时期存在节肢动物的话，至少有一些节肢动物基本的硬体部分在前寒武纪被保留下来才是合理的。但对于所有的寒武纪节肢动物（和腕足类）来说，目前在绝大部分保存的硬体化石记录里，是否有这种部件仍是未知的，至少是稀奇罕见的。从表面上看来，该部件的出现就支持了寒武纪古生物学专家，如陈和周等人的观点。即，在前寒武纪化石记录中任何硬体的缺失，都是依靠这些硬体存活的生物的缺失的证据。

在通常情况下，假象学说的拥护者们即便无法对整个寒武纪的动物进行解释，至少也需要解释一下寒武纪大爆发中的硬体生物。古生物学家乔治·盖洛德·辛普森（George Gaylord Simpson）在1983年指出，即使前寒武纪的祖先仅仅是由于它们缺乏坚硬的部件而不能保存下来这一说法是真的，"但仍然有一个引人深思的谜：在寒武纪开始时突然出现的这么多动物，为什么会具有硬体（如各种各样的骨骼），这些硬体又是如何产生的?"[25]

此外还有一个更尖锐的难题摆在了这个假说的面前。尽管化石记录里软体部分出现的频率一般不会像硬体部位一样高，但它还是保存了许多寒武纪和前寒武纪时期的软体动物的器官以及解剖结构。

正如我们早前看到的，在世界各地有几个地方的前寒武纪沉积岩中，保存有石化的蓝绿色的海藻集落，单细胞藻类和单核细胞（真核生物）。这些微生物不但体型微小，而且它们完全没有硬体部位。另一类前寒武纪后期的生命体，这一时期又称为文德期（Vendian）或埃迪卡拉纪（Ediacaran），研究发现了许多化石遗迹，包括很多软体生物，包括很多地衣、藻类或原生生物（包含细胞核的细胞微生物）等。其实寒武纪年代地层本身就保存有许多软体生物和结构。特别是伯吉斯页岩，保存有好几种类型的硬壳寒武纪动物的软体部位，如花边蟹（marella splendens）、威瓦亚虫（Wiwaxia）和奇虾（Anomalocaris）。伯吉斯页岩还记载着几个动物门系的整个软体代表，其中包括：

- 刺细胞动物（Cnidaria）［以一种叫海笔（Thaumaptilon）的动物为代表，较小的软体海葵式动物形成的羽状的群体生物］
- 环节动物（Annelida）［以多毛类蠕虫（Burgessochaeta）为代表］
- 鳃曳动物（Priapulida）［以奥托亚虫（Ottoia）为代表］
- 栉水母动物（Ctenophore）［一种凝胶状的动物，类似于现代的栉水母的半透明身体］
- 叶足动物（Lobopodia）［以怪诞虫为代表，是多足分段的软体动物］

伯吉斯页岩还保存着一些亲缘关系未知的软体动物化石，如阿米斯克虫（Amiskwia），一种胶体空气垫状的动物；伊尔东体（Eldonia），比现代海蜇解剖结构更复杂的海蜇类动物；以及前面提及的，很难进行分类的莱克斯（Nectocaris）[26]。就像西蒙·康威·莫里斯（Simon Conway Morris）写到的，“伯吉斯现存的收藏大约有 70 000 件标本。其中，约 95% 的标本都具有软体或是纤细的骨骼。”

疑达问氏 澄江爆发

科学家们任何对沉积岩是否有能力保存又软又小的身体部件的疑虑，都因为中国南部 20 世纪 80 年代初的一系列举世瞩目的化石发现而永远地烟消云散了。

1984 年 6 月，中国古生物学家侯先光教授，前往中国南部的昆明地区，去勘察一种叫做古介形虫/高肌虫（bradoriid）的双瓣壳节肢动物化石。云南省昆明市的周边地区，因发现了晚前寒武纪地层和典型寒武纪时代的化石而闻名。比如说这里发现了古介形虫和三叶虫，两者都因为它们典型的坚硬的外骨骼而相对容易保存。早在 1980 年，侯先光教授就在昆明附近的筇竹寺地层中发现了许多古介形虫样品。

1984 年的夏天，侯先光教授到澄江镇地区，在一种叫做“黑林铺组”（Heilinpu Formation）的地质构造中寻找古介形虫。然而，努力的工作却并没有取得任何进展。因此，他把注意力转向另一座露头，即现在被称为帽天山页岩的沉积层序。侯先光教授的团队雇用工人挖掘和冲刷泥岩块，他在《中国澄江的寒武纪化石》一书中，描述了接下来发生的故事：

> 在 7 月 1 日（星期日）下午 3 点左右，我们在一块劈开的石板中发现了块化石：一片 5 分钱硬币大小的半圆形白色薄膜，起初我们误认为它是一种未知甲壳纲动物的瓣膜。对它进行研究后我们认识到……它代表了一个以前从未有人报道过的物种，这块断裂的岩石使我们加快速度搜索其他化石。在找到了另一个 4—5 厘米长，并有保存完好的肢体的动物样本后，很明显，这里完全就是一个软体动物群。

侯先光教授对这块寒武纪标本记忆犹新，因为它“在湿润的泥板岩上栩栩如生”。经过加倍努力，研究人员很快发现了一个又一个非凡的软体动物遗骸化石。虽然大多数化石都是作为三维生物的二维平面化印记保存下来的，但正如侯先光教授观察到的，“部分标本保留有像三维浮雕线条一样的浅浅印记。”最重要的是，“不仅是如腕足动物群的壳或三叶虫的头胸甲之类的硬体组织的遗骸，在澄江动物群中都发现了完美代表性的化石，而且那些通常情况下会因分解作用而消失的较孱弱的组织，在澄江动物群的化石里也都完好地保存了下来。”

作为非常精细的小颗粒沉积的结果，澄江化石群中保存的动物的解剖细节的保真度甚至超越了伯吉斯动物群。帽天山页岩保存的软体动物和解剖部位比伯吉斯页岩的数量更多而且类型更丰富。在之后的几年里，侯先光教授和他最亲密的同事陈均远和周桂琴，陆续发现了许多保存完好度极高的，甚至未发生骨骼角质化的动物样本，其中包括软体动物门中的成员，如刺细胞动物门（珊瑚和水母）、栉板动物门（水母）、环节动物门（“环形”分段类型的蠕虫）、有爪动物门（有腿的分节蠕虫）、帚形动物门（管状、滤食性海洋脊椎动物）和鳃曳动物门（另一种独特类型的蠕虫）[27]等。（见图 3.6）

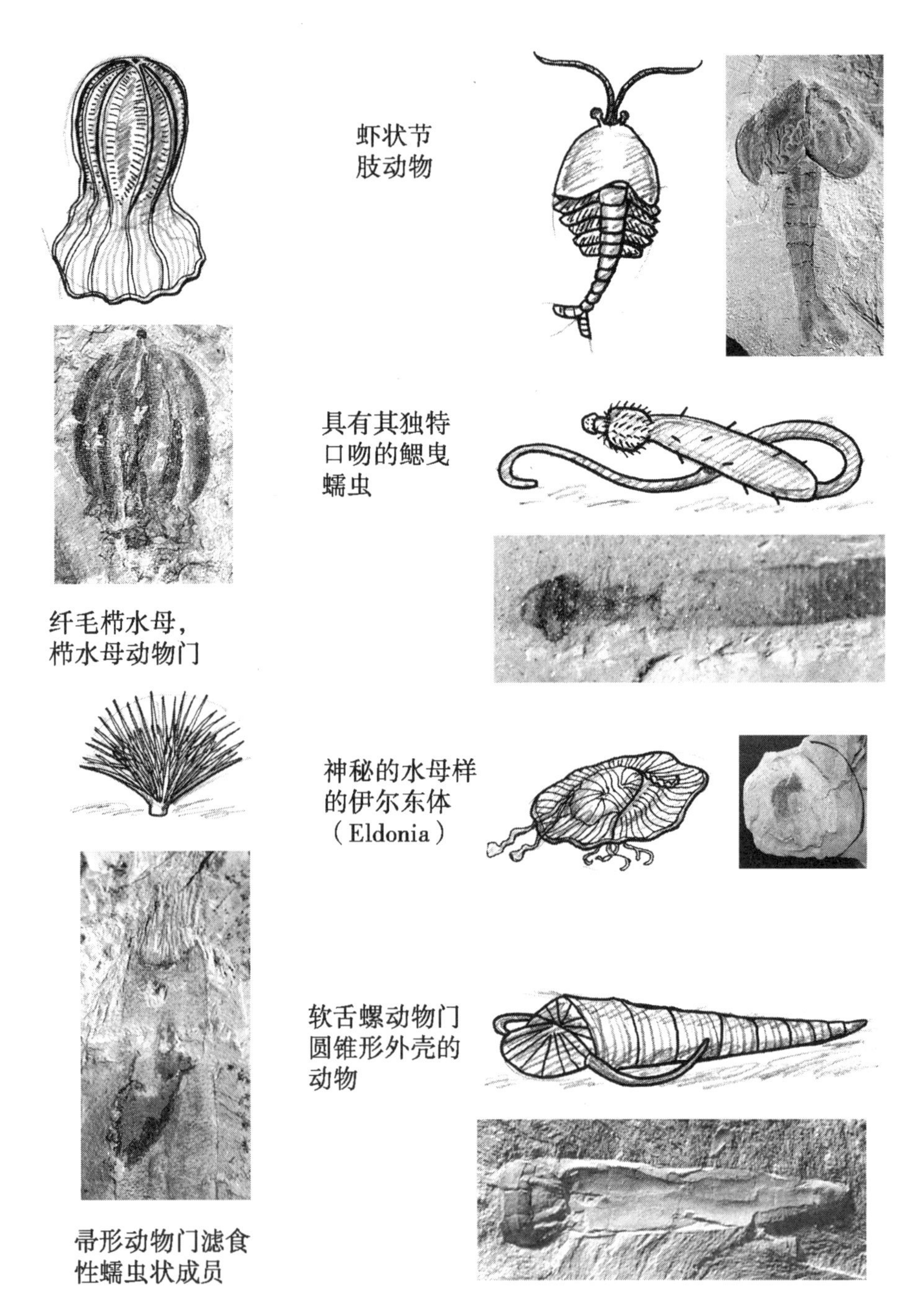

图3.6　澄江动物群寒武纪爆炸化石，示意图及照片。

在他们发现的化石中，保存了许多软组织以及眼睛、肠、胃、消化腺体、感觉器官、表皮、刚毛、嘴和神经等器官的解剖细节。他们还发现了被称为伊尔东体（Eldonia）的水母状生物，它具有辐射管和环形消化腔等精妙而柔软的身体部位，甚至还有几种动物化石显示出了肠道内容物。

毫无疑问，澄江发现表明了沉积岩可以石化并保存非常古老和精致细腻的柔软动物躯体，从而挑战了既往认为化石记录里没有前寒武纪祖先是因为软体动物无法保存的这一观点。不仅如此，澄江附近的沉积岩还蕴藏着更多的惊喜。

疑达问氏　前寒武纪的秘密

保罗·陈（Paul Chien）是一位海洋生物学家，美籍华人。1949 年中国解放前，他随家人从中国移居到美国。最终，在美国读完博士学位后，他成为了旧金山大学的一名生物学教授。1995 年，他在《时代》杂志的封面故事上第一次了解到中国南方的化石发现。

种类繁多的澄江海洋无脊椎动物迷住了陈，促使他返回了出生的国度。1996 年夏天，保罗第一次回国并见到了陈均远。连续几个夏天，保罗·陈往返中国进行研究工作，在此期间，他和陈均远保持着联系，相互分享各自的发现以及比较研究的结果。

1998 年夏季，保罗·陈已是第三次返回中国开展研究。他得知陈均远已在帽天山页岩下方沉积形成的晚前寒武纪岩石——被称为陡山沱组磷块岩中发现了成年海绵的化石。当这两位科学家仔细检查了这块已经拼装好了的海绵化石之后，他们有新的发现，而就是这一新发现将当时还很流行的假象学说判了死刑。

当陈均远开始检查含有石化海绵的沉积岩时，他决定在光学显微镜下进行薄片观察。他想知道在这些磷矿岩中是否有更小的前寒武纪动物的胚胎形式被保存下来。不出所料，经过数倍放大，他在薄片里发现了一些小的圆形球体，他和保罗·陈确定其为海绵胚胎。1999 年，在澄江地区附近举办的关于寒武纪大爆发的重大国际会议上，陈均远、保罗·陈和其他三名同事都报告了他们的调查结果。

起初，还有许多中国古生物学家质疑他们，说这些小的圆形球体并非海绵胚胎，而是棕色和绿色的藻类遗骸。而此时，保罗·陈的专业知识已经开始崭露头角。陈在其职业生涯早期，已完善了扫描电子显微镜下活体海绵胚胎的检查技术。现在，他又改进了技术，使用功能更强大的显微镜来检查这些微观的化石结构。他的发现不仅震惊了他本人，也令其他科学家大为叹服。

海绵是大自然的玻璃工房。它们由柔软的、灵活多孔的格架细胞构成，其中具有支持作用的是由二氧化硅构成的“骨针”。虽然海绵有各种形状和大小，但它们是已知最简单的动物生命形式之一，有6—10种独特的细胞类型。相比之下，典型的节肢动物有35—90种细胞类型。

当陈在扫描显微镜下检测陡山沱组磷块岩上的球体结构时，他注意到这些小型球体像是正在经历细胞分裂一样。起初，他没有办法确定其可能的细胞类型。但当他更仔细地检测这些细胞的横剖面时，就鉴定出了他之前研究过的一个独特结构。

只有海绵才有骨针，而他检测的石化细胞就保留了在其发育早期阶段中的微观骨针[28]。毫无疑问，这些不是藻饼，它们是海绵的胚胎。更令人惊讶的是，陈还能够观察到这些胚胎细胞的内部结构，这使他能够鉴定出这些石化的有较大外细胞膜的细胞内所含有的细胞核（见图3.7）。

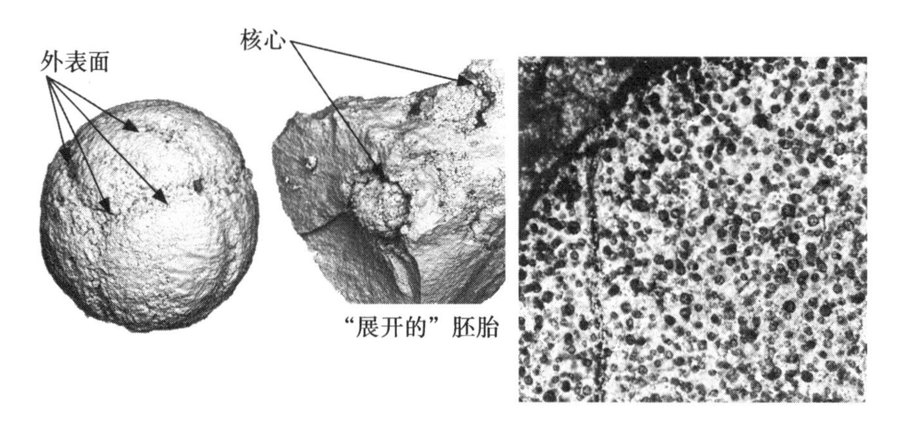

图3.7　石化海绵胚胎细胞分裂早期照片，显示8细胞分裂阶段，箭头所示前面的4个细胞（上）。内含众多卵黄颗粒的海绵胚胎细胞特写图像（右）。

这些海绵胚胎的发现，从以下几方面，彻底否定了假象学说的观点：

首先，虽然海绵骨针是由一层层同心圆状的硅薄层和有机质芯构成，但构成海绵身体其余部分的主要都是软组织，因此海绵通常被认为是一种软体生物。此外，在其最早的胚胎阶段，所有胚胎细胞都是非常柔软的。即使是具有内部或外部骨骼的动物，这些硬体部位的新生形式要在原肠胚形成之后才会出现。因此，在细胞分裂的早期阶段发现了胚胎，就说明只要条件合适，前寒武纪沉积岩是可以保存软体生物的。

此外，科学家们还有其他的收获。陈均远发现的这些海绵胚胎，位于寒武纪/前寒武纪交界处下方的晚前寒武纪岩层中。然而在这些前寒武纪地层中，并未发现其他任何明确的主要寒武纪动物群体的祖先或中间过渡形式。这就提出了一个显而易见的问题。如果帽天山页岩下方的前寒武纪沉积层保存了极小而微观的海绵胚胎软组织，那么它们为什么保留不下出现在寒武纪的所有动物，尤其是有那些硬体部位是存活必要条件的动物的近代祖先？如果这些地层可以保存胚胎，那么它们应该也能保存充分发育的动物，至少是应该能够保存当时出现过的动物。如此弱小的海绵胚胎[29]都能保存下来，而发育良好的动物祖先形式却没有保存下来，这就有力地证明了这种生命形式没有在前寒武纪地层中出现。

当然，确实在有些条件下化石是不太可能被保存下来的。诚如我们所知，近岸的沙并不利于化石细节的保存，更遑论是非常小（不超过1.0mm）的，或是长度更短的有机体的细节保存[30]。但即便如此，这种原因在对假象学说的支持方面也毫无裨益。因为帽天山页岩下的前寒武纪地层的沉积环境，可以产生碳酸盐，形成磷块岩，这是掩埋前寒武纪时期的各种生物的适宜环境。

假象学说的拥护者们需要证明的不仅是什么因素有碍祖先化石的保存，而且需要证明这些因素在前寒武纪的沉积环境中无处不在。如果所有的前寒武纪沉积矿床都是由近海沙构成，那么古生物学家就不必期望在那里能找到任何化石，起码是找不到任何微小生物的化石。但显然事实并不是这种情况。前寒武纪地层包括了许多可以保存的沉积物类型，如中国的陡山沱组形成过程中就保存了动物遗骸的精致细节，包括微小而脆弱的海绵胚胎。

此外，地质学家马克（Mark）和黛安娜·麦克梅纳明（Dianna McMenamin）注意到位于世界各地不同的寒武纪地层，包括其中一个位于纽芬兰的他们已广泛研究过的地区，在这个区域中寒武纪到晚前寒武纪的边界沉积模式几乎没有变化，这表明前寒武纪时期许多地区都可以提供利于同类化石保存的良好环境。

在2013年出版的《寒武纪大爆发》一书中，古生物学家詹姆斯·瓦伦丁（James Valentine）和道格拉斯·欧文（Douglas Erwin）进行了更为深入的研究。他们注意到，许多的晚前寒武纪沉积环境实际上比寒武纪时期的条件更加有利于化石保存。他们认为，“沉积环境中的革命性变革，出现在寒武纪早期。在埃迪卡拉纪（晚前寒武纪）期间，从微生物的稳定沉积到含有体积更大、行动更活跃的动物的生物混合沉积方面发展。因此，从埃迪卡拉纪到寒武纪的过程中，某些环境下化石保存得并不完整，但有的化石则与此相反，正因为这些保存完好的化石的出现，我们才能发现丰饶的寒武纪动植物群的广泛爆发”。

统计古生物学

近年来随着统计古生物学工作的发展，假象学说越来越无法立足。自从伯吉斯页岩被发现后，重见天日的前寒武纪和寒武纪时期的生物形态越来越多，或从根本上确立了完全不同的新生命形式，又或将越来越多的生命形态归入现有高分类群体（如纲、亚门或门类）中。

因此，化石记录证明了生物可与达尔文生命树的终末分枝（例如代表新门或纲的动物形式）一一对应，但化石记录中并没有代表内部分枝或指向这些寒武纪时代动物新型门和纲等节点的代表生物。然而这些中间体的存在却是非常必需的，因为它们要将各个终端连接起来，形成一个连贯的进化树，并通过渐进进化的过程从较简单的前寒武纪祖先逐步进化成这些典型的寒武纪动物。

路易斯·阿加西斯认为，一个不完整的化石记录是无法解释这个进化模式的。因为化石记录总是在完整性上奇怪地缺失，它保存了终端分枝的大量证据，但是却一直不见内部分枝或节点的代表保存下来。

当代的古生物学家，例如芝加哥大学的迈克尔·富特（Michael Foote）也做出了类似的结论。富特表明，使用统计抽样分析方法，发现越来越多化石能被归属于现有更高的分类学群体（例如门、亚门和纲），但同时它们也未能搭建起沟通记录达尔文主义生命史的中间桥梁。这就使得中间形式的缺失仅仅是反映了抽样偏差这一说法变得越发的不可信了，也就是说，不论对于不完整的采样还是不完整的保存来说，这都是“假象”。

其实，这种分析仅仅是将我们的直觉进行了量化。想象一下你将手伸进一个巨大的塞满弹球的桶里，从中随机取出了一个黄色、一个红色和一个蓝色的弹球。只通过少量的取样，你无法确定是否把桶里的内容物的代表样品都取出了。第一次取的时候，你可能还会想象桶里应该包含了代表了各种中间色彩的弹球。但当你继续从桶的每个角落抽样进行检验，并发现桶里始终取出的只有红黄蓝三种颜色，你就会开始怀疑桶内弹球的颜色可能会比油漆店货架上的颜色样本选择范围还要少。

在过去的150年左右，古生物学家已经发现了很多在达尔文时代已知门类动物的代表（相当于大桶里三种主要颜色的球）和极少数的几种完全新型的生命形式（或许是其他一些不同颜色例如绿色和橙色的球）。当然，在这些门内存在大量的多样化。然而，这个比喻暗示同一门类任一成员和不同门类任一成员之间形式上差异范围是巨大的，古生物学家尚未找到能完全填补这被生物学家称之为“形态空间”的巨大鸿沟的生命形式。换句话说，他们未能找到大量等同于大桶里精巧渐变的中间颜色（彭德尔顿蓝，暗玫瑰色，炮筒灰色，洋红色等）的古生物学过渡形式。相反，大范围的化石记录采样已确认，在显著间断模式中的主要门系代表与其他门系成员有着鲜明的不同，不存在中间形式充填形态空间的情况。

迈克尔·富特用于这个模式的统计分析方法，是通过记录不断增加的古生物调查来实现的。它表明：如果说还存在着不计其数的尚未发现的动物生命中间形式——可以关闭寒武纪门系之间微小进化步骤所形成的形态距离的中间形式——这基本上是不可能的。实际上，富特的分析表明，由于古生物学家已经反复在地球这个大桶里采样，从一端取到了另一端，都没有找到中间的过渡色，我们就不必屏息以待他们最终会发现中间体了。他问道，“是否我们有形态多样性的代表性样品，就能相信化石记录中所反映出来的演化模式了?”他说，答案是肯定的[31]。

他肯定的回答，并非就意味着所有的生物形式都被发掘出来了。他的意思是，我们已有充足理由证明，这种发现在很大程度上不会改变已出现的大规模间断模式。“虽然我们对形态演进仍然知之甚少，”他写道，但我们现有的化石数据所创建出的统计模式，已经说明“我们在生物多样性历史观的许多方面认识都已经成熟了”[32]。

疑达问氏 澄江和寒武纪难题

来自中国南方的寒武纪和前寒武纪化石，显示出了一个与寒武纪大爆发有关的，但在其他方面比它更加尖锐的谜团。第一，将中国南方的化石发现结合放射测量技术的进展，应用于其他的寒武纪时代地层研究，使得科学家们能够重新评估寒武纪大爆发的持续时间。顾名思义，记录寒武纪大爆发的化石出现在一段相对较窄的地质时间内。一直到20世纪90年代初，大多数古生物学家都认为寒武纪开始于5亿7 000万年前，结束于5亿1 000万年前，新型动物形式的寒武纪大爆发出现在早寒武纪时期的2 000万—4 000万年时间内。

有两方面的进展导致了古生物学家和地球年代学家修订了这些估计值。首先是在1993年，对西伯利亚寒武纪地层正上方和下方的锆石晶体进行放射性检测以精确寒武纪地层开始的时间。对这些晶体的放射分析将寒武纪开始的时间定位于5亿4 400万年前，寒武纪大爆发开始的时间大约在5亿3 000万年前（见图3.8）。这些研究也发现，新颖寒武纪动物形式爆发的地质时间窗口期比既往认为的更短，持续时间不超过1 000万年，窗口内主要的“多样化指数增长时期”仅持续了500万—600万年。

从地质学角度看，500万年时间仅相当于地球历史的0.11%。陈均远解释说，“与地球上30多亿年的生命历史相比，‘大爆发’时期就宛如一天24小时里的一分钟而已。”

有的地质学家或进化生物学家们质疑这些数据，但他们是通过将寒武纪大爆发重新定义为一系列独立的事件来质疑，而不是使用这些数字来指代早寒武世新生物躯体模式的爆发式出现。2009年，我参加了一次辩论，当时我的对手，西方学院的古生物学家唐纳德·普洛特洛（Donald Prothero)，就用这个常见的修辞策略来把寒武纪之谜的严重性最小化。在他的开场白里，他声称寒武纪大爆发实际的发生时间经历了约8 000万年，因此那些把寒武纪看作对新达尔文理论挑战的人是错误的。我当时一边听，一边查阅了他的专题集，想知道他是如何推断出8 000万年这个数字的。果然，他把三个生命形式发生新革新或发生多样化的独立时期都算到

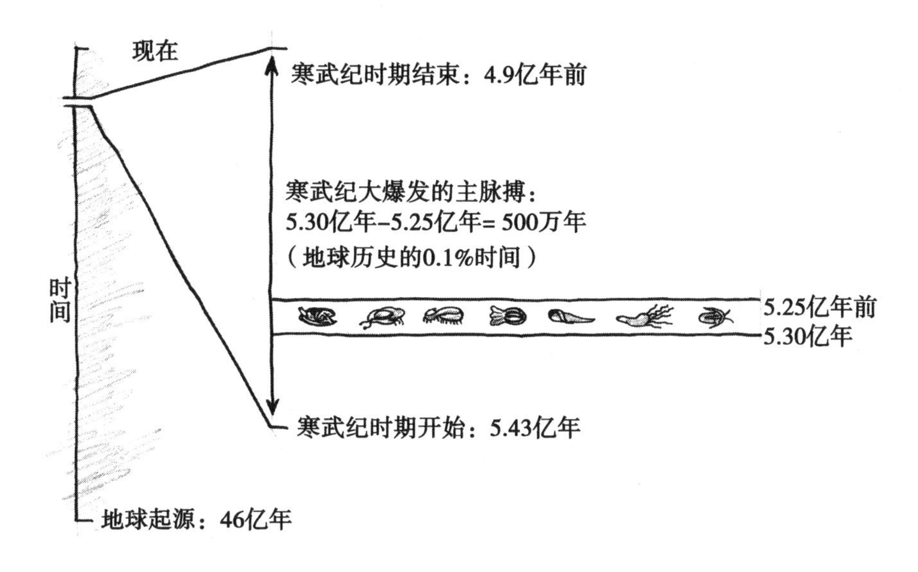

图 3.8　寒武纪生命大爆发发生在一个狭窄的地质时间窗内。

寒武纪生命大爆发里了，其中包括一组被称为埃迪卡拉纪或文德期动物群的晚前寒武纪生物起源。他不仅把早寒武世动物的躯体模式起源归进来，还把随后晚寒武世发生的轻微多样化（就像基本建筑主题的变奏曲）都归纳进来了。例如，他列入的不仅有在早寒武纪突然涌现、首次出现在地球上的三叶虫，还包括了晚寒武纪不同种类的三叶虫的起源。

我发现普洛特洛随心所欲地以他喜欢的任意方式来重新定义“寒武纪生命大爆发”一词。但是，在使用这个词来描述几个独立的（不同类型的）爆发事件时，他并没有解释清楚第一次爆炸性出现的寒武纪动物与它们独特躯体模式和复杂解剖特征的起源问题。除此之外，在下一章中我们将看到，文德期的有机体可能不是动物，它们与任何出现在寒武纪的动物都没有相似之处。我们还将看到，[33]这些有机体，如果不是全部也是大多数，实际上在早寒武世的始祖动物起源前就已经灭绝了，因此它们对于弱化动物爆炸性起源的问题其实并没有什么帮助。

在通常情况下，任何扩大寒武纪大爆发的定义的做法都只是为了掩盖这个由澄江发现所带来的真正挑战。麻省理工学院地球年代学家塞缪尔·鲍林（Samuel Bowring）的分析表明，寒武纪生命形态革新的主线发生在沉积序列的时间跨度不超过 600 万年。但在这段时间里，至少有 16 个完全新颖的门和大约 30 个纲的代表动物首次出现在岩石记录里。在最新的一篇使用了稍有不同的测量系统的文章中，道格拉斯·欧文（Douglas Erwin）和他的同事也展示了在大约600万年的窗口期中出现的13个新门。如我们所见，在这些动物形式中首次出现的是三叶虫，具有透镜聚焦的复眼和其他复杂的解剖特点。想要解释为什么第一次寒武纪爆发时期有这么多新形式和结构，其问题在于它们为何如此丰富而又迅速地产生，而不必在意其他不同的事件（见第二部分）是否应归入“寒武纪生命大爆发”的限定范围内。

疑达问氏 强烈对比的自上而下模式

澄江动物群的发现使寒武纪大爆发更难以与达尔文的观点相符。澄江发现强化了自上而下的出现模式：高的分类类别（门、亚门、纲）的代表纷纷出现，再分化为较低的分类类别（科、属、种）。

澄江发现与新达尔文主义预计的自下而上模式相矛盾。相反，该化石群没有显示出这些独特物种的渐进形成，却显示出有更高和更加不同的类群代表出现，导致新型门类的产生。它就像伯吉斯页岩一样，表明躯体模式水平的差异是首次且突然出现的，并没有证据证明它是逐步展开和延伸至较低分类学群组的。

早期的脊索动物门，这一门类的生物都拥有一条灵活的、杆形结构的脊索，哺乳动物、鱼、鸟都是我们熟知的成员。在澄江生物群发现前，我们以为脊索动物第一次出现的时间是在寒武纪之后的奥陶纪期间，殊不知寒武纪时期就已有了脊索动物。澄江发现的结果，已充分证明脊索动物首次出现的时间是在寒武纪时期。

例如，陈均远和其他几个中国古生物学家发现了纺锤状鳗鱼形状的动物，叫铅色云南虫（Yunnanozzoon lividum），许多古生物学家将它解读为早期的脊索动物，因为它拥有消化道、鳃弓和很像脊髓的大脊索等特征。此外，陈均远和他的同事们报告了从帽天山早寒武世页岩中发现的复杂的脊椎状脊索动物棒形海口虫（Haikouella lanceolate）。根据陈均远和其他人的研究，棒形海口虫具有许多和铅色云南虫的相同特征以及若干其他的解剖学特征，包括“心脏、腹侧和背侧的主动脉、前鳃动脉、鳃丝、尾（后）位，有相对较大的大脑及神经索、头部外侧有眼睛、短触角位于口腔前侧”。

西蒙·康威·莫里斯（Simon Conway Morris）与舒德干（D. G. Shu）和几个中国同事还报道了一个更加惊人的发现。他们发现两条小小的寒武纪鱼——丰娇昆明鱼（Myllokunmingia fengjiaoa）和耳材村海口鱼（Haikouichthys ercaicunensis）（见图3.9）的化石遗迹，表明鱼类和脊椎动物（脊索动物门的一个纲）出现时间比曾经认为的起源时间更早（曾被认为起源于约4亿7 500万年前的奥陶纪）。它们都是无颚鱼（无颌类），舒德干等认为它们与现代的七鳃鳗密切相关。最后，舒德干等人报道了首次被确认的寒武纪时期另一种类型的脊索动物标本——尾索动物（被囊动物）：始祖长江海鞘（Cheungkongella ancestralis）化石标本，同样是在澄江附近早期寒武纪页岩（筇竹寺组）中找到的。最近的这些发现表明，不仅脊索动物门第一次出现的时间是在寒武纪，脊索动物亚门（头索动物、脊椎动物和尾索动物）第一次出现的时间也是寒武纪。无论如何，中国脊索动物的发现和其他此前未发现的寒武纪门类，使得这个由早前的寒武纪发现就揭示出了的、令人费解的自下而上模式愈加地突出了[34]。

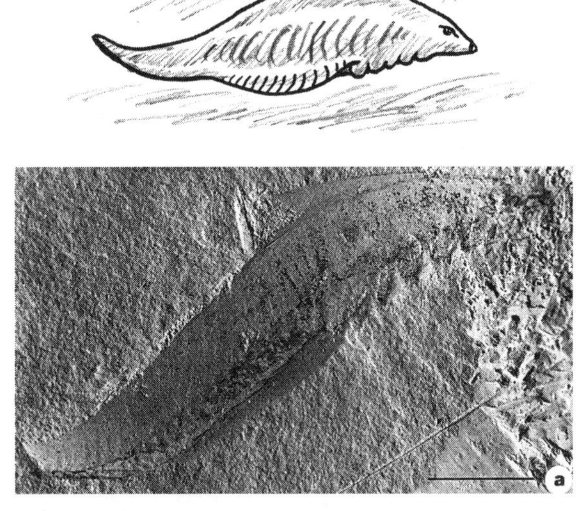

图3.9　寒武纪鱼，丰娇昆明鱼示意图（上）。丰娇昆明鱼化石照片（下）。

疑达问氏 疑问还比答案多

由于中国南方戏剧化的、颠覆了达尔文生命之树理论的发现，因此无论用哪种版本的假象学说来努力解释寒武纪大爆发，也只会让它变得更加扑朔迷离。

2000 年，当我第一次听到陈均远的这些发现时，我一直在调查关于生命历史的另一个悬而未决的问题：第一个活细胞和它包含的信息是如何出现的？陈博士在西雅图发言的那天，我对生命历史上另一桩悬案的兴趣开始萌芽。难道说动物生命的起源就如同生命本身的起源那样，是一道至今无人能解的难题？尽管，我也始终认为寒武纪大爆发向当代达尔文理论提出了深刻的挑战，但没过多久，我就发现一些科学家相信某些神秘的前寒武纪化石发现已经解决了寒武纪大爆发之谜。接下来我们就来看看这是怎么回事。

4　化石并未失踪?

2009年9月的俄克拉荷马大学，圣诺贝尔科学博物馆礼堂里的气氛令人紧张不安，由俄克拉荷马州当地人组成的保安特遣队和警务人员正在维持治安。一个常规的校园活动却引起了校园警卫安排上的一个非常变化，这是怎样的一个场合？我的同事，发现学院的乔纳森·威尔斯（Jonathan Wills）和我被安排来放映一部新的纪录片《达尔文的困境》（*Darwin's Dilemma*）。影片探索的是寒武纪化石记录对达尔文理论的挑战。

就在活动前的几个星期，心急口快的进化生物学学生们和一个无神论者的学生团队，在激进的校外人士的挑唆下，曾威胁会破坏放映活动。由于生物学系的全体教员都承诺来观看影片，因此在正式放映前就已聚集了一大群人。

博物馆和地质学系都不希望观影的事态变得复杂，于是决定先发制人，首先发表了免责声明，并安排了一场旨在反驳影片的官方讲座。在声明中，博物馆表示鉴于其公共资金来源，馆方别无选择只能不论“宗教信仰”或“科学素养”把礼堂租给相应的群体。免责声明进一步指出，山姆诺贝尔科学博物馆“不支持伪装成科学的假科学意见，例如发现学院之流”。博物馆的传单上印着他们一个馆长的讲座题目，上面充满了嘲弄影片的意味——寒武纪“大爆发”——并仔细地加上了引号。下午5点开始的讲座还确保将因讲座而烦躁的观众集合在一处，让更多友好的观众来看这部电影。

敢于质疑当代达尔文理论的知名生物学家乔纳森·威尔斯出席了电影放映前的讲座。他无视那些充满敌意的目光，听取了俄克拉荷马大学的古生物学家关于寒武纪大爆发并未对达尔文进化论造成现实困境的辩解。这位古生物学家还推测说，如果达尔文知道了今天的古生物学家所了解到的寒武纪化石记录，他（达尔文）一定会庆贺这些化石记录验证了其理论。这位特别的古生物学家还否认寒武纪突然出现的新型动物形式。他认为这些动物类型出现的时间是在更早以前的晚前寒武纪时期。他指出，古生物学家在晚前寒武纪沉积物中发现了海绵化石（一种原始的软体动物）和洞穴蠕虫的化石。

这位古生物学家还特别强调了一组首次在南澳大利亚埃迪卡拉山发现的神秘生物的重要性，该组生物可以追溯到大约5亿6 500万年前，即前寒武纪时期，又称为文德期或埃迪卡拉纪。乔纳森和我都很清楚，大部分古生物学家都不认可这些石化的有机体是寒武纪动物群可能的祖先。而那天晚上，该专家却提出了与大家截然相反的断言。他还声称，一些尚含糊不清的埃迪卡拉生物体［如名字充满异域风情的小春虫（Vernanimalcula）、帕文克尼亚虫（Parvancorina）等］代表了早期的两侧对称动物（bilaterians）、节肢动物和棘皮动物。他断言，这些生物体的出现，把动物生命大爆发的时间向后推迟了约4 000万年，埃迪卡拉生物群是形成寒武纪大爆发的生物原始形态和几个最重要的寒武纪门及躯体模式的大体先祖动物形态过程中的“导火索”。

就在我上场主持这部寒武纪影片的有关讨论，并回答一个有强烈敌意的观众的质疑的前一个小时，乔纳森·威尔斯告诉了我一个消息，博物馆试图先发制人地发表一个陈述来反驳这部影片。该陈述声称寒武纪主要动物群体的祖先前体已经被找到，这样就解答了寒武纪之谜，摆脱了达尔文的困境。但事实真是如此吗？

疑达问氏 埃迪卡拉动物群和文德期的辐射演化

在前一章中，我们看到了很多著名古生物学家试图将寒武纪大爆发解释为对不完整化石记录进行的不完全抽样所造成的假象。俄克拉荷马州的那个晚上，我的同事在听完该大学专家的演讲后，采取了与往常大不相同的回应方法，令人印象深刻的是他承认前寒武纪化石记录确实保留了寒武纪动物的祖先形式，特别是埃迪卡拉动物群，就有好几个引人注目的例子。

在涉及寒武纪大爆发的公共演讲中，我经常遇到一种质疑，虽然这种质疑通常都是以零乱的问题形式出现：“埃迪卡拉纪是哪个时期？”虽说如此，在涉及到寒武纪问题的时候，我还是非常小心地避免了把埃迪卡拉纪动物视为寒武纪祖先的想法，唯恐对方曲解我的意思。大多数古生物学家都怀疑，这著名的埃迪卡拉生物能否代表寒武纪动物的祖先，但几乎没有人会觉得，把晚前寒武纪化石记录作为一个整体会减少寒武纪大爆发的精彩程度。不过，埃迪卡拉纪确实非常值得强调，因为它作为古生物的一种都市传说，一直都存在着，我们偶尔会从古生物学家那里听闻到它的踪迹。

埃迪卡拉纪动物群因其最显著的发现地，澳大利亚内陆东南部的埃迪卡拉山（Ediacaran Hills）而得名。这些动物群属于晚前寒武纪，国际地质科学联合会最近已重命名这个时期为“埃迪卡拉纪”。一直以来地质学家习惯于把前寒武纪最后的这段时间称为“文德期”，因此古生物学家也把埃迪卡拉纪动物群称作文德期动物群或文德期生物群（见图 1.6）。古生物学家在英格兰、加拿大纽芬兰省、俄罗斯西北部白海和非洲南部的纳米比亚沙漠均发现了其他埃迪卡拉或文德时代的生物，暗示埃迪卡拉纪动物群几乎分布在整个世界范围内。尽管最初认为这些上下两面都被火山灰包埋的化石的年龄在 6.4 亿—7 亿年前，然而最近运用放射测量法测算出更加准确的时间，这些研究结果修正了之前的数据，认为埃迪卡拉纪动物群第一次出现的时间是在 5.65 亿—5.7 亿年前，最后出现在寒武纪边界的时间大约是在 5.43 亿年前，或是寒武纪生命大爆发前 1300 万年前左右[35]。

世界各地的晚前寒武纪时代沉积物可以分为四种主要类型的化石，所有这些化石的年龄都是在 5.43 亿—5.7 亿年前左右。其中第一组就包括在前面章节中提到的前寒武纪海绵。这些动物第一次出现时间约为 5.65 亿—5.7 亿年前。

第二组就是埃迪卡拉山与众不同的化石群。那里的生物化石包括著名的，具有像空气床垫般平坦体型的狄更逊水母（Dickinsonia）；神秘莫测的斯普里格蠕虫（Spriggina），具有长而分段的身体和头盾；以及叶子形的恰尼虫（Charnia）（见图 4.1）。这些生物大多是软体动物，并且大到肉眼就能够识别。

第三组包括所谓的遗迹化石（trace fossils），它们可能是动物活动留下的踪迹，如痕迹、地洞和粪便等。一些古生物学家把这些遗迹化石都归因于古代蠕虫的活动。

图 4.1　神秘埃迪卡拉化石：狄更逊水母、斯普里格蠕虫和恰尼虫。狄更逊水母示意图和狄更逊水母化石照片（上左、上右）。斯普里格蠕虫示意图和化石照片（下左）。恰尼虫示意图和化石照片（下右）。

第四组就是原始软体动物的化石，支持证据来源于最近在俄罗斯西北部的白海峭壁中的一个化石发现。在此地，俄罗斯科学家发现了35个独特的可能是软体动物的标本，命名为金伯拉虫（Kimberella），它可能是一种简单的动物形式。白海这些新标本的形成时间约为5.5亿年前，说明金伯拉虫“有着一个强壮的（但不一定是坚硬的）帽贝样的壳，其沿海床爬行，类似于一种软体动物”。史密森学会的古生物学家道格拉斯·欧文发表评论：“这是第一种令人信服的，比扁虫还复杂的动物”。另外，在加拿大和澳大利亚发现的前寒武纪沉积物中的海底遗迹也归因于软体动物，由于它上面有类似于一排小牙留下的痕迹，这可能是有齿舌结构的软体动物在摄取海底的食物颗粒时所留下的，因此金伯拉虫极可能是这些痕迹的制造者。将它最早描述出来并在《自然》杂志上发表这篇文章的作者是俄罗斯科学院的米卡黑尔·费东肯（Mikhail Fedonkin），随后加利福尼亚大学伯克利分校的本杰明·瓦戈纳（Benjamin Waggoner）也得出相同的结论，并且认为这种生物“在寒武纪开始前就出现多样化”。然而，古生物学家们仍然在权衡各方证据[36]，没有得出最终的结论。

疑达问氏 埃迪卡拉纪的意义

那么，这些来自于埃迪卡拉山，或埃迪卡拉纪/文德期生物群的特别生物的遗骸，能够一揽子地解决寒武纪大爆发的问题吗？就算这些奇异的生物形式是寒武纪大爆发的导火索，那就不需要解释新型躯体模式和动物生命形式快速崛起的原因了吗？我还有很多充分的理由怀疑这种观点。

第一，除了海绵和可能的金伯拉虫之外，其他明显可见的生物体化石（非遗迹化石）的躯体模式与寒武纪大爆发期间（或之后）出现的有机体之间的关系并不够明晰[37]。最著名的埃迪卡拉的生物，如狄更逊水母、斯普里格蠕虫和恰尼虫，并没有明显的头、嘴、双侧对称性（见下文）、肠或眼睛等感觉器官。一些古生物学家质疑这些有机体到底是否属于动物界。

例如，狄更逊水母已被俄勒冈大学的古生物学家格雷戈里·雷塔拉克（Gregory Retallack）解读为具有“真菌－地衣”的亲缘关系。其化石保存的模式“不能与软体水母、蠕虫和刺细胞动物比较，但可与真菌和地衣化石记录做比较”。雷塔拉克提到，长期以来狄更逊水母的分类地位一直是有待解决的难题。“狄更逊水母的生物亲缘关系仍不确定”，他写道，因为它已被“不同程度地认为是多毛类、涡虫类或环节类蠕虫、水母、珊瑚虫、异生目原生生物、地衣或是蘑菇”[38]。

类似的争论还有对斯普里格蠕虫的分类。1976 年，第一个研究埃迪卡拉细节的古生物学家马丁·格莱斯纳（Martin Glaessner），基于斯普里格蠕虫分段的身体结构，认为斯普里格蠕虫很大程度上可能是环节动物门多毛虫纲的蠕虫。然而，西蒙·康威·莫里斯（Simon Conway Morris）后来对这一假设提出了异议，因为没有证据表明斯普里格蠕虫具有“毛类”的区别性特征，即多毛类蠕虫拥有的支柱形刺毛突起。后来格莱斯纳也推翻了他自己最初提出的斯普里格蠕虫是多毛环节动物先祖的假设，认为斯普里格蠕虫“不能被视为原始的多毛纲生物，因为它没有系统学和进化专家所指出的合理的先祖特征”。

1981年，古生物学家斯文·乔根·伯基特-史密斯（Sven Jorgen Birket-Smith）再现了一块斯普里格蠕虫化石，显示它拥有头部和类似于三叶虫的腿部，可是在随后对斯普里格蠕虫标本的检查中，没有证据表明它拥有任何类型的肢体。格莱斯纳在1984年再次权衡了这一论点，他辩称“斯普里格蠕虫是没有节肢动物的形态特征，特别是没有三叶虫的特征”。他还指出斯普里格蠕虫的身体分节，“其已知的附肢跟多毛纲的环节动物一样”（虽然此时他拒绝把斯普里格蠕虫作为多毛类可能的祖先）。相反，他认为斯普里格蠕虫代表了动物生命树的一个侧枝——或许“打个比方”，它是在“形成节肢动物过程中的一次失败的尝试”。

在2003年的美国地质协会的讲座中，地质学家马克·麦克梅纳明（Mark McMenamin）将斯普里格蠕虫可能是三叶虫的一个祖先代表的观点重新复活。他认为斯普里格蠕虫化石目前有几个特征是与三叶虫相似的，如“具有颊刺”，以及一个新月形的头或称“头部区域”。然而，许多埃迪卡拉纪的专家，包括麦克梅纳明也注意到斯普里格蠕虫标本没有显示出具有眼睛、肢体、口腔或肛门的构造，而三叶虫化石中已具有其中的大多数器官。其他古生物学家对斯普里格蠕虫是否有颊刺抱怀疑态度，因为保存完好的标本似乎显示出相对平滑边缘而没有凸出的刺。另外，对斯普里格蠕虫的最佳标本分析后，发现它并没有显示出两侧对称性，之前试图将其归类为双侧对称动物的做法不合适，暗示斯普里格蠕虫可能为节肢动物。相反，斯普里格蠕虫显示出“滑行对称”（glide symmetry），即在其体节任一侧的中线都是偏移而不是对称的。俄亥俄州大学地质学家洛伦·巴布科克（Loren Babcock）写道，“狄更逊水母和斯普里格蠕虫等一些埃迪卡拉纪（元古宙）动物的拉链状躯体模式，它们的右半侧和左半侧并不是相互完美对称的”。斯普里格蠕虫不具有所有两侧对称动物的这种对称性，斯普里格蠕虫也缺乏很多三叶虫的其他区别性特征，因此这个神秘生物的分类至今也无法定论。

古生物学家詹姆斯·瓦伦丁、道格拉斯·欧文和大卫·雅布隆斯基（David Jablonski）提炼了这些关于埃迪卡拉化石既令人困惑又相互矛盾的观点：“虽然这些大约5.65亿年前出现的软体化石看上去像是动物的化石，但关于它们的分类之争却一直沸沸扬扬、异常激烈。仅仅在过去的几年间，这些化石就被视为原生动物；地衣；刺细胞动物的近亲；刺细胞动物及其他所有动物的旁系群；更高级的、已灭绝了的门类的代表；以及作为一个全新的、完全独立于动物的王国的代表”。更为重要的是，瓦伦丁、欧文和雅布隆斯基指出，那些认为埃迪卡拉纪生物群是动物的古生物学家们分类它们的方法也各不相同，因此更强调了埃迪卡拉纪生物群其实缺乏与任何已知的动物群体明确的亲缘关系。他们指出，“仍然有其他专家把埃迪卡拉纪生物群划归到现存的门内，一些被分配给刺胞亚门，另外的被分配到扁形虫、环节动物、节肢动物和棘皮动物里”。这些化石形式地位的不确定，部分原因是由于其过早的灭绝，同时也是因为其缺乏已知群组所具有的区别性典型特征。他们的结论是：“这种混乱分类状况的出现是因为这些实体化石与现代生物群体并没有共同的解剖结构，因此其归类只能基于整体形状和形态含糊不清的相似之处，而这样的分类方式已经被多次证明了是一种极具误导性的方法”。

第二，其他卓越的古生物学家也怀疑寒武纪动物起源于埃迪卡拉纪生命形式的说法。一幅系统发育关系图显示出了前寒武纪和寒武纪化石的进化关系，牛津大学生物学家艾伦·库珀（Alan Cooper）和理查德·福泰（Richard Fortey）认为埃迪卡拉纪生物群是一条独立于寒武纪动物的生物种系，而不是它们的祖先。在另一篇文章中，福泰宣称，在寒武纪初始期间的“化石记录中，可以见到几乎所有的主要类型的动物（门）都突然出现了，而这些现今依然是占优势的生物群”。他承认更老的地层中有多种化石，但同时也坚持认为“它们要么非常微小（如细菌和藻类），要么与现存的动物群之间的关系极具争议，比如源自南澳大利亚埃迪卡拉山的晚前寒武纪庞德石英岩中著名的软体化石”。

古生物学家安德鲁·诺尔（Andrew Knoll）和生物学家肖恩·B. 卡洛尔（Sean B. Carroll）也不约而同地认为：“很难真正把埃迪卡拉化石的特征映射到现存的无脊椎动物的躯体模式中。”虽然许多古生物学家最初对寒武纪动物是由埃迪卡拉生物演化而来的这种可能性表现出了兴趣，古生物学家彼得·沃德（Peter Ward）解释说，“但是，后来的研究却质疑这些保留在砂岩（澳大利亚埃迪卡拉山）中的古代生物遗骸和现在的生物（即首次出现在寒武纪动物门的代表）之间是否存在密切关系”。如《自然》杂志在最近指出，如果埃迪卡拉动物群“确实是动物，那么他们与其他无论是化石中的还是现存的生物之间可以说几乎没什么相似之处”[39]。

由于埃迪卡拉纪和寒武纪动物群之间建立不起明确的亲缘关系，因此越来越多的古生物学家不接受埃迪卡拉纪动物群是寒武纪动物群的祖先这一说法。有些人建议，遗迹化石说不定能建立起埃迪卡拉纪和寒武纪之间的连接。在2011年的《科学》杂志上发表了一篇权威论著，道格拉斯·欧文和其同事描述了包含了表面痕迹、洞穴、粪便和摄食痕迹等埃迪卡拉遗迹化石的发现。他们认为，这些痕迹虽然微小，但肯定是由蠕虫一类的、相对较高复杂程度的动物所形成的[40]。基于这些发现，欧文和其他古生物学家都认为这些遗迹化石表明了该生物体已经具有头和尾巴、神经系统、能够爬行或穴居的带有肌层的体壁、带有口腔和肛门的消化道。其他古生物学家认为，这些特征预示着可能存在一种前寒武纪软体动物或某一蠕虫门类。

然而在瑞典乌普萨拉大学工作的英国古生物学家格雷厄姆·巴德（Graham Budd）和其他的学者，并不认同这种关联。巴德和其地质学同事泽伦·詹森（Sören Jensen）认为，许多所谓的遗迹化石实际上显示的是无机起源的证据："有许多古老遗迹化石的报道，但大多数很快被证明代表的是无机沉积结构或后生植物（土地植物），又或者是被弄错了年代。"还有人认为这些表面踪迹和痕迹是会移动的单细胞有机体留下的，包括一种已知巨大的、具有类似于双侧对称构造的深海原生生物。正如一篇论文里提到的，"一些痕迹形成于15亿—18亿年前，这使得人们不得不抛弃了对多细胞动物起源时间的最大胆的推论，并推动研究人员去考虑细菌或无机物起源的可能性"。

既使是关于遗迹化石最合适的诠释，也都认为它们表明的动物躯体模式不会超过两种。因此，埃迪卡拉记录远低于达尔文生命史所需的各种各样的过渡中间体的数量。寒武纪大爆发证明，这些首次出现的生物体代表了至少20个门以及更多的亚门和纲，每个生物体都有明显、独特的躯体模式。在最理想的情况下，埃迪卡拉形式所代表的可能祖先，即使是包括了遗迹化石，至多也只有四个不同的寒武纪躯体模式。因此，绝大多数的寒武纪门系在前寒武纪岩石里没有找到明显的祖先（至少在寒武纪时期出现的23个门里，有19个门在前寒武纪地层中没有代表性的化石）。

第三，即使是这四个动物门的代表都在埃迪卡拉纪时期出现了，但在此之后却并没有出现演化至寒武纪动物所必需的过渡形式或中间形式。例如，前寒武纪的海绵（多孔动物门）与其寒武纪同胞的形态非常相似，这就说明，生物不是从更简单的前体或已存在的共同祖先逐步发生改变直至出现多种形态而来的，而很有可能是已知的寒武纪生物是从一出现就是如此模样。这一点的真实性可以从蠕虫方面得到验证，前寒武纪踪迹化石和洞穴化石中发现的任何一种蠕虫类型形态都非常相似。

此外，即使像一些进化生物学家假定的那样，寒武纪晚期动物有一个类似海绵的前寒武纪祖先，那么先不说在这之后出现的、除海绵外的动物所具有特定的解剖结构和不同的躯体模式从何而来，仅仅是通过细胞类型的数量来衡量的复杂性的鸿沟就使得化石记录中出现了有待解释的巨大的间断性（就如同斯普里格和真正节肢动物之间的形态学差距）。

疑达问氏 埃迪卡拉纪的微型爆发

其实埃迪卡拉化石本身，就是一个令人费解的生物复杂性的飞跃的证据，虽然这个飞跃还不足以巨大（或是类型正确）到导致寒武纪大爆发的发生。在如金伯拉虫、狄更逊水母和海绵这类生物体出现前，化石的唯一有记录的，超过30亿年的生命形式就是单细胞有机体和繁殖藻类。要想从单细胞有机体中产生海绵、蠕虫和软体动物，有点像让一个旋转陀螺转化成一辆自行车。虽然自行车远没有汽车那样复杂，但它的工艺复杂性相对于旋转陀螺来说已经是一个悬殊极大的飞跃。同样，尽管这些微不足道的埃迪卡拉纪生物群看上去比大部分寒武纪动物简单多了，但它们已经代表了远远超越单细胞生物体和繁殖藻类的生物功能复杂性的一个巨大飞跃。

因此，埃迪卡拉生物群证明了在短暂的地质时间窗口（约1 500万年）内生物复杂性的一次独立的爆发式增长，结束了单细胞生物对地球30亿年左右的统治。这个在相对较短的地质时间内发生的生物复杂性的飞跃，通过自然选择作用于随机突变的机制很可能是无法办到的，我们将在第二部分详细讨论这个问题。

埃迪卡拉化石并没有解决寒武纪期间生物形式及其复杂程度突然增加的问题，相反还使这个问题出现的时间更加提前了。对于生物学的“大爆炸”，埃迪卡拉生物群在其中增加了重要的一声“嘭”。正如达特茅斯学院古生物学家凯文·彼得森（Kevin Peterson）和他的同事所述，这些动物群代表着“与埃迪卡拉纪之前‘枯燥无味的数十亿’（年）相比，地球的生态复杂性发生了明显的巨大突破”，即使这些有机体“与寒武纪生物相比仍然是相对简单的生物"，但是它们仍然可以作为另一个"有机体和生态复杂性的重大跃变"。

如今，许多的古生物学家认为埃迪卡拉生物群是自身爆发式的辐射演化。前寒武纪"嘭"的这一声爆发，使得化石不连续的问题更加尖锐，因为在埃迪卡拉地层之下更为贫瘠稀疏的地层中，完全不存在任何埃迪卡拉生物可信的中间体。

最后，即使是你与其他人一样，认为埃迪卡拉化石的出现是个"导火索"，从而导致了寒武纪大爆发[41]，那么埃迪卡拉纪和寒武纪所加在一起后的总时间，对于现代新达尔文主义生命史观的期望和需要来说仍然是极其短暂的，这一点我将会在第8章中做更多详细的解释。新达尔文主义是达尔文理论现代版本的演绎，它将随机的遗传变化（突变）作为新变异的来源，而自然选择作用其上。像古典达尔文主义一样，新达尔文机制需要极其宽广的时间才能产生新型生物形式和结构。不过，地质年代学的研究进展则表明，在埃迪卡拉辐射演化开始（5.65亿—5.70亿年前）到寒武纪大爆发结束（5.2亿—5.25亿年前）只有4 000万—5 000万年。新达尔文的进化生物学家根据人口遗传学方程式，估算在给定时间内可能会发生多少形态变化，任何对此不熟悉的人，一听到4 000万—5 000万年，就感觉这时间已经是漫长的无穷无尽了。但是，根据突变不断累积的经验所推算出的概率，意味着4 000万—5 000万年并不足以构建出必要的、出现在寒武纪和埃迪卡拉期的新奇解剖结构。在第12章中，我将对这一问题进行更详尽的阐述。

最近，根据放射性测量研究估算，寒武纪辐射演化本身的持续时间约为4 000万年，从地质学角度上讲这一段时间其实是非常之短暂，因此古生物学家将之称作"爆发"。寒武纪大爆发的横空出世，即使是对其持续时间的早期测量结果，就已经对新达尔文理论的可信度提出了严重的质疑；达尔文对生命历史的理解能否与寒武纪和前寒武纪化石记录保持一致也是值得我们探讨的问题。因此，把埃迪卡拉和寒武纪作为一个连续的进化事件（这本身就是一个不切实际地夸大了的假设），只是让问题回到了原点而已。

基于以上原因，晚前寒武纪化石并不能解答动物形式起源之谜，反而使之更加神秘。我在2009年9月准备回答俄克拉荷马大学问题的那个傍晚，突然意识到了这一点。与此同时，如同其他少数顶尖的寒武纪古生物学家一样，我们试图从别的角度来考虑这一问题。

疑达问氏 埃迪卡拉的奇异事物

纵然狄更逊水母、恰尼虫以及斯普里格等这些鼎鼎大名的埃迪卡拉生物形式可能不是寒武纪动物的先祖，而某些独特奇异的埃迪卡拉化石可能才是其祖先，但那又怎样？这些奇妙的生命形式就能破解寒武纪大爆发之谜了吗？

在访问俄克拉荷马大学的几年前，我根据几个同行的科学研究撰写了一篇科学综述，其中包括了一位古生物学家和一位海洋生物学家（就是在前一章中提到过的，协助发现前寒武纪海绵胚胎的保罗·陈）。在这篇综述中，我解释了很多上文讨论过的，把埃迪卡拉看作过渡中间体所遇到的问题。在撰写的过程中，我和同事们曾遇到有少数古生物学家把“帕文克尼亚虫”（见图4.2），或小春虫看做是寒武纪两侧对称动物、节肢动物或棘皮动物的祖先代表的情况。难道我们错过了什么吗？

图4.2　“帕文克尼亚虫”化石照片。

事实上，资深的寒武纪专家们已否定了这些奇怪的化石形式和寒武纪动物之间的关联。尽管如此，俄克拉荷马州大学当地的教授在我们的电影放映前的发言中，却坚持认为在埃迪卡拉山上找到的那个模糊不清的化石是帕文克尼亚虫，它很可能是节肢动物的祖先代表之一。有些人描述帕文克尼亚虫为盾状化石，其顶部具有隆起的锚状脊，它的形状与三叶虫的表面相似——因此，它可能代表了早期的节肢动物。然而，寒武纪古生物学家中的领军人物詹姆斯·瓦伦丁对该观点持有异议，他认为没有足够的理由支持帕文克尼亚虫为节肢动物的祖先这一观点。帕文克尼亚虫化石缺少节肢动物的所有特征，即缺少头部、有关节的肢体和复眼。因此瓦伦丁指出，帕文克尼亚虫化石并没有与节肢动物“显示出具有共同的特征”。

对于一种小小的，留下圆盘状印记的化石，瓦伦丁也做出了同样的否定评论。这种生物也是那天晚上俄克拉荷马的大学教授在圣诺贝尔博物馆所引用的其他埃迪卡拉形式之一。瓦伦丁指出，它缺乏很多与其归属的动物门类所具有的区别性特征。事实上，那些建议把帕文克尼亚虫作为寒武纪动物祖先的学者认为它代表了早期的棘皮动物（正如俄克拉荷马州的那位教授一样）。棘皮动物包括海星、海胆以及其他从中央体腔以五或五的倍数辐射对称的动物[42]。如帕文克尼亚虫，五边形的外观，分成五个微小的部分，使它们看起来大体类似于现代的棘皮动物。但那些相似性已被证明，最多只是外表上的相像。其他古生物学家观察到帕文克尼亚虫缺少致密钙质层或血管系统，这是一个判别棘皮动物的确定性特征；因此，瓦伦丁称，其“棘皮动物的特定性状并非明确可见”[43]。缺少这些指示性特征，帕文克尼亚虫与棘皮动物之间的关系“仍不能确定”。

小春虫的例子则更为复杂，而且同样疑云重重。小春虫是2004年中国古生物学家在陡山沱组磷灰石沉积物中发现的。他们在5.8亿—6亿年前的岩石里发现了该结构，这个印记甚至比埃迪卡拉地层更为古老。南加利福尼亚大学古生物学家戴维·博特（David Bottjer）和一些中国古生物学家（至少最初的那些古生物学家），推测小春虫的印记可能是早期两侧对称动物的遗骸。

两侧对称动物是以身体中线为轴，两侧部件呈镜像对称排列的动物（而不是径向对称动物[44]）。图4.3显示了首次在陡山沱组磷块岩中发现的小春虫结构。一些古生物学家认为小春虫呈现出两侧对称性，因此可能是后来首次出现在寒武纪时期的两侧对称动物的祖先。

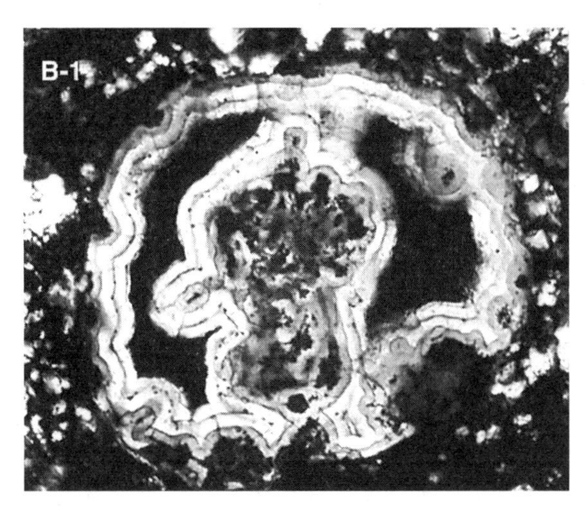

图 4.3　小春虫化石照片

但问题随之出现。第一，小春虫的形态不与任何特定的两侧对称动物类似。此外，最近通过对这些遗骸进行科学分析后发现，这些印记可能不是动物的遗骸，是不是两侧对称动物则更有待商榷了。比如说，2004 年，两位古生物学和寒武纪专家，斯蒂芬·班特森（Stefan Bengtson）和格雷厄姆·巴德（Graham Budd），在《科学》杂志上发表了对这些化石详细的化学和微观分析。他们的结论是，保存在磷矿岩中的生物结构，在成岩作用和埋藏过程的作用下经历了重大改变。成岩作用主要指沉积物沉积后和沉积岩彻底固结（“岩化”）前发生的化学变化。埋藏过程是指那些生命体掩埋和保存在沉积物中的改变情况。

基于其微观分析，班特森和巴德驳斥了这些保存下来的结构是动物遗骸的假说。反之，他们认为这些磷灰石印记表现出了与众不同的特征，即化学作用改变了微体化石（microfossils）的遗骸——微体化石在各种各样的成岩作用中被化学残留物层层包裹，可能会完全改变其原来的形态[45]。

2012 年，班特森和其他三名同事发表了另一篇文章，尖锐地批判了小春虫代表了两侧对称动物的祖先——甚至是动物祖先的观点。他们指出“识别动物的结构关键是矿化作用的结果，而不是表现为生物组织”。为此，他们得出结论：“没有证据支持小春虫是一种动物，更不用说是两侧对称动物了。”

虽然该文章题为“最早的两侧对称动物——小春虫之仁慈的死亡”，但作者在他们的阐述论据时可一点也不仁慈。他们的文章斥责了以戴维·博特（David Bottjer）为首的鼓吹小春虫是一种两侧对称动物的古生物学家，说他只看他想看到的，而无视非生物成矿作用的明确证据。在2005年《美国科学》的一篇文章里，博特将小春虫解读为“迄今发现的最古老的拥有两侧对称躯体模式的动物化石”。在这篇论文中，博特声称，小春虫证实了“对于复杂动物来源于更深远更古老年代的怀疑”，以及“寒武纪不像是爆发期，而更像是动物生命的盛放期”。在毫不含糊地反驳了博特的论点之后，班特森和他的共同作者们还站在个人的角度斥责了博特：

> 这块被称为小春虫的化石，被解读为两侧对称动物是很有可能的，因为……这明确的跟作者意图有关。如果从一开始，你就不仅知道你在找什么，而且知道你将要什么，其结果就是无论它是否真的存在你都能找到它。正如1974年理查德·费曼（Richard Feynman）的名言：“首要原则就是你不应欺骗自己——自己其实是最容易被愚弄的。”……一旦你欺骗了自己，你就会欺骗其他的科学家。

班特森和他的同事们坚持认为，无论这几个如博特之流的古生物学家能够在小春虫上“堆砌”出多少“进化的意义”，以纾缓他们有关寒武纪大爆发认知的不足，现有的证据都不足以支撑他们的解释，因此，他们作出结论，小春虫应该“仁慈地倒下”，因为有关它的解读已经“给予过它生命了——它自己其实从未有过生命”。

疑达问氏 更深层次的问题

虽然2009年时，当时乔纳森·威尔斯和我并不知晓对小春虫最新的争议性批评分析，我们只知道许多卓越的古生物学家否定了把小春虫作为一种动物形式的提议。因而，电影播放结束后的见面会中，乔纳森·威尔斯引用了古生物学界的权威说法，解释了为什么这些，以及其他晦涩而神秘的前寒武纪化石（或印记）不具有作为令人信服的寒武纪动物前体的资格。他指出，在不同的情况下，埃迪卡拉生物形式都缺乏许多特定的寒武纪门系关键鉴别特征，埃迪卡拉形式和寒武纪晚期动物之间的相似已经被证明只是表面上的相似。

与此同时，通过对讲座的思考，我认识到通过几块前寒武纪化石就解决寒武纪大爆发之谜的想法，还存在着更深层次的问题。对于达尔文生命史的支持者们认为，任一所谓的前寒武纪动物形式的发现都能解释神秘的寒武纪大爆发，尤其是这些形式具有一定抽象感知的共性，如双侧对称性。他们无视这一动物形式作为特定的寒武纪动物祖先是多么不合情理，又或者在庞大的前寒武纪地层序列中该动物形式的分布是多么稀疏，仍然坚决地捍卫达尔文主义。

若要知道这种思维方式有什么不对，我们可以设想，一个雄心勃勃的长距离游泳运动员声称他耗时数个月或数年，就可以从加利福尼亚游到夏威夷。因为这两地之间有小岛屿，可以作为他马拉松式游泳旅途每一阶段提供吃饭、休息、过夜的中途站。但是，他所指出的线路，并不是在加州和夏威夷之间群岛点缀的、岛与岛之间的距离合理可接受的那条路线，他指着的却是远离到夏威夷的最佳路线的、南太平洋上的两三个贫瘠的环礁。显然在这种情况下，这个无畏游泳者的声明是不可信的。同样，那些坚持存在于前寒武纪的、孤立且结构神秘的生命形式能解决寒武纪大爆发难题的论点也缺乏可信度。

要想从另一方面领会这一问题，让我们重温一下关于小春虫作为所有两侧对称动物门的可能祖先的说法。一方面，这种生命形式作为一大批特定门类（如许多在寒武纪出现的两侧对称动物门）的共同祖先，它必须显示出基本的两侧对称动物特征，如双侧对称性，以及具有三个不同的组织层（内胚层、中胚层和外胚层）的“三胚层”。同时，共同祖先这一角色的可能候选者，不能按照定义来显示它们所具有的、任何区别于各个寒武纪门和它们彼此之间躯体模式的区别性特征。例如，任何两侧对称动物都显示出具有典型的外骨骼，因而节肢动物不能被认定为脊索动物的祖先，因为脊索动物有内部骨架或脊索。这些独特形态设计的逻辑排除了共享这两个解剖特征的情况。因此，任何假设的两侧对称动物的共同祖先，只可能作为一种最低等的解剖学共同点有存在，或是进化生物学家所称之为的“平面图”（ground plan），这几种极少的特征是所有动物形式进化后都共同具有的。

但是，这又衍生出了一个困境。如果一个石化的生命形式足够简单、符合后来高度分化两侧对称动物门类的共同祖先的条件，那么它必然会缺乏那些独特动物门最重要的辨识性解剖特点。这意味着，区分各个门类之间的所有有趣新奇的解剖结构，必须在所谓的共同祖先化石起源之后，沿着各自的谱系分枝传承。头、关节肢、复眼、内脏、肛门、触须、脊索、致密钙质层、触手冠（长触角的进食器官）和许多不同动物的许多区别性特征，必然随后在不同的种系会慢慢出现。然而这些特征的逐步演化起源并没有记录在前寒武纪化石记录中，直到在这些特征寒武纪大爆发中才突然出现。

为此，即使我们认可小春虫这类模糊朦胧的化石是许多两侧对称动物的共同祖先的代表，它在达尔文的动物生命史的故事中也不见记载。由于前寒武纪化石记录根本没有记载寒武纪动物的关键区别性特征的逐渐出现，因此化石记录中的巨大断层仍然存在。定义了独特的寒武纪门系的重要的新颖解剖学结构，以及它们的代表动物，都是突然间就一起出现了。

要我说，小春虫或任何其他也尚不明确的埃迪卡拉生物形式解决了前寒武纪化石记录缺失的问题的说法，就有点像在说一个用金属圆筒就能说明烤箱、汽车、潜艇或喷气式飞机等结构的所有步骤一样，因为所有这些技术对象都使用了“金属外壳”。事实上，这些复杂的系统，每个都使用了金属外壳，然而金属外壳的出现只是一种必需材料，而远非这些不同技术系统起源的足够条件。同样，寻找一个简单的，但却是纯粹的两侧对称的生命形式，几乎不能解决化石的间断问题，因为它自身是无法体现两侧对称动物的独特特性到底是如何出现的。

研究寒武纪辐射演化的古生物学家都知道这个悖论。例如，查尔斯·马歇尔（Charles Marshall）和詹姆斯·瓦伦丁描绘了一个试图将一类“无法诊明”的群组表现出来的难题，他们意欲描述一组缺乏其假定的进化后裔所具有的特化特性的，可能的祖先“干”群（stem group）。他们写道：

> 当试图揭示动物门类起源的时候……最难验证的是，门类的实际起源与当它获得该门类第一个特征之间的这一阶段。即使我们有这一门类历史上该阶段的化石，也不能够证明化石上的动物与这一级别门类动物之间的亲缘关系。

因此，即使是小春虫或一些其他的化石形式，足够简单、并且与动物足够相似，够资格作为动物生命形式的所谓的单元（或初始），它也是自相矛盾的。正因为如此，其本身就无法作为一些特定寒武纪门类的明确的共同祖先。

从另外一个角度来看，这个问题也丝毫得不到缓解。如果一个所谓的祖先形式要体现出某个特定寒武纪动物门类的区别性特点，比如说小春虫或其他一些孤立生命形式所表现出的一整套令人信服的节肢动物或脊索动物或棘皮动物的与众不同的特征，那么该特征的存在就是将特定动物形式从所有寒武纪形式的共同祖先中区分出来的必然要求。一种动物形式所体现出的某个门或门内组群的特征越多，它被当成其他动物门类始祖的可信度就越小。

一言蔽之，这就是困境。高度分化和复杂的前寒武纪生物形式，其自身就不可能是所有寒武纪门类的共同祖先；而未分化的形式又过于简单，没有证据表明其自身能够逐渐产生复杂新奇的解剖结构，成为所有寒武纪门类的共同祖先。

据格雷厄姆·巴德和泽伦·詹森所述，“已知的（前寒武纪/寒武纪）化石记录没有被误解，即使是有非常丰富的更古老的沉积物，但直到寒武纪开始前的化石记录中都没有发现令人信服的两侧对称动物的候选生物。”因此他们得出结论，“达尔文理论的深层化石历史模式，期望两侧对称动物可能会显示出它们的逐步进化过程，时间可能延伸到数亿年前的前寒武纪时期，然而他们的估计却未能被证实。”

疑达问氏　左右为难的展览

在《达尔文的困境》放映结束后的答疑环节，当我的同事乔纳森·威尔斯在解释为什么顶尖的古生物学家认为讲座中提到外来的前寒武纪生物形式不是寒武纪动物的祖先时，前来参加的俄克拉荷马大学博士生们或自然科学教员们却没有任何人质疑。人们的毫无反应似乎有点奇怪，我还记得博物馆的专家之前才猛烈攻击过这些论点，仅仅是三个小时前，他就在同样的这栋建筑里，向同一群人非常断然地提出过控诉，然而现在大家的反应却变得毫无生息，这是为什么？

第二天在我们离开的航班上，乔纳森·威尔斯告诉我一些事情，使得我们的经历更沐浴着离奇的光芒。在演讲结束后到见面会开始前的一段时间里，他曾有机会逛了一会儿圣诺贝尔科学博物馆。他发现博物馆里有一个展览，就生动地说明了这个我们称为“达尔文的困境”的严重程度。威尔斯在返回西雅图的途中记录了一些他当时的所见所察。其中有一部分是他游览博物馆时看到了博物馆的展览上关于寒武纪大爆发的言论，是充分值得来说一下的：

> （展览）大部分似乎是符合事实的，强调（此外）许多寒武纪大爆发的化石是软体动物化石——这是谎言的常见解释，其前体在化石记录中是不存在的，因为它们缺乏硬体。这个展览还清楚地表明，埃迪卡拉化石在前寒武纪结束时灭绝，所以（可能有几个例外）它们没有可能成为寒武纪门类的祖先。展览中的一个特别板块引起了我的注意。它在单树干分枝树的顶部显示了寒武纪门类的十多个分枝，但没有一个分枝点对应了一个真正的生物。相反，分枝点被人为地分类，如“蜕皮动物门”，“冠轮动物门”，“后口动物门”和“两侧对称动物”。这个强加在化石证据上的分枝树模式，强调了分枝点的矫揉造作，其本身就是一个构造出来的假象。

主办这场演讲的博物馆，其立场是否定，达尔文寒武纪困境的，但在所有的争论结束之后才发现，其本身馆内就有一场精彩的展览，表明了达尔文在150年前就希望找到的寒武纪动物祖先形式，在前寒武纪的化石记录中至今仍下落不明。但是，博物馆为什么要主办这个展览呢？我想这很难说，但我在有关达尔文进化论的讨论前见过这种表现。进化生物学家在科学设定上会承认彼此存在的问题，但他们在公共场合上会否认或把问题尽量最小化，以免他们成为可怕的“创世论者”的帮凶和同谋。或许由于我们只是在校园质疑当代达尔文主义，因此他们感觉到应该捍卫“科学”。这很讽刺，但也是可以理解的，人之常情嘛！但就是这点反应最终剥夺了公众对科学家所掌握的真相的了解。它也使得人们对进化生物学作为一种科学的印象长存了下来，当很多新的和令人兴奋的问题出现时（例如动物形式的起源问题），这门科学就会走到台前来解决这些所有的重要问题。

5 基因能说明问题吗？

再现生命历史与侦探工作存在很多共通之处。侦探们和进化生物学家们都无法直接目击到过去发生的、他们感兴趣的事件。通常，侦探们无法亲眼看见罪案发生，进化生物学家也不能亲眼目睹动物或其他有机群体的起源。但是，这种限制并不意味着在探寻事件真相时，这两组调查人员会由于缺乏证据而失去信心。侦探和进化生物学家，以及其他许多历史科学家，如古生物学家、地质学家、考古学家、宇宙学家和法医科学家等，会根据遗留的线索或证据，有规律地对事件进行仔细的推理。

许多进化生物学家如此评论他们工作的法务本质。理查德·道金斯（Richard Dawkins）是这样理解的："我用一个侦探来做比方，我的工作就好比罪案发生以后，侦探从犯罪现场的残留线索中再现事件真相。"

古代生命最明显的残存痕迹或许就是化石了。然而，当进化生物学家和古生物学家逐渐认识到前寒武纪化石并没有实现达尔文的那些期待的时候，许多人就指望能找到其他线索，以证明寒武纪动物生命是从一个共同祖先那里逐渐演化而来的。

为了达到这个目的，当代的进化生物学家们都以达尔文为榜样。虽然达尔文认为，化石记录若能显示出从简单生命形式到更复杂生命形式的渐进发展，就能与他的理论很好契合。然而，他也清醒地看出化石记录所显示出的间断性，特别是前寒武纪和寒武纪地层中作为证据的化石记录，与他理论所设想的不一致。这就是为什么他要强调，需要寻找用其他类型证据来证实他普遍共同祖先理论的原因。

在《物种起源》里有一著名的篇章，题为"有机生物的相互亲缘关系"（*The Mutual Affinities of Organic Beings*）。达尔文在里面并没有以化石证据作为他的论据，而是根据多个独特的有机体都具有的相似解剖结构来进行论证。例如，他指出青蛙、马匹、蝙蝠、人类以及许多其他脊椎动物前肢都表现出一种常见的五趾（"五趾型"）结构或组织（见图5.1）。为了解释这种他所谓的"同源性"（homologies），达尔文假想出了一个具有五趾的肢体初级形式的脊椎动物祖先。从这个共同祖先演化出了各式各样的现代脊椎动物，每个都以它自己的方式保留着基本的五趾组织模式。许多比达尔文年长的19世纪生物学家，如路易斯·阿加西斯或理查德·欧文，他们都认为同源性反映了一种创造性智慧体对生命的共同设计方案。对于达尔文而言，他则认为共同祖先理论比他们的更好，因为它能更合理地解释这些不同动物之间的结构相似之处。

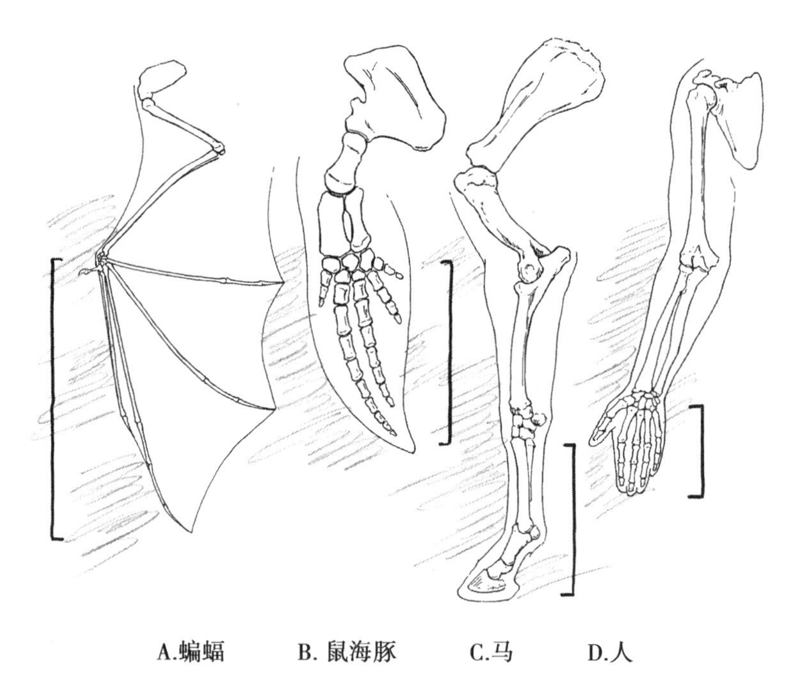

图 5.1　四种现代动物五趾型肢体展示了共同的五趾模式。

在生命演变历史的重建过程中，今天大部分的进化生物学家更强调同源性的重要。他们认为，在解剖结构中的相似性，以及在携带信息生物大分子（如DNA、RNA和蛋白质）的序列中的相似性，都强烈表明它们拥有一个共同祖先[46]。生物学家们还假设，由于都是从一个共同祖先分化而来，因此这种情况下物种间不同程度的差异与产生这些差异所需要的时间应该都是成比例的。共同特征或分子序列中的差异越大，这些特征或序列所出现的时间就与原代相距越远。

进化生物学家试图使用这种方法来认识寒武纪动物的进化历史。如果前寒武纪化石记录无法揭示前寒武纪的演化之谜，那我们必然会想到，或许比较解剖学和分子同源性研究可以揭露这个秘密。鉴于化石证据中体现出来的那些无法解答的既定问题，如今许多进化生物学家尤其强调从分子遗传学角度寻找线索的重要性。芝加哥大学的进化生物学家杰瑞·科因（Jerry Coyne）指出，“现在，我们有了一种强大的、崭新的、独立的方法：我们可以直视基因本身。通过对各物种的DNA测序以及测量这些序列相似程度，我们就能再现它们之间的进化关系。”

通过这一方法可以达到两方面的目的。首先，科学家们试图通过分析首次出现在寒武纪动物门类里现今仍存活着的代表动物基因，以确定是否有寒武纪动物的共同祖先的存在。这一努力催生了所谓的“深层分歧假说”（deep－divergence hypothesis），该假说认为所有动物生命的共同祖先是在寒武纪大爆发更早以前就出现了。其次，通过分析解剖结构和分子上的相似之处，生物学家试图重建前寒武纪—寒武纪的生命之树，绘制出在寒武纪之前的前一段神秘时期的生命演化过程。

新达尔文主义的捍卫者们断言，这些技术可以绘制出连贯的早期动物生命的进化史。他们还声称，遗传学领域的研究线索将确凿无误地证实化石未能记录的前寒武纪祖先形式和进化历史的观点。

这一章，我将仔细地剖析那些基因告诉我们的、所谓的动物普遍共同祖先的故事；在下一章里，我将会告诉读者基因分析（和有机体的其他特征）是否能描绘出一幅连贯的、树状的前寒武纪史前动物生命史。确实，遗传分析能够揭示出一些重要的线索，但问题是：这些靠遗传线索建立起来的、化石未能记载的前寒武纪祖先和历史，是否有时也会像在刑事案件调查时一样，是一个草率的判断呢？

疑达问氏　深层分歧

现在，许多古生物学家和进化生物学家都认同的观点是：那些人们长久以来梦寐以求的前寒武纪化石，那些记载了达尔文主义对动物生命起源的解释的化石——不见了。在相互审阅同行评议的论文时，科学家们对待这个问题特别坦诚。然而，正统进化观念的捍卫者们又提出了另一种可能性——寒武纪动物共同祖先的证据不是在化石里，而是在被称为动物生命“深层分歧”（deep divergence）的、分子或遗传的证据里。显然，这些生物学家是把分子证据优先于化石证据才得出的以上结论。

“深层分歧”的支持者并不否认化石证据的短缺。相反，他们还认可一种假象学说版本对失踪证据的解释。于是，他们主张的观点为：寒武纪没有动物形式的“爆发”，而是在历经了持续数百万年的动物演化和多样化的“冗长导火索”后，在寒武纪发生了酷似动物生命的“爆发”一样的现象，但这个进化史是被隐藏在化石记录之下的。事实上，他们认为，从分子研究中得到的证据表明，在前寒武纪时代有一段未被检测到的、极其漫长的、神秘莫测的共同祖先起源时期，时间约为6亿—12亿年前，确切时间取决于引用的是哪个分子遗传学研究数据。如果这种说法是正确的，那么寒武纪门类就可能从这个共同祖先那里，经历数亿年的时间演化而来[47]。

疑达问氏 分子钟

深层分歧的支持者使用了一种分析方法，叫做“分子钟”（molecular clock）（译者注：分子钟假说是指基因或蛋白质的序列随时间的推移以相对恒定的速率变化，且（对于同一基因或蛋白质）此速率在不同的有机体里大约一致。因此两种物种之间的遗传性差异与它们从双方共同祖先分离后的时间长短成正比）。分子钟研究同样也假设两种或两种以上动物的相似基因，其序列的差异反映了这些动物从一个共同祖先那里开始各自演化至此所需的时间。一个较小的差异意味着较短的时间；一个较大的差异，则需很长时间。要精确地确定时间的长短，需要通过分析两个物种或分类群的基因来测算突变率，突变率被认为是从化石记录中的祖先演化而来，可以准确地被识别测定。例如，许多鸟类和哺乳动物的分子钟研究都基于早期爬行动物的年代进行校准，因为早期爬行动物被认为是鸟类和哺乳动物最接近的共同祖先。

遗传比较使进化生物学家可以估算出从分歧开始的突变次数，并测定出包含了假定化石祖先的地层中发生分歧的时间。假设不同世系是以同样的速率进化[48]，那么这两条信息一起就能使进化生物学家计算出变异率的基线。然后他们可以使用这个速率来确定进化树上其他一些成对的动物彼此间发生分歧的时间（见图 5.2）。

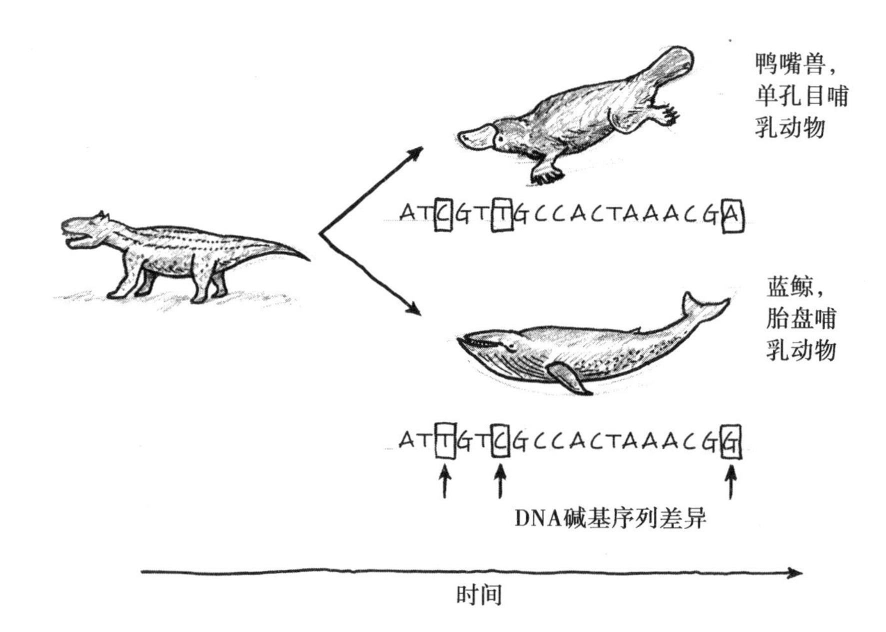

图 5.2　分子钟背后的意义。右图中两只动物及其同源基因序列显示了这两种现代动物之间的分子差距，该分子差距就是这两种动物在进化树上开始各自进化之后随着时间的推移积累了多少突变差异。左图中的动物（类哺乳爬行动物）代表了这些动物假定的共同祖先。根据已知共同祖先（类哺乳爬行动物）居住的年代和它的后裔在那段时间里突变差异积累的数量，科学家就能够计算突变率。在理论上，一旦确定了突变率，再根据同源基因的差异比较，就可以计算当今其他物种之间的分歧时间。

深刻分歧假说的拥护者已经应用该方法分析了在寒武纪时期首次出现的门类中成对动物的相似基因，RNA 分子或蛋白质。照此办理，他们就能估算出从一个共同的前寒武纪祖先那里分化成不同动物门所花费的时间。

疑达问氏 深层和更深层：深层分歧的证据

20世纪90年代，进化生物学家格雷戈里·A.雷（Gregory A. Wray）、杰弗里·S.莱文森（Jeffrey S. Levinson）和利奥·H.夏皮罗（Leo H. Shapiro）进行了一项有关寒武纪生物分子序列相关数据的重大研究。1996年，在一篇题为“前寒武纪后生动物门深层分歧的分子证据”的文章中发表了他们的研究结果。雷的团队比较了七个蛋白质[49]的氨基酸序列间的差异程度，这七个蛋白质来源于从数种不同的现代动物，代表了五个寒武纪门（环节动物、节肢动物、软体动物、脊索动物和棘皮动物）。他们还比较了来自这五个门类的同一代表动物的核糖体RNA分子[50]的核苷酸碱基序列。

雷的研究推断，这些动物形式的共同祖先生活在12亿年前，这个结果意味着在有化石记录的寒武纪动物首次出现之前，从这一“深层分歧”点开始演化以来已经花了7亿年的时间。雷和他同事们认为，这段时间的化石祖先形式缺失，可能是因为前寒武纪祖先都仅以软体形式存在而无法保存。

最近，道格拉斯·欧文和他的几个同事对其他基因序列的差异程度作了比较研究，他们分析了现存后生动物113个不同物种的7个看家基因[51]和3个核糖体RNA基因[52]。（“后生动物”是除原生动物外所有其他动物的总称，指有分化多细胞的动物。“后生动物”一词指向一种动物时，称其为“后生动物类群”。）他们估计“所有现存动物最后的共同祖先，其出现的时间约在8亿年前”。

很多类似的研究均肯定了动物形式的分歧发生在非常古老的时期，或是“非常深的地层”，否定了寒武纪动物是在短短几百万年间突然出现的说法。这些研究都肯定地认为，跟达尔文描绘的动物生命史一样，大多数研究人员都发现动物生命是逐渐出现、渐进而来的。的确，格雷戈里·A.雷的研究主要目的，就是挑战“动物门类是在寒武纪时期开始，生命‘大爆发’的那一声炮响中发生分歧”的观点。雷和他的同事认为，“基于所有的7个基因，我们估算这4个门和脊索动物之间的所有平均分歧时间，大大早于寒武纪时期开始的时间”。因此他们的结论是：“普遍观念认为，动物门是在寒武纪或晚文德期期间发生爆发性分歧的，但我们的研究结果提出了不同的说法，我们认为分歧的延长期开始于大约10亿年前的中元古宙时期。”

从正统达尔文主义的角度来看，这些研究结论似乎都是顺理成章的，因为（1）新达尔文机制需要漫长的时间来产生新颖的解剖结构；（2）这种系谱发育分析，就是假定所有动物形式都起源于同一个祖先。许多进化生物学家都认为，长久以来，隐藏在DNA中的线索确认了这些达尔文原理，因此存在极为古老的前寒武纪动物祖先这一推测是合乎逻辑的。正如哈佛大学古生物学家安德鲁·诺尔（Andrew Knoll）指出的，“动物的起源应该比我们在化石记录中看到的时间早得多，这个观点是不可避免也无法逃避的”。

疑达问氏　合理的怀疑

虽然如此，但现在已经有很好的理由来质疑这个号称牢不可破的遗传学证据了。在我们法学界的比喻说法中，现在的情况是：其他的材料见证（化石）已经主动前来作证，但它们与基因（以及其他的生物历史关键指标）的证词严重不一致，此外要想看懂这些遗传学的证词我们还得通过一名翻译，而这名翻译却又能够影响陪审团对证据的看法。让我们依次来看看这些问题。

化石证据

回想一下深层分歧假设的两个组成部分。其中之一——假象学说，它解释了为什么前寒武纪祖先化石仍未被发现。这一说法可以说使得深层分歧假说第一次遭遇到了难题。正如我们在第3章中谈到的，目前还没有合乎情理的假象学说。许多保存下来的寒武纪动物的软体化石，以及前寒武纪胚胎和微生物化石，已经动摇了前寒武纪生命过于柔软微小无法保存的说法。此外，完全是软体结构的祖先存在时间远比硬体的寒武纪动物形式要早，这在解剖学上仍然是说不通的。因为腕足动物没有壳就无法生存，节肢动物没有其外骨骼也不能存在。这些生物体如果存在任何合理可信的祖先，就一定会留下一点硬体部分，但我们在前寒武纪化石中并没有找到这些硬体部分。因此，不管如何地吹捧深层分歧假说，仍然需要一个可信可行的假象学说来解释前寒武纪化石祖先的缺失。

基因的证词：冲突的故事

第二个部分更能说明对怀疑深层分歧假说的原因：不同的分子学研究方法会产生完全不同的结果。然而，据他们推测所有的后生动物只有一个共同祖先，并且只有一个终极的分歧点。

例如，格雷戈里·A. 雷带领的研究者团队以及欧文带领的研究者团队，在比较他们了的研究结果后发现分歧时间存在着4亿年的差异。至于其他的研究，差别就更大了。许多研究都发表他们各自的数字声明，把动物共同祖先的出现时间圈定于寒武纪大爆发前的1亿—15亿年之间（更奇怪的是，一些分子钟研究者甚至把动物共同祖先的出现时间放在了寒武纪生命大爆发之后）。在1999年，道格拉斯·欧文和古生物学家同僚詹姆斯·瓦伦丁以及大卫·雅布隆斯基承认，"使用分子钟来尝试"测定源自一个共同前寒武纪祖先的"这些分枝"，"结果显著不一致"。这是为什么呢？

首先，对不同分子所用的不同研究方法会产生测定结果上的巨大分歧。除了前面我已经列举过的研究，1997年，日本的生物学家鸣尾二河（Naruo Nikoh）和他同事发表的文章中测试了两个基因（醛缩酶和磷酸丙糖异构酶），并测定出了真后生动物和侧生动物之间分化的年代——大约在9.4亿年前，有组织（像刺细胞动物）的动物从那些没有组织（如海绵）的动物中分化出来。与此相比，丹尼尔·王（Daniel Wang），苏蒂尔·库马尔（Sudhir Kumar）和S. 布莱尔·赫奇斯（S. Blair Hedges）1999年发表的基于50个不同基因的研究中显示，"基底动物门（多孔动物门，刺细胞动物门，栉水母动物门）的分化时间约在12亿—15亿年之间"。

有时，在同一篇文章中报道的分歧时间也是相互矛盾的。例如，澳大利亚国立大学进化生物学家林德尔·布朗厄姆（Lindell Bromham）和同事在《美国国家科学院院刊》上发表了一篇耳目一新的、坦率直白的论文，该研究分析了两个不同分子，线粒体DNA和18S rRNA，发现它们产生各自基因分歧点的时间差距长达10亿年。在调查了节肢动物和脊椎动物分歧点后他们还发现，根据所检测的基因不同，分歧时间可能在2.74亿—16亿年之间，要是取前面一个数字的话，这个时间几乎比寒武纪大爆发还晚了2.5亿年。这篇文章在结论部分采取了折中的办法，自信满满地报告了一个均数——约8.3亿年前。无独有偶，渥太华大学的生物信息学家斯特凡·阿里斯－布罗索（Stéphane Aris－Brosou）和伦敦大学学院的杨子恒（Ziheng Yang）发现，根据研究的基因以及采用的估算方法的不同，原口动物或后口动物（两种显著不同类型寒武纪动物）最后的共同祖先可能生活在4.52亿年—20亿年前之间。

分子进化论学者丹·格罗尔（Dan Grauer）和威廉·马丁（William Martin）对深层分歧研究进行了调查，认为某些动物群体的分歧时间位于142亿年范围内的可能性为95%。这个时间段是地球年龄的三倍以上，很明显是毫无意义的结果。格罗尔和马丁断定，许多分子钟的估算“是欺骗性地”，但是，鉴于这一领域的特殊性质，他们给读者的建议是：“无论何时你在进化类文献中看到这种时间估算，都请抱怀疑态度!”[53]他们在《遗传学进展》上发表的论文标题，更生动地指出了这一点：“解读鸡内脏：进化的分子时间表和对精密度的错觉。”

有时即使是对相同或相似分子群的不同研究，也会得出显著不同的分歧时间。例如，弗朗西斯科·阿亚拉（Francisco Ayala）和几个同事重新计算了后生动物门的分歧时间，他们使用的蛋白质编码基因大部分与雷的团队使用的编码基因相同。阿亚拉和同事们更正了雷的研究中“许多统计问题”[54]，认为他们自己的测算“是符合古生物估计的”。他们的结论是，“从分子进化速率外推至遥远的时代，其估算都是在数据集范围内的”，“但充满了危险”。又或者如瓦伦丁、雅布隆斯基和欧文的结论，“至少对门类的分化来说，分子钟的准确性仍是个问题，根据分析时使用的技术或分子的不同，估算出来的结果有8亿年的差距”。如果不是进化生物学和分子分类学家在其研究中为了避免出现严重矛盾的结果而忽略某些分子的话，根据文献报告的前寒武纪分歧时间，其结果差异还会更大了。例如，组蛋白是一类在所有真核生物中都会出现的蛋白质，并参与DNA到染色体的包装过程。但组蛋白在物种间显示出细微的变异，因此它们从未被作为分子钟使用。为什么呢？假设其他蛋白质之间的突变率都是可比较的，但是因为组蛋白序列的差异，可能就在这些不同的蛋白质研究中产生分歧时间的显著差异。特别重要的是，组蛋白之间微小的差异所导致的分歧时间的极大差异，会产生与其他研究相反的结果。因此进化生物学家通常不考虑分析组蛋白，这样一来就不会影响前寒武纪生命树在人们心中先入为主的印象了。

但是，这也引起不少问题。如果我们没有所有动物共同祖先的化石，如果遗传研究的结果没有产生如此矛盾和差异的分歧时间，我们又如何知道当第一个动物从共同祖先开始发生分歧的时候，生命之树应该是什么样子的？如果组蛋白是因为改变得太慢，以至于不能为分子钟提供精确的校准，那么哪个分子才是以正确的速度变化着的呢？我们又如何得知它们的变化的呢？对于这些问题，多数的进化生物学家通常都是这样回答的：我们已经知道动物门是从一个共同祖先进化而来，我们也知道它们大概是什么时候进化的。因此，我们必须抛弃基于组蛋白序列的研究，因为这些研究的结论会与实际测定的年代相互矛盾。

但我们真的了解这些分子的真相吗？如果了解，又通过怎样的方法来了解的？假设时间窗口内的第一个后生动物是所有动物的祖先，那么一定不是只有分子遗传学的证据才能证明它的存在。由于序列比较的结果取决于研究时使用的分子，而研究结果变异太大已经超出了生命时间窗的范围以外。相反，引用一本广泛使用的教科书上的委婉说法，进化生物学家必须选择“系统发生信息”的数据[55]。通过这种办法，他们选择的序列的变异程度就不会太少也不会太多——太多和太少取决于对进化可行性先入为主的考虑，而不是通过引用独立标准来决定分子准确性的方法。

这些结论带有主观意愿的，是科学家们依照各自偏好选自己想要的、抛弃自己不想要的结果，是他们“择优挑选”的证据。这样的结论使我们更加怀疑，这样进行分子比较的结果，对产生清晰历史信号的影响程度到底有多大。只有一个分歧点能代表所有动物真实的普遍共同祖先。然而，如果比较序列分析计算出的分歧时间符合所有可能的进化历史，包括从数百万到数十亿年前如此宽泛的时间范围内的分歧事件都相符的话，那么很显然这些可能的历史大部分是错误的。如果历史上真的发生过这些事件，那么它不能告诉我们前寒武纪生物确切的分歧时间。

可疑的假设

若要将比较序列分析放在首要位置来考虑的话，还有一些更深层次的问题。这些比较假设了分子钟的准确性——有机体的突变率在整个地质时间内保持相对的恒定。这些研究还假设（而不是证明）了普遍共同祖先的存在。要知道，关于分子钟的准确性和普遍共同祖先理论的两个假设是否成立都还值得商榷。

即使我们认为突变和自然选择（以及其他相似的无目的无定向的进化过程）可以解释新型蛋白质和躯体模式的出现，我们也不能假定蛋白质分子钟是以恒定速率标记着的。与放射性测量法不同，分子钟取决于许多不可预见的因素。如瓦伦丁、雅布隆斯基和欧文指出，“不同分化枝上的不同基因演化的速率不同，基因的不同部分演化的速率不同，最重要的是，分化枝演化的速率也会随着时间而改变”。这种变化是如此巨大，《分子生物学与进化》杂志上的一篇论文告诫，“不同有机体之间分子进化的速率差异非常大，这挑战了‘分子钟’的概念”。

也请各位记住，分子钟的校准是建立在估计推测祖先化石年龄基础上的。然而，如果这类估算是不准确的，即使只有几百万年的误差，或是用来校准突变率的化石并不是生命之树上的实际分歧点，都可能会使测算出的突变率发生严重偏斜。分子钟的校准取决于化石对它们的子代类群之间祖先—后裔关系的准确理解。如果用来校准两个后生群组的分歧时间的化石，实际上并不是它们的真正祖先，那么根据化石的年龄所计算出来的突变率就可能极不准确。正如安德鲁·史密斯（Andrew Smith）和凯文·彼得森（Kevin Peterson）指出的：“分子钟并不是零误差的，它们自身还伴随了一系列问题。技术的准确性不仅取决于精确的校准点，还取决于有可靠的系谱正确分枝顺序和分枝长度估算。”因为难以符合这些条件，“分子钟到处都能滴答作响的想法早已被否定了”。（译者注：分子进化速度恒定性并不是在严格意义上成立的。）

应用分子钟测定前寒武纪动物祖先还使得问题进一步复杂化。前寒武纪的化石如此之少，且祖先—后裔传承并不明确，且分子钟校准必须建立在数亿年迥然不同化石谱系的基础上。那么如果没有化石记录（比5.5亿年更古老的）的证据来校准分子钟，任何测定寒武纪动物门的起源时间的尝试都是高度可疑的。也许就是这个原因，使得瓦伦丁、雅布隆斯基和欧文怀疑“分子钟日期可否稳妥地应用于后生动物新元古代（新元古代是最后的前寒武纪时代）分枝这类地质学事件中”。这些方法学上的问题，说不定就是导致这些不和谐的、矛盾结果的原因。

疑问 达氏 达尔文主义的偷换概念

隐藏在深层分歧假说背后的第二个关键假设是：所有动物形式的共同祖先观点——也就是说，所有寒武纪动物是从一个共同的前寒武纪祖先那里演化而来。《认识生物信息学》教材中非常确凿地提到，“要从一组序列中构建出系统发育树的时候，关键性的前提假设就是它们都来自单个祖先序列，即，它们是同源的”。又或者，哈佛大学出版社出版的教材《生命之树》，“对于每个性状，我们不得不从一开始就做出这样的假设：类似的状态都是同源的”，通过“同源”一词来文中表示相似的性状，因为它们共享共同的祖先。

根据分子数据分析的结果，普遍共同祖先这一假设，产生了假象学说研究中的分歧点代表祖先实体的可能性。事实上，比较分子序列、生成显示共同祖先和分枝树状结构关系的计算机程序，并没有考虑基因分析的差异程度。系谱研究先比较两个或两个以上的基因序列，然后使用基因序列差异的程度来确定系谱树上的分歧点和节点。而这一程序执行的前提，是假设过去存在着节点和分歧点。

因此，从严格意义上讲，深层分歧研究并没有确定任何的前寒武纪祖先形式。真有单一的、原始的后生动物或两侧对称动物寒武纪动物祖先存在吗？前寒武纪—寒武纪化石从表面上看并没有记录下这种实体的存在，但深层分歧的研究也无法验证这一点。此处，这些研究首先还假设出有寒武纪动物祖先的存在，然后再尝试确定这类祖先可能存在的时间。有人可能会说，有分歧点至少显示了前寒武纪存在共同祖先，不管相互冲突的结果如何，分歧研究至少也表明了存在着共同的祖先。但是，若要援引分子研究结果来证明共同祖先的存在，则又回避了问题的实质，它肯定提供不出能够压倒化石证据的分子证据。也许前寒武纪化石并没有记录寒武纪动物的祖先，是因为它们根本不存在。要排除这种可能性，并解决失踪的前寒武纪祖先化石之谜，进化生物学家不能用他们主观臆断的研究结果来假设实验对象存在的真实性。

疑达问氏 什穆模型：进退两难

深层分歧的概念提出了另一个问题，涉及到前一章结束时我们讨论过的找到失踪的寒武纪动物祖先形式的必需条件。回想一下，我认为所有的动物如果具有共同祖先存在的话，那它本身的形态必然缺乏大部分（或所有）的可区别门与门之间差异的特定解剖学特征。因为这个假想的动物越像节肢动物，就越不可能作为脊索动物、软体动物、棘皮动物、环节动物的祖先，反之亦然。比如说，一旦系统选择了自行车运输方式，则不会再具有其他的运输方式（如，潜水艇）的结构特点和功能了。

为此，生物学家思考了所有后生动物门（处于深层分歧节点的真正的动物）的始祖的特征，他们通常假设该生物具有极其简单的生命形式——正如一个进化生物学家向我描述的“什穆”模型，该模型以艾尔·凯普（Al Capp）在1940年到1950年创作的著名球状卡通人物命名。有人提出原始动物可能像现代的一种无定形动物——扁盘动物，它们只有四种细胞且不具有对称性。其他古生物学家则否定了这个假想的原代后生动物，因为这并不是一个可信的所有后生动物的共同祖先形式。

无论怎样，要把原始动物描述为一种极其简单的“什穆”形式的话，那它身上必然缺乏寒武纪动物所具有的许多特性和新奇解剖结构，这一点对于进化理论家而言，麻烦就更大了。一方面，要作为一个可信合理的共同祖先，这个假设的后生动物始祖必须拥有后生动物的部分特征。事实上，假设的始祖要更可信，它的形式必须更简单，但这样它又将会缺乏更多个别动物门特有的显著性特征。这就意味着，任何动物起源演化方案，都假定以这种“精简”的动物形式作为其起始点，那么以后将会产生哪些显著特征就只能靠想象了。共同祖先的特征越少，以后显著性特征将会出现得越多。这个逻辑从另一个角度来看，就是需要前寒武纪历史上更深的分歧点和更多的时间，才能产生这些特定的新奇解剖结构——反言之，这使得化石间断问题更加严重。共同祖先的假设越貌似合理，必要的分歧点就越深，化石记录形态的间断性就越大。

另一方面，当一个更复杂的（并且解剖学上区别更大的）共同祖先与一些寒武纪动物形式有更接近的亲缘关系时，将会消除对深层分歧点的需要。然而，它同样也减少了这种作为所有其他寒武纪后生动物共同祖先的可行性。再次，某一特定动物的形式或门，其假设的共同祖先形态与其形态特点越相似，那这个祖先能够作为所有其他门类祖先的可信性就越小。就是这么一个进退两难的境地。到底是否真的有一个足够简单的，可作为所有动物门的、可行的共同祖先动物形式？也许有吧。但是这种可能也只能在分歧点出现的时间越深入，前寒武纪—寒武纪化石间断问题越严重的情况下才会出现。

疑达问氏 深陷困境

由于比较遗传分析没有确定出一个单一的深层分歧点，因此不能弥补关键寒武纪祖先缺失的化石证据，如原始两侧对称动物或原始后生动物祖先的化石证据的不足。不同的研究结果偏差太大，就不能确定其是否具有确定的意义；推断分歧点的方法深受研究者的主观影响；整个项目依赖于一种让人莫明其妙的逻辑。（译者注：以尚在争论的问题为依据，用未经证明的假设为理由。）现在，许多顶尖寒武纪古生物学家，乃至进化生物学家，都对有关结果和深层分歧研究的意义表示怀疑。例如，西蒙·康威·莫里斯就否定了这种深层分歧研究胜过更具有爆炸性的、浅而易见的和直截了当的寒武纪化石证据的想法。在评估了前后矛盾的、深层分歧研究的追踪记录后，他总结说，“扩展到超过10亿年的起源深度的历史是极不可能的”。以康威·莫里斯为代表的进化生物学家们和寒武纪古生物学家们对这些研究表示出怀疑的态度。在任何情况下，都没有把深层分歧假说视为寒武纪难题真正的解决办法的理由。

6　动物生命之树

2009年，在达尔文诞辰200周年的纪念日上，伦敦自然历史博物馆展览房间的天花板上装饰了一件艺术品。由爱丁堡大学出版的期刊，《自然历史档案》杂志中一篇文章指出，这幅题为“树”的艺术品，灵感来自达尔文笔记本上的一张示意图手稿，即后来被称为“生命之树”的那张图（见图2.11）。英国广播公司的广播节目说这棵树展示了“达尔文主义的西斯廷教堂，是达尔文主义的圣殿”。《自然历史档案》中的另一篇文章也指出，“该树颂扬了达尔文进化论”以及“不朽的科学和道理”。

对许多生物学家来说，达尔文生命之树的标志性形象或许代表了进化生物学所谓的“进化的真相”的精华部分。虽然化石记录没有直接的证据来证明达尔文生命树上的生命过渡形式，但部分顶尖权威人士仍声称有其他方面的证据，尤其是有来自遗传学研究的证据，证明了达尔文之树所描绘的生命史是正确的。

在上一章中，我已经列举了充分理由，使得我们能够质疑深层分歧假说，及其他人声称的、根据遗传证据估算出的、寒武纪动物从特定前寒武纪祖先进化而来的确切时间。事实上，这些研究虽然貌似可以精确定位原始后生动物或原始两侧对称动物出现时间的观点，但反而导致了越来越多的进化生物学家和古生物学家对它的怀疑。

然而，把生命之树作为一个整体，又是另一回事了。许多进化生物学家认为普遍共同起源的论点是无懈可击的，因为他们认为，通过对解剖和遗传相似性的分析，都趋向于认同普遍共同祖先后裔的基本模式。正如理查德·道金斯（Richard Dawkins）的主张，“当我们比较所有不同生物的基因序列时，都能发现类似的树状层次结构。更能彻底令人信服的是，在比较了所有的生命领域中解剖相似的整体模式后，我们找到了相同的谱系”。同样，杰瑞·科因（Jerry Coyne）也认为，基因序列的独立性可确认同组的进化关系，即从解剖分析角度建立的相同的基础树状结构。牛津大学的化学家彼得·阿特金斯（Peter Atkins）甚至强调："没有哪个分子变化的实例是不符合我们对整个有机体的观察的。"

基于这种信心，进化生物学家们经常把失踪的前寒武纪化石前体和中间体视为一个小小的异常点，一个有待于另一个合理可信的生命史理论来解读的小小异常点。由于多数进化生物学家都坚信，这个单一连续的树状进化理论，根源单一，是描述生命史的最好代表，并且还能解释生物学上其他类型的各种事件。他们一直认为，这个树状模式准确地描述了寒武纪大爆发和前寒武纪动物生命史。此外，进化生物学家在重建生物群组（包括动物群组）的系统发生史的时候，通常以一种与时间无关的方式进行重建。他们关注的是，如何沿着生命树的结构来构建一组分枝的相对顺序，而不是确立或"精确定位"一系列产生分枝的绝对日期。因此，尽管深层分歧研究无法确定前一章中所述的前寒武纪动物祖先的存在，但对大多数进化生物学家来说，这些研究结果也没有破坏他们对动物生命整体呈树状模式的信心。相反，基于对其他类似基因和解剖性状的系谱研究，许多进化生物学家更相信生命树是一个整体，因为这样就间接肯定了失踪的寒武系动物的进化前体是存在的。科因解释道，"如果生命历史形成树状结构，所有的物种起源于单一的树干，那么便可以通过跟踪每个小细枝找到每对细枝（现有物种）交叉前的共同起源，这样的观点才是合乎情理的。我们所见到的节点，就是它们的共同祖先"。

尽管缺乏化石证据，并且深层分歧研究的结果也是相互矛盾的，但进化生物学家仍然根据类似的逻辑，认为肯定存在着一个普遍的动物生命之树，寒武纪生命形式的共同祖先是真实存在的。

评估一下其他支持这一结论的遗传学证据，对总结普遍的动物生命之树与深层分歧假说之间的异同点很有帮助。要构建"形"、"义"兼备的达尔文生命之树，长期以来进化生物学家所使用的方法，都是假设生物的分子序列和解剖结构上的相似性都是关于过去的准确的历史信号。比如深层分歧研究，"系统发生"的重建方法假定了物种或较大的群组（分类群）都是来自同一个祖先的后裔。（"系统发生"一词，指一组生物体的进化历史。"系统发育重建"是指试图确定该历史的研究方法。）这些研究认为，在成对的生物体中，分子或解剖特征之间的差异程度表明了它们从同一个祖先那里发生分歧的时间。进化生物学家们还使用独立校准的分子钟，对精确的分歧时间进行了计算。

然而，深层分歧研究只试图建立一个单一的分歧时间，如所有动物门的共同祖先的分歧时间。但系统发育研究与之不同，它试图运用更详细的系统发育研究构建出前寒武纪动物生命之树的轮廓。这就涉及到通过评价所有寒武纪动物门类代表之间的相关度，来建立起多个分歧点和分歧时间（生命之树上的节点），以及主要寒武纪群体之间的关联。

采用了这些方法的研究人员很多，有的甚至在没有确凿的化石证据的情况下也使用了该方法。西方学院地质学家唐纳德·普洛特洛（Donald Prothero）在《化石与演变》的教科书上，用整整一页描绘了化石记录中间断出现的寒武纪动物，他解释说，“如果一个特定组群中的化石记录是贫乏的，那我们就只能指望其他来源的数据来帮助证明”。他总结说，对解剖学和分子学这两方面来源的数据，如今可以“汇集成一个共同的答案”，这是一个“几乎可以肯定的‘真相’（就是我们在科学中所使用的那个‘真相’）”。

但这是真实的吗？依靠对寒武纪动物遗传和解剖相似性分析所建立的动物生命史，真的就是连续分枝树的最好描述吗？这个分枝树的模式，能准确地描绘出前寒武纪和寒武纪的动物生命史，并且证明化石记录中没有记载的前寒武纪形式的存在吗？

疑达问氏 前寒武纪和寒武纪的动物生命树

动物的生命史只发生过一次。如果理查德·道金斯（Richard Dawkins）的观点“归根结底生命之树是真实存在的，而且在这棵树上确实已发生了独特的分枝进化模式”是正确的，那么演化历史就肯定发生过。因此，如果我们认为进化树正确地描述了动物群体之间的相互关系（跟假设的一样，有一段为世人所不知的历史），那么对于这一段真实发生过的历史就有了两个或更多的相互矛盾的假设，这意味着实际上我们根本没有理解清楚。在一本广泛使用的教科书中这样解释道：“事实上，只有一棵真正的树……为测试这些可能的假说提供了依据。如果同一组物种产生了两个假说，那么我们可以得出结论，至少其中一个假说是错误的。当然了，也有可能两者都是错误的，而真实的解释尚未被发现。”

如果有大量的证据能同时支持多个相互矛盾的历史假说，那么这些所谓的证据，就不能作为过去发生事件的一个明确的历史信号的证据。相反，只有当所有的证据都指向同一个历史假说时，或当一个假说能完美地解释整组的线索时，这样的证据才更有可能是真实的证据。

举例来说，细想一段我们知晓的祖先—后裔关系的真实历史，看它是如何证明一段明确单一的历史的。在1839年到1856年之间，查尔斯·达尔文和他的妻子埃玛（Emma），养育了十个孩子，我们按字母顺序列出：

安妮（Anne）
查尔斯（Charles）
伊丽莎白（Elizabeth）
弗朗西斯（Francis）
乔治（George）
汉丽埃塔（Henrietta）
贺拉斯（Horace）
雷纳德（Leonard）
玛丽（Mary）
威廉（William）

当然，这是按字母顺序排列，而不是实际出生顺序。它是达尔文孩子出生的大量可能的顺序之一，其中只有一个是正确的。事实上，只有一个顺序能够真实表示达尔文孩子的出生时间。

现在，假设我给了你和一些朋友一大堆有关达尔文孩子的历史证据，问你“回答他们的出生顺序”。如果你说出多个顺序，没有人会认为问题已经解决了。另一方面，如果你得出单一连贯的出生顺序假说，并提供了出生记录、家庭信件、达尔文家庭档案照片，这将为你获得有说服力的证据。因为只有一个真实的历史存在，一旦找到证据往往会自然地依序进行排列。

但是，前寒武纪动物生命之树的证据会像这样依序排列，还是会生成多个相互矛盾的历史？我们已经知道，化石证据所揭示的，并不是特定的前寒武纪动物生命之树，甚至都不是任何树状的模式。我们也看到，遗传证据本身并没有确定动物演化的那个唯一的分歧点。但要是把遗传和解剖学两方面的证据合并呢？这些证据会共同指向动物生命的单一生命史吗？

如果可以，那么它倒是可以很好弥补化石证据的缺乏。否则的话，它就会产生一个很明显的问题：这些我们观察到的寒武纪门类之间遗传学和解剖学的“亲缘关系”，它们所发出的历史信号真的可靠吗？

疑达问氏 矛盾的历史

我们有几方面的理由，怀疑遗传和解剖相似性证据是否是动物早期生命史的可靠信号。首先，不同分子进行比较时常产生分枝树。第二，解剖特征和分子进行比较时常产生分枝树。第三，基于完全不同的解剖特征的分枝树之间往往相互矛盾。让我们逐一分析每个问题。

分子 vs 分子

正如分子数据对于所有寒武纪动物的最后共同祖先（深层分歧点）发生时间的指向并不明确，它们对于描绘前寒武纪动物演变的单一连贯树的指向也不明确。在许多论著中都提到了，基于分子遗传学证据的研究结果常常出现相互矛盾的情况。2009 年《生态与进化趋势》杂志中的一篇论文提到，“根据不同基因所计算出的进化树往往有相互矛盾的分枝模式”。2012 年，在一篇《生物学综述》的论文中也承认：“系统发生的矛盾是常见的，是频繁的常态而不是偶然的例外”。2009 年 1 月的《新科学家》杂志的封面故事和评论文章也呼应了这些意见，他们注意到，今天的生命之树项目“已经支离破碎，在否定性证据的猛烈攻击下被撕成了碎片”。文章解释说，“现在，许多生物学家认为进化树的概念已经过时，需要被摈弃”，因为有证据表明“动物和植物的演化并不完全形似树状”。

《新科学家》论著引用了加州大学戴维斯分校的生物学家迈克尔·叙韦宁（Michael Syvanen）的一项研究结果，他研究了寒武纪首次出现的几个门之间的相互关系。叙韦宁比较了 2 000 个基因之间的差异，跨越了 6 个种样繁多的动物门如脊索动物、棘皮动物、节肢动物、线虫类等。他的研究结果显示，这些门类的演化并不是树状模式。据《新科学家》报道，“理论上，他能够使用基因序列来构造一棵进化树，显示出六个动物门之间的关系。然而他失败了，其问题在于不同的基因所告诉我们进化故事完全是矛盾的”。叙韦宁也坦率地总结了自己的研究结果：“我们关于生命之树的想法破灭了。它不是一棵树，而是一个完全不同的拓扑结构（历史模式）。这棵树，达尔文是怎么构想出来的?"

其他试图澄清动物门进化历史和亲缘关系的研究也遇到了类似的困难。范德堡大学的分子分类学家安东尼·罗卡斯（Antonis Rokas）是利用分子数据研究动物之间的亲缘关系的顶尖生物学家。不过，他也承认即使在《物种起源》出版150年后，"完整和准确地描绘出生命之树仍然是难以实现的目标"。2005年，他在《科学》杂志上发布了一项权威性的研究后，罗卡斯最终还是面对了这个严酷的现实。他的这项研究试图通过分析跨越17个类群的50个基因来确定动物门演化史，他希望能够画出一棵单一显性的系统发育树。罗卡斯和他的团队报道："一个由50个基因的分析数据构成的数据矩阵，无法解答大多数后生动物门之间的关系问题"，这是因为它生成了众多的相互冲突的系统发生和历史的信号。他们的结论是公正坦率的："尽管对大量的数据和分类群的幅度进行了分析，但大多数后生门之间的关系问题仍未解决。"

在2006年发表的一篇论文中，罗卡斯和美国威斯康辛大学麦迪逊分校生物学家肖恩·卡洛尔甚至断言，"无论可供使用的常规数据有多少，某些生命之树的关键部分可能还是很难解决"。这个问题特别适用于动物门之间的关系，因为近来的许多研究都报告在系统发育学方面的相互矛盾的结果。动物树的研究人员发现，某篇报道认为，"大部分单个基因产生的都是低质量的种系"，而另一项研究认为，"他们的数据矩阵中省略了35%的单个基因，是因为那些基因产生的种系与传统观念不一致"。罗卡斯和卡洛尔指出，可能是由于动物门的进化速度过快，使得基因无法记录各基因组之间的系统发育关系信号。在他们看来，如果产生新颖解剖结构的演化过程太快，就没有足够的时间来区分并积聚关键的分子标志物，特别是那些用于推断不同的动物门类之间进化关系的分子标志物。必须要有充足的时间，要不然即使信号先前存在但之后可能也会丢失的。因此，当生物组群在很长一段时间内，迅速分枝并分别地各自演化时，它"足以覆盖真正的历史信号"，导致我们无法确定进化关系。

他们的文章引起了广泛的回响，大家都在讨论这个在寒武纪大爆发研究中所兜的大圈子——一开始试图用基因研究来弥补失踪的化石证据，到后来又承认基因研究不能传达出任何寒武纪化石进化关系的明确信号。他们分析的逻辑导致他们得出一个似曾相识的结论。由于对主要遗传标志物

（如在分子钟研究中追踪的基因，推测它们大概都是以恒定速率积累突变的）的分析，显示出寒武纪动物门之间的突变差异很少。因此罗卡斯和卡洛尔从特定的遗传证据得出结论，动物门必定是快速分化的。正如他们在另一篇文章中所述，“根据两条独立的证据线（分子和化石）推断，后生动物就像在时间里被放射压缩式的、极速的起源了”。因此，更具讽刺意味的是，不仅是用分子数据重建动物门的进化史，建立前寒武纪后裔模式的方法失败了；还反倒肯定了寒武纪动物形式的极速起源。

分子 vs 解剖

1965 年，被誉为分子钟概念之父的化学家莱纳斯·鲍林（Linus Pauling）和生物学家埃米尔·祖卡坎德尔（Emile Zuckerkandl），提出要以严格方式来确认进化种系发生。他们认为，如果比较解剖学和 DNA 序列研究生成的是类似的系统发育树，“将会提供宏进化论的唯一最好证明”。据他们所说，“只有进化理论……可以在独立的证据之间合理地解释这样的一致性”。通过聚焦于这两条独立的证据线，以及它们之间一致性（或冲突性）的可能性，鲍林和祖卡坎德尔提出了一种明确的、可测量的方法来验证新达尔文普遍共同祖先的论点。

一些科学家认为，分子同源的研究已经从比较解剖学角度证实了对有关动物门的历史的预期。在引用了鲍林和祖卡坎德尔的测试结果之后，道格拉斯·西奥博尔德（Douglas Theobald）断言，他的“大进化的证据超过 29 个”，这些证据能够“从形态学和分子序列的独立证据推断出的系统发育树，其匹配程度具有极高的统计意义”。

然而，现实的技术文献却告诉我们一个完全不同的事实。分子同源性研究往往无法从比较解剖学中确认出描绘动物门历史的进化树。相反，在 19 世纪 90 年代分子遗传学革命的早期，许多研究结果就显示，从解剖学派生出来的，以及从分子学派生出来的系统发育树之间经常彼此矛盾。

可能此类冲突中，持续时间最久的，受到广泛关注的要数有关两侧对称动物系统发生的研究了。这个分类计划最初是颇具影响的美国动物学家利比·海曼（Libbie Hyman）的工作。海曼的代表观点，一般被称为“体腔动物”假说，这个假说是基于海曼对动物解剖学特征的分析，主要的特征包括胚芽（或基本组织）层、身体对称性结构，特别是被称为“体腔”的中央体腔的存在与否，假说的名字也是来源于“体腔”一词。在体腔动物假说中，两侧对称动物被分类成三个组，无体腔动物、假体腔动物和真体腔动物，每一组又包含几个不同的两侧对称动物门。（见图6.1左）

随后，在90年代中期，有人提议基于对在每个群体中都有表达的分子（18s核糖体RNA；见图6.1右）进行分析，将这些动物群体进行完全不同的排列。提出这种排列方法的研究团队在《自然》杂志上发表了他们开创性的论文，单是标题就震惊了许多形态学家："线虫、节肢动物和其他蜕皮动物的分化枝证据。"该文章指出：基于海曼假说的传统观念认为，节肢动物和环节动物是密切相关的，因为这两个门的躯体模式都是分段的。但是通过他们对18s核糖体RNA的研究发现，应该对这两个门进行不同的分组，节肢动物应该与线虫类一起，归属于一整类能够蜕皮的，他们称之为"蜕皮动物总门（Ecdysozoa）"。这种关系使解剖学家们诧异极了，因为

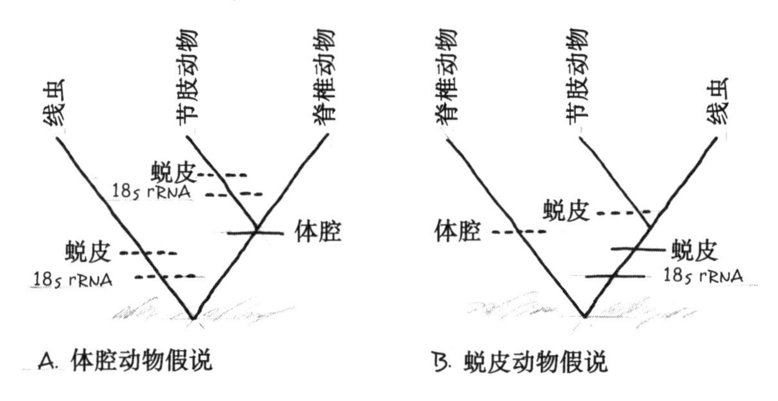

图6.1　科学家重建进化历史取决于他们认为揭示真实的血统（同源）历史的相似之处和其中他们视为误导性（异源同形）的相似之处。体腔动物假说（左）的倡导者认为体腔是同源的特征。因此，他们认为节肢动物和脊椎动物都出现的体腔表明其拥有体腔的共同祖先（在右图中以水平实线表示）。但蜕皮动物假说的倡导者认为体腔至少有两次单独的进化（由右图两个横向虚线表示）。他们认为体腔是一个历史观点上令人误解的相似性，而对最近的共同祖先的研究表明该特征不存在。这两种假说和其隐含的历史并不一致，不可能同时为真。

节肢动物与线虫的形态相差十万八千里。节肢动物（如三叶虫和昆虫）有体腔，而线虫（如小蠕虫秀丽隐杆线虫）却没有，以至于许多进化生物学家都相信线虫是节肢动物早期分枝的远亲。《自然》杂志上的论文还解释了这种节肢动物和线虫的分组是多么的令人意外："考虑到形态学、胚胎学特征和蜕皮动物生命史之间的巨大差异，万万没想到的是核糖体 RNA 树能够将它们组合在一起。"

自从蜕皮动物假说第一次提出后，有的科学家基于其他的一些分子证据，重新高举体腔动物假说[56]的旗帜，大力反对蜕皮动物假说。而蜕皮动物分组理论的拥护者则努力地进行反击，不管怎样[57]，现有的遗传证据都支持蜕皮动物假说，而不是体腔动物假说了。

在总结了这些争论之后，我发现分子和解剖的数据结果都不一致，每一方都能找到自己的支持者，争论是持久并不断前进变化的。因此，像道金斯、科因和其他许多人所说的他们有支持单一而明确的动物之树的证据（分子和解剖），这类声明就明显是虚假的。通过比较图 6.1 左和 6.1 右[58]，我们可以看出这些假说（体腔动物假说和蜕皮动物假说）是互相矛盾的，甚至可能两者都是虚假错误的。

还有多篇文章，在分析其他组群之后找出了动物树分子和形态之间的类似差异。劳拉・梅利（Laura Maley）和查尔斯・马歇尔（Charles Marshall）在《科学》杂志的一篇论文中指出，"有时，来源于这些新的分子数据中的动物关系分析，其结果与那些旧式的，传统的形态演化的分析结果是大不一样的"。例如，当狼蛛被用来当作节肢动物代表，那么节肢动物的分组就与软体动物更密切，而不是与后口动物（肛门先发育，口腔后发育的动物）关系更密切。这是有道理的，因为软体动物和节肢动物都是原口动物（口腔先发育，肛门后发育的动物）。但是，当海虾被视作节肢动物代表后，节肢动物就成了孤家寡人。现在的软体动物与后口动物分组更紧密，与节肢动物分组相差甚远，这显然与以解剖学特征为基础的常规的系统发育分组相悖[59]。

类似的冲突比比皆是。传统的系统发育把海绵放在动物树的底部，其上是越来越复杂的门类（如刺细胞动物、扁形虫、线虫等）分枝。但瓦伦丁、雅布隆斯基和欧文注意到分子"表明树形结构完全不同"，一些较高级的后口动物门很早就发生了分枝，一些相对简单的门却分枝很晚[60]。

同样地，形态学研究表明帚虫动物群（见图 3.6）和腕足动物群（见

图 1.3）这两种海洋滤食性动物都是后口动物，但分子研究却将它们归类于原口动物。由于海绵独特的身体结构，形态学研究通常暗示海绵是单系发育的（生命之树上的一个专属分枝），但分子研究又表明海绵不属于单个统一的群组，有的海绵与水母的关系反而更密切。刺细胞动物与栉水母门动物的躯体模式比较类似，使得很多人估计它们是密切相关的，然而分子数据却大大拉开了这些门之间的距离。在 2000 年《自然》杂志的一篇重要综述中指出，"通过研究发现，从生物学分子研究中构建出的进化树通常与从形态学上绘制出的进化树并不相像"。而且，随着时间的推移这个问题也并没有得到改善。2012 年的一篇论文中承认，即使使用更大的数据集也无法解决这一问题："从形态学派生出的系统发生研究，以及从分子中派生出的系统发生研究，结果是不一致的；此外，基于不同分子序列子集而构建出的树之间也不一致，这一现象，随着特征和物种数据集的迅速扩展，已变得非常普遍。"

事实上，分子数据与形态学数据之间，以及各种基于分子的树之间普遍存在的差异，使一些学者认为鲍林和祖卡坎德尔对进化亲缘关系相似程度的假说是错误的[61]。杰弗里・H. 施瓦兹（Jeffrey H. Schwartz）和布鲁诺・马雷斯卡（Bruno Maresca）把这一结论发表在《生物学理论》杂志上："这种假设来自于在持续渐进的达尔文主义模型背景下的对分类群之间分子相似性（或相异性）的解释。回顾一下分子系统学的历史以及在分子生物学中的主张我们就知道，这种'分子假设'是毫无根据的'分子假设'。"

解剖 vs 解剖

试图在分析不同动物解剖特征的基础上，推断出对动物生命史的一致性描述，这种做法也被证明了是有问题的。首先，从相似的解剖性状来推断动物门的进化史，有一个普遍存在且源远流长的问题。在门这一级——也就是进行门与门之间的相互比较并试图确定其分枝顺序时——可用于推断进化关系的共有的解剖学特征数量急剧减少，而原因是显而易见的。例如，解剖特征如"腿"，在判别和比较节肢动物的时候，腿的用处非常大，但是"腿"又在与无腿的腕足动物群或苔藓动物门之间比较时是没有用处的。同样地，人类设计的系统的基本结构特征，例如独特的潜艇，"特质性"的全密封船体，有助于将它与仅密封了底部的巡航船区别开来。但这一"特质性"，又在与悬索桥、摩托车、平板电视等比较和分类时变得无关紧要。同样，生物学家发现只有少量高度抽象的特征，如径向与身体两侧对称性、基本组织层（三胚层、三层，与双胚层、两层）的数量，或体腔的类型（真体腔、假体腔或无体腔）等，可用于许多不同动物形式的形态学比较。然而，进化生物学家又经常为了这些抽象性状作为进化史参考的有效性而争论[62]。此外，就像根据不同的类似基因或蛋白质分析所构建出的树之间时常矛盾一样，以不同发育和解剖特征为基础构建的树之间也往往互相冲突。

当生物学家根据解剖学特征构建系统发育树时，他们通常根据几个关键特征的存在还是缺失来对动物门进行分组。例如，动物树的标准版本是建立在解剖学基础上的，根据动物的躯体模式对称性类型和其躯体模式发育模式来分组动物。如前文所述，镜像对称的动物身体有一条从头到尾的垂直轴线，属于两侧对称动物组的动物。而径向对称动物（或不对称）的动物则不属于该组。在两侧对称动物内，分类学家又根据动物躯体模式发育的不同模式（进食腔先出现还是排泄腔先出现）区分出其他主要的群体——原口动物和后口动物。

然而，进化生物学家在研究生殖细胞形成模式这一特别而又基本的特征时遇到了大麻烦，因为生殖细胞的形成模式在这棵典型动物生命之树的不同群组间是分散分布的（见图6.2）。在有性生殖的物种中，生殖细胞产生卵子和精子延续生命，而在无性生殖的物种中，生殖细胞则产生配子繁殖下一代[63]。动物产生生殖细胞有两种主要方法。其中一个生殖细胞的形成模式，称为预成论（preformation）［译者注：预成论 认为卵细胞从一开始就已形成了动物的各个部分，发育只是展开已有结构］，细胞是从它们自己的结构中继承内部信号而变成生殖细胞的（图6.3左中用黑色固体正方形标明）。另外一种生成生殖细胞的主要方式，称为后成论（epigenesis），生殖细胞从周围组织接受外源性信号，成为原始生殖细胞（primordial germ cells，PGCs）（生殖细胞，图6.3右所示固体白色方块）（译者注：后成论认为受精卵并无成年的结构，而是在发育过程中逐渐形成）。

生殖细胞的形成对进化而言，其重要性是无可争辩的。要进化，种群或物种就必须留下后代；要留下后代，动物物种必须生成原始的生殖细胞。没有生殖细胞，就没有繁殖；没有繁殖，就没有进化。

因此，你可能会认为，如果一个动物群全都源自同一个共同祖先（以配子繁殖的特定模式来说），那么从一个动物物种分化至下一个动物物种，

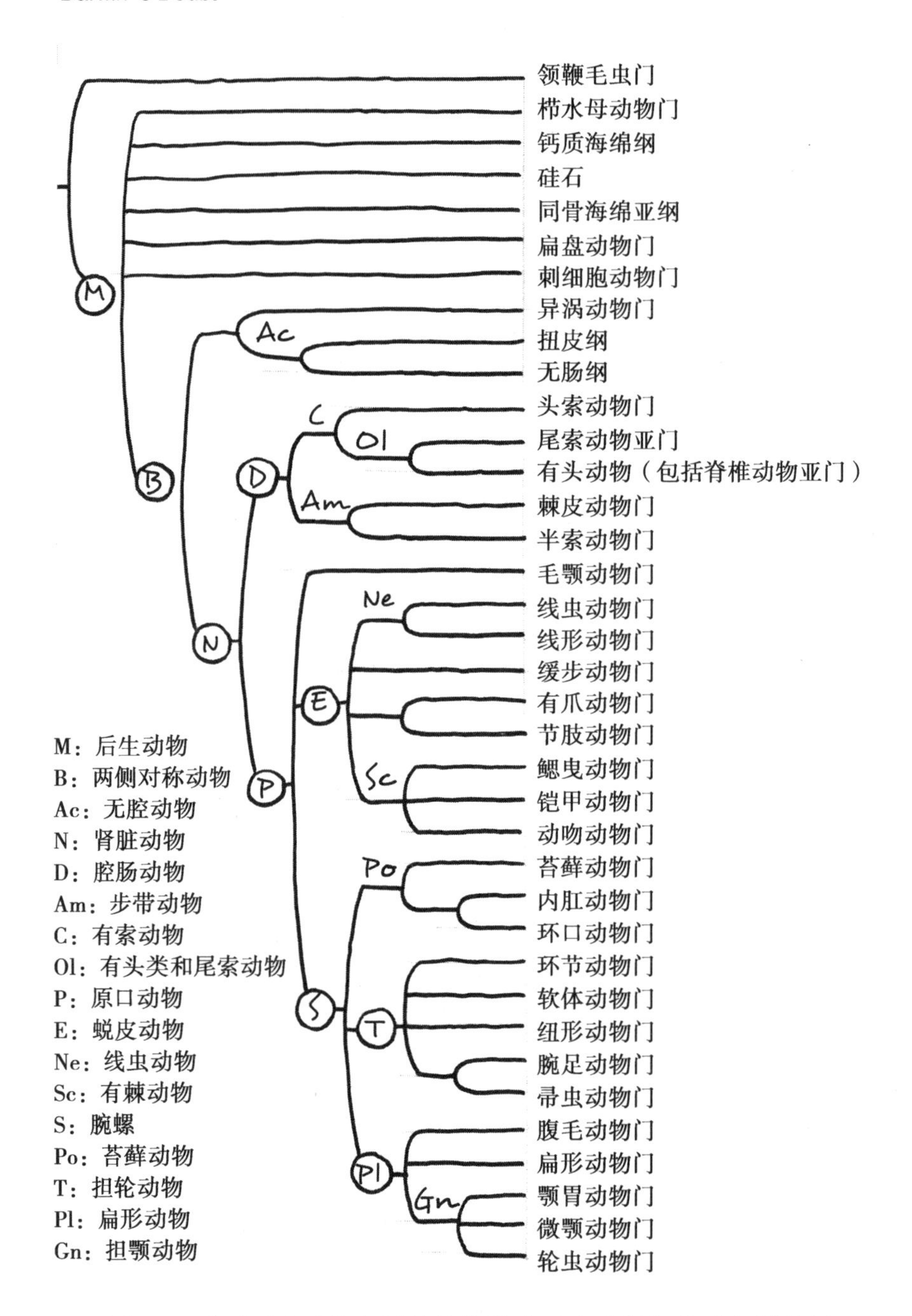

图 6.2　典型后生动物之树的结构取决于有选择性地对解剖特征和基因进行分析。

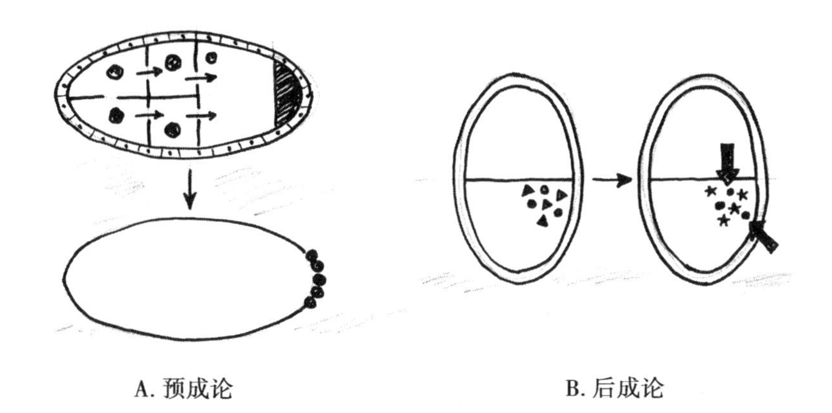

图6.3　生殖细胞形成的两种模式。果蝇成卵过程中，母代的营养细胞（左边四个用黑色圆圈表示的椭圆形的卵泡细胞）储存的蛋白质和RNAs，被运到卵泡的后极（以右边的大细胞的右侧阴影区表示）。这些母体合成的分子，在胚胎发育期间会触发胚芽细胞和蝇的性器官的发育（左）。小鼠卵子细胞里没有确定生殖细胞形成的母系蓄积产物。相反，随着胚胎发育为细胞亚群（左边的三角形表示）表达“生殖能力基因”。然后，这些细胞“读取”从其他组织（箭头所示）发出的信号，促使细胞分化成原始的生殖细胞（如右边星星所示）（右）。

其生殖细胞形成的模式在本质上也应该相同。进一步说，假设所有动物都只有一个共同祖先，那么生殖细胞形成的模式就更应该相同了。根据我们的预计，动物之间生殖细胞形成的同源模式都应该高于任何其他组织类型、细胞系或发育模式。这是为什么呢？因为突变会影响发育机制，一旦因此影响了生殖细胞形成，将不可避免地导致繁殖过程失败[64]。要知道，如果一个物种无法繁殖，它就不能进化了[65]。

因此，相似的动物群体——事实上，所有的动物，如果它们是源自同一个共同祖先的后裔——应该表现出相同的生殖细胞形成的基本模式。进一步讲，基于“生殖细胞形成模式”分析而构建出进化树，与从其他的基本特征（如躯体模式对称性、发育模式、主要组织的数量等等）派生出的树状结构应该是一致的。

但是，生殖细胞形成模式几乎是随机分布在不同的动物群体中的，基于这一特点使它无法形成一棵连续的树，更遑论把它和典型树来进行任何的比较了。此外，需要指出的是，生殖细胞发育的两种基本模式在动物门内的分布已描述在典型树上。图6.4，引自哈佛大学发育生物学家卡桑德拉·艾特沃（Cassandra Extavour）的工作，该图显示了这种几近随机的分布，在对于分析不同解剖特征时出现的这种不协调，它提供了另一条理解途径。

应注意，生殖细胞形成的这两个模式，其分布不会在典型树的不同部分聚集成群。相反，它们是在生命树不同分枝的不同门里随意散布的。例如，原口动物的生殖细胞形成模式在预成和后成之间闪烁分布。同样情况也发生在后口动物内：生殖细胞形成模式几乎是随机变化的，几个群组中两种模式都有出现，使我们很难或不可能确定在不同的祖先分枝点上到底会表现出哪一个特征。卡桑德拉·艾特沃注意到这种模式的分布，并得出结论“目前可用的数据无法表明后生动物性腺体细胞成分的同源性”。

在对这些数量庞大的难题进行调查后，无脊椎动物解剖学专家、圣安德鲁斯大学动物学家帕特·威尔默（Pat Willmer）和牛津大学动物学家彼得·荷兰（Peter Holland）得出了这样一个结论：“总的来说，现代通过对传统证据的重新评价，支持了（系统发育）子集之间各不相同又相互排斥的关系。”他们继续观察后发现：“对称性模式，体胚层数量，体腔的性质，以及存在的或连续复制（细胞分裂）的类型都被用于推断共同祖先。”但是，他们解释说，系统发育故事里的这些特征是“现在不能被接受或至少有争议的”，因为数据并不一致。

自从1859年人们确定了动物生命之树的历史记录其实是不确定的这一点以来，正如一本备受推崇的教科书，在解释无脊椎动物的时候写到的那样，“门一级的系统发育分析结果仍然存在很多问题”。因此，“对更高级别动物的系统发育研究催生出大量的文献论著，但这些文章中少有一致的结论……实际上，没有什么动物是像‘传统教科书上讲的系统发育’。我们可以从文章中发现不同研究方案间的差异”。若想直观地理解这个问题，请参看图6.1左和图6.1右，以及图6.5。这些图显示了20世纪出版的许多基于解剖基础的后生动物系统发育。这些分枝模式显然是互相矛盾的。

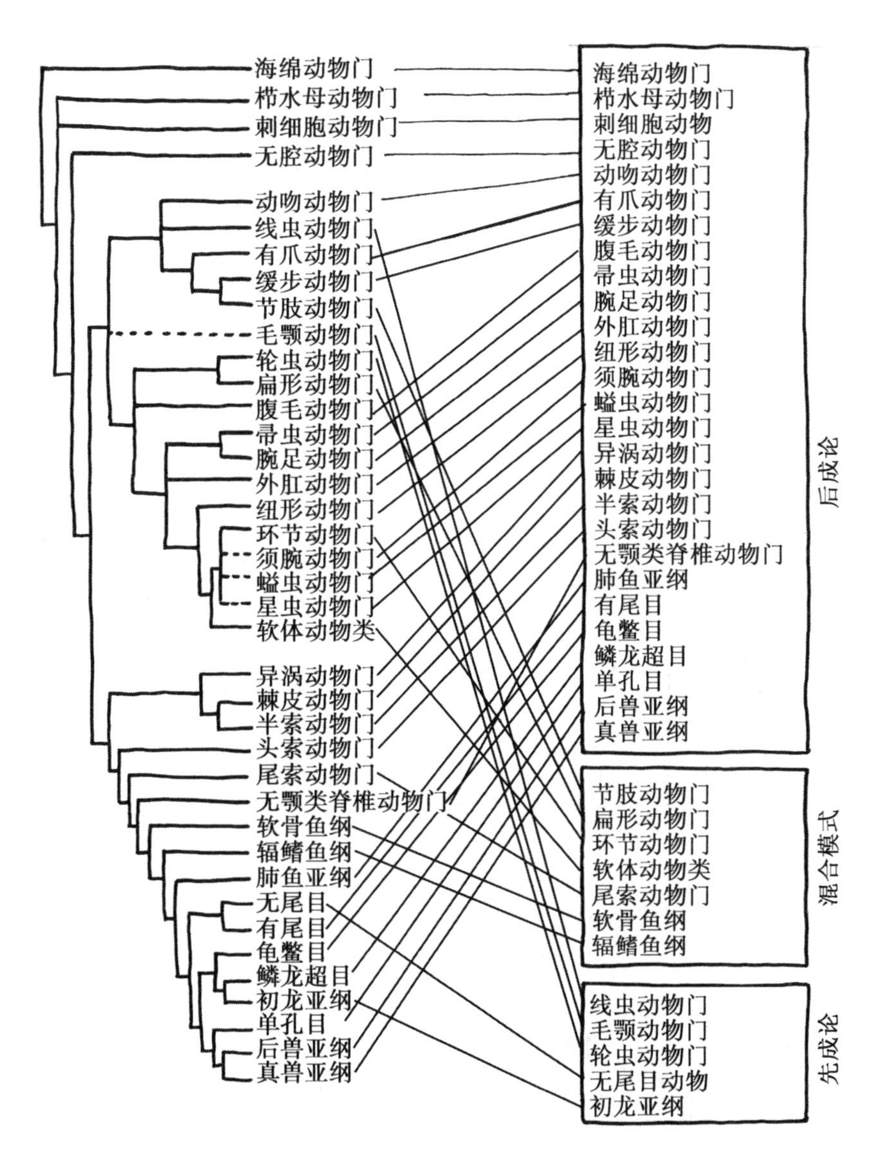

图 6.4　原始生殖细胞形成模式（后成论、预成论，或混合模式）在各种动物群体中的分布。在右边框和左侧门类名称之间的细实线显示了不同动物门类里不同的生殖细胞形成模式。各种动物群体几近随机分布的生殖细胞形成类型，使得根本无法基于此特征形成动物的系统发育（进化历史），也无法匹配典型动物生命之树隐含的进化史。

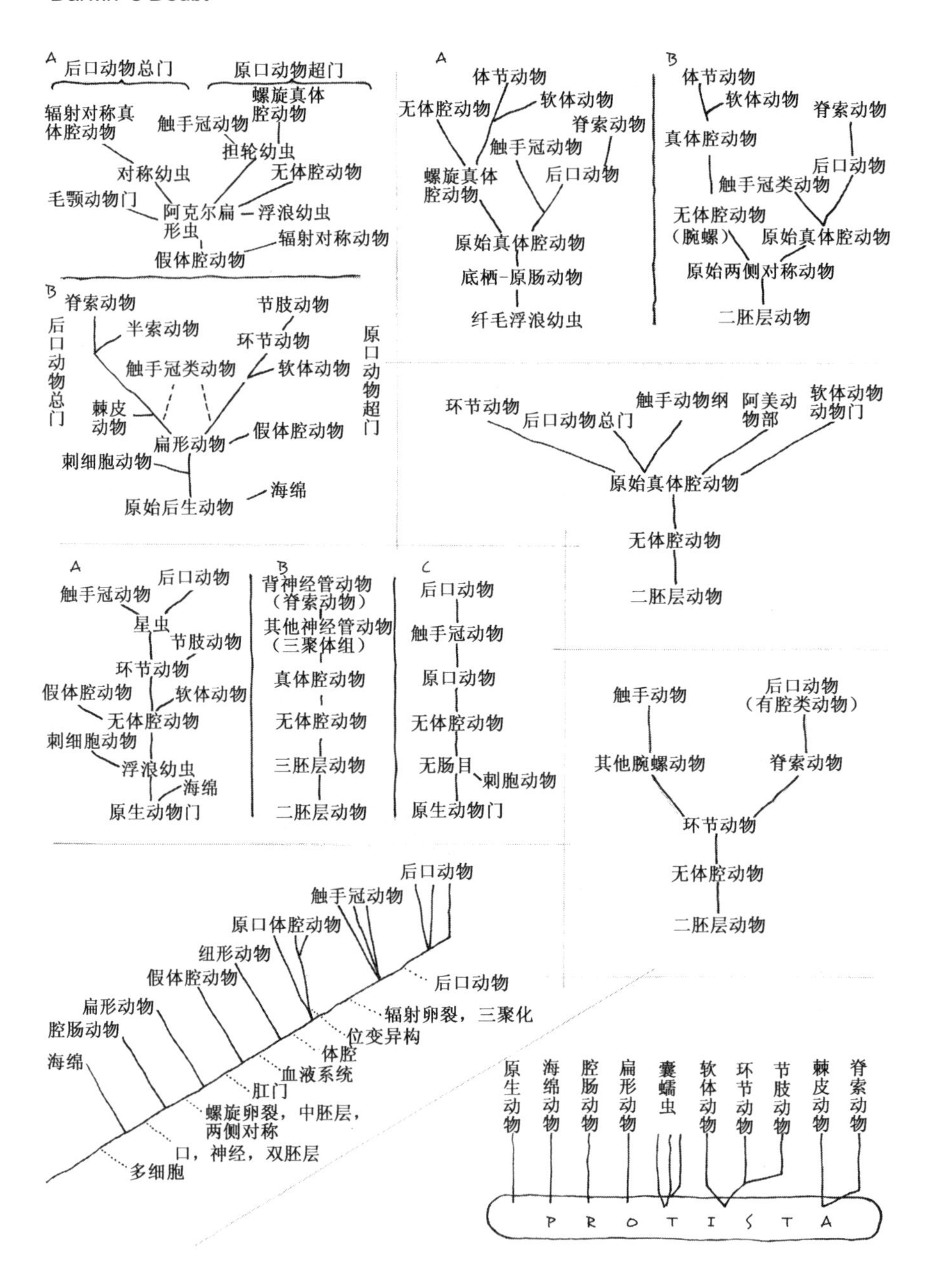

图 6.5　一部分矛盾的（互相不一致的）系统发育树，代表了主要动物群体的进化历史，这些图来自于 1940 年至今发表的生态和进化方面的文献。注意：在某些系统发育树上一些分类类别的定义，自这些系统发育创建以来可能已发生巨大的改变。分枝长度不可能永远按比例绘制。

疑达问氏 系统发育的推断假设

所有这些问题都强调了系统发育重建方法中的几个根本性难题。生物学家在分析多个解剖性状或基因时，动物门类也在持续地反抗科学家们将它们排列成树状模式的意图。然而，如果的确有一段隐藏着的前寒武纪进化时期的话，又如果比较序列分析的结果揭示的是真实的动物生命史的话，这就暗示着的确存在前寒武纪动物形式，并且系统发育研究的证据只会越来越多地聚集在一棵动物生命树的周围。正如从一个共同的动物祖先开始各自演化而来的动物形式只可能有一个分歧点；通过系统发育的分析方法产生的树中只有一棵可以描绘出真实的前寒武纪动物的生命史。相反地，如果系统发育分析始终能够产生各种各样可能的进化史，我们就很难看出哪一棵进化树发出的才是可靠历史信号。再说一遍，动物的生命史只发生过一次。

有的人会说，这些相互矛盾的树，起码显示了在寒武纪时期之前，的确具有某些树状的共同祖先的进化模式，因为所有矛盾的树都肯定了这一点。但是，要知道它们之所以都如此“显示”成树状，是因为它们都以共同祖先的存在为前提，而不是因为它们证明了共同祖先的存在。

疑达问氏 趋同进化

还有另一个原因，使得我们怀疑解剖或分子同源性研究是否传达出生命史的决定性讯息。大多动物普遍具有与其他动物相区别的单一性状或特征。在这种情况下，把这些特征用来作为祖先形式来将动物进行分类，就没有进化的意义了。例如，鼹鼠和蝼蛄都有非常相似的前肢，但鼹鼠是哺乳动物，而蝼蛄是昆虫，因为以上可理解的原因，没有进化生物学家会认为这两种动物密切相关。

普遍共同祖先理论通常假设，相似度越高的两种生物之间的关系更密切。那么在共同祖先的前提下，躯体模式差异越大的动物之间的关系相对就越疏远。因此，躯体模式完全不同的生物体之间，却具有几乎完全相同的个体性状或内部结构，我们则不能把它归因于由一个共同祖先进化而来。进化生物学家把在相同环境下不同生物出现类似的属性特征或结构的现象称作趋同进化，即从最后的共同祖先分枝后形成的单独的物种分枝之间出现了相似的特征，而这些特征不是来自共同祖先而是由生物体分别或独自产生的。趋同进化证明了相似性并不总是意味着同源性，或者说遗传自同一个祖先。

为此，趋同进化（以及其他相关的机制）[66]使人更加怀疑系统发育的重建方法。趋同进化否定了同源性的论据逻辑，该逻辑肯定相似性就意味着共同祖先。我们现在已经了解，在很多情况下这个逻辑是不可信的。趋同进化现象一再地被证实，就否定了系统发育重建方法的假设（即相似性是一个共同祖先发出的可信历史信号的假设）的合理性。

疑达问氏 家族团聚？

那么我们应该从这些如此相互冲突的树中得到哪些经验和教训？显然，这些相互矛盾的结果所提出的是对动物生命之树的质疑。若要知道原因，我们可以想象一下，假设你被邀请去参加一个大聚会，之前你已被告之这是整个大家族的大团聚，在那里你会遇到数百个，其中大多数你没见过的亲戚。我们且在邀请函上把这场盛会描述为“团聚假说”。邀请函上写道，有合照计划，需要根据关系的亲密程度将亲属分组在一起（按照嫡堂兄妹的顺序等等）。

你如约地赶到了会场，端起一份凉拌沙拉，心中渴望着见到许多以前从未见过的亲戚。当你看到已经有数百人聚集在一起时，你有充分的理由相信“团聚假说”是真实的。毕竟，你邮箱中的邀请函将这次事件描述为一次家庭聚会。

但是，随着时间一分一秒的流逝，事情看起来不太对劲。你随处可以发现人们的面容都有几分相似——“是的”，这个人可能就是我的表兄——但大多数与会者，以及所有与你对话的陌生人，都没有表现出明显的家族相似之处。这个聚会中的任何人似乎都无法与别人分享某些个人的关系，不管他们花费了多长时间进行攀谈并尝试建立他们之间的共性。更重要的是，每个人所讲述的关于他或她的家族史都不相同。想通过按体格特性（身高、头发颜色、体型等等）的区别来把陌生人进行分组，但你可以找到的特征又无法将之与家庭关系或家谱的证据连接起来。无论你找到任何一点的共性，都无法将它们整合成一个连贯的、一致的故事，家系还是不明确。团聚假说能否成立，面临的压力很大。

负责拍摄合影的摄影师到了，她大胆尝试把大家聚集在一起，拍摄之前就计划好的大合照。然而混乱也随之产生了：没有人知道自己该站在哪个位置。如果这家庭关系确实是存在的，但为何又是如此地不清晰？因此。在绝望中磨蹭了半个小时后，人们纷纷驾车离开，心里还想：我为什么不去参加野餐会呢？他们还先邀请我呢！

现在，你有充分的理由来怀疑“团聚假说”了吗？是的，你有。如果家族团聚假说是真的，它将越来越多地被证实，因为证据的指向会越来越趋向单一一致。如果真的是家庭关系，每个人交谈时间越长，就会显现出越多的单一连贯的关系模式。但是去参加野餐的人就不是你的亲戚了，至少这是一个很好确定的事实。如果证据的指向不集中一致的话，那么这关系图上就到处都是“证据”。

疑问达氏　一片树林

当然了，以家族团聚例证作为对动物生命史的类比并不成立，这是因为我们在聚会上能够追踪回溯所有人的历史，只要足够远，就会发现他们都与共同祖先相关。虽然我们可以选择假设说寒武纪动物的真实情况也是如此的，但是我们既没有化石证据，也没有遗传学和比较解剖学建立起来的证据。这三类证据对前寒武纪动物祖先的解释，不仅没有提供出任何可信的证据（化石），反而还提供了矛盾的证据（基因和解剖）。

这就是我这个故事的论点。只有一个寒武纪动物史才是真实的，如果我们的确都看到了真实的历史证据，那么这些证据应该趋向于共同的系谱。这幅生命之树图的证据应是相对稳定的，而非持续变化的，但是我们从多个群体得到的各种证据又不断地生成新的、相互冲突的、不连贯的动物生命史。在我的例子中的“堂兄弟”就是这样，他们看上去都是不一致的，断续的，这就跟非要把不一致的动物群体归到一个谱系中去一样。

但是，如果基因没有告诉我们前寒武纪祖先形成的故事，如果基因不是作为化石证据的补充而存在，如果基因是从原始动物、原始后生动物那里构建出明确、长久、神秘的动物生命史，那么从逻辑上讲，我们还是会回归化石记录所表达的意义。这样一来，失踪的祖先化石仍然是一个谜题。有什么办法能在进化的框架下来解释化石记录中突然出现的新生命形式呢？20 世纪 70 年代，两位年轻的古生物学家认为这是完全有办法做到的。

7　间断平衡！

如果有人告诉你，科学上的大发现发生在自助洗衣店里，你一定不会相信。但事实上，确实有一个重大的科学突破是发生在洗衣店里的。1968年，也就是发现第一块澄江化石的十年前。受到幸运女神缪斯眷顾的是古生物学家奈尔斯·埃尔德雷奇（Niles Eldredge），当时他已经为他的博士研究搜集了好几个月的三叶虫化石标本。一天，他在密歇根州一个自助洗衣店里，顺手伸进了他的衣服口袋，拿出来一块他搜集到的化石——一个被称为蛙形镜眼虫（Phacops rana）的三叶虫物种标本。他最初检查这个标本的时候，感觉“很沮丧”。这块化石与他在美国中西部野外工作期间，在地层中已发现的很多其他样本非常相似。这块三叶虫化石，并没有显示出如经典新达尔文主义理论中所预期的渐变的证据。

正如埃尔德雷奇在1983年匹兹堡大学的一次演讲上讲到的那样——这一天，他突然体验到了所谓的科学顿悟。他意识到，“缺乏变化本身”就是“非常有趣的一种模式”。或如他后来所说，“停滞就是数据”。“停滞”（stasis）一词，是由埃尔德雷奇和他的科学合作伙伴史蒂芬·杰·古尔德（Stephen Jay Gould）（见图7.1）提出的，他们用这个词来泛指大多数的物

图7.1　史蒂芬·杰·古尔德

种演化模式，“在其地质历史中，要么是表型上不发生任何明显的改变，要么是在没有明显方向性大改变的情况下，发生形态上的轻度波动”。因此，当埃尔德雷奇再查看这块孤独的三叶虫化石时，突然意识到他观察到停滞的证据已经有一段时间了——这可能就是他一直以来想要找到的。他解释说，“停滞……到目前为止，是我所有仔细观察过的镜眼虫标本中最重要的模式”，他继续说，“当古生物学家无法找到达尔文曾料定的化石样品的存在时，停滞——往往都被视为不良化石记录的假象。然而正如斯蒂芬·杰·古尔德形容的那样，停滞——真是一种令人难堪的‘古生物学的商业机密’”。

这令人尴尬的现实已被证明是关键所在，它最终导致埃尔德雷奇和古尔德否定了达尔文描述的渐进式进化理论以及新达尔文主义对渐进进化发生机制的理解。这种间断式的进化模式，还引导他们形成了一个新的进化理论，这就是发表在1972—1980年一系列科学论文中的“间断平衡”(punctuated equilibrium)[67]。

基于这一理论，古尔德和埃尔德雷奇都不期望能在化石记录中找到大量的中间过渡形式。在他们看来，在生物革新的主要时期，就是因为发展得过快所以才没能留下许多化石中间体。[68]

古尔德和埃尔德雷奇认为，快速变化时期[69]的出现（即间断现象）是不同类型的进化机制或变化过程起作用的副产物。首先，他们提出了一个名为“异域性物种形成”（allopatric speciation）的机制来解释新物种的快速产生。古尔德、埃尔德雷奇以及另一个间断平衡理论的早期提倡者，约翰·霍普金斯大学的古生物学家史蒂文·斯坦利（Steven Stanley）也认为自然选择是在更高的水平发生作用，而不是像经典的达尔文主义和新达尔文主义所说的自然选择偏袒物种内最适宜生存的那些生物个体。这些古生物学家认为，自然选择往往是在一组相互竞争物种之间选择最合适的物种，因为物种形成的发生更加迅速，而且自然选择机制是作用于整个物种而不单单只是生物个体。此外，间断平衡理论的提倡者还认为，生物形态学改变的发生，通常比达尔文起初设想的更大，有更多离散式的跳跃改变。

因此，从某种意义上说，间断平衡理论就像假象学说一样，是对达尔文理论中期望存在但又实际缺失的化石中间过渡形式的解释。间断平衡理论的提倡者认为，在否定达尔文的渐进主义方面，间断平衡理论是除了假象学说之外，能够解释化石记录中过渡形式缺失的最合适的版本。但是在否定达尔文渐进主义的过程中，间断平衡理论也代表了另一种速度和模式完全不同的进化观点——一种全新的、据说能够确定一种进化改变新机制的进化理论。就如科学历史学家大卫·塞普科斯基（David Sepkoski）的解读，“古尔德和埃尔德雷奇建议，对标准的‘新达尔文主义’进行彻底的修改。他们认为进化模式实际上是不连续的，是由长时间的进化停滞和短暂的跳跃式物种形成所‘间断’地构成”。

间断平衡理论，又被人们亲切地称之为“蹦移”（punk eek）理论，在20世纪70—80年代引发了激烈的科学辩论并被媒体广泛报道。评论家称此模型为“痉挛式进化”（evolution by jerks），古尔德则回击渐进主义拥护的是“匍匐式进化”（evolution by creeps）。虽然埃尔德雷奇在理论形成方面发挥了更多作用，但史蒂芬·杰·古尔德却成为了该理论的领军代言人。由于对间断平衡理论的积极倡导，以及他广受欢迎的科普作品，古尔德获得了巨大的声望，这些声望又反过来保证了科学界对间断平衡理论持久的认识。

所以，到底是什么成就了这个大胆的科学提议？间断平衡理论解决了传统的新达尔文主义没有解决的问题了吗？间断平衡理论会有助于解释寒武纪大爆发的悬案吗？

疑达问氏　需要：高速引擎

一旦他们决定直面化石记录的价值，那么古尔德和埃尔德雷奇的问题就变得非常明显了：到底是什么能够发生如此迅速的进化改变？为了解释这种脉冲式爆发或间断现象，古尔德和埃尔德雷奇引入了一种新的物种快速形成的机制，以作为对自然选择机制作用的新的认识。

新达尔文主义认为，自然选择作用于随机突变的机制，其作用过程必然是缓慢和渐进的。古尔德和埃尔德雷奇则引入了一个被称为“异域性物种形成”（allopatric speciation）的过程来解释新物种如何会快速涌现。前缀allo指“其他”或“不同的”，后缀patric是指“故乡”。因此，异域性物种形成是指从分别各自的原种群中生成新物种的过程。异域性物种形成通常发生在生物体种群生活在孤立偏僻的地理位置上的时候，比如说由于山脉或河道的改变而产生地理隔绝，在不同环境压力下子代种群发生变化，并最终与原种群产生生殖隔离，形成新的物种。

古尔德和埃尔德雷奇通过群体遗传学，解释了为什么新的遗传特性更容易在较小的亚种群内发生传播并稳定表达。群体遗传学描述了遗传性状的改变以及在生物体种群中固定表达的过程，我会在第12章中再次讨论到该主题。群体遗传学教导我们，通常在大的生物体种群中，一个新近产生的遗传特性是很难传遍整个种群的。然而，要想一个群体中发生的任何进化改变，新产生的遗传特性就必须要变成普遍的性状，或者是通过一个“固化”（fixation）的过程而变得“固定”下来。

然而，在较小的种群里，新特性被固定下来的概率则会高得多，这是因为新特性只需要在较少的生物体中传播。举例来说，比如有一个口袋内藏有红色和蓝色的弹珠各50个。假设要通过随机的方式来移除个别的弹珠，将红蓝混合在一起的弹珠“种群”变成只有红色弹珠的种群。若要生成一个全是红色的“物种”，我们必须确保生成一个没有一颗蓝色弹珠的种群。如果有人从袋子里随机拿出50个弹珠，几乎不可能所挑出的弹珠都是同一颜色的。事实上，要是想随机拿出50个都是蓝色的珠子还是有可能的，只是这个概率比1×10^{-30}还要小[70]。相反地，剩余的弹珠里红蓝两色都有的概率却是奇高的。

那么如果是一组较少的弹珠呢，情况又会怎样？假设口袋里只有8个弹珠，平均的4个红色和4个蓝色。要想随机选择拿出4个蓝色弹珠只留下红色的，这个尽管也不太可能，但这概率就不像上次一样小了。现在有更高的机会——1/70的概率，剩余弹珠都是红色的[71]。从数量较少的组群开始，随机选择导致种群出现一致颜色的概率就会高得多。同样地，遗传性状固定在一个生物种群中的可能性是随着这个种群数量的增大而呈指数性递减的。

在间断平衡理论的形成过程中，古尔德意识到，新物种会不可避免地出现在较小的种群中，因为随机过程在小种群中有更大的机会可以固定该性状。在这些随机过程中，其中有一种显著的现象，叫做遗传漂变（genetic drift）。遗传漂变是发生在种群中的遗传变异随机发生播散或消失，而不会对种群的生存和繁殖造成影响。

在古尔德和埃尔德雷奇的观念中，异域性物种形成有助于解释那些远超达尔文渐进主义预测的、更大规模的、更多离散式跳跃的进化的发生原因（见图7.2）。根据古尔德和埃尔德雷奇的设想，当发生异域性物种形成时，它可以产生与原种系同代或后代的物种。他们认为这些在较小的种群里能够相对快速地促使物种形成的进程，有助于解释化石记录中的跳跃式现象。正如他们所说，“较小的数量和快速的进化，使得这些物种形成事件无法在化石记录中保存下来”。根据他们所构想的进化过程，生命树的分枝会猛然分离，这些分枝会出现几乎“水平状”的线，产生突然的、间断的化石记录，因此其化石中间体就更少了。埃尔德雷奇和古尔德解释说：“异域（或地理）性物种形成理论提供了一种对古生物资料的不同解读。如果新物种是在数量小的、环境孤立的种群中非常迅速地出现的，那么还想期待出现它的渐进化石，简直就是白日做梦。这个新的物种，它不是在其祖先的区域里逐渐形成的；它也不是由祖先的缓慢转化而来”。因此，他们得出结论，“许多化石记录的断层都是真实的”。

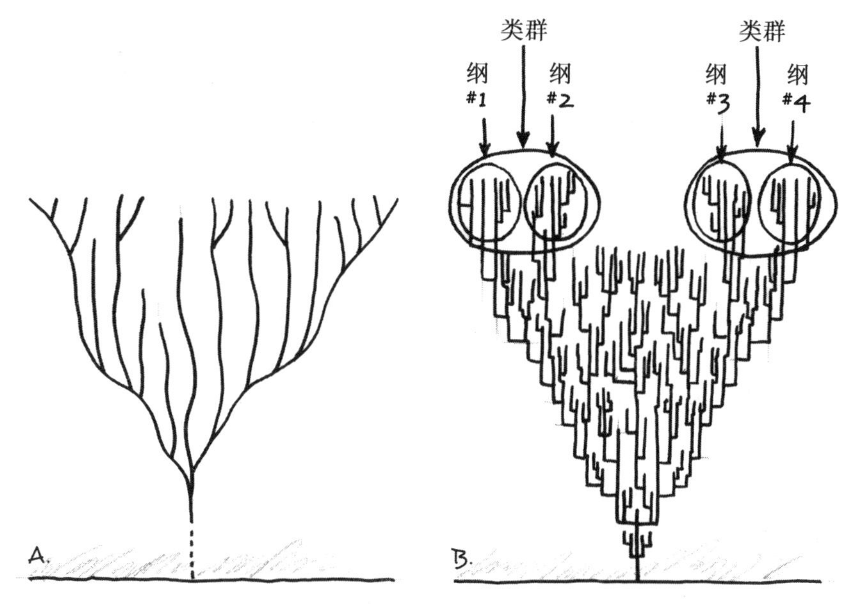

图 7.2　生命史的两个观点。传统达尔文主义描述的缓慢、渐变进化过程（左）。间断平衡理论描述生命史，显示出快速的物种形成过程（右）。

古尔德、埃尔德雷奇和斯坦利认为，在通过异域性物种形成了新的物种之后，这些物种的同代或后代成员为了竞争资源并生存下去，就如新达尔文主义所说的那样，种群内部的生物个体或兄弟姐妹们会为了存活和繁殖而竞争。他们认为，如果一个物种中的成员，由于它们拥有一些选择性优势，因此在生存竞争时成功了，那么该物种将存活下去并占据主导地位，同时在种系内传递其性状。古尔德把这个物种间或种群间的竞争过程（而不是物种内竞争过程），称为“物种选择”（species selection）。

正如古尔德自己所说，“我建议，作为宏进化（大进化）的中心议题，物种在大进化中所起到了根本性的个体作用，与生物体在微进化中的根本性作用是相同的。物种代表了大进化改变的理论和机制的基本单位[72]。因为随后自然选择会作用于整个生物形式中的巨大差异——这种差异是找各个物种之间的差异，而非物种内个体之间的差异——进化的改变将发生更大、更加离散的跳跃”[73]。

因此，古尔德和埃尔德雷奇并不期望化石记录中有许多中间体。相反，他们认为化石记录中的“断层”是“异域物种形成模型的逻辑性和预期结果”，与物种选择机制密切相关。物种选择机制以“物种”为选择单位；异域性物种形成模型认为新物种是迅速地从较小的生物种群中出现的。这两种机制都认为不会有太多的化石中间体被保留下来。根据间断平衡理论，长期“失踪”的过渡中间体其实并没有失踪。在物种选择过程中，物种间（而非单独的有机体）竞争求生存，并且成为进化生物学的术语所形容的，大进化中主要的“选择单元”。

疑达问氏 “间断平衡”和化石记录

埃尔德雷奇和古尔德设计出了间断平衡理论，试图消除化石记录和进化论之间的冲突。但是，间断平衡理论在解释化石记录时其本身也有问题。尤其是，寒武纪时期的化石模式与间断平衡理论描绘的生命史，并不一致，与异域性物种形成和物种选择这两种理念也不一致。有这么几个原因：

首先，我们在第2章中探讨过，寒武纪动物的出现形式表现为自上而下的模式，这个模式否定了达尔文所描述的生命史，也否定了间断平衡理论描绘的生命史（见图2.11）。回想一下，达尔文认为，较低级别分类群的生物出现之后，才会出现更高级别的生物，二者之间的区别性差异并不大。例如，一个新物种的产生，必须是原有物种中的差异逐渐累积，直到它们产生足够多的生物体，能够被分类为不同的属，然后分为不同的科，最终才能被分为不同的目、纲，等等。而与达尔文构想截然不同的是，第一次出现在化石记录中的寒武纪动物，形貌千态万状，足以将这些动物区分成单独的纲、亚门和门（见图7.3）。

这种模式对于间断平衡理论来说，也是一个尖锐的难题。第一，由于异域性物种形成和物种选择的作用，间断平衡理论的拥护者认为形态学的改变（用图7.2中的水平距离表示）是大量且间断性增加的。然而，如同新达尔文主义一样，他们也认为门一级的差异是“自下而上”，从较低级别的分类学差异中产生的——尽管该变化是整个新物种的改变，而不是物种内个体数量或品系的增加。实际上，根据间断平衡理论，异域性的物种首先是在地理位置上偏僻的较小种群中产生的。想要作为更高分类级别的代表出现，这些新物种必须积累新的性状并进一步演变。为此，间断平衡理论还预计，在较大规模形态学和分类学的差异发生之前已经先发生小规模多样性和新物种的分化。它也期望生物出现的模式是“自下而上”，而不是“自上而下”（见图7.3）。

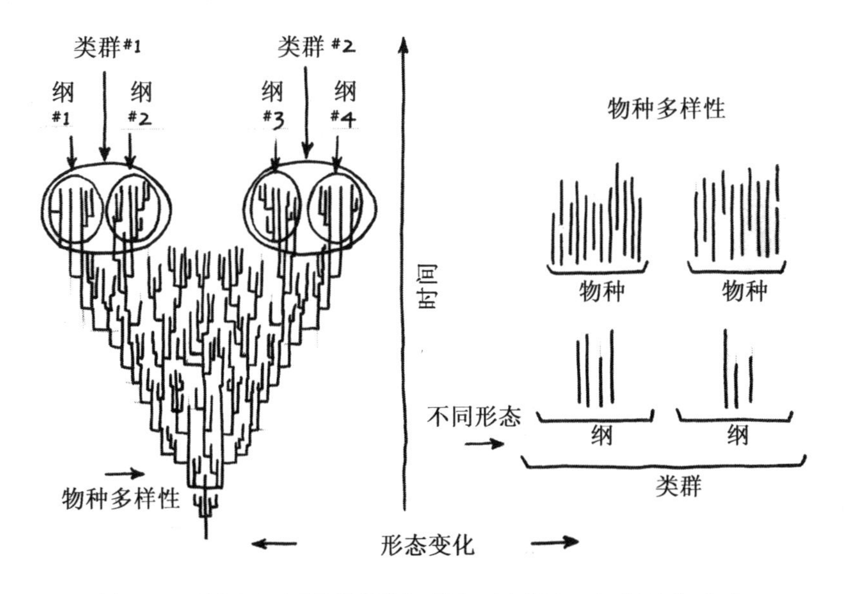

图7.3　此图显示了间断平衡理论（左图），如新达尔文主义一样，化石记录中（右图显示）预期小规模多样性形态先于大规模不同的模式出现。间断平衡理论也期望进化的发生是“自下而上”，而不是“自上而下”的模式。

其二，物种选择想要产生大量新物种的话，比如说产生寒武纪大爆发中出现的那些物种，那么首要条件就是必须有大量的、不同物种的存在。然而，在前寒武纪化石记录中却并没有发现足够物种选择（通过异域性物种形成）起作用的，如此巨大、多种多样又相互竞争的前寒武纪物种存在。

1987年，古生物学家道格拉斯·欧文和詹姆斯·瓦伦丁在一篇重要的开创性论文“解读伟大的发育实验：化石记录”中提出了这一问题。他们质疑这两个当今主要的进化理论——间断平衡和新达尔文主义——是否足以解释前寒武纪—寒武纪的化石模式[74]。显然，新达尔文主义是无法解释的。但是，瓦伦丁和欧文认为，间断平衡理论也不能解释这种模式。他们认为物种选择机制的运行需要有一个拥有大批物种的物种地作为基础。因此，瓦伦丁和欧文得出结论：“对于更高级分类群的起源问题，物种选择作为其通用解决方案的概率并不大。”

晚前寒武纪和寒武纪化石记录还给间断平衡理论带来了另一个难题。古尔德和埃尔德雷奇设想，新特质会在小型孤立种群中发生并固定下来，最终导致新物种的形成。他们认为，这些特质首先发生在大种群的停滞期，随后小种群从中分离出来。古尔德意识到，只有稳定的大型种群才能够承受足够大量的突变，以产生大进化所需要的新性状。与此同时，他还认识到这些新特性被固定在小型、孤立种群中的概率非常大，某些性状的随机损失使得其他的性状更有可能被固定（请回想一下弹珠的例子）。靠大的种群来生成新的性状，并在小的种群内将这个新特性固定下来，古尔德希望能提供一套可信的机制来解释大进化的改变以及化石中间体的缺失。最近，芝加哥大学的古生物学家托马斯·J. M. 索普福（Thomas J. M. Schopf）描述了这种平衡的方式，根据间断平衡理论，演化进程“很大，大到足以在种群中产生合理的变异，但也很小，小到由于随机漂变而仅仅是在基因频率中出现很大的变化”。

但是，由于新性状在大型父系种群内的积累过程，古尔德弱化了他之前阐述的关于化石记录中不可能保留很多中间形式的论据。其原因非常明显：如果新的遗传特征在大型生物种群内出现并传播开来，那么这些新的特征就更有可能留下关于它们存在的证据。组合或嵌入了新颖而独特性状的生物体就是新的生命形式。因此，古尔德推测在大型种群中出现新颖而独特的遗传特性的过程就意味着产生了新的生命形式（有人推测这种属于过渡形式），应该会在化石记录中被保存下来。然而，与古尔德的理论所设想的情况不同，在大型种群中很长的一段相对稳定的时期里，前寒武纪的化石记录中并未显示出保留有这样结果的化石。

疑达问氏 统计古生物学的证词

通过统计古生物学的研究，对化石记录是否记载了足够多的过渡中间体来呈现间断平衡理论的可信度更提出了疑问。在第 3 章中，我曾经讲述过统计古生物学家迈克尔·富特的工作。富特用采样理论证明了存在于地层中的化石记录对生命形式提供了合理完整的描述，并且他认为古生物学家不可能找到新达尔文理论所需的大量中间形式。

富特还分析了化石记录是否记载了间断平衡理论所需要的中间形式数量的问题。他的回答是：视情况而定。

富特指出，一个特定版本的进化理论能否可以解释化石记录的问题，取决于它涉及到的变化机制的类型。新达尔文主义依靠的是一个缓慢的、渐进的变化作用机制，因而，在解释突然出现的化石证据时产生了难题。富特对化石记录所提供的过渡物种数量与间断平衡的一致性进行了分析，并得出结论：这取决于这个机制生成新生命形式的速度。虽然间断平衡理论的支持者认为新生命形式的进化出现得比新达尔文主义所设想的更突然，但他们仍然期望化石记录中可能保留有一些过渡时期的化石。

为了回答这个问题，富特开发出了一种统计方法，以测试不同进化模型中几个变量的适用性[75]。他注意到间断平衡理论在作为对化石记录的数据方面解释是成功的，它需要一种能够快速产生重大进化变化的机制，因为只有这种快速改变才可以解释化石记录中过渡形式的相对匮乏。正如富特解释的（其实是与古尔德共同撰写的），间断平衡理论解释化石记录的充分性取决于一个“速度和灵活性都非同寻常的”机制的存在。

但是，这个机制存在吗？

疑达问氏 新特征和形式的来源？

无论是异域性物种形成或物种选择，都无法产生创造动物所必需的新的遗传学和解剖学特征，更不用说在相对短暂的寒武纪大爆发时期了。古尔德和其他间断平衡的拥护者们认为，异域性物种形成只是让预先就存在的性状快速固定下来，而不是生成新性状。那么当一个父系种群分裂为两个或更多子代种群时，通常每个子代种群保留了一部分而不是整个原始种群的基因库。没有什么新的遗传特性是由于种群在地理上相互隔离而产生的。

当然，我们也可以认为突变可能发生在物种形成的过程中，从而产生了新的遗传学特性。但是正如古尔德和埃尔德雷奇所设想的，异域性物种形成速度太快以至于没有合适的突变机从根本上产生新的特性。达尔文在《物种起源》中就承认了进化是一个数字游戏：更大的种群规模和更多的世代为出现有利的新变化提供了更多机会。他解释说："相比于罕见且数量稀少的生物，生物形式的数量越大，就总是有越好的机会……被自然选择抓住并作用其上产生出更有利的变异。"然而异域性物种形成机制生成新的性状，它需要在小型"环境孤立的"种群中，仅通过相对较少的世代就发生重大的改变[76]。因为这些条件的限制，许多生物学家认为异域性物种形成需要的变化太多太快，而无法为间断平衡理论产生动物生命形式新特征提供生物学上的合理机制。

这就是为什么古尔德和埃尔德雷奇推测新的特性是在大种群的停滞期产生的，而不是在物种形成的短期内爆发式产生。但是，新特性产生于"长期停滞"的这一过程，并不能构成一个"速度和灵活性都非同寻常的机制"，然而根据古尔德和富特的理论，这正是间断平衡需要用来解释新动物形式的地方。

如果异域性物种形成不会产生快速生成新的特性，那么物种选择会有这样的作用吗？答案当然也是：没有。物种选择理论不是用来解释物种间不同的区别性解剖特征的起源的。间断平衡拥护者们推测，物种选择是对物种和已经存在的性状起作用。确实，当斯坦利、古尔德和埃尔德雷奇设想自然选择机制是青睐生存竞争中最适合的物种并对其起作用时，他们也认为，预先存在着一个拥有大量不同物种的物种地，因此，必然也存在着某些能够产生不同物种性状的机制。然而，这一机制是作用在物种选择机制之前，即在物种间彼此竞争之前就要生成那些区别性的特征。物种选择在生存竞争过程中消除了适应性较差的物种；它就无法生成可区分物种并建立物种间竞争基础的性状特征。

那么，这些性状到底从何而来？随着这个问题日益凸显，古尔德最终承认，这个解剖特性的起源本身，来自于经典的自然选择作用于随机突变与变异理论，也就是说，来源于新达尔文机制长期作用于大型的、相对稳定的种群。但是，这也意味着间断平衡在某种程度上依赖于突变和自然选择的，它与新达尔文主义一样，受制于相同的证据性和理论性问题。这其中的一个问题就是新达尔文机制作用的速度不够快速，无法解释寒武纪时期新化石形式的爆发性出现。跟异域性物种形成理论一样，物种选择机制其实并不是古尔德所谓的那个能够快速灵活作用的、能够解释动物形式突然出现的机制。

疑达问氏 新颖形式和机制

作为寒武纪大爆发解释之一的间断平衡理论，还有着一个更深层次的难题。物种选择机制或异域性物种形成机制都不能解释更高级分类群代表的起源，即代表新的门和纲的动物起源；也无法解释区别动物与其他早期生命形式的结构和形态特征的起源。异域性物种形成机制解释了种群如何彼此分隔，形成不同的物种。物种选择机制描述的是适应性更强的物种是如何在生存竞争中占据主导地位。这两种机制都没有解释那些特定的更高等的类群是如何产生的，或是解释这些动物新颖独特的解剖结构是如何产生的。例如，两种机制都无法解释三叶虫复眼的起源，也无法解释寒武纪鱼类的鱼鳃起源，又或者是棘皮动物躯体模式的起源。

许多评论家已经注意到了这个问题。正如理查德·道金斯（Richard Dawkins）在 1986 年写道，“我主要寻求的是一个进化理论，它能够解释如心、手、眼睛和回声定位能力等复杂的、设计精妙的结构的起源。没有任何人，即使是最狂热的物种选择论者都不会认为物种选择机制能起到这样的作用”。又或如 1988 年古生物学家杰弗里·莱文森（Jeffrey Levinson）

的看法，“很难想象物种选择是如何能够产生精细的形态结构进化……眼睛可是产生不了物种选择的”。

这些错综复杂的结构是从哪里来的？要求回答这些问题的呼声越来越高，古尔德只能借助所谓的新达尔文机制的力量来解释。2002 年，古尔德去世，同年出版了他的权威著作《进化论的结构》。古尔德在书中写道：“我并不否认这种生物有组织的复杂性适应，具有神奇的或是强大的重要性。”他继而做出让步，“我认识到，除了作用在生物体水平的传统自然选择机制之外，还没有其他机制可以解释生物体特征的起源”。

也是基于这个原因，目前还没有任何进化生物学家把间断平衡视为新颖生物形式起源问题的解决之道。进化生物学家布莱恩·查尔斯沃思（Brian Charlesworth）、罗素·兰德（Russell Lande）和蒙哥马利·斯拉特金（Montgomery Slatkin）得出结论：“被（间断平衡的拥护者）建议用来解释许多物种的突然出现和长期停滞的遗传机制，明显缺乏实证支持”。

疑达问氏 兴趣的爆发与衰落

但是，对间断平衡机制没能解释寒武纪大爆发的批评，可能并不完全地公正。特别是古尔德，他在间断平衡是否作为大进化变化的综合理论或只是解释了新物种如何从大量预先存在的物种中出现方面，表现出模棱两可的态度。严格地讲，异域性物种形成机制与物种选择机制旨在解释不同物种之间（而不是更高级分类群之间）的停滞模式和间断性。因此，临近他职业生涯终点时，古尔德抱怨那些批评他的人仅仅凭借他声称的“宣告彻底推翻达尔文主义”和“有意把间断平衡作为毁灭和替换达尔文主义的代理”，“误解”了他的理论。

然而至少在最初，先进的间断平衡理论只是作为一个大胆的进化生物学新尝试。而古尔德和埃尔德雷奇赋予了它能够解决大进化问题的印象，比如说对寒武纪大爆发事件，他们暗示间断平衡理论能够提供一个雄心勃勃的解决办法。从 1972 到 1980 年，埃尔德雷奇和古尔德发表了一系列煽动性的科学论文，把间断平衡机制描绘成是一个英勇的，甚至是革命性的大进化替代性理论。实际上，古尔德自己就明确地称它为“大进化的物种形成理论”。

他们的第二篇主要论文发表在1977年，古尔德和埃尔德雷奇在明确了意图之后，将他们的理论定位为对新达尔文主义物种渐变论的“激进的”挑战，并且用一个完全不同的理解方式来替换进化演变的模式和机制。塞普科斯基注意到，在1977年的这篇文章中，“作者更加明确，他们的理论重组了大进化的概念的确切本质”。特别是他认为，古尔德和埃尔德雷奇“拓展了他们的模型，提出了自然界中一个新的‘一般哲学的变化’”。在1980年《古生物学》杂志中一篇被广泛引用的论文中，古尔德仍然很激进，他认为间断平衡机制是“一种新的综合理论”。在该文中他有一句名言，新达尔文主义的综合理论“虽然在正统教科书中还会一直存在，但它实际上已经死了”[77]。

在评论家们揭露间断平衡尚缺乏一个充分的机制后，古尔德退避到一个更保守的理论形成中，这使得间断平衡理论对新达尔文机制表现出明确的依赖。从20世纪80年代初一直到2002年他去世，古尔德做出了一系列让步，尤其是在物种形成和物种选择作为产生复杂适应机制的不足之处方面。因此，塞普科斯基指出，“尽管多年来他很多间断平衡理论的说法都是莽撞无礼的，但古尔德对他的理论不断地进行调和，甚至是保守的辩解”，塞普科斯基还特别提及《进化论的结构》是古尔德在去世那年撰写的。

最终，古尔德对新达尔文主义的让步，使得他的想法回到了化石记录突然出现模式的冲突中，而这原本是间断平衡理论要用来解决的冲突。如果古尔德和埃尔德雷奇对化石记录中突然出现新生命形式的解释是正确的，如果新达尔文主义机制起作用的时间需要如进化生物学家和群体遗传学家所计算出的（见第8、12章）那么长，那么突变和选择机制就没有足够的时间来产生构建寒武纪出现的生命体所需的新特性。然而，间断平衡理论最初论证时主要依赖于异域性物种形成机制和物种选择机制，这两个机制都没有对新特性的起源做出任何的解释。所以，最终，间断平衡理论并没有解决，反而突出了进化理论深刻的两难问题：新达尔文主义假设有一种机制能够产生新的遗传特性，但产生这些遗传特性的速度似乎太慢而无法解释化石记录中突然出现的新形式；间断平衡理论试图解决化石记录的出现模式问题，但未能提供一种可以突然产生新性状的机制。难怪，在1987年，卓越的寒武纪古生物学家詹姆斯·瓦伦丁和道格拉斯·欧文等得出结论“在物种层次的进化改变竞争性理论：种系渐变论或间断平衡，看上去都不适用于（解释）新躯体模式的起源”。

疑达问氏 徘徊惆恻

在无聊的洗衣店里的灵光一闪，使得奈尔斯·埃尔德雷奇意识到，这不是调查失败，而是化石记录停滞的证据。然而就像在洗衣机中不停旋转的衣物一样，间断平衡理论本身就已经深深地陷入了一个枯燥乏味的矛盾循环中。一方面，“蹦移”作出了一个大胆的尝试，试图描述，甚至是解释这些化石记录的间断模式。另一方面，由于间断平衡机制的不足之处，以及需要依靠新达尔文主义突变和选择的过程来解释新遗传特性和新解剖结构的起源，其倡导者又不得不做出理论上的让步。在古尔德为了使进化理论与化石记录相一致而抛弃了渐进主义和对新达尔文机制的依赖后，他最终还是承认除了这个他抛弃的缓慢和渐进作用的机制之外，他也不能解释化石记录中生命形式的起源。因此，虽然间断平衡理论最初作为解释神秘而突然出现大量动物形式来源的一种解决方案被提出，但经过仔细检验后，它并非解答该问题的真理。

间断平衡理论无法提供一个证据充足的机制，还引出了人们对于该机制的质疑：间断平衡理论是否像古尔德最后反复重申的那样，能够作为解释新型生物形式起源的机制而存在？新达尔文主义的自然选择作用于随机突变的机制可以生成这些拥有复杂适应性的新动物生命形式吗？如果可以，那它能在化石记录允许的短时间内做得到吗？如果不行，那么只要有更多的时间可用就能产生新的动物生命形式，这合理吗？如果合理，那么按照达尔文的机制来构建复杂的适应性和动物生命新形式又需要多少时间呢？在接下来的章节中，我将一一讲述这些寒武纪奥秘核心的基本问题——简单地说，就是动物的构建问题。

PART Ⅱ

HOW TO BUILD AN ANIMAL

第二部分

如何构建动物?

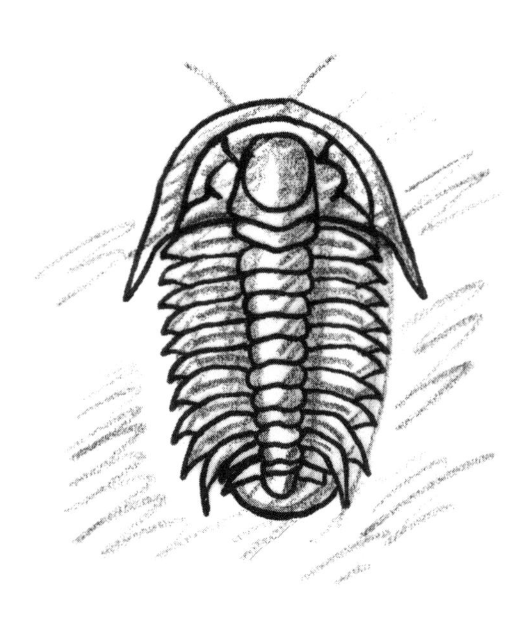

8　寒武纪信息大爆发

当我还是大学教授的时候，曾经问学生一个问题："如果你希望计算机能获得一个新功能或能力，你需要先给予它什么?"一般说来，我会听到一些零星的，类似于"代码"、"指示"、"软件"、"信息"一样的答案。当然了，这些答案都是正确的。多亏了那些现代生物学中的发现，我们现在知道了，生命的真相也是相似的：从已存在的简单生命形式中构建出一个新的生命形式，同样需要新的信息。

在这一点上，我查证了围绕着神秘寒武纪大爆发谜团的一个主要方面：基于达尔文理论基础之上的前寒武纪生命形式消失之谜。在后面部分的章节中我会探讨寒武纪之谜的第二个方面，可能也是更深层次方面：寒武纪大爆发的原因。到底要通过什么样的方式、过程或者机制才能出现像三叶虫一样复杂的生物?自然选择能完成构建新生命形式的壮举吗?为了回答这些问题，我们首先要密切关注的是：构建一个新的动物生命形式需要什么?我们将看到回答那个问题的一个重要的部分，这个部分与信息的概念有关。

疑达问氏　达尔文对动物形态起源的解释

根据达尔文的设想，如果新的生物性状、形态和结构的变异不会持续稳定地出现，那自然选择就变得毫无用处。只有在有用的新变异出现之后，自然选择才能把它们从众多无用的变化中筛选出来。但是，如果发生变异数量是一定的，那么自然选择又能从数量有限的变异中筛出多少有用的变异，并将它们构建成新生物形式类型和结构呢?

在19世纪后期，许多顶尖的科学家已经意识到了这一点。他们长久以来就有一个争论：自然选择到底能产生多少新生事物以及自然选择是否是一个真正的创造过程。实际上，在1870—1920年间，达尔文的经典进化论进入了一段晦暗期，因为许多科学家认为进化论解释不了新的遗传变异到底是如何起源和传递的。

达尔文对融合遗传（blended inheritance）理论青睐有加。他认为，当带有不同特征性状的父母在有性繁殖过程中通过生殖细胞结合而产生的后代，将会出现一种妥协的特征，而不是出现一个或一组与众不同的特质。例如，一只翅膀上有红色羽毛的公鸟与一只翅膀上有白色羽毛的同种雌鸟交配，它们可能会生出翅膀上有粉红色羽毛的后代。但正如许多与达尔文同时代的人所指出那样，出现融合遗传性状的情况实际上是极其有限的，因为它受到了可能出现的变异数量的限制。要想产生新的动物形式，需要在原有形式上出现大量的、根本性的变化，自然选择才能从这些广泛的变异中找出有益的特征性变异并使它们表现为新的性状。要想生出有粉红色羽毛的后代，可以用白色或红色羽毛的同种鸟类进行交配，以产生颜色稍浅或更深的粉色羽毛。然而，有白色和红色羽毛的父母也绝不会在随后几代里生出有绿色、蓝色或黄色羽毛的后代。如果这个理论是完全正确的，那么融合遗传最终将导致人类都变成融合的、同质的、千人一面的状态，而不是像今天这般的多种多样。

在19世纪60年代，被广泛视为现代遗传学奠基人的奥地利僧侣格雷戈尔·孟德尔（Gregor Mendel），以他的豌豆实验研究表明，达尔文在融合遗传上的假设是不正确的。他的研究结果，至少在最初，给达尔文进化论制造出了更多的麻烦。孟德尔的研究表明，生物体的遗传性状通常有完全的融合抵抗。他通过对黄豌豆和绿豌豆的异花授粉实验证明，在随后几代的植物中产生的豌豆要么是黄色，要么是绿色，但绝没有中间色或另一种完全不同的颜色产生。

他还表明，植物为建立不同的性状特征而携带了某种信号或指示，即使这些特性并没有在一种特定植物中显现出来的时候也是如此。比如说，他注意到当他把绿色和黄色种子的豌豆进行杂交时，下一代产生的只有黄色种子，就好像几乎所有绿色种子传代能力都消失了一样。但是，当他对第二代的植物——仅有黄色豌豆——进行异花授粉，则在第三代中出现了黄色和绿色的豌豆，其比例为3∶1。因此孟德尔推测，在第二代种子中携带了一个信号，他称其为“因子”（后来被科学家们称为基因）。“因子”，就是导致这些本身是黄色的豌豆在下一代也能产生绿豌豆的因素。

插图1(上):帽天山。位于云南省玉溪市澄江县,闻名世界的澄江化石即发现于此。

插图2(左):第一块澄江化石的发现地,目前已是保护区。

插图3(下):从帽天山向下俯视,远处的大片水域即是抚仙湖。

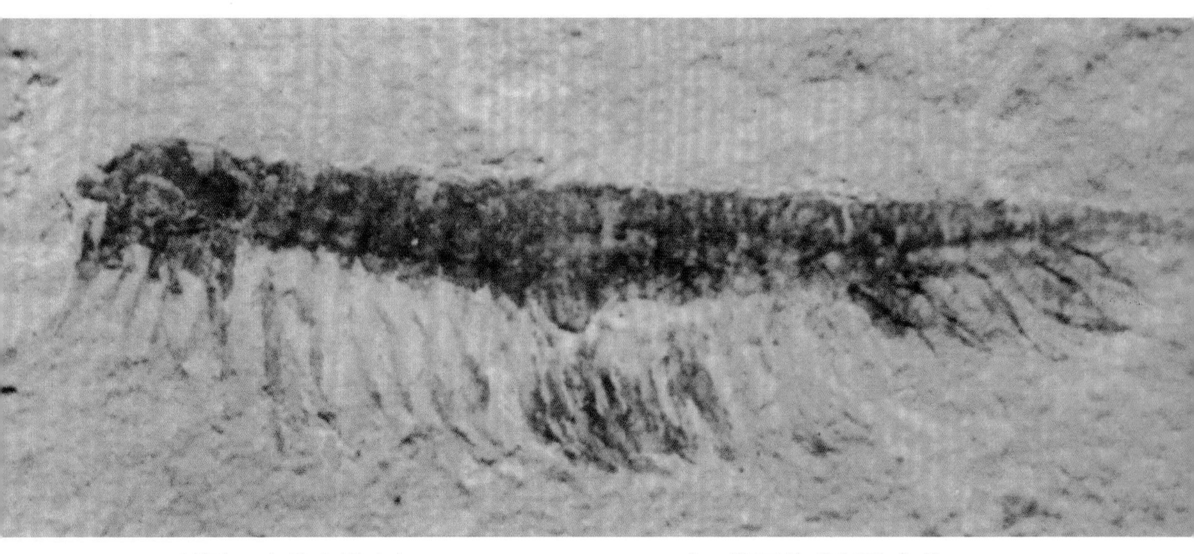

插图4:多节尖峰虫(Jianfengia multisegmentalis)。除了特殊标注之外，所有的多节尖峰虫化石和彩图均出自于帽天山页岩。

插图5:八瓣帽天囊水母(Maotianoascusoctonarius)。发现于帽天山页岩。

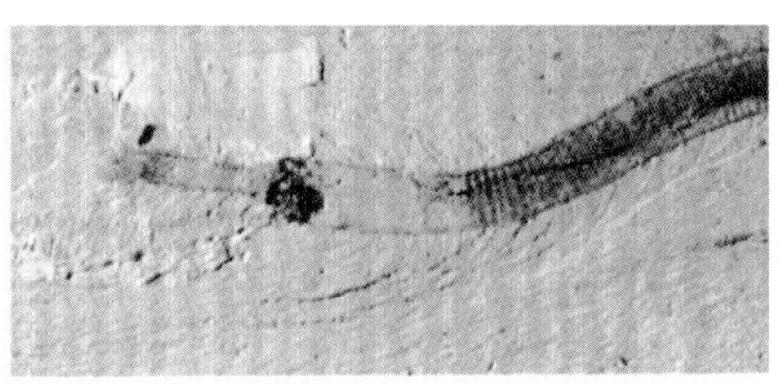

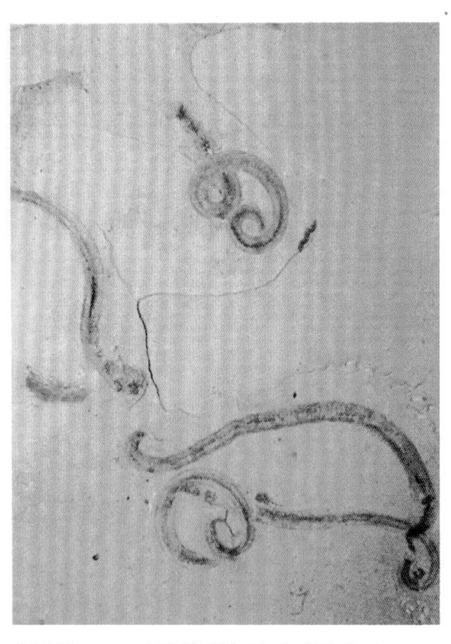

插图6、7:圆筒帽天山蠕虫(Maotianshaniacylindrica)。属于曳鳃动物类中的一种。

插图8(上):一种“长着足的蠕虫”——叶足动物。

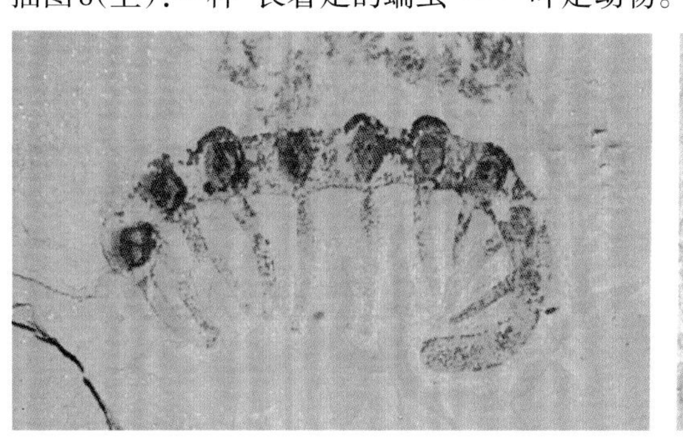

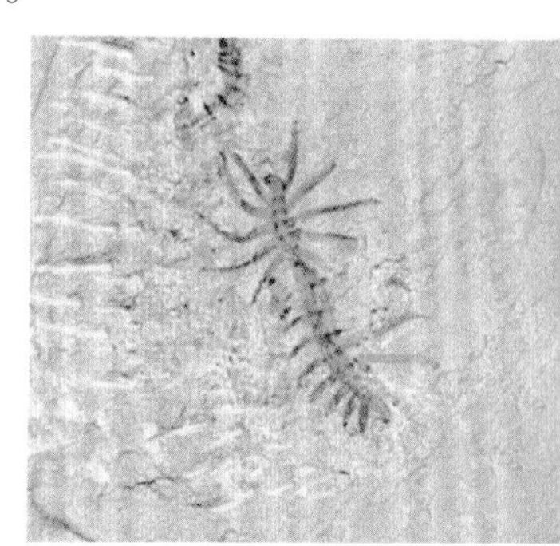

插图9(上左):中华微网虫(Microdictyonsinicum)。发现于帽天山页岩的另一种叶足蠕虫。

插图10(上右):长足罗哩山虫(Luolishanialongicruris)。一种罕见的叶足动物,发现于帽天山页岩。

插图11(下):已灭绝的神秘的古虫动物门,被认为代表了节肢动物门或尾索动物亚门,或者是代表了一个独立的动物门类。

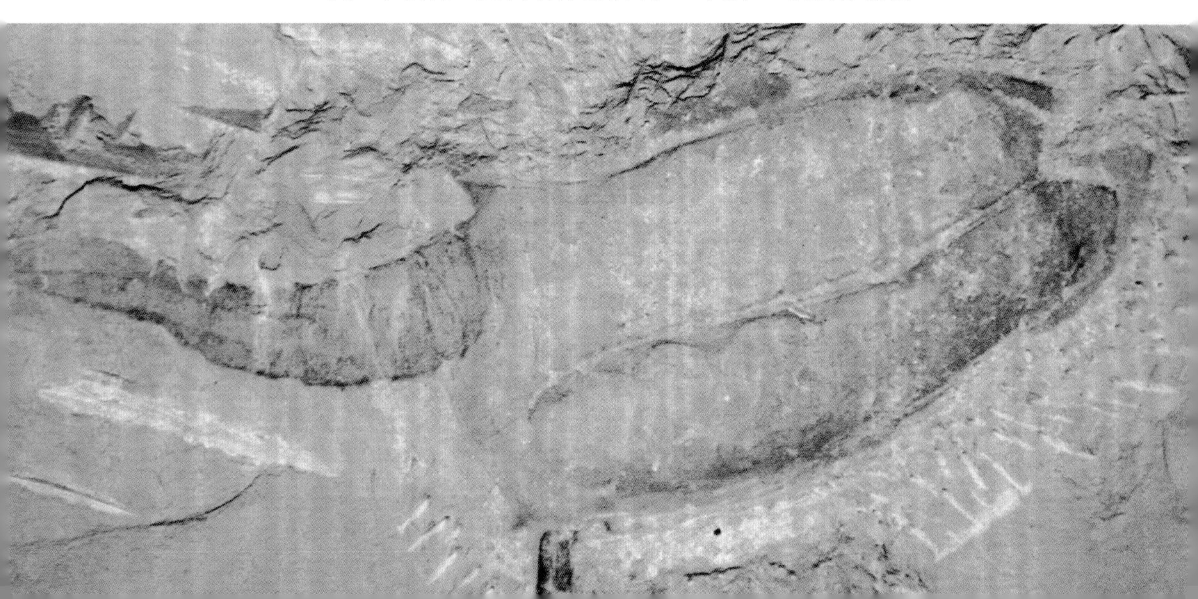

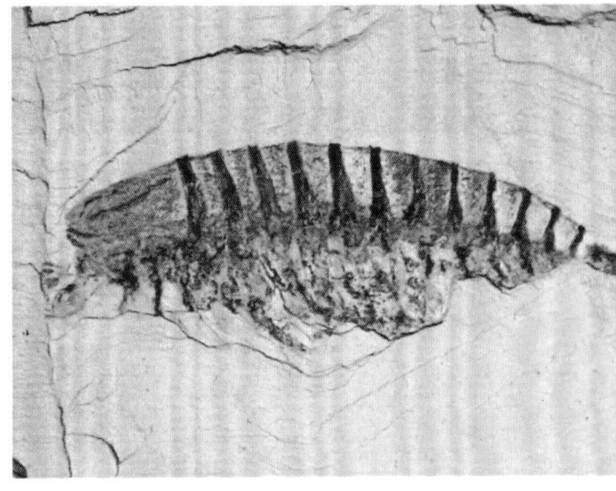

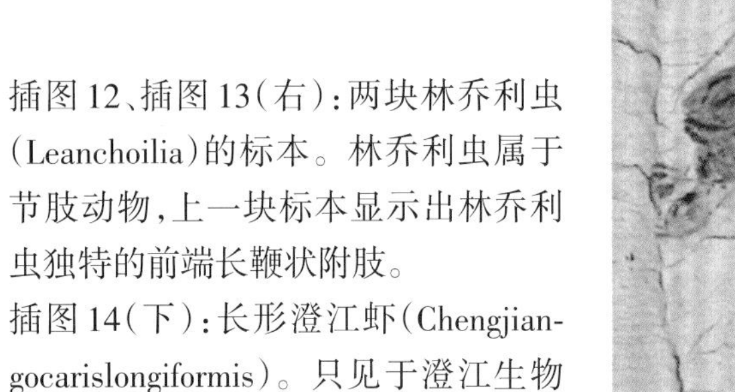

插图12、插图13(右):两块林乔利虫(Leanchoilia)的标本。林乔利虫属于节肢动物,上一块标本显示出林乔利虫独特的前端长鞭状附肢。
插图14(下):长形澄江虾(Chengjiangocarislongiformis)。只见于澄江生物群的珍稀节肢动物。

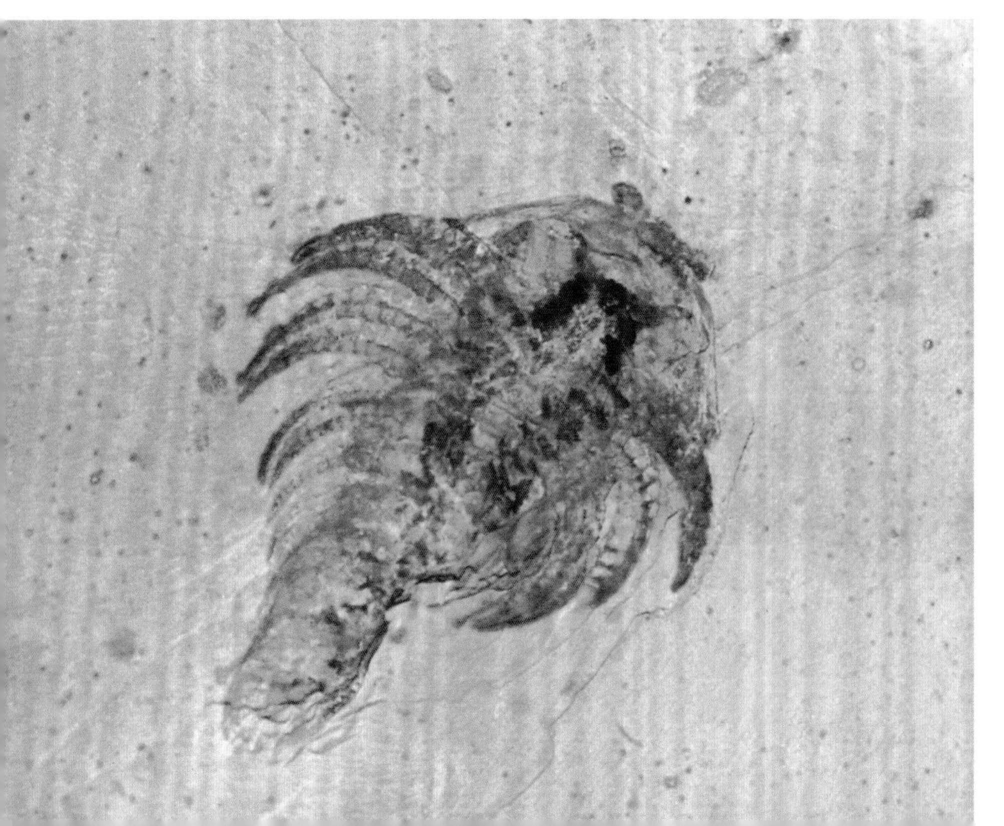

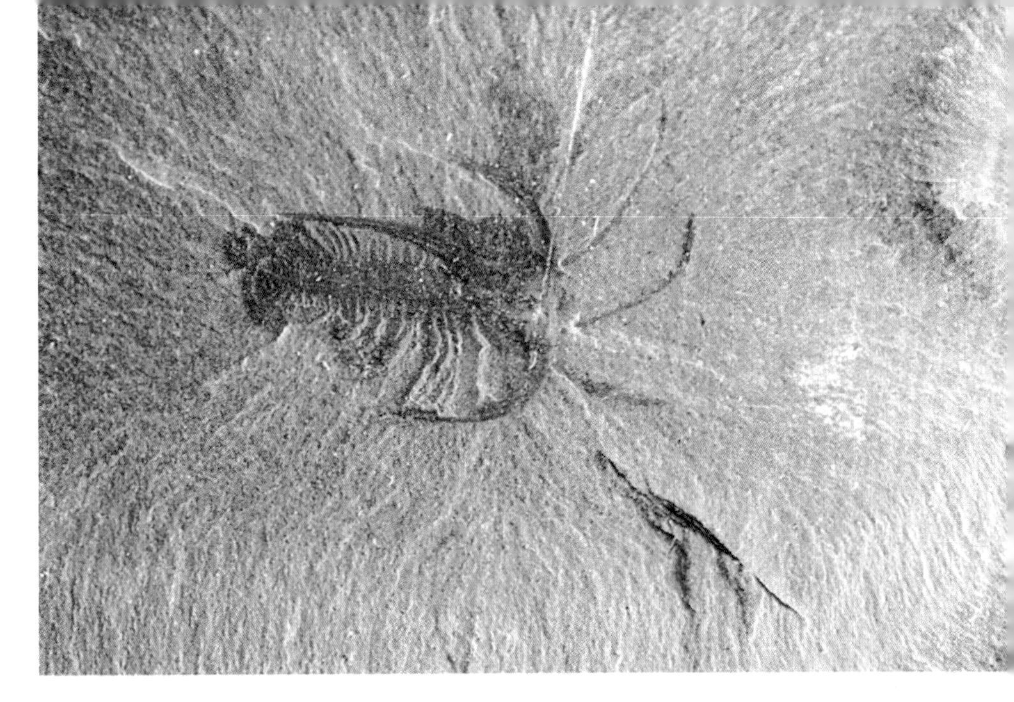

插图15(上):马尔三叶形虫。发现于伯吉斯页岩。
发现于加拿大不列颠哥伦比亚省菲尔德镇的两块黑色的伯吉斯页岩化石。
请注意其化石颜色与前后页的帽天山页岩蜜色化石的对比。

插图16(下):瓦普塔虾(waptia)。属于节肢动物。

插图17:延长抚仙湖虫(Fuxianhuia protensa)。它的眼睛、触须、节段身体和叉形尾都被完整细致地保存下来了。

插图18:发现于蜜色帽天山的瓦普塔虾化石。

插图19:奇虾的化石。其剃刀锯齿嘴部和巨眼都说明它是寒武纪海洋中凶猛的捕食性动物。有些化石的长度甚至超过一米。

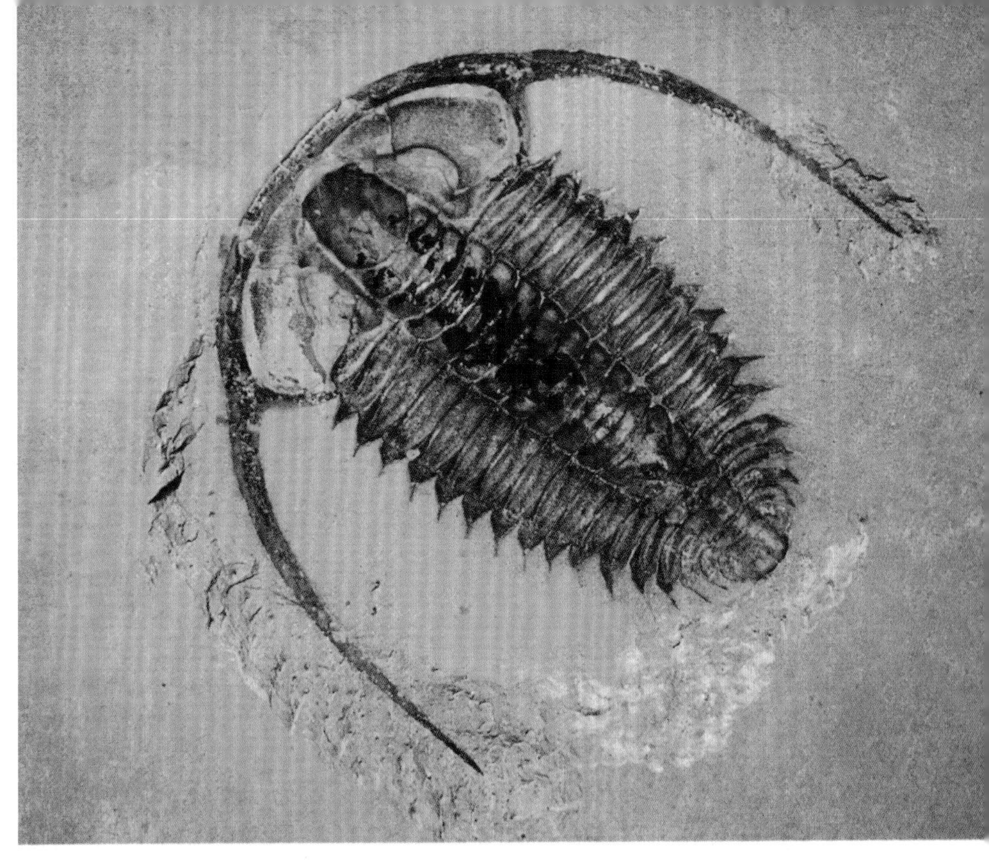

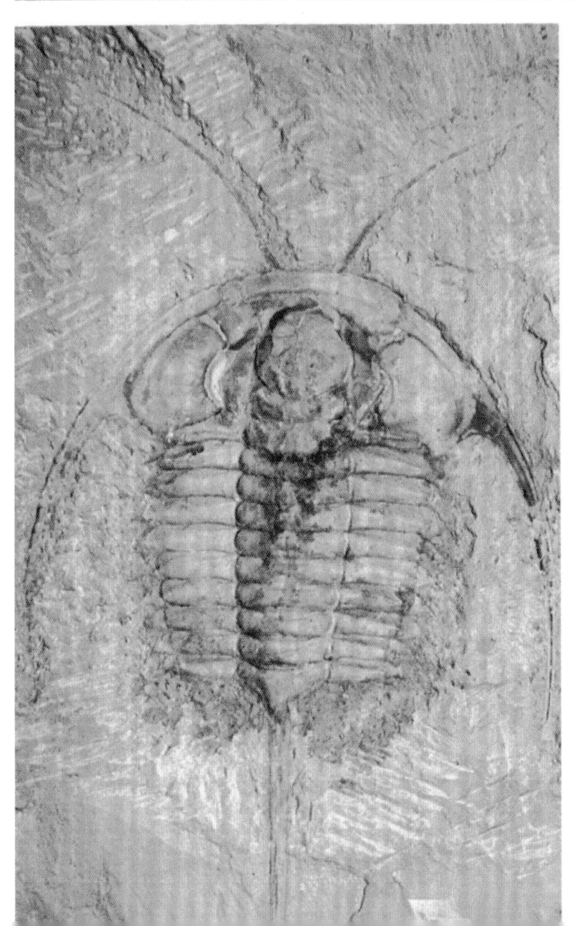

插图20—22：大量完美保存的三叶虫化石，包括一块中间型古莱得利基虫化石（左），发现于帽天山页岩。

插图23:丘疹关杨虫(Kuanyangiapustulosa)的化石。属于三叶虫,发现于帽天山页岩。

此外，孟德尔还指出了可用的遗传变异的数量对自然选择的限制。如果说植物繁殖只产生绿色或黄色的豌豆，而从来没有中间形式；如果说生产绿色性状和黄色性状的信号持续不变地代代相传，那么想要看到有性繁殖和基因重组能产生出任何超越已有性状组合的新的、独特性状是很难的。基于以上无可辩驳的工作成果，经典的孟德尔遗传学取代了达尔文的融合遗传理论。

紧随孟德尔的工作，之后几十年里的遗传学家们开始明白：基因就像遗传信息中的离散单元或数据包，可以在染色体上独立排序和重置。这也表明，基因变异可以在有性繁殖中通过基因重组产生，由此产生的效应是非常显著的，但数量也仍然是有着严格限制的。因此，孟德尔遗传学引出了意义重大的问题：自然选择过程到底是否能够遇上这么多的变化（这一点在孟德尔之后被认为是遗传变异），使其能够产生任何有显著性的新型形态。

一时间，达尔文理论在节节败退。

疑达问氏 进化论突变

然而，在20世纪20—40年代，遗传学的发展又让作为进化演变主要动力的自然选择理论重新复苏了起来。赫尔曼·穆勒（Hermann Muller）在1927年进行的实验表明，X射线会改变果蝇的遗传组成，从而导致异常变异的发生。穆勒将这些X射线引起的变化称为“突变”。很快也有其他科学家报道说，他们可以让其他生物体的基因，包括人类基因上产生突变。无论是否这些突变是由基因演变而来（这一点生物学家至今仍不清楚），这些研究进展都表明，他们可能会与达尔文或经典孟德尔遗传学的假设有截然不同的地方。与此同时，遗传学家还发现，这些小规模的基因变化也有可能会遗传[78]。但是，如果不同版本的基因是可遗传的，那么想必自然选择会选择有利的基因变异并消除其他不利的变异。至少在理论上，这些突变可能会影响未来进化的发展方向，并且源源不绝地产生新突变，为自然选择的大车间无限量地提供原料。

对于达尔文理论与孟德尔遗传学来说，基因突变的发现也调和了这两个学说之间的矛盾。20世纪30—40年代，一群进化生物学家，包括休厄尔·赖特（Sewall Wright），狄奥多西·杜布赞斯基（Theodosius Dobzhansky），J. B. S. 霍尔丹（J. B. S. Haldane）和乔治·盖洛德·辛普森（George Gaylord Simpson）等，都试图用数学模型证明一种可能性，即小规模的变化和突变会随着时间的推移在整个人群中积累，最终产生大规模的形态变化。这些数学模型是基于一个遗传学的子学科——群体遗传学而形成的。这种将孟德尔遗传学和达尔文进化论完全整合的理论，后来被称为“新达尔文主义”或简单的“新综合”。

根据这种新的整合理论，自然选择作用于基因突变的机制足以解释新型生物形式的起源。小规模的“微进化”（microevolutionary）改变，可以积累到产生大规模的“大进化”（macroevolutionary）的创新。新达尔文主义者认为，他们复兴了自然选择理论，因为他们发现了自然选择的一个特异的机制，即能从已存在的、较简单生命形式中产生新生命形式。因此，在1959年时已有广泛的研究者认为，自然选择确实能在一段时间中构建出有其独特躯体模式和新颖解剖结构的新生命形式。1959年，时值达尔文《物种起源》发表一百周年，在百年庆典活动中，英国著名生物学家T. H. 赫胥黎（T. H. Huxley）的孙子，生物学家朱利安·赫胥黎（Julian Huxley），在一场隆重的公告会上总结了这种乐观情绪：

> 未来的历史学家也许会把这个百年纪念周作为我们这个地球历史上一个重要关键时期的缩影——在进化过程中的这一时期，在探索它的研究者心中，进化论开始真正意义上的自我觉醒……这是第一次在公开场合坦率面对这一事实：那就是——从原子和星星到鱼儿和花朵，从鱼儿和花朵到人类社会和价值观，现实的所有方面都受到进化的影响。——事实上，这现实世界中的所有一切事物，都是一场进化过程的产物……

在百年庆典开始之前的一个电视广播节目中，赫胥黎带着乐观的情绪更简单明了地说：“可以这么说，达尔文主义理论已经成熟，我们不需要再为如何建立进化理论这个事情而烦恼了。”

疑达问氏 如信息般变化

1953年，詹姆斯·沃森（James Watson）和弗朗西斯·克里克（Francis Crick）（见图8.1）阐明了DNA的结构，就是这一发现导致了那种兴奋情绪的产生。的确，DNA结构的发现使得遗传变异和突变的机制问题冲出了迷雾，进入了分子生物科学的视野。沃森和克里克对DNA双螺旋结构的研究表明，DNA以四位字符和化学代码形式储存遗传信息[79]（见图8.2）。后来，继弗朗西斯·克里克著名的“序列假说”之后，分子生物学家们证实，这些沿着DNA分子脊柱排列的化学亚基，被称为核苷酸碱基，其功能就像在一个机器代码的书面语言或数字字符中的字母。此外分子生物学家们还确定，DNA上储存的遗传信息在细胞和生物体中是代代相传的。总而言之，DNA储存遗传信息是为了构建蛋白质，由此我们可以推断，DNA储存遗传信息是为了构建高级的解剖特征和生理结构。

图8.1　1953年，詹姆斯·沃森（左）和弗朗西斯·克里克（右）展示DNA分子的结构模型。

看来，对DNA双螺旋结构的发现的确是解决了进化生物学中的一些历史遗留问题。长久以来，进化论者都坚持认为，自然选择是通过从浩如烟海的遗传变异中区分良莠，将有益的微小变异筛选出来产生新的生命形式。但是他们既不知道所有这些竞争性变异的原材料来自哪里，也不知道基因是如何存储信息来产生与它们相关联的特征。此外，即使在遗传学家发现了突变可以改变原有的稳定遗传性状之后，他们仍不能确定这种改变究竟是不是“突变”。由此导致的结果就是，当变化出现以后，生物学家也说不清它到底是发生了变异还是突变。

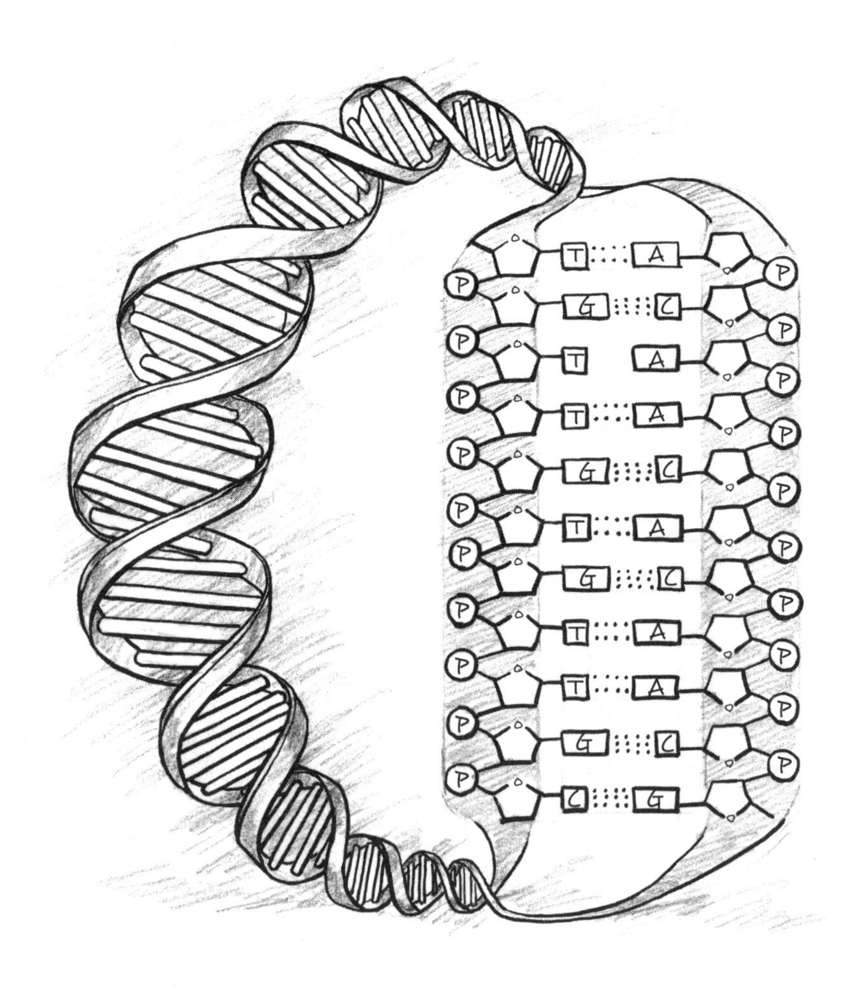

图8.2　这个DNA分子模型（结构式）显示出了沿着DNA分子糖－磷酸骨架上的核苷酸碱基对的排列具有数字和字母的特性。

对于这个问题，沃森和克里克的DNA双螺旋结构模型提出了一个答案：基因，就是一条DNA链上的长碱基序列。基于这一视野，进化生物学家们提出：第一，新的变化是在有性繁殖过程中，DNA的不同部分（或是不同的基因）发生基因重组产生的；第二，新的变化来自于基因突变。基因突变是一种特殊的，发生在DNA核苷酸碱基排列中的随机变化。正如一个英文句子中字母的印刷错误可能会改变几个单词甚至整个句子的意思，那么在遗传“文本”中，DNA碱基序列的改变也很可能会因此产生新的蛋白质或新的形态特征。

DNA结构的发现和接踵而至的分子生物学革命，也产生了一系列新的问题。尤其是——在生物进化过程中，为了构建完整的新生命形式，这些必要的信息到底是从何而来？诚然，突变在这个过程中发挥了作用，但是它们能产生足够的信息量吗？就像寒武纪时期出现的、新生物信息的井喷式大爆发一样，突变能够产生足以构建新的动物生命形式的生物信息吗？

疑达问氏　寒武纪大爆发

领鞭毛虫类，一类有鞭毛的单细胞原生生物体。这类生物是怎样与三叶虫或软体动物甚至一个微不足道的海绵体区分开来的？显然，三叶虫、软体动物和海绵体是三种较任何单细胞生物都更复杂的生命形式。但具体复杂到什么程度呢？

著名的古生物学家詹姆斯·瓦伦丁（James Valentine）指出，比较不同生物体复杂程度的一个有用的方法是评估不同生物体中的细胞类型的数量（见图8.3）。虽然单细胞真核生物有许多专门的内部结构，如细胞核以及各种细胞器等，但它仍然只表示一个类型的细胞。功能更复杂的动物需要更多的细胞类型来执行不同的更多样化的功能。例如，节肢动物和软体动物，有几十个特定的组织和器官，其中每个都需要“功能特异”或专门的细胞类型。

此外，这些新的细胞类型需要许多新的特定蛋白质。例如，肠道或肠内膜上皮细胞会分泌一种特殊的消化酶，为了防止分泌出这种消化酶后反而把自己给消化掉，上皮细胞需要由结构蛋白质来修改自身的形状并调节酶的活性。因此，构建新细胞类型通常需要构建新的蛋白质，构建新的蛋白质又需要汇编遗传信息指令。因此，细胞类型的数量增加就表明了对遗传信息需求量的增加。

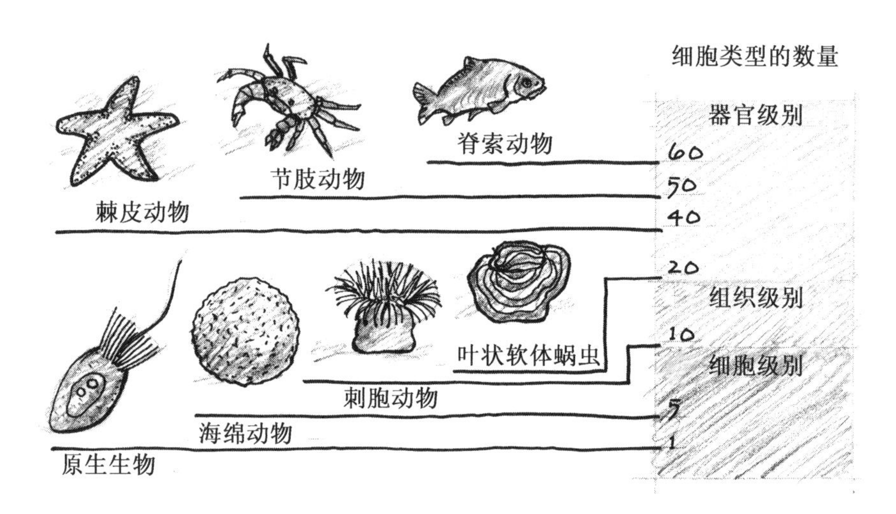

图 8.3　生物复杂性的规模是通过不同生物体所具有的细胞类型的数量来衡量的。

领悟了古老的生命形式是如何产生的，即是强调了寒武纪大爆发是多么具有戏剧性。30 多亿年前，整个生命世界仅包括如细菌和藻类等很少超过一个单细胞的有机体。然后，从埃迪卡拉（Ediacaran）纪后期（约 5. 55 亿—5. 70 亿年前）开始，第一群复杂的多细胞生物在岩层中被发现，包括海绵以及在第 4 章中讨论到独特的埃迪卡拉生物群。这一发现代表了复杂性生物的大量增加。例如：现代动物的研究表明，出现在晚前寒武纪的海绵，可能需要约 10 种细胞类型。

4 000 万年后，发生了寒武纪大爆发。突然间，海洋里挤满了如三叶虫和奇虾等一类需要有 50 种甚至更多种细胞类型的动物——这是在生物复杂性上的一个惊人飞跃。不仅如此，正如华伦泰指出的那样，通过测量细胞类型数量的不同来评价复杂性的差异，可能还“大大低估了不同躯体模式之间的复杂性差异”。

有一种方法能估计寒武纪动物中出现的新遗传信息的数量，那就是测量现代寒武纪代表族群动物的基因组大小，并将之与更简单生命形式的数量信息作比较。据分子生物学家估计，即使是最简单的单细胞生物也需要

318 000 到 562 000 个 DNA 碱基对，才能产生足够维持其生命的蛋白质。如果是更复杂的单细胞生物，则可能需要上百万个 DNA 碱基对。一个复杂如三叶虫的节肢动物，组装蛋白质以维持其所必需的生命活动需要极其复杂的蛋白质编码指令。我们来做个比较，现代节肢动物果蝇，它的基因组大小约为 1.4 亿个碱基对。因此，一个生物体想要从单细胞克隆转变为复杂的动物，需要显著增加其所需的遗传信息（这种遗传信息原则上是可以测量的）。

寒武纪期间，名副其实的新生物形式嘉年华出现了。由于新生物形式需要新类型的细胞、蛋白质和遗传信息，因此动物生命在寒武纪大爆发期间也产生了史无前例的遗传信息大爆发[80]。（在第 14 章中，我们将看到，构建一个新的躯体模式还需要另一种类型的，并不是储存在基因上的信息，即所谓的表观遗传信息。）

那么，新达尔文主义的机制能解释出现在寒武纪爆发时遗传信息的暴增吗？在回答这个问题之前，还需要确定信息的概念以及识别 DNA 包含的信息类型。

疑达问氏 生物信息：香农信息论或其他信息类型?

科学家们通常认为，信息至少有两种基本的类型：有功能（有意义的）的信息和不一定有意义或功能的香农信息。由于在数学应用中一个被称为信息理论分枝的发展，这两种信息论的区别已经开始显现。在 20 世纪 40 年代末，在贝尔实验室工作的数学家克劳德·香农（Claude Shannon），发展了一门信息的数学理论。香农认为，由一系列符号或一系列字符所传递的信息的量，等同于这个序列在信息传递过程中减少或消除的不确定信息的量。

香农认为，在一个事件或是一场交谈中，其内容中的不确定性越少，所具有的信息量也越少。举个例子，1970 年，当时我还是个孩子。如果有人做了一个声明，但讲述的内容是人人都知道的，那我们会说，“说点儿我不知道的事情吧”。假设一个棒球队的同学跑到我面前，上气不接下气地“通知”我说，我们队的明星投手是打算在接下来的比赛中投球。他这样的话肯定会得到轻蔑的回答，“说点儿我不知道的事情吧”。

对投手在下一步比赛中动作意图的声明，就相当于香农所说的信息传递中对不确定性信息的消除。任何还想继续当明星投手的投手，在比赛中绝没有其他选择，只能投球。我那兴奋过头的朋友关于明星投手要投球的消息，不含有任何不确定性的信息，因此他的话可以说是没有信息。除非从另一方面来看，如果是在冠军争夺战之前，大家经过数天揣测也不知道我们队的四位投手究竟谁会成为冠军之战中首位上场投手，而我朋友则对我透露了这位先发投手的身份，那就不同了。在这种情况下，他消除了一些对我而言不确定的信息，无疑就是一种有内容有意义的声明。

香农的理论，量化了减少的不确定性与信息之间的直觉联系。对于一个事件和一场交流来说，其不确定性越多，则传达出的信息越多。想象一下，在即将到来的春季棒球冠军争夺赛中，朋友不仅透露给我先发投手的身份，然后他还告诉我在下个橄榄球赛季中先发四分卫的身份。我们棒球队有四位足以胜任的、实力相当的投手，而橄榄球队有两位实力相当的四分卫。有鉴于此，告诉我先发投手的身份，相比于告诉我先发四分卫的身份而言，所消除的不确定性更多。

为了精确测量信息，香农进一步将减少的不确定性和信息联系起来并量化为可以测量的可能性（或不可能性）。需要注意的是在我所举的例子中，更多的信息沟通能减少更多的不确定性，但同时也描述了一种更不可能发生的情况。四个投手中任何一个投手被选中的概率为1/4，基于相同假设，两个四分卫中一个四分卫被选中的概率就有1/2。一个事件发生的可能性越小，不确定性越高，那么该事件就越不可能发生。因此，这个事件就传达了更多的信息。

香农应用这些直觉知识来量化存储在文本或代码的符号、字符序列或通信通道传输中的信息量。因此在他的理论中，一封英文信件中的一段文字或其他类似于文字的字母序列所含的信息量，要比在一段计算机代码中的单一二进制数字（0或1）所含的信息更多。为什么呢？跟上面同样的道理，英文信件中文字的确定就减少了二十六个不确定性，而一个二进制数字所减少不确定性只有0或1两个。英语字母有26个，那么在任何一段文字中，出现任意一个字母的概率是（不考虑空格和标点符号）1/26。而在二进制字符序列中，字符只有0和1，所以发生概率是1/2。在香农的理论中，越难猜到的可能性就包含了越多的信息。

然而，即使是一个二进制字母也可以传达无限量的信息。因为根据香农理论，随着不可能性的倍增，所传达的信息量也会额外增加。试想一下，有一个摸彩袋，里面装了许多瓷片，每块瓷片上刻着 0 或 1 的数字。若是有人需要从袋子里连续拿出刻着 0 的瓷片挨个排在游戏桌上，第一次拿的时候，取出 0 号瓷片的概率是 1/2，但在第二次从摸彩袋里取瓷片的时候（把袋里面的瓷片摇混），想连续取出两个 0 号瓷片的概率就变成了 1/（2×2），或是 1/4。因为在摸彩袋里取第二个瓷片的时候，袋子里的瓷片可能性组合就变成了 4 个：00，01，10 或 11。同样，以这种方式，连续取出三块同样的瓷片以形成一个任意三字符的序列，其可能性的概率就是 1/（2×2×2），或是 $1/2^3$（1/8）。任何特定字符序列的不可能性会根据序列中的字符数呈指数性增加。因此，即使是用一个简单的二进制字符，字符的序列越来越长，产生的信息量也就越来越大。

信息科学家们通过一种他们称之为比特（bit）的单位来测量信息的增加。一比特代表信息的最小单位，它可以传达（或降低不确定性）二进制数字中的一个字节所包含的信息[81]。

生物学家能够轻而易举地应用香农信息理论，通过评估这段序列的发生概率来测量在一个 DNA 碱基序列（或蛋白质中的氨基酸序列）中所含的香农信息量，然后将之转换为比特信息。在香农的认知里，DNA 所传达的信息，其本质就是 DNA 序列里四个化学亚基的不可思议的排列组合。这四个碱基，就是让沃森和克里克深深着迷的腺嘌呤、胸腺嘧啶、鸟嘌呤，与胞嘧啶（A，T，G 和 C）。正如克里克在构建他的序列假说时所意识到的那样，这些核苷酸碱基的功能就犹如在一个线性阵列上的字母或数字特征。由于这四个碱基每个具有相等的 1/4 的概率在沿着 DNA 分子脊柱部位的每个位点发生，据此生物学家就可以测定出任何有 N 个碱基的特定序列所发生的概率以及所携带的香农信息量，或是专业点说，叫测量“信息承载容量”。例如，任意一个长度为 3 个碱基的特定序列，其发生概率为 1/（4×4×4）或 1/64，［事实上，由于 1/4 等于 1/（2×2），因此一段 DNA 序列上的每个碱基都传递了 2 个比特信息］，它就含有 6 个比特的香农信息。

然而从一定程度上说，香农信息理论在分子生物学上的应用，掩盖了一个关键性的区别，即 DNA 具有不同的信息类型。虽然香农信息理论能测量在一个序列中符号或字符的信息量（或是化学功能），但它不能从混乱无意义的字码中区分出有意义或功能的序列。举例来说：

"we hold these truths to be self-evident"

"ntnyhiznslhtgeqkahgdsjnfplknejmsed"

(译者注：香农理论能从第一排有意义文字中计算出它所含的信息量，但是没法从下一排完全无序无意义的字母中区分信息。)

如果我们想象随机抽取的这两段序列长度都一样，那么它们就含有相同数量的香农信息。但是，显然它们之间有一个重要的区别，一个香农测量法不能检测到的、本质上的区别。第一段有意义的序列有进行交流的功能，然而第二段却没有。

香农强调，他理论中描述的这类信息需要仔细地从我们通常概念中的信息区别开来。正如香农的密切合作者之一沃伦·韦弗（Warren Weaver），在1949年明确指出的那样，"这个理论中的'信息'一词，有一种特殊的数学意义上的使用，不能与普通的信息用法混淆"。韦弗说的普通用法，当然指的是有意义的想法或功能性的沟通。

韦氏字典把"信息"定义为"知识或情报的交流或接收"，并且也定义了信息是"属性中固有的，并且通过可替代的序列或排列连通以产生特定效果的东西"。一段拥有大量的香农信息的序列可能传递着有意义的信息（如在英文文本中那样），或执行一个功能以"产生具体效应"（比如说英文句子和计算机代码），但它可能也不执行功能（如一句毫无意义的话或满屏幕毫无意义的计算机代码）。无论怎样，香农纯粹的数学信息理论都不能从无意义的序列中区分出有意义的序列，或是从无功能的序列中区分出有功能的序列。它仅仅是提供了一个对这段字符序列的不可能性，或对这段字符序列的信息承载容量进行数学测量的方法。从某种意义上说，它提供了对一段序列所携带功能或有意义信息的容量进行测量的方法。它不能，也无法决定这段序列是否能表达出有意义的内容，或产生一个功能显著的效应。

香农的理论可以测量DNA链包含的信息承载量。但，DNA就像自然语言和计算机代码一样，也包含功能信息[82]。

比如在英语语言里，特定排列的字符将携带的功能信息传达给有意识的代理。在计算机或机器代码中，特别排列的字符（0和1）在一个计算机环境中产生有显著功能的结果，但是这个计算机环境中却并没有一个能够接收这段有意义的代码的有意识的代理。同样地，DNA 存储并传递功能信息以构建蛋白质或 RNA 分子，即使这段有功能的 DNA 也不是由一个有意识的代理所接收的。在计算机代码中，字符的精确安排（或者是如字符般的化学功能性）可以让这个序列“产生特定的作用”。出于这个原因，我也喜欢使用特定信息一词作为功能信息的同义词，因为一段字符序列的功能取决于这些字符的特异排列。

DNA 中包含的指定信息，不仅仅是香农信息或信息承载量。正如克里克在 1958 年所说的那样，“我的意思是：信息，是蛋白质的氨基酸序列的说明书……信息在这里，意味对一段核苷酸碱基的特定序列，或一段蛋白质氨基酸残基的特定序列进行的精确测定”。

疑达问氏　神秘的信息

所以，如果寒武纪动物起源需要大量的新功能或特定信息，那到底是什么产生了这个信息的大爆发？由于分子生物学革命首先强调的就是信息对于生命系统的维护和功能的首要性，因此关于信息的来源问题毫无疑问已是进化论的前沿问题。更重要的是，对于遗传文本特异性排列的认识，一些关于新达尔文主义机制的挑战性问题也随之产生。自然选择作用于 DNA 中的随机突变，产生高度特异性排列的碱基以构建新的细胞类型和新的生命形式所必需的蛋白质，这想法合理吗？也许再也没有像寒武纪大爆发这类问题的讨论一样能激起更多对新达尔文主义理论的挑战了。

9　组合通胀

麻省理工学院工程和计算机科学教授穆雷·伊顿（Murray Eden）（见图 9.1）习惯于思考如何制作物品。但是，当他开始思考信息在生命有机体构建过程中的重要性时，他又隐隐觉得事情好像不太对劲。批评者们说，伊顿仅仅是掌握了丰富的生物学知识，但没有综合考虑各个专业学科在这一领域的交叉应用，这是很危险的。现在回想起来，他们可能是对的。

在 20 世纪 60 年代初，当分子生物学家证实了弗朗西斯·克里克（Francis Crick）著名的序列假说之时，伊顿就开始考虑怎样来构建一个生命有机体。当然了，伊顿所想的可不是靠自己来建立这么一个生命有机体。相反，他在思考怎样利用新达尔文主义所说的自然选择作用于随机突变的机制来完成这个工作。他想知道突变和选择是否能产生构建有机体所需的功能信息。

根据他的想法，DNA 序列的特异性是构建功能信息中的一个重要的部分。很显然，如果 DNA 中含有一段对分子功能无关紧要的核苷酸碱基序列，那么这段碱基序列中的随机突变改变也不会对分子的功能产生不利影响。但是，序列的变化的确会影响功能。伊顿知道，在所有计算机代码或书面文本中，序列的特异性决定其功能，序列中若出现随机变化就会导致该序列的功能或意义不断降低。他解释说，“目前已存在的正式语言都不容许其句子中出现符号序列的随机变化。一旦出现，句子的含义几乎就要被破坏殆尽。”因此他怀疑，对 DNA 碱基排列特异性的需要，使得通过随机突变必须通过降解现有基因或蛋白质才能产生新基因或新蛋白质这种说法变得无法立足。

这是多么难以置信啊！无论是刻意产生还是妙手偶得，通过随机突变来产生基因学上有意义或是有功能的基因序列，同时序列上还要携带形成新蛋白质、新器官甚至新生命形式所需要的原料（遗传信息以及变异）以供自然选择，这种可能性真的有吗？伊顿并不是唯一的一个提出这些问题的数学家或科学家。但是在他帮助下发起的，以数学理论为基础的对进化论的挑战将切实证明新达尔文主义的正统性岌岌可危。

疑达问氏 威斯塔研究所会议

在20世纪60年代初，伊顿开始与几个在麻省理工学院数学、物理和计算机科学研究领域的同事讨论新达尔文进化论的合理性。随着包括来自其他机构的数学家和科学家的加入，参与讨论的人员日益增长，举办一个讨论会的想法诞生了。1966年，一群杰出的数学家、工程师和科学家在费城威斯塔研究所召开了一个名为“向新达尔文主义进化论提出的数学挑战”的会议。其中最突出的与会者，有巴黎大学的数学家和医生舒岑贝格尔（Schützenberger），氢弹的合作设计师斯坦尼斯瓦夫·乌拉姆（Stanislaw Ulam）和伊顿本人。参会者还包括一些著名的生物学家，如现代新达尔文主义缔造者之一恩斯特·迈尔（Ernst Mayr），和当时芝加哥大学遗传学和进化生物学教授理查德·列万廷（Richard Lewontin）等等。

图9.1　穆雷·伊顿（Murray Eden）

诺贝尔奖得主，北伦敦医学研究理事会实验室主任彼得·梅达沃爵士（Sir Peter Medawar）主持了此次会议。在开幕致词中，他说："召开这次会议的直接原因，是因为大家对在英语世界公认的进化理论——所谓的新达尔文理论已经达到了一个相当程度上的不满。"

对许多人来说，对突变/选择机制创新能力的怀疑源于分子生物学家在20世纪50年代后期和60年代早期对遗传信息性质的阐述。

核苷酸碱基精确排列成一个线性阵列，DNA遗传信息就储存其中，这一发现首先有助于阐明许多突变过程的本质。正如在一个英文文本中，其字母顺序可能通过逐个改变字母或通过合并重组整段文字而改变，所以遗传文本也很可能通过一次改变一个碱基，或通过基因不同部分以不同的方式随机组合和重组而被改变。而实际上，现代遗传学的研究已经确定了突变变异的几种不同机制：不仅有单一的"点突变"或单个碱基的变化，而且有重复、插入、倒置、重组和遗传文本的整部分缺失。

虽然研究者们已充分认识到突变类型在自然处置中的作用选择范围，但伊顿仍然在威斯塔会议上提出了他的疑问：像书面文本或数字代码中这样的随机变化将不可避免地降低信息承载序列的功能，特别是当允许随机变化积累的时候。比如说，一句简单的短语："One if by land and two if by sea"，如果其中的字母发生了随机重排："Ine if bg lend and two ik bTNea"，那这句话我们就谁也看不懂了。在会议上，法国数学家马塞尔·舒岑贝格尔（Marcel SCHützenberger）也同意伊顿对随机改变影响力的担忧。他指出，即使是有人能在计算机程序的数字字符排列中制造出少量的随机变化，我们也没有机会（比如说，小于10^{-1000}）看到被修改了的程序进行计算，我们能看到的只是计算机运算停滞了。伊顿认为DNA几乎也有同样的问题，例如数字编码功能需要特定的碱基序列排列才能实现，而这些序列的随机改变会导致功能的丧失，就像让遗传文本通过随机选择的方式来产生全新的部分一样，其结果注定是要失败的[83]。

有一门学科能解释这种无法避免的功能衰减，它是数学的一个分枝，叫做组合数学（combinatorics）。通过组合数学研究的方法，可以将一组事物用多种不同方法进行组合和编排。我们可以在一个层面上相当直观地看待研究对象。假设有一个小偷，他悄悄溜进宿舍的角落，花数小时寻找可偷的自行车。为了选一个容易下手的目标，他会扫视自行车车架，如果他发现一辆基本款的自行车，车的密码锁上有三位密码，每位都可显示0—9

这10个数字，而这辆车旁边有一辆五位数字密码锁的自行车。在这样的情况下，小偷就算根本没有任何数学学位也知道他需要从哪辆车下手。他知道，只有偷三位数字密码的那辆车才能减少他破解密码的工作量。

一种直截了当的计算方式支持了他的直觉。一个简单的三位锁只有10×10×10种，或1 000种可能的数字组合，这种组合的概率就是数学家们所说的“组合”可能性。而五位数字的锁则有10×10×10×10×10种，或100 000种组合的可能性。即使是三位密码锁上，小偷可能也得用大量的时间和耐心，选用系统的工作方式，最后在一个偶然的机会中发现正确的密码组合，从而偷得一辆山地自行车或赛车。他肯定不会想偷那有五位密码锁的自行车，因为想开五位锁需要用到的组合数比简易的那把多100倍。五位密码锁需要反复尝试很多种可能的组合方式才能打开，所以小偷不能确保在有限的时间内能打开车锁。

几位威斯塔研究所参会的科学家指出，突变/选择机制也面临着类似的问题。新达尔文主义认为新遗传信息是由一个有机体的DNA随机突变所产生的。如果DNA在生命有机体的产生到繁殖期间的某个时间点发生了正确的突变，或是细胞中的DNA在细胞增殖期间（无论是有性还是无性繁殖）发生突变的累积，那么构建一个或一类新蛋白质的信息就会传递到下一代。如果这个新的蛋白质恰好能赋予一个有机体以生存优势，那么这种产生新蛋白质的遗传改变往往就会被传递给后代。随着有利的突变的积累，随着时间推移，种群的特点将逐步改变。

很显然，自然选择在这个过程中起着至关重要的作用。对有机体有利的突变会代代传递下去；不利突变则被淘汰出局。然而，自然选择只能选择作用于在那些遗传过程中首先发生突变的变化。因此，进化生物学家通常认为其实突变才是进化过程中生命有机体不断变化和创新的源泉，而不是之前大家以为的自然选择。正如进化生物学家杰克·金（Jack King）和托马斯·朱克斯（Thomas Jukes）于1969年所说的那样，“自然选择是遗传信息的编辑，而不是作者”。

这就是威斯塔与会者们看到的问题症结所在：随机突变的工作使命就是组成新的遗传信息。但是，即使是中等长度的一个单基因或蛋白质，其序列上的核苷酸碱基或氨基酸排列的可能组合（组合的“空间”大小）数量也非常多，这就让随机突变而产生新功能信息的概率变得非常小。相对于那些生成了功能蛋白质的氨基酸序列来说，其他没有产生功能蛋白质的氨基酸序列的组合数更是多不胜数。随着构建生命体所需蛋白质的长度增加，其中可能的氨基酸组合也呈指数增长。在这种情况时，偶尔发生随机突变就能产生功能序列的可能性则迅速减少。

再来看另一个例子。两个字母 X 和 Y 可以有四个不同的两字符组合（XX，XY，YX 和 YY）。它们也可以有八个不同方式的三字符组合（XXX，XXY，XYY，XYX，YXX，YYX，YXY，YYY），此外还能有十六种方式的四字符组合。随着序列中字母长度的增加，可能的组合数也呈指数增长（2^2，2^3，2^4）。数学家戴维·伯林斯基（David Berlinski）把这种现象称之为“组合通胀”（combinatorial infation）问题，因为可能的组合数量随着序列中的字符数增长而急剧“膨胀”（见图 9.2）。

DNA 的碱基组合就属于这种组合通胀。在 DNA 中承载信息的序列都是由四个核苷酸碱基以特定的顺序排列而成。因此，这四个碱基在每个位点上都有可能出现。如果是两位碱基序列的话，可能出现的排列组合就有 4×4，或是 4^2，或是 16 种（AA、AT、AG、AC、TA、TG、TC、TT、CG、CT、CC、CA、GA、GG、GC、GT）。同样地，若是三碱基序列，则有 4^3 或 64 种可能的排列（我就不在这里将它们全部列出了）。也就是说，在一个序列中，从 1 位到 2 位再到 3 位的碱基其排列可能性将组合数目增加至 4 种到 16 种甚至 64 种。当序列长度继续增加，其组合可能性也成倍膨胀。打个比方，一条长为 100 个碱基的序列，其碱基的组合就有 4^{100} 或 10^{60} 种可能的排列方法。

氨基酸链的排列规则也服从于这种组合通胀的规律。组成蛋白质的氨基酸有 20 种，如果是有两条氨基酸链的话，由于每条由 20 个氨基酸构成的肽链都能任意与它旁边的一条氨基酸短肽相结合，那么这两条氨基酸链就有 20^2 或者 20×20，或者 400 种组合方式。同理，一段含三位氨基酸的序列会有 20^3 或 8 000 种可能的氨基酸组合。四位氨基酸序列，其组合的数量呈指数式上升到 20^4 或 160 000……

好了，一条四位氨基酸链的可能性组合只稍微比我举第一个例子中的五位拨号锁的可能性组合（160 000 比 100 000）多了一点点。然而，事实却证明，细胞所必需的功能性蛋白质，其氨基酸序列数已经远远超过四位氨基酸序列，而细胞所必需的功能性基因也需要更多的碱基，远远不止我们之前说的那几个。大多数编码特定蛋白质的基因，至少由 1 000 个核苷酸碱基组成。这相当于 $4^{1\,000}$ 个可能的碱基序列，这是难以想象的大数

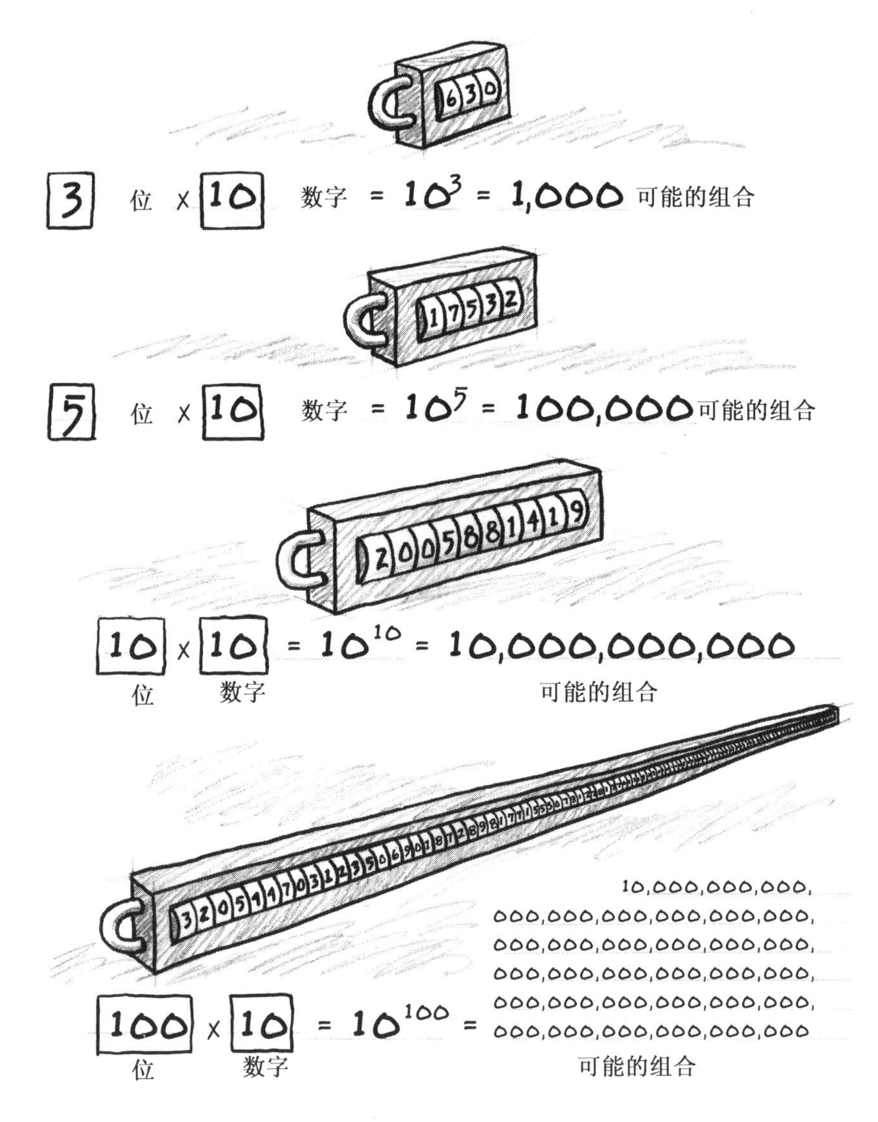

图 9.2 组合通胀的问题就像这不同数位的自行车锁一样。随着密码锁数位的增长，可能的组合方式数量呈指数式增长。

目啊！

此外，在蛋白质合成过程中，一条不断增长的肽链需要密码子编码。密码子由 3 个碱基为一组，它对应一种氨基酸或蛋白质合成的起始、终止信号，被称为三联体密码。如果说一条中等长度的基因约有 1 000 个碱基，那么一个中等大小的蛋白质会有超过300个氨基酸。实际上，蛋白质要履行其功能的话通常需要数百个氨基酸。这意味着，这条中等长度的蛋白质氨基酸序列仅仅只是20^{300}种，或是10^{390}多种可能的氨基酸序列组合之一（这真是天文数字啊）。再把这些数字放到更广阔的视野里看：我们银河系里只有10^{65}种原子，即使是整个已知的宇宙，也只有10^{80}种基本粒子而已。

这就是威斯塔会议上困扰伊顿和其他擅长数学的科学家们的问题。他们明白即使中等长度的单个基因或蛋白质也蕴含着无限的组合空间。他们意识到，如果突变的发生不是受某种智能的控制，也不受生物体对功能的需要量影响（这是新达尔文主义自己的规定），它的发生确确实实是随机的，那么，通过突变/选择机制产生一个新基因或蛋白质的可能性也是微乎其微。为什么？因为突变得通过难以计数的可能尝试来产生，或通过反复试验来“搜索”，所需的时间远比现实的进化过程长很多。

伊顿在威斯塔会议上指出，一个平均长度为250个氨基酸的蛋白质，相应的氨基酸序列有20^{250}种组合方式。突变和选择机制能有足够时间（从宇宙初始开始算）来产生一个长度为250个氨基酸的有单一功能的蛋白质吗？即使不能产生一整个新的蛋白质，那只产生一小部分可以吗？伊顿给出的答案是明确的：不行。

基于这个原因，伊顿认为突变几乎没有产生新的遗传信息的可能。他把通过随机突变产生人类基因组的概率比喻为通过随机改变或按以下操作来产生有着上万余册书籍的图书馆：“开始为有意义的短语，重新输入一些错误，通过随机添加字母使其长度增加。然后重新排列子序列中的字母串；检查其结果看新的短语是否有意义。重复这个过程，直到建成完整的图书馆”。伊顿认为，即使给予数十亿年的时间，这样的活动在现实中也根本没有成功的机会。

此外，舒岑贝格尔强调，如同进化生物学家经常设想的那样，随机剪切和粘贴大块的文本，在序列空间随机搜索的有效性上没有明显差异。想象一台计算机通过随机的变异来对《哈姆雷特》中的单个字母进行替换，或者是通过复制、交换、反转或重组整段莎士比亚的文本。这样能用完全同样的字模拟生成另外一个具有完全不同意义信息的文本吗？比如说，历经数亿次的迭代突变，能把《哈姆雷特》变为理查德·道金斯（Richard Dawkins）的《盲眼钟表匠》吗？

舒岑贝格尔可不这么认为。他注意到，计算机程序中若出现“排版水平的随机变化”，就会不可避免地降低其功能，而这些变化到底是“来源于字母还是字符块，变化单元的大小如何等等则真的并不重要”。因此他认为，一个文本块中一系列的个别字母替换跟任何“排版类型学”中的随机洗牌方式差不多，其过程肯定会降低其表达的含义。

因此他坚信，进化过程也面临着类似的局限性。在进化过程允许的时间内，任何类型的随机突变想要产生大量新颖的、有具体功能的确定信息，这在他看来是极不可能的。

克里克的序列假说确认后，所有威斯塔的与会者明白了：在生物体上，承载功能优势的实体，就是新基因及其蛋白质产物。它由精确排列的亚基的长线性阵列子单元构成。基因的子单元是碱基，而蛋白质的子单元是氨基酸。然而，根据新达尔文主义的理论，这些复杂的、高度特异的基因或蛋白质必须是首先出现的，并且有保护自己不被自然选择所清除的优势。鉴于目前已知基因的碱基数目和功能蛋白质中的氨基酸数目，在一个新的功能和可选的蛋白质出现之前这些分子亚基的排列需要发生大量变化。即使是最小单位的功能革新——比如一个新蛋白质的出现，在自然选择有所动作之前还需要发生许多看似不可能的碱基重排才能实现。

伊顿和其他人所质疑的是：突变能否提供足够的构建新蛋白质所需要的遗传信息，更别说是整个新生命形式所需要的遗传信息了。正如物理学家斯塔尼斯拉夫·乌拉姆（Stanislaw Ulam）在会议上说的那样，在进化过程中“似乎需要成千上万的，甚至是数以百万计的连续突变，才能产生我们在生活中看到的那种最简单的构造。无论发生一个突变的概率有多大，至少，它应该达到 50%，这样构建出蛋白质的概率才会提高到百万分之一。即使是这样，这概率无限接近于零，也就是说这种机会几乎是不存在的”。

疑达问氏 寻找漏洞

伊顿在会议上承认，有一个办法可解决这道难题。他指出，有种可能，那就是“功能蛋白质在这种‘组合’空间里是很常见的，几乎所有的多肽，可能每一个都有其有用的功能（突变和选择所导致的）”。许多新达尔文主义的生物学家也很赞同这一解决方法。其方案是这样的：尽管突变所需要搜寻的组合空间是巨大的，但是在与之相关的组合空间中，出现功能性碱基或氨基酸序列的概率，可能会比伊顿和其他人所估计的要多得多。如果这个概率足够高，变异和选择机制就能经常碰上新基因和蛋白质，那么就可以很容易地从一个功能蛋白质岛跨越到另一个，通过自然选择排除非功能性突变，而保留罕见（但不是太罕见）的功能序列。

作为一个习惯于与计算机代码打交道的电气工程师，伊顿本能地排斥这种想法。他指出，所有的代码和语言系统能够精确地传达信息，那是因为它们具有语法规则，而这些规则确保了不是所有的角色安排都有信息传递功能的。因此，凡是在通讯系统中起作用的功能序列，通常被众多不服从规则的非功能序列包围在广阔的组合空间中。

在已知的代码和语言系统中，功能序列的存在，就好像在散落于一片茫茫乱码海洋中的小岛一样。遗传学家迈克尔·丹顿（Michael Denton）表明，在一组指定长度的特定英语字母中，想通过各种可能的组合重新形成有意义的话和句子都极难办到。而随着字母数的增加，组合数也随之增加，要组成句子的可能性就更罕见了。比如，产生由12个字母组成的有意义的词与12个字母的总组合数之比是$1/10^{14}$；那么产生一组由100个字母组成的有意义的句子与这100个字母所能组成的总句子数的概率之比为$1/10^{100}$。1985年，丹顿用这些数字解释了在英文文本中为什么少数随机字母替换变化却不可避免地降低了其意义的现象，这种现象在遗传信息文本中同样也是确实存在的。

鉴于存储在DNA里的遗传信息有字母或“版式”的特性，伊顿和威斯塔的其他科学家们怀疑同样的问题也会影响到DNA随机突变。这想法似乎是合乎逻辑的，因为功能基因和蛋白质也被大量的非功能性序列包围在与它相关的组合空间里。此外，功能序列与非功能序列的比率是非常小的。

然而，在1966年的威斯塔会议中，争论双方的科学家都对一个问题犯了难：他们不知道在与突变可能性相对应的组合空间中，产生功能基因及氨基酸序列的概率到底是低还是高。它们发生的频率到底是十分之一，还是百万分之一，还是万亿分之一？一时间，没人能回答这些问题。

大多数进化生物学家仍乐观地认为，只要能回答这个问题就能证明新达尔文主义进化模型是正确的。目前的有些研究进展也支持了他们的信心，在20世纪60年代末，分子生物学家们了解到，大部分蛋白质的生物学功能，都不是由一种精确的蛋白质来执行，而是由多种多样，各有自己氨基酸序列的蛋白质来一起协同完成的。这就不同于只有一个功能性组合的自行车锁了，虽然对于任何特异的蛋白质功能来讲，某些特定位点的特定氨基酸排列是绝对必要的，但其大多数位点都能容忍氨基酸发生替换而不至于丧失其蛋白质功能。对于许多生物学家来说，这种对氨基酸发生改变的容忍表明突变和选择是有合理的机会来产生功能性碱基或氨基酸序列的。毕竟，功能序列与非功能序列之间的比率还是比那些怀疑论者所预计的要高。

到底高了多少？在氨基酸蛋白质序列允许范围内到底能出现多少变异？在一个相关的组合空间里，发生的随机突变够不够产生一个新的蛋白质？

丹顿试图通过比较语言学和遗传文本来解释新达尔文主义面临的组合通胀的严重性问题。他指出：生物学家仍然不太清楚，“怎样来计算能够产生有确定功能的蛋白质的可能性”。但是，随着时间的推移，未来的科学研究肯定会继续深化分子生物学的知识，因此他也总结道，“可能不久以后研究者们对这种概率就会有很严格的估算了”。

疑达问氏 概率的探索

丹顿对于这场科学发展的预测是正确的。20 世纪 80 年代末，90 年代初，麻省理工学院的分子生物学家罗伯特·索尔（Robert Sauer），为了测量氨基酸序列空间中功能蛋白质的稀有性而进行了一系列实验。

他的研究所采用的新技术，首次考虑到了基因序列的系统操作性。在 70 年代末以前，科学家通常使用辐射和化学品诱导来产生 DNA 突变体，但是这些技术通常很难达到预期效果，因为科学家们没法使诱导作用直接支配或作用于 DNA 中某个特定的碱基序列，并且有时甚至会产生一些戏剧性的结果，比如突变果蝇的腿从它们头部长出来（著名的触角突变），他们能采用的处理方法只能是对发生基因突变的自然条件进行简单复制而已。

然而，70 年代末到 80 年代初，分子生物学家开发出了合成定制 DNA 分子的技术。索尔使用这些技术直接改变了已知功能的特定基因序列中的位点，然后将这些突变位点插入到细菌中。这样他就能通过细菌培养测定出对 DNA 序列所做的这些针对性改变到底影不影响其蛋白质产物的功能了。

通过这种技术，索尔开始测定到底序列在发生多少变异的情况下（比如占总数的百分比），仍能保证相关蛋白质的功能性（见图 9.3）。他最初的研究结果就证实了，在蛋白质链中许多位点确实能容忍多种氨基酸发生的替换。同时他的实验也表明，在可能的氨基酸序列空间中功能蛋白质的

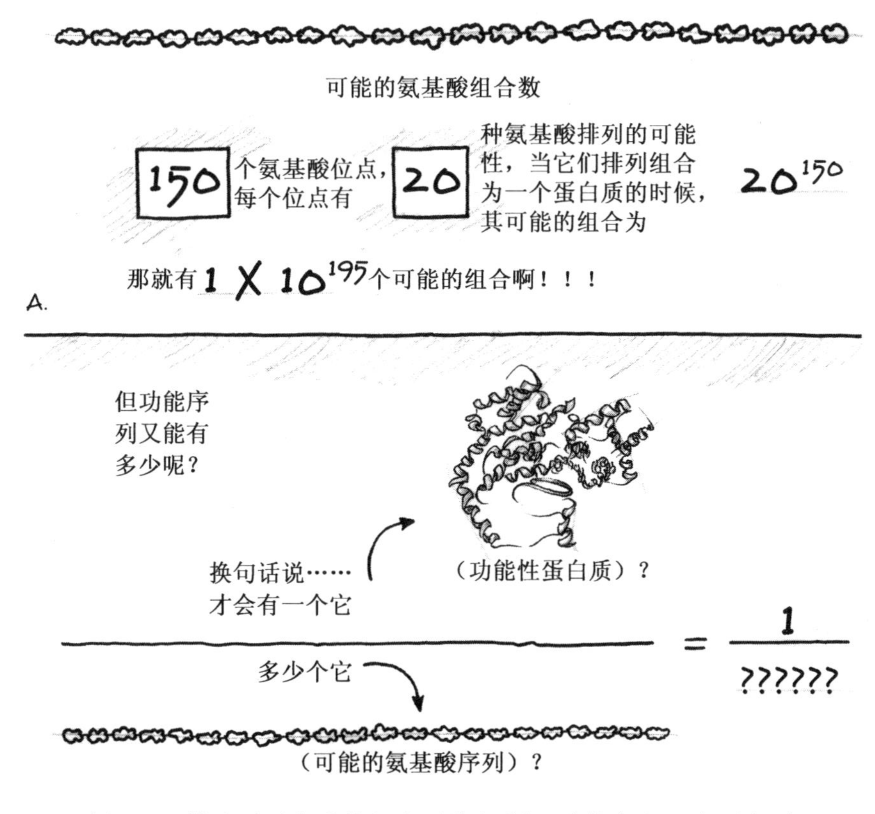

图 9.3　描述了蛋白质的组合通胀问题。随着产生一个蛋白质或蛋白质折叠所需的氨基酸数量的增加，相应的氨基酸组合方式也以指数方式增长（上）。生动地揭示了在浩如烟海的氨基酸序列中产生蛋白质的概率微乎其微。（实际上这图里没有画 B 这个字母，请在图上标注）（下）

存在是非常罕见的。通过一组突变实验结果发现，索尔和他同事们估计，对于一个短的含92个氨基酸的蛋白质来说，功能序列与非功能氨基酸序列的比率约为$1/10^{63}$。

这一结果与信息理论学家休伯特·约克奇（Hubert Yockey）在早期的估算是一致的。然而，约克奇的这个结论并不是靠实验得来的，他是通过分析已发表的数据，比较在不同物种中细胞色素C（一种在细胞生化途径中参与能量产生的蛋白质）的变异而估算出来的。通过这种方法，他能计算出蛋白质分子中具有相同结构且具有相同功能的各个氨基酸位点的变异程度。通过对每个位点变异程度的掌握，约克奇能估算出对应于100个残基长度的细胞色素C序列中允许变量的概率。此外，他还计算出这种长度的氨基酸链功能序列与非功能序列的比率大约为$1/10^{90}$。尽管从字面上看，索尔的研究结果从数值上显示出与约克奇研究结果的不同，但是两种研究结果都反映了相同的情况，那就是序列空间中功能蛋白的存在率是非常低的。即使是在氨基酸序列的不同位置确实有特异排列的氨基酸存在，而且蛋白质也允许这些显著的变异发生，但出现功能蛋白概率还是低到几乎不可能发生。

从表面上看，索尔的实验似乎产生了互相矛盾的结论。他的研究结果表明：一方面，氨基酸的多种不同排列都可以产生相同的蛋白质结构和功能（数不胜数的氨基酸序列构成了氨基酸序列空间）；另一方面，一条大致长度为100个氨基酸左右的序列，出现功能序列的概率相对于总的序列组合数来说却非常低，仅为$1/10^{63}$。

我们不难看出，这两个看似矛盾的结论却都是真实的。还记得我前面举例的那个想解开自行车锁的小偷吗？商业生产的自行车锁通常只有一个功能性组合，只有完全符合这三个数字才能将其打开。这种指定的特异的数字组合，是不允许有任何一个变异的数字出现的。

现在我们再来想象一种新锁，这种锁相比之前普通锁有三个非常重要的不同点。首先，这种新锁，在每一个拨号位上有四个位置，可以与其他拨号位上的数字组合开锁。就这一特点来说自行车贼可能会喜欢，因为它在每个拨号区似乎有更多的回旋余地。但他肯定不会喜欢这锁的其他两个功能。一、每个拨号位上能显示20个字母，而不是普通锁拨号位上的10个数字。二、拨号盘不再是以前的5位，而是现在的100位拨号盘。从正面来看，因为这100个拨号位里，每个都有20个字母，并且这20个字母中要其中4位正确出现才能起作用，那么要想打开这把锁，其可能出现的组合数就是4^{100}，或者是10^{60}个！这真是像天文数字一样的数目啊！但是我们又从反面来看，这100个拨号位上，每个都有20种可能的设置，那我们为了找出正确的排列，就得计算20^{100}次，或10^{130}次才能将那个可能的组合找出来！

当这个自行车贼知道这个表盘的每个拨号位上“只有”四个可能的正确位置时一定会很高兴。但是他在这个反复试验，不断摸索的解锁过程中，任何一次拨号仍然只有1/5的机会拨到可能功能位置，而且这1/5的机会还是在试了100次之后的1/5的概率。换句话说，要想通过反复尝试，最终通过一个偶然的机会解开这把怪物锁，还得把这1/5的概率再乘以100倍，这概率就是微乎其微的$1/5^{100}$。如果我们将这个数字——$1/5^{100}$以10为底进行转换，那就是大致等于$1/10^{70}$。相比于所有数字能产生的组合数来说，产生功能性组合的概率简直比空气中的一颗尘埃还要微不足道。

同理，尽管氨基酸通过各种不同的组合会产生大致相同的蛋白质结构和功能，但能够产生这些功能性结果的序列仍然极其罕见。索尔指出，每一个有92位氨基酸的功能序列，周围起码还有另外10^{63}个相同长度的非功能序列。以这个比率来推断，通过随机搜索来获得正确序列的概率，就像一位盲人宇航员要在银河系的所有原子中找出其中一个特定原子来那样——连想都不用想就知道那是根本不可能办到的。

疑达问氏　情况不明

然而，在90年代索尔的研究结果发表之时，他的工作成果对进化理论的影响并不完全清楚。即使是在科研论文里报告他的工作时，摘要部分也只是强调了蛋白质对氨基酸替换的容受性。因此，一直站在达尔文进化论正反两方的科学家们都利用索尔发现的不同方面来为自己引证，以支持或质疑新达尔文理论在解释蛋白质和基因起源方面的合理性。

认同新达尔文主义的科学家们一直强调蛋白质对氨基酸替换的容受性；而这一理论的批评者则强调序列空间中功能蛋白质的稀少。其中一位，旧金山加利福尼亚大学的生物物理学家肯·迪尔（Ken Dill）引用了索尔的研究，并且表明，几乎所有氨基酸都能在蛋白质链中的任何位点起作用，这使得氨基酸具有相应的疏水性（水排斥）和亲水性（水吸引）性能。

然而，持反对意见的科学家也存在，那就是美国里海大学生物化学家迈克尔·贝希（Michael Behe）。他引用索尔关于稀有蛋白质定量评估方法作为对变异和选择机制创造力理论的决定性反驳。因此在20世纪90年代中期，尽管索尔和他的研究小组启动了一个研究项目来处理伊顿在威斯塔会议上提出的关键问题，但这个问题直到现在还没有完全得到解决。这个问题就是：突变和自然选择机制有没有寻找新基因和新蛋白质来构建一个新生物体（比如一种新的寒武纪动物）的现实可能性？要想回答这个问题可能只有等待一个更为系统和全面的实验体系出现了。

10　基因和蛋白质的起源

20世纪80年代末，当时还在加州理工大学就读化学工程博士学位的道格拉斯·阿克斯（Douglas Axe）（见图10.1）和几个研究生同学一起读了由理查德·道金斯（Richard Dawkins）写的畅销书《盲眼钟表匠》，他被进化理论深深吸引了。各位阿克斯的同道也都很快变为道金斯的忠实拥趸，并且还鼓励阿克斯为他们解读这本书。道金斯清晰明了的文字和插图给阿克斯留下了深刻的影响，但阿克斯却发现了书中的问题：道金斯对自然选择和随机突变创造力的表述缺乏说服力。无论是他在动物繁殖中的类比，还是用计算机模拟来证明突变和自然选择在产生新遗传信息中的能力，道金斯始终坚持一个自然选择的理念。这个理念是唯一的，明确排除了智能代理的指导之手的作用。

图10.1　道格拉斯·阿克斯

阿克斯发现道金斯的计算机模拟分析特别有趣。在《盲眼钟表匠》中，道金斯描述了他是怎样用计算机编程生成莎士比亚《哈姆雷特》中的台词“Me thinks it is like a weasel”（据我看它像一只黄鼠狼）。道金斯这样做是为了模拟随机突变和自然选择是怎样来产生新功能信息的。首先，他通过电脑编程产生许多不同的字符串（序列）的英文字母，然后再编程来比较每个字符串，选择与目标莎士比亚短语最接近的字符串。这些程序生成的新字符串变异版本，经过与目标序列的比较，再次选择出更接近于目标序列的字符串，如此反复经过多次迭代，最终就能产生一个跟目标序列完全匹配的字符串（译者注：这就是著名的“黄鼠狼程式”，用以说明有累积效应的物竞天择会大量减少到给定目标所需的步骤）。

阿克斯顿时意识到，这个程式实际上是道金斯高超的智力所构想出来的。他不仅能提供产生（“据我看它像一只黄鼠狼”）这句短语所需要的程序信息，而且能灌输电脑以一种远见目标并引导它与所需的字母变体序列相比较。阿克斯进而认为，道金斯的程序并没有模拟自然选择，因为根据自然选择的定义就知道，它既不引导选择的方向，也不为了在未来产生理想后代而提供信息。

他开始疑惑了，还有没有其他的方式来评估自然选择和突变机制的创造性？比如说可以用更严谨的实验和数学计算方式，而不是以投机取巧似的类比或是简单的计算机模拟来进行分析。

道金斯至少有一件事说对了：遗传信息的重要性。就像与他同道的伊顿一样，阿克斯倾向性地认为，生物学就像一个工程师，引领着他对于自然选择和突变能否真正构建出一个新的生物体产生了质疑。因此他探索了程序控制（工程学的一个研究领域）和基因调控之间的关系，这是一个复杂精细的，在活细胞的分子层面上进行的自动程序控制过程。阿克斯敏锐地意识到：由于细胞是利用蛋白质来对生命体的各个方面进行调控的，构建新的有机体必然涉及到构建新的蛋白质，那么反过来又必然需要新的遗传信息。

但是，突变和选择能够产生出构建全新蛋白质结构所需要精确的碱基序列吗？阿克斯对此非常感兴趣，为了探寻这个问题的答案，他进行了深入的研究，最终他的视线落在了索尔发表的科研论文和1966年在费城举行的那场看似不起眼的，名为“向新达尔文主义进化论提出的数学挑战”的会议上。

疑达问氏 悬而未决的问题

当阿克斯读到索尔的研究团队发表的论文时，他意识到索尔他们的工作对于回答伊顿在威斯塔会议时提出的问题是非常重要的第一步。阿克斯认为：一方面如果索尔提出的对稀有蛋白质的定量分析方法是正确的，那么很明显，变异和选择肯定没办法在如此广阔的组合空间内搜索到功能序列。另一方面，如果后续的诱变实验推翻了索尔的工作，并表明氨基酸序列的变化在很大程度上与蛋白质的功能无关，那么可能就会有大量的功能性序列，足以让突变和选择在一个合理的时间内找到新的功能基因和蛋白质。

在取得了博士学位后，阿克斯就四处打听有没有哪些顶级研究室能帮他解决这些悬而未决问题，他可以在那里做博士后研究。很快，他就被剑桥大学的艾伦·费尔什特（Alan Fersht）教授邀请加入他的研究小组。费尔什特教授是剑桥大学蛋白质工程中心主任，剑桥大学蛋白质工程中心也是世界著名医学研究理事会（MRC）中心的一部分。

阿克斯毫不犹豫地接受了费尔什特的邀请。要知道，在剑桥大学，与蛋白质工程中心相邻的分子生物学实验室（LMB）可谓是星光熠熠。这里可以说是分子生物学的发源地，众多分子生物学领域的杰出人物云集在此，包括詹姆斯·沃森（James Watson），弗朗西斯·克里克（Francis Crick），马克斯·佩鲁茨（Max Perutz），约翰·肯德鲁（John Kendrew），西德尼·布伦纳（Sidney Brenner）和弗雷德·桑格（Fred Sanger）。阿克斯开始在化学系进行研究，后来到了 MRC 中心，他希望通过这段研究培训经历能解决他对索尔研究结果的不确定性解释的疑问。尤其是他想消除索尔研究方法中的两个错误，以获得对序列空间中功能序列的出现频率更为准确的估计。

阿克斯认为：首先，索尔团队可能低估了功能蛋白质的稀有性。在索尔的实验中，他们测试了蛋白质对氨基酸替换的容受性。他们一次只改变蛋白质上的一个或很少的几个连续的位点，而且在改变这几个位点的同时没有引起其他位点的变化。这毫不奇怪，就像一个打字员在精确录入文本时一个偶尔的输入错误，如果一篇文本中有几个错别字，但读者往往还是能读懂它的意思。索尔和他的同事们发现，一条蛋白质链上的许多位点可以容忍这些独立的氨基酸替换，因此他们假设：如果同时改变许多位点，也会出现类似的容受性。

阿克斯认为这个假设忽略了一点，那就是大部分蛋白质保持不变是保证遗传文本信息正确的重要前提。单个的印刷错误通常不会完全毁掉一段文本，因为结合上下文就能知道这个是错误词汇，并且能猜出原本的正确字母。然而，这并不意味着序列的特异性就不重要了。一段话里虽然有印刷错误的句子，但因为这段话其余的部分还是有意义的短语和单词，可以提供正确的上下文含义来让我们看出这句话的真正意思。因此，如果是好几个句子同时出现错误，那这段话的意义就难以理解了。

是否大多数基因和蛋白质都是这样的情况？他想知道，是否有多个（至少不止一个）氨基酸位置变化会很快影响蛋白质的功能；是否这种氨基酸替换容受性对氨基酸位点本身也前后相关，即一个位点的替换容受性程度可能取决于其他位点序列的高度特异程度。因此，没有质疑索尔发现的意思，阿克斯认为这是索尔对自己研究结果的误解。对许多分子生物学家来说，根据索尔的研究结果，他们都认为蛋白质可以很容易地适应许多同时发生的氨基酸序列改变而保持其相对空间位置和功能。

然而最后却是，索尔也意识到他可能曲解了自己的研究结果。因此他在稀有蛋白质定量检测技术的论文中解释道：“这种计算高估了功能序列的数目，因为如果大部分位点都发生改变的话，单个位点上的变化是不太可能各自独立存在的，它们之间必然是相互影响的。”

索尔的研究假设，还有产生另一种反效果的可能——夸大了功能蛋白质的稀有性。阿克斯认为索尔和他团队用以检测突变蛋白质是否有功能性的实验，对蛋白质功能的要求比自然选择所需要的条件更高。索尔的研究团队推断说，在天然的非功能性蛋白质中只有不到5%～10%的可能存在功能性蛋白质。而阿克斯则认为，如果蛋白酶活性受到破坏，即使是正常活性只剩下不到5%，也能产生远比没有酶活性的蛋白质更显著的效应。因此，以新达尔文主义的角度来看，即使是出现像这样功能受损的蛋白质，也有赋予生物体一个选择性优势的可能。在阿克斯看来，索尔研究团队把这种发生突变却仍有一定活性的序列归为非功能突变性序列，可能会因此陷入另一种错误的计算中。归根结底，索尔的估算到底过高了，还是过低了，还是高低相互抵消了？这些相互矛盾的错误让真实的情况变得更加扑朔迷离。为了消除可能的误差，阿克斯精心设计了一系列新的实验来重新评估。

疑达问氏 折叠的重要性

对于如何形象具体地来实施他的实验计划，阿克斯有着自己独到的见解。他想把研究重点放在新蛋白质折叠的起源和产生新蛋白质所必需的遗传信息上，这也是检验新达尔文主义机制理论的一个重大考验。蛋白质包括至少三个不同的层次结构[84]：一级结构，二级结构和三级结构。蛋白质多肽链中氨基酸残基的排列顺序是蛋白质的一级结构。由α-螺旋和β-折叠等特异结构所构成重复结构津元，是蛋白质的二级结构。蛋白质的多肽链在二级结构的基础上进一步盘曲或折叠而形成的三维空间结构，被称为三级结构（见图10.2）。

在生命的历史进程中（比如寒武纪大爆发期间出现新的生命形式之时），也出现了新的蛋白质。新的动物通常会有新的器官和细胞类型，而新的细胞类型又需要新的蛋白质为之服务。对于某些新蛋白质来说，尤其是有功能的新蛋白质，还是用和以前一样的、相同折叠或三级结构来执行不同的功能。但在更多时候，蛋白质需要新的折叠结构来执行这些新功能。这就意味着，新生命形式的大爆发之前必须先有新蛋白质折叠的大爆发。

已故遗传学家和进化生物学家大野晋（Susumu Ohno）指出，寒武纪动物需要复杂的新蛋白质，例如赖氨酰氧化酶（lysyl oxidase），以支持它们强壮的身体结构。这些起源于寒武纪动物的分子，它们也可能代表了一种全新的，不同于前寒武纪时期任何生命如海绵或单细胞有机体的蛋白质折叠结构。因此，阿克斯确信，至少有一种机制可以解释发生在寒武纪大爆发时期和生命史中许多其他创造性事件，那就是——发生了明显的新的蛋白质折叠。

阿克斯还有另外一个理由，认为产生新蛋白质折叠的能力对突变和选择的创造力机制来说是一个重要挑战。作为一名工程师，他明白构建一种新动物需要从动物形式和生理结构上全面革新；作为一名蛋白质科学家，他更知道新蛋白质折叠可以被看作是生命史上的最小创新结构单位。

由此可见，新的蛋白质折叠代表了自然选择可以起作用最小的创新结构单位。当然了，比如说自然选择可以作用于如单个的氨基酸这样小的单

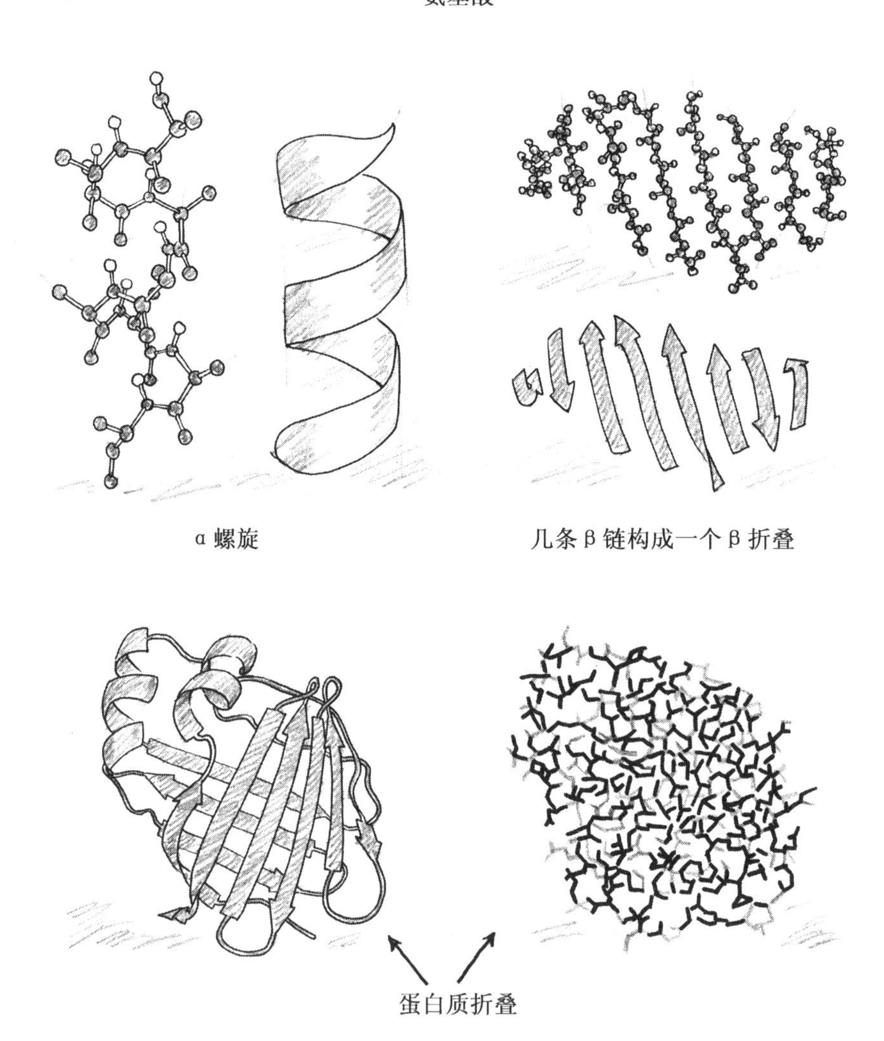

图 10.2　图中展示的是蛋白质结构。最上方的模型是蛋白质的一级结构：一段氨基酸序列形成一条多肽链。第二个模型展示了两种不同的二级结构：α 螺旋（左）和由 β 链构成的 β 折叠（右）。最下方的第三个模型，两种不同的蛋白质三级结构——蛋白质折叠。

位，产生轻微的功能优势或适应性的增加，但产生不了新的折叠结构。但是，如果说自然选择仅仅是将增强的功能性和适应性保留了下来，而没有任何结构上的创新呢？如果说它只是将功能蛋白质或功能序列上的轻微改变保留下来，赋予了蛋白质一点功能优势，而没有改变其结构呢？毫无疑问，如果真是这样就不会发生生物体形式上的根本性变化了。构建基本的生命新形式需要结构上的创新，而产生新的蛋白质折叠就是最小的结构创新。因此，突变必须产生新的蛋白质折叠，自然选择再将其保存下来，并累积形成新的结构。阿克斯由此意识到产生新蛋白质折叠的能力是大进化演变创新的必要条件。

那么，随机突变能产生这样的新蛋白质折叠吗？阿克斯认为，要回答这个问题取决于对序列空间中的功能基因和功能蛋白质稀有性的测定，以及在进化的时间内，随机的基因突变是否真的有足够的机会在相关的序列空间内找到功能蛋白。

疑达问氏 阿克斯的初步结果

索尔和他的同事约翰·瑞迪哈－奥尔森（John Reidhaar－Olson）著有一篇论文，文中提到功能蛋白质序列的存在比例非常低（$1/10^{63}$）。然而当阿克斯看到这篇文章时他注意到，作者重点强调的是在蛋白质容受性范围内可以存在的氨基酸替换变化，而不是对功能蛋白质稀有性的检测。

在他们的论文中，奥尔森和索尔还重申了一个在当时流行的理念：深埋在一个蛋白质折叠内的氨基酸（以构成所谓的疏水核心）对蛋白质结构的特异性来说是最重要的，而外部氨基酸的排列则无关紧要[85]。他们认为，深埋在折叠蛋白质内部的氨基酸通常仅需要疏水性，而在大多数情况下，外部的氨基酸则需要亲水性。实际上，一些蛋白质科学家们就认为，这些看似简单的限制性却可能是整个蛋白质功能的真实情况：一个有功能的蛋白质折叠所需要的可能无非就是在特定序列中疏水性和亲水性氨基酸的适当排列。

阿克斯在剑桥大学费尔什特教授的实验室中，用实验来验证他的这种想法，当实验结果出来的时候，他自己都被震惊了。1996年，在与其他人联名发表在美国国家科学院院刊的一篇论文中，阿克斯报道了他的研究结果。当他用一个随机的疏水性氨基酸序列组合替换了一个小的酶中整个13位氨基酸组成的疏水性核心之后，这个被高度随机替换了的酶（约被替换了五分之一）仍能执行它原来的功能。这个结果表明，蛋白质对序列变化的耐受性，或许比之前阿克斯估计的要强。

接着，他集中研究了蛋白质的外部结构。两个外部结构排列方式基本一致的不同蛋白质，随机改变其中一个的内部结构。然而这次他的实验失败了，他的做法没有使蛋白质产生任何功能性的变化。阿克斯意识到，这种现象似乎与索尔等人所推测的情况相反，因此他决定在下一次实验中把氨基酸的改变再加以限制：替换每个外部的氨基酸残基，并且只用与它最相似的氨基酸进行替换。然而，实验结果显示，虽然只是替换掉了五分之一的外部残基，但这两个蛋白质都失去了它所有的功能。因此，他的结论是：蛋白质外部的氨基酸结构变化比原先普遍认为的更加容易导致蛋白质功能受损。

在研究工作中，阿克斯很严谨地设计了他的实验来弥补索尔估计方法的误差。首先，通过综合的眼光而不是孤立地来研究氨基酸的变化，他发现在特定位点上的特定氨基酸确实受到了周围序列对它的影响，并会导致其功能的丧失。换句话说，如同他和索尔之前所猜想的一样，如果忽视周围氨基酸之间的相互影响，就会造成对特定位点上氨基酸变化容受性结果的夸大。

其次，相对于索尔，阿克斯在实验中所选择的蛋白质能在更低的水平检测到其功能。阿克斯敏感度更高的实验，能使他研究的蛋白质即使发生更大面积单一突变也能保存部分功能，有95%的突变蛋白都能保持其"激活状态"。这结果就意味着索尔敏感性较低的实验可能会产生另一种检测误差，导致出现与实际相反的结果。阿克斯确信，尽管他的高敏感性实验研究结果发现大量的单一突变还是能保留蛋白质的一些功能，但它们仍然是对蛋白质功能的削弱或损害。而这种受到削弱和损害的蛋白质通常足以使它们被自然选择的纯化作用所淘汰。此外，经由上次实验失败的经验得知，单一的一个突变是无法独自破坏蛋白质功能的，除非是突变的比例达到了5%以上。

总体而言，尽管蛋白质能容许氨基酸有些许变化，但是蛋白质（以及产生蛋白质的基因）的结构确实是与其生物学功能高度特异性相关的，尤其是在它们起决定性作用的外部结构部分。阿克斯表明，如果某些位点发生了变异而该蛋白质的其余部分还保持不变的话，蛋白质会容忍这种变异存在；但如果是多个而不是单个的氨基酸发生置换，则会导致蛋白质功能的快速丧失。这就是为什么分离蛋白质时虽然有位点的改变但蛋白质功能仍然继续存在的原因。阿克斯的新实验也基本肯定了索尔早期对功能蛋白质稀有性的定量评价，尽管其方法中还有估计误差的硬伤。为什么呢？因为索尔两个方面的估算误差——忽略蛋白质功能序列前后左右之间的相互影响和使用敏感性不够的功能实验——一个高估一个低估，实际上，就大致相互抵消了。

尽管取得了对蛋白质认识上的进展，阿克斯仍然不能确定容受程度的限制性是否就是演变出新蛋白质折叠的原因。为了回答这个问题，他需要获取在空间序列中对蛋白质稀有性更精确的定量估计。

其实，从早期的诱变实验中已经发展出一种实验方法能消除估计误差。阿克斯现在能利用这个实验，以前所未有的严密性和精确性来回答这个问题。一旦他做到了，就可以确定随机的基因改变是否有足够的机会——甚至是在整个进化所限定的时间内——在相关空间序列里搜索功能基因和功能蛋白质。

疑达问氏　离不开的折叠

当然了，阿克斯明白新达尔文主义者并不会把核苷酸或氨基酸的空间序列设想为一场完全随机的旅程。他们认为自然选择的作用就是保持有用的突变和消除有害的变异。比如，理查德·道金斯就把一个生物有机体比作一座高高的山峰，从山正面陡峭的绝壁上往上攀登就好像仅通过用随机突变的偶然概率来构建一个新的有机体。他承认，用这种方法攀登“不可能之山”（Mount Improbable），是不会成功的。然而，如果是山背面有一个缓坡，那就可以一步步地，慢慢登顶。在他的比喻中，从山背面攀登“不可能之山”就像是遗传文本的众多小随机变化中发生的物竞天择过程。单靠这点概率肯定不行，但自然选择作用于随机突变可以通过许多微小的连续步骤的累积效应来实现。

然而，阿克斯的实验结果也提出了一个问题，这不仅涉及到随机突变的单独作用，也涉及到自然选择和随机变异的同时作用。此外，他设计的诱变实验，也让进化生物学家们产生了新的质疑，那就是：新的蛋白质折叠（以及产生它们所需的必要信息）到底是由随机突变的单独作用，还是由选择和变异机制同时作用而产生的呢?

从理论上讲，新基因能够产生新蛋白质折叠的原因无非是（a）来源于预先存在的基因或（b）来源于基因组的非功能性部分。那么根据道金斯的比喻，突变和自然选择可能会产生一个新的功能基因是因为（a）有另一座山峰（不同的预先存在的功能基因）或（b）从山谷底开始攀登（基因组的非功能性部分）。然而阿克斯的实验结果表明，自然选择的作用并不有利于解决突变机制面临的这两种问题。想要知道为什么，我们就需要了解更多的关于新达尔文主义这两个可能的方案以及阿克斯的后续实验结果。

疑达问氏 从此峰到彼峰

在第一种情况下，进化生物学家可能会想到是突变和选择作用于预先就存在的基因，逐渐改变其序列（以及其蛋白质产物），由此产生出另一种功能基因（和一个不同的蛋白质产物）。这个方案好比是攀登者没有经过在山谷（功能性减弱或无功能的区域）的辛苦攀爬就从一座山的顶峰直接到了另一座山的顶峰。

不过，这个方案遭到了大多数进化生物学家的反对。因为他们知道，即使是预先存在的基因发生突变，通常其功能性的遗传信息也会受到损害。而一旦基因失去功能，自然选择就会处理掉这些基因从而最终导致生物体的消亡。基因有助于有机体的健康功能，如果被突变这种方式削弱了其功能，必将受到进化生物学家所称之为“纯化选择”（purifying selection）的处理。也就是说，自然选择通常会消除导致生物体功能减退的突变基因而保留对生物体或基因有益的突变（当自然选择保留了增强功能或适应性的遗传变化，进化生物学家也将其称为“正向选择”）。

阿克斯诱变实验结果证实，即使是预先存在的基因发生突变，通常其功能性的遗传信息也会受到损害。这一点支持了之前大家对第一种新达尔文主要机制方案可行性的质疑，至少也是对新蛋白质折叠起源的质疑。2000 年，阿克斯发表了他的研究工作，其结果表明，在不破坏蛋白质折叠结构稳定性的前提下想要引起功能氨基酸序列广泛变化是极其困难的。即使在最好的情况下，蛋白质外部结构中的氨基酸发生化学改变也会破坏蛋白质的折叠结构。

在这些实验中，阿克斯突变了一个基因，这个基因能生成一个蛋白质，并且只有一个单一的折叠结构和功能。他发现，当改变了这个蛋白质性质的时候，其外部的许多分子结构会很快发生变化并影响甚至破坏其功能。然而，把一个具有独特折叠结构的蛋白质变成另一个有着完全不同的、新颖结构和功能的蛋白质，需要很多氨基酸位点都发生特异性改变，这些改变远远超过了阿克斯实验中的变化[86]。要知道，产生新蛋白质折叠所需的变异数量通常都超过了导致蛋白质功能丧失所需的变异数量，每多增加一个必要的改变，形成新折叠的成功概率则成指数递减。因此，在进化过程中，从一座山峰直接一跃就能跳到另一座山峰的成功概率微乎其微。事实上，之前的很多进化生物学家就怀疑，产生一个新蛋白质折叠是变异和选择机制中从蛋白质到新蛋白质（或功能基因到新功能基因）进化过程中的必经之路（见图 10.3），而阿克斯通过他的实验证实了这一点。

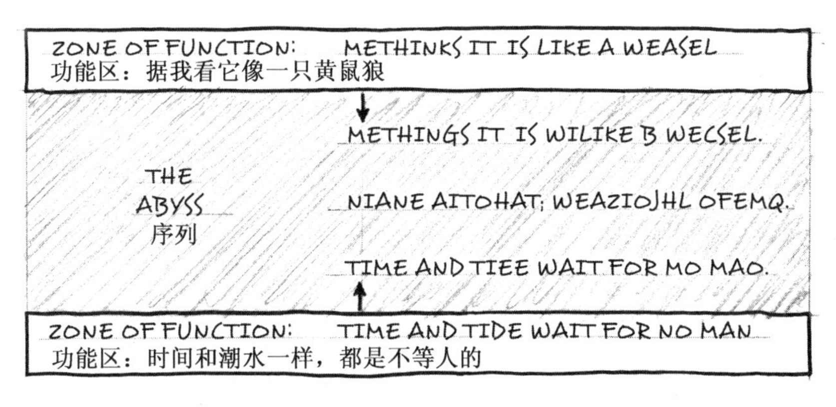

图 10.3　这幅图阐述了为什么很多进化生物学家认为在自然选择压力下基因和蛋白不会进化成新的功能基因和蛋白。基因包含序列特异性的功能信息，遗传信息若发生多重变化，那么基因功能必然会早在新的功能序列出现之前就发生衰退（或是适应）。就像英语句子一样，比如一个原本有意义的英语句子中出现字母的随机变化，那么早在新的有意义的句子出现之前原句的意思就已经被破坏了。

对于这第一个进化方案难以让人接受的原因，阿克斯还有其更深层次的理由。基于蛋白质功能的物理原理，其绝大部分功能是不能由未经折叠的蛋白质来执行的。换句话说，蛋白质结构的稳定性是蛋白质功能的先决条件。不稳定的蛋白质折叠不但会失去其执行功能任务的三维结构，而且也容易受到蛋白质酶的攻击。这种蛋白质酶也是蛋白质，它们在细胞质中专门吞噬未折叠的蛋白质或多肽[87]。

多个序列发生变化的结果就是发生蛋白质结构的降解，其必然将失去结构的稳定性，进而导致功能的灾难性损失。然而，一个蛋白质的功能若发生任何缩减都将降低其适应性，从而导致该蛋白质（及其相应的基因）在自然选择的纯化作用下被清除[88]。的确，根据种群遗传学，新达尔文理论的标准教学表达式，即使是轻度的适应性受损也会受到这种纯化选择的作用，进而将它们消除。这意味着，许多原有功能性序列受损的蛋白质，即使保留了显著的功能序列，但仍不能逃脱被新达尔文主义机制所筛选而被清除的命运。因此，一个功能序列想通过折叠来逐渐形成另一个新功能序列，这完全是无稽之谈。

在欧洲分子生物学实验室的分子生物学家弗朗西斯科·布兰科（Francisco Blanco）通过研究也证实了这一结论。布兰科团队运用定点诱变（site - directed mutagenesis），发现两个天然蛋白结构域之间的空间序列，并不是连续存在着折叠或功能蛋白。通过在两个不同折叠之间的序列进行间断采样分析，布兰科发现中间序列“缺乏明确定义的三维结构”。因此，他得出的结论是：“进化演变是不可能从已存在的蛋白质折叠中，通过折叠中间序列而从中产生一个全新的折叠结构的。”[89]

因此，无论是蛋白质折叠的实验结果还是其本身的物理特性都告诉我们：由预先存在蛋白质编码基因中，通过发生随机突变形成新的蛋白质，往往在新的蛋白质折叠结构出现之前就会引起蛋白质功能的丧失，这一点许多进化生物学家都想到了。尽管这一种进化方案的理论还是有点道理的：从一座高山的山顶开始（从一个功能基因或蛋白质开始），但其致命缺点同样也是不容忽视的：远在新基因（能够产生一个新折叠的基因）出现之前，随机变异的基因会很快破坏蛋白质折叠结构，产生无功能的中间序列和结构。有鉴于此，这个方案就不是攀登不可能之山，而是止步于不可逾越之山谷了。

疑达问氏 缩放不可能之山

出于上述这些原因，同大多数进化生物学家一样，阿克斯认可的是新达尔文主义理论的第二种方案：新的基因和蛋白质是从基因组的非功能区或是中性区域里产生的。这为构建新折叠所需遗传信息的来源提供了更为合理的手段。也是因为这个方案，阿克斯转变了他的实验研究重点。

根据新达尔文主义者所设想的第二种方案，新的遗传信息是从遗传文本中产生。它可以自由变化，并且这变化对生物体不会产生影响。根据这一方案，基因组非编码区或是编码区的重复序列经历了一场长期的“中性演化”（neutral evolution）[90]，其核苷酸序列改变对生物体适应性并没有明显可见的影响。功能性基因和蛋白质逐渐由非功能性的山谷转变为一座功能基因的山峰——产生了一个新基因。自然选择在这个转变过程中一开始并不起作用，直到一个新的功能性基因出现后才开始发挥其决定性的作用。

进化生物学家通常用基因复制事件作为开始，把这个过程图像化。虽然在 DNA 中有几种不同的机制都能引起基因复制[91]，但其中最常见的机制是发生在减数分裂（有性生殖生物的一种细胞分裂产生生殖细胞，或配子的过程）的交联步骤中。减数分裂过程中，同源染色体交换 DNA 片段。在正常的交联情况下，同等大小相应的染色体片段是在两条同源染色体之间交换，以确保双方染色体都没有得到额外基因或没有损失基因。然而，有时会发生染色体交换的遗传物质不等长，那么在这种情况下，得到较小片段的那条染色体最终会失去一些 DNA，而得到大片段遗传物质的那条染色体末端会出现一段新的染色体 DNA——这段 DNA 里面包括了已有的一个或多个基因，而这将导致一个基因在一条染色体上出现多个副本。

当发生这种情况时，这两条基因的其中一条可能就开始发生变化了（发生突变）。但这种变化尚不会对生物体功能产生不利影响，没变化的那个基因还能继续执行原有的功能。在进化生物学的术语中，在基因副本中出现的突变是“选择中性”（selectively neutral），它们对生物个体或种群既不产生有益的作用，也不产生有害的影响。这些基因副本的出现能让自然选择在相对安全的情况下进行它的筛选实验。这些无益也无害的基因新产品可以遗传给后代，并且说不定在后来的某天，具有这些额外的突变遗传物质会突然变得有用。最后，随着突变积累，就会出现一个能编码新蛋白质折叠和功能的新基因序列，并最终生成一个新的有机体。到了这个时候，自然选择就可以发挥作用，保留新的基因及其蛋白质产物并将其传递给后代——这就是第二种方案的整个内容。

目前，众多进化生物学家将这个方案推崇为基因进化的“经典模式”。它能让部分基因组在次代更迭中自由改变，给予突变更多的机会在基本的序列空间中进行“搜寻”功能序列，并保证基因不会因为功能受损或丧失被而被扔进那个不可逾越的惩罚山谷里（被纯化作用所清除）。

但这个方案也面临一个至关重要的难题：能够形成稳定折叠和执行生物功能的序列其实是极其少见的。由于自然选择并不有助于帮助生成新的折叠功能序列，它的作用只是在功能序列出现后将其保存下来并传代，因此，随机突变必须在组合可能性的浩瀚大海里如大海捞针般的独自寻找这极其罕见的折叠和功能序列。

这是一个与阿克斯实验相关的鸿篇巨著。阿克斯的研究表明，有功能有折叠的氨基酸序列确实在序列空间中是极为罕见的。在结束了他的第一轮实验之后，阿克斯又进行了一系列定点突变实验。他在β-内酰胺酶的一个由150个氨基酸组成的蛋白质折叠域内进行了定点突变，其结果发表在分子生物学杂志上。要知道，这个折叠域是一个更大的、具有独特折叠结构的蛋白质的一部分，氨基酸链在执行功能之前必须首先折叠于稳定的三维结构中，因此阿克斯又进行了实验。这个实验能够让他估算出能产生稳定折叠（任何稳定的折叠）的序列频率，他改进的实验方法能产生精确的定量结果。他通过估计（a）长度为150个氨基酸的长序列能够折叠成稳定的有“预备功能”的折叠结构的数量，相对于（b）这个长度为150个氨基酸的长序列全部可能的氨基酸序列（见图9.3）。根据他的定点突变实验，他确定了这个比例为$1/10^{74}$。换句话说，一段长为150位氨基酸的序列，其中仅有$1/10^{74}$的序列能够折叠成稳定的蛋白质，这比例渺小得简直宛如沧海一粟。

然而，从一段序列成长为一个蛋白质折叠，这才仅仅是第一步。一个蛋白质要想有功能必须被先折叠，但一个有折叠的蛋白质不一定就是一个功能性蛋白质。尽管能够形成稳定的蛋白质折叠序列是任何显著的进化演变进程所必须的，但自然选择无法作用于一个折叠序列，除非它已经具有了赋予生物体特定功能的优势性。因此阿克斯进行以下估算：（a）以任何通过折叠方式来执行一个特定功能的中等长度（约150个氨基酸）蛋白质的数量，相对于（b）这个中等大小的蛋白质所有可能的氨基酸序列。根据对存在稳定折叠的蛋白质数量进行测量的实验和有关数据，阿克斯估计这个比率约为$1/10^{77}$。据此我们就能下一个生动形象的结论：要想在一段有150位氨基酸的序列中靠随机突变来生成（或“寻找”）任何一个带有特定功能的蛋白质，其可能性的概率只有$1/10^{77}$！

这个概率实在小得令人难以置信，难道我们由此就能否定经典模式在基因进化中的作用了吗？抑或是我们有理由认为，基因组中非功能性部分随机突变可以突破这极小的可能性，生成新的带有特定功能蛋白质折叠所需的遗传信息？

疑达问氏　需要多少次试验？

当统计学家或是科学家在评估一个机会假说是否能为一个事件的发生提供合理的解释时，他们不仅要评估该特定事件发生一次的概率，还要评估在限定的次数内发生该事件的概率。

例如，我们在前面章节中所说的那个自行车贼，如果他有足够时间去尝试超过一半（超过500/1000）的三位密码锁组合，那么他通过随机的尝试偶然开锁的概率会超过他失败的概率。如果真是这样的话，他靠偶然机会开锁成功倒是有可能的。如果真是这样的话，这种机会假设——靠偶然机会开锁成功的假设——听上去也像是真的了。从另一方面讲，如果他正要开始解锁时听到拐角处来了一名保安，供他解锁的时间一下变得很短，他只能尝试很少几种数字组合（比所有数字组合的一半还要少很多）来解锁，那么他几乎不可能通过这几次仅有的尝试就找出正确的密码组合而开锁。因此，任何知道他处境的人都能下结论了，这个结论就是：在这种情况下，开不了锁才是真的。

当统计学家或科学家评估一个事件通过偶然机会而发生的概率时，他们通常会评估所谓的条件概率（conditional probability）。（译者注：事件A在另一个事件B已经发生的条件下的发生概率。）在决定一个机会假说的合理性时，他们会评估在指定条件下，特别是已经知道总的发生次数的情况下，发生该事件的指定性或“条件性”的概率。他们通常将发生该事件的概率的数量称之为“概率的资源”。

如果在指定的发生次数中，这个机会假说的条件概率不到1/2，那么它更不可能在偶然情况下发生。那么这个假说将被视为是错误的，因为它错误的概率更高。相反，如果在指定的发生次数中，这个机会假设的条件概率高于1/2，它就较有可能通过偶然机会发生该事件。那么这个假说将被视为是合理的，因为它成功的概率更高。当然了，与机会假说相关的条件概率若是越小，这个假说越不可信，因为如果条件概率越小，这个机会假说越容易被证伪。

我们应该如何来评估这个生物信息起源的机会假说呢？特别是如何来评价这个通过随机发生的突变，从而产生构建出新的有选择性功能的蛋白质折叠所必需的遗传信息的假说？它是由于基因组中非功能性部分的副本出现随机突变这种条件概率事件导致的结果吗？阿克斯意识到，要回答这个问题，他需要有一种方法来估计整个地球生命史中靠随机突变产生蛋白质折叠和功能的概率。

疑达问氏 生物通用概率界限

进化论本身为此提供了答案。阿克斯感兴趣的是，在只有$1/10^{77}$的概率可能产生新序列的相关序列空间里，到底需要多少次突变才能生成新的DNA碱基序列？而且还不是每个发生突变的碱基序列都能构建出一个相应的新序列。从理论上讲，在生物体的生命周期循环中，突变可以多次改变基因。然而，自然选择只能作用于已经确切地传递到了下一代的新碱基序列，要想量化每一代中的突变次数是很难的。但是，即使我们认为突变在一个有机体生命周期转换的反复碱基重排中是重复发生的，也只有那些在亲本生物体生殖细胞的基因或DNA中起到影响作用的突变才能保留下来。阿克斯想要知道，在生命的历史长河中到底出现了多少能够产生选择性功能的新序列，对此，他仅需要关注那些在生殖过程中能够传代的新序列就够了。

这意味着，如果他能估算出地球生命史上出现有机生物体的总数，和能够产生突变并传递给下一代的新基因数量，他就可以算出一个关于进化演变过程中突变发生数量的上限。

阿克斯知道，对于像细菌类的原核生物有着极其庞大的数量，它们的规模其他任何生物都难以比拟。因此，以细菌的数量大小进行估计，就能大约算出在任何给定时间内的生物有机体的数量。基于细菌每代产生所需的时间和细菌在地球上第一次出现（38 亿年前）的时间，科学家们估计，从生命在地球上首次出现起，总共约有 10^{40} 种细菌生物体在地球上存在过[92]。阿克斯据此提出了假设：每种接收了一条新碱基序列（一个可能的新基因）的新生物体都能够在每代繁殖的序列空间中产生一条新的可能氨基酸序列。

这已经是一个非常慷慨的假设了。突变了的生物体要想生存下来其实是相当罕见的，因此大多数细菌细胞只继承与其父母 DNA 完全相同的副本。此外，即使是有一个有别于父母的基因存活了下来，它很可能所携带的突变实际上已在其他细胞中出现过多次了。基于以上理由，在生命史中新序列实际的样本数会比细菌细胞的存在总数低得多。尽管如此，阿克斯还是假定每个生物体都有一个新基因被传递给了下一代。因此，他用 10^{40} 个基因序列，作为对生命史上出现过的所有空间序列中的总基因序列（在这场进化实验中所有基因序列）的一个宽松的估算值。

即便如此，10^{40} 也仅代表了 10^{77} 中微不足道的一小部分。能够产生一个新蛋白质折叠和功能的新基因序列出现的条件概率仍然只有 $1/10^{37}$。也就是说，既使是每个生物体自时间初始就诞生了，每代都通过随机突变产生一条新的碱基序列，也只有 $1/10^{37}$ 的概率出现能够产生新蛋白质折叠的基因序列。而且，在经典模型的构想中，产生新基因的条件概率几乎是难以想象地低于 1/2，因此这个经典模型被证伪的可能性也就极大了。阿克斯认为，任何有理性的人都不会认可这个经典模型，因为根据这个经典模型我们能够发现，可用于基因进化的概率资源实在是太小了（见图 10.4）。

要理解为什么经典模式会失败，再想想下面的例子。1975 年史蒂芬·斯皮尔伯格（Steven Spielberg）的电影《大白鲨》一度风行，连小镇的汽车旅馆都标上了“游泳池绝无鲨鱼”的广告。第二个进化方案（中性进化演变后的基因复制）的支持者们，设想了一个进化池，这个池里发生的任何失误的突变都不会影响进化的结果——这就好像是没有掠食者的游泳池。但是，当我们把这个想象延伸开来，构想出一个我们银河系大小的无天敌游泳池。现在，想象把一个被蒙住眼睛的人投进池里。他必须从这头游到另一头，找到一个梯子才能顺着爬出池子。因为没有掠食者，因此他在池里是安全的。但也有不利因素，因为他需要有方向的指引，需要有办法来衡量他的进步，更需要大量的时间，而这些都没有。因此，即使上百年，即使上万亿年他都不能到达那个梯子边。同样地，在基因进化的经典模型中，随机突变必须漫无目的、翻来覆去地在浩瀚的组合空间内拼命尝试。地球上所有的生命根本不可能由这种方式探索出来，更何况是在数百万年前的寒武纪大爆发。

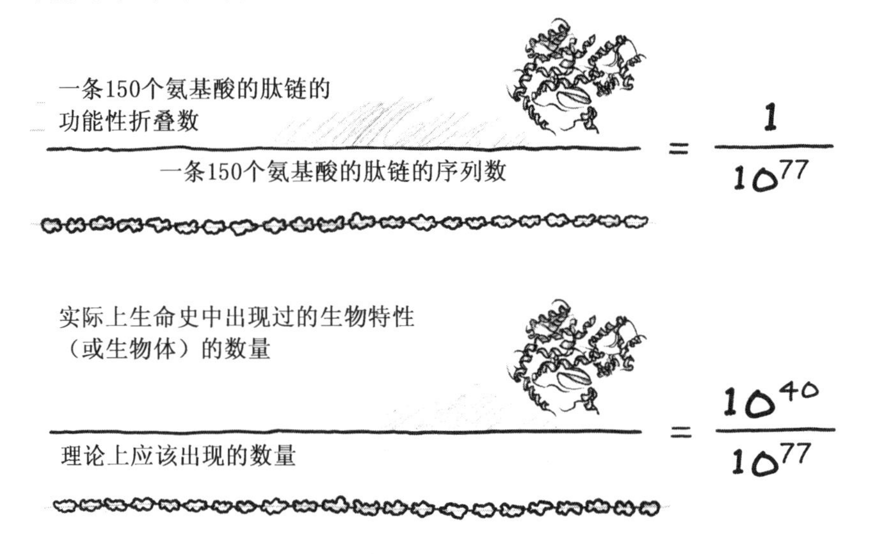

图 10.4 这幅图的上半部分表示阿克斯的突变试验结果表明功能性蛋白在所有氨基酸序列组合中的比例微乎其微。根据他的试验，阿克斯估计一条 150 个氨基酸组成的有特定功能的肽链对应有 10^{77} 种序列组合。图的下半部分表示，即使是假设每一种生物在它生命周期中的每一代都能产生一条新的氨基酸序列，那么在整个进化过程中所有生物所产生的新序列中，功能性的氨基酸序列也是非常稀有的。

疑达问氏 构建动物

阿克斯的计算仅仅是对新达尔文主义理论全部问题的暗示。没有夸大产生新蛋白质折叠的不可能性，并且专注于进化理论的一方面进行挑战，但阿克斯的数据仍然大大低估了构建一个寒武纪时期动物的难度。这有以下几方面的原因。

首先，寒武纪大爆发的时期是靠化石证据，而化石证据所体现出的时间远比地球上生命起源的时间短了很多。在给定时间的进化演变过程中，更少可用时间意味着更少新生物的产生，也意味着搜索相关序列空间来产生新基因的机会更少，这使得它在指定时间内偶然产生新蛋白质折叠的可能性也更小了。

其次，在阿克斯对地球生物的估算中用细菌做为代表，细菌是到目前为止最常见的生物类型，然而却没有人认为寒武纪动物是直接从细菌进化而来的，也没人认为寒武纪生命形式中所假定的后生动物先祖是丰富的细菌种群。对可能动物祖先数量更实际的估算值，肯定要比搜索序列空间中（相对于一种寒武纪动物中一个中等长度的单一蛋白质而言）可用基因序列数量要低得多。回想一下，根据阿克斯的估算，从所有曾经生活在地球上的细菌（和其他生物）中生成一个基因（新功能蛋白质折叠）的可能性只是 10^{-36}。那么，这个用来搜寻序列空间的机制，这个产生了寒武纪大爆发的机制，在阿克斯看来是绝不可能成功的。因为在地球的整个生命史中，前寒武纪时代的多细胞生物远比现在的数量要少得多。

第三，构建出新的动物形式需要产生远不止一个中等长度的蛋白质。新的寒武纪动物需要远超过 150 个氨基酸以上的蛋白质才能执行必要的、专门的功能。比如，前面所说的，许多寒武纪动物需要复杂的蛋白质赖氨酰氧化酶以支持其粗壮的身体结构。除了新的蛋白质折叠，这些活生物体中的分子还包括了超过 400 位精确排列（非重复）的氨基酸。通过对较短的蛋白质分子进行诱变实验，我们能合理的推断：考虑到整个宇宙的概率资源和持续时间，这种长度的蛋白质通过随机突变产生功能序列的事件是根本不可能发生的[93]。

突变和选择机制都面临相似的障碍。许多寒武纪动物所显示出的结构，需要许多新细胞类型，每个新细胞类型都需要许多新蛋白质来执行其特殊功能。但新细胞类型，需要的不仅是一或两个新的蛋白质，而是需要蛋白质的各调控系统相互协调运行才能执行其独特的细胞功能。在这种情况下，自然选择的作用单位则上升到了一个系统整体。自然选择是选择有功能优势的，但是新的细胞类型并没有优势产生，直到合适的蛋白质到达了合适的位置后才开始系统性地发挥功能。然而这又意味着随机突变必须再一次在自然选择不起作用的情况下完成产生遗传信息的工作——而且这不是简单的一个蛋白质所需要的遗传信息，而是多个蛋白质同时出现所需要的遗传信息。当然了，这个事件偶然发生的可能性，远远小于偶然产生一个新基因或蛋白质的可能性。这可能性那么地小，即使是对寒武纪大爆炸最乐观的估计，这个概率也小到让即使是只产生构建新细胞类型所需的信息，都让人觉得匪夷所思（极其难以置信）了。

理查德·道金斯曾指出，科学理论在被认定为可信的之前，能依靠的只有“运气”。但是这涉及了基因复制和中性进化的第二种方案，有它自己的逻辑，它排除了自然选择在遗传信息产生过程中发挥作用的可能。因此可以说它整个都是靠的运气！蛋白质对功能受损的敏感性；蛋白质所有序列空间的功能序列稀有性；构建新细胞类型和动物所需要的长蛋白质；由新的细胞类型所构成的整个蛋白质新系统；以及相对于突变来说简单明了的寒武纪大爆发——所有这些交织在一起，凸显出了一幕巨大的、难以解释的奇妙景象。仅依赖于随机突变就能产生寒武纪遗传信息，这简直就是天方夜谭!

依赖于中性进化的基因进化经典模型，它需要新的基因和蛋白质。确切地说，得靠随机突变产生新的基因和蛋白质。新的功能基因和蛋白质生成后出现适应性优势，而自然选择会一直等到携带有新的功能信息的分子出现之后才发挥作用。因此，回到道金斯的那个比喻来看，进化生物学家们所设想的进化就是能直接登上一座缓坡登上陡峭的山峰，然而这实际上是不可能的，因为即使是在生命史中的一个最微不足道的结构创新——产生一个新的蛋白质折叠——对于进化来说也是一座令它望而却步的不可能之山。

顺道一句，阿克斯后来的实验，不仅证明了序列空间中蛋白质折叠的极度稀少，也说明了为什么如果现有基因发生随机突变，必然会在生成全新的折叠或功能之前就被抹去或摧毁（第一个方案）原有的功能。如果每10^{77}个备选序列中只有其中一个是功能性的，那么在产生一个新的蛋白质折叠的功能基因之前，这个进化的基因将不可避免地永远徘徊在进化的死胡同里。同样，这些极端罕见的蛋白质折叠也需要在序列空间之中处于相互隔离的状态。

疑达问氏 第二十二条军规

阿克斯的实验结果突显出新达尔文主义的严重困境——“catch－22”“第二十二条军规”（译者注：美国小说《第二十二条军规》，在当代英语中用来形容任何自相矛盾、不合逻辑的规定或条件所造成的无法脱身的困境）。一方面，如果自然选择在产生新的基因（如中性进化）的过程中并不发挥作用，那么产生新基因的这座不可能之山就必须由突变来独自攀爬。根据阿克斯的实验结果和道金斯的逻辑推理就知道，在这种情况下，通过随机突变而产生新基因的这个概率是站不住脚的。另一方面，任何的遗传信息模型都是推测有一个预先存在的基因或蛋白质，在选择压力下通过自然选择的显著作用而产生了新基因，但这个解释同样也遇到了其他棘手的难题。进化中的基因和蛋白质涉及到一系列无生存优势的或非功能性的中间体，自然选择不会支持或保存这些中间体，反而还要将其消除。一旦清除了这些中间体，唯一留存的就只有这些现有的基因和蛋白质，那么进化过程的选择性驱动就会停止。

因此，无论是从先前存在的功能基因开始，还是从基因组非编码区域的复制开始，诱变实验的结果都对新达尔文机制的有效性提出了强有力的挑战。事实上，随着我们对序列空间中蛋白质和功能基因的稀有性以及对蛋白质和功能基因的分离提取的知识不断了解加深，我们更加意识到新达尔文主义的任何一个理论方案都不能合理解释新基因的产生，因此，新达尔文主义理论并不能解释寒武纪信息大爆炸。

11　假设一个基因

当我第一次听到阿克斯成功地对在蛋白质所有可能序列中的功能性序列的稀有性做了严格的评估后，我就非常想知道新达尔文主义者们会做出怎样的回应。考虑到他于2004年在《分子生物学杂志》上发表文章的实验严谨性和数学准确性，突变和选择机制产生新基因或者功能性蛋白质的概率渺茫，看到了这篇有理有据的文章后，这些人还会说什么呢？他们会说成功发现新基因和蛋白质的可能性比阿克斯实验证实的可能性更大？还是说阿克斯的实验方法或者计算方式有缺陷？抑或是质问有没有其他人得到了类似的结果？阿克斯的研究工作证实了其他科学家的分析和实验，他的文章通过了严格的同行评议，因此，任何对他的质疑都是毫无理由的。虽然新达尔文主义者们还想捍卫他们的理论，但我很快会找到击败他们的证据。

同年，我发表了一篇经过同行评议的科学论文，这篇论文主要讲述关于寒武纪大爆发和生物信息起源的问题。在文章中，我引用了阿克斯的研究结果，并解释了为什么序列空间中功能性蛋白质非常稀有这一点会对新达尔文主义的科学性产生强大冲击。这篇文章刊登在一个生物学期刊——《华盛顿生物学会会刊》上，这个刊物是由史密森尼国立自然历史博物馆（National Museum of Natural History，NMNH）的史密森尼博物院（Smithsonian Institution）的科学家们所创办。由于这篇文章还指出智能设计论（the theory of intelligent design）可以帮助解释生物信息的起源（见第18章），因此它一发表就引起了激烈的争论。

来自全美国的博物馆科学家和进化生物学家被这个杂志和它的编辑理查德·斯腾伯格（Richard Sternberg）激怒了，因为是他同意了这篇文章参加同行评议并发表。愤怒的指责接踵而来，博物馆官员剥夺了斯腾伯格的钥匙、办公室和他接触科学样本的许可，他由一个与人友好的管理人员变成了一个与人敌对的管理人员。一个国会委员会成员调查此事后发现，为了让他辞职，博物馆方面还故意造谣。诽谤者们散布了很多谣言，如“斯腾伯格没有生物学方面的学位”（实际上他有两个博士学位，一个是进化生物学博士，一个是系统生物学博士）；“他是一个牧师，不是科学家”（当然他不是一个牧师，他是高级研究员）；“他是共和党中为布什竞选工作的特务”（其实他因忙于科学研究而从不涉及政治活动，不论是共和党还是其他的）；“他通过受贿来发表文章”（这不是真的！），等等。虽然这些控告都是假的，但他最终还是被降职了。

《科学》、《自然》、《科学家》和《高等教育纪事报》上都刊登了关于这个争议的主要新闻。而后，这些文章还发表在主流杂志上，包括《华盛顿邮报》和《华尔街日报》。斯腾伯格自己还上了全国公共广播电台（National Pablic Radio，NPR）的广播节目——《奥雷利实情》（*The O' Reilly Factor*），讲述了其中主要的故事。

尽管我的文章引起了强烈的反响，但至今没有得到任何正式的科学回应：无论是《华盛顿生物学会会刊》还是其他科学期刊都没有发表反驳我的科学论文。华盛顿生物学会委员会中监管期刊发表的成员还坚持说：“我们不想通过回应这种文章来维护自己的尊严。”

最后，来自国家科学教育中心（一个倡导在公共学校教授进化论的组织）的两个科学家和一个科学教育政策提倡者站出来了。他们分别是地质学家爱伦·吉西尼克（Alan Gishlick），教育政策提倡者尼古拉斯·马兹克（Nicholas Matzke）和野生动物学家卫斯理·R.埃尔斯伯里（Wesley R. Elsberry），他们在“TalkReason. org”网站（一个著名的无神论网站）上发表了对我文章的回应。虽然网站的规定不允许发布包含人身攻击的言论，但这条规定在发表他们文章时却没有严格地执行——这篇由吉西尼克、马兹克和埃尔斯伯里联合所著的文章叫做《迈耶绝望的怪物》。

吉西尼克、马兹克和埃尔斯伯里试图通过引用一篇科学文献来反驳我的中心论点，这篇文献据他们所说能够解释遗传信息的起源。2003年，一篇名为《新基因的起源：从新旧观点中的一瞥》的科学综述发表在《自然综述遗传学》上，作者是芝加哥大学的进化生物学家龙漫远（Manyuan Long）和几个同事。吉西尼克、马兹克和埃尔斯伯里宣称这篇文章是大量论述新基因起源科学文献中的代表作品。

其他的一些生物学家在另外一个公共争议事件中附和地回应了吉西尼克、马兹克和埃尔斯伯里的主张。2005年，泰咪·奇兹米勒（Tammy Kitzmiller）等人起诉多佛学区等团体，这就是著名的奇兹米勒起诉多佛学区案（译者注：案件起因是多佛学区教育委员会要求 9 年级的科学课程在讲解时，必须由教师向学生宣读一项大约 1 分钟的声明。声明智能设计能够替代演化解释物种起源。11 位来自宾州多佛的学生家长，则对这个要求提出控诉）。布朗大学的生物学家肯尼斯·米勒（Kenneth Miller）在他的证言中引用了龙先生的文章。他说龙先生的文章展示了新遗传信息如何发展而来。而后，案件的法官约翰·E. 琼斯（John E. Jones）在他的判决中引用了米勒的证词。琼斯法官坚称，进化演变才是新遗传信息起源的真正原因，起码有超过 36 篇以上的经过同行评议了的科学论文都表明了这一论点。此外，马兹克和生物学家保罗·格罗斯（Paul Gross）还表示，龙先生的文章“总结综述了新基因起源中的所有突变过程，并且随后还列出几十个研究团队的例子，表明他们是如何重建基因起源这个理论的”。在他们看来，“只要是有实力的科学家都知道新遗传信息是如何产生的”。

但是，这些进化生物学家真的知道新遗传信息是如何产生的吗?

让我们更仔细地看一看这篇据说是解释了新遗传信息如何产生的文章吧。

疑达问氏　从前有个基因

龙先生这篇引用率很高的文章上列出了很多研究，意图解释不同的基因都是如何进化的。这些研究通常以一个基因开始，而后寻找与它相似的或同源的基因，接着他们通过对这些同源基因之间的轻微差异追本溯源来找到那个假想的共同祖先基因。为了达到研究目的，这些研究一般选择非常相近的物种，通过查找基因序列数据库来搜寻相似的序列以代表其不同的分类群。有的研究还想证明一个共同祖先基因的存在，因为在许多非常相似的生物体中都有着相进的基因。随后他们提出了进化方案，方案指出：有一个祖先基因，先进行自我复制，然后这些复制的基因在随后的生存中经历突变，再各自发生复制和产生新基因。

接下来的这些进化方案中涉及到了各种各样的突变（复制、外显子重排、基因水平转移以及后续的点突变等）和自然选择活动（见图 11.1）。主持这些研究的进化生物学家们，假定这些新基因是在各种各样的突变过程产生的。他们认为，在漫长的进化历史中，共同的祖先基因就是在这些

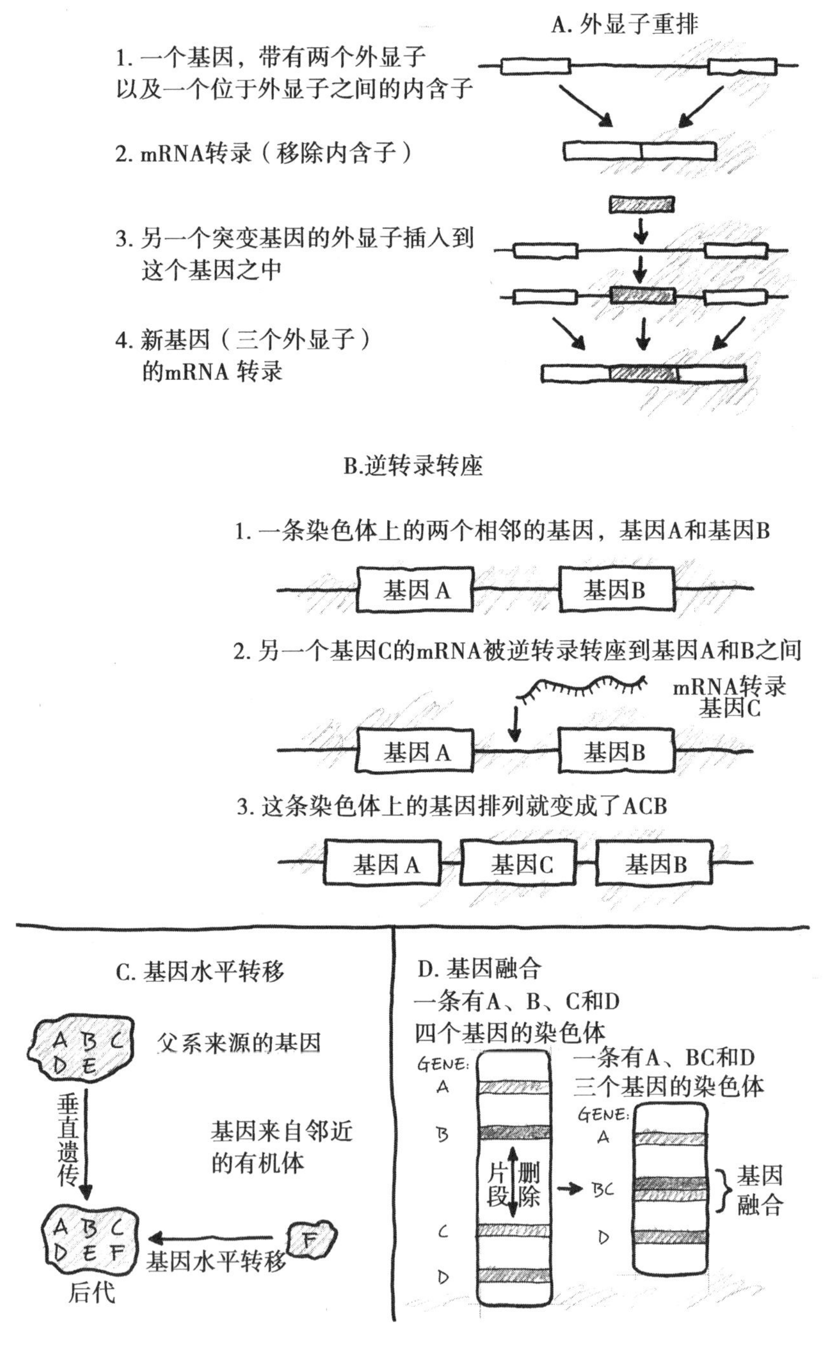

图 11.1 导致基因修饰的各种突变类型：外显子重排、逆转录转座、基因水平转移和基因融合。

复制、重排、水平转移、点突变的反复作用下才产生了今天这些各不相同的基因。由于在当今所发现的基因中，它们所含的遗传信息与假想的那个祖先基因中的遗传信息不一致，而突变机制造成了这些不同，因此他们觉得突变机制可以解释遗传信息的起源。

然而，深入研究这些文献后我却发现，这些文章既没有阐述突变和自然选择机制如何在无数的序列组合中发现真正新的基因，也没有说明这些机制在有限的进化时间内完成这项工作的可能性（或可信性）。这些文章都是假设在有大量基因信息（实际上很多都是完整而独立的基因）预先存在的前提下，然后再提出各种各样的进化机制。这些机制有的仅仅是轻微地改变基因，有的则是将这些基因融合为更大的复合体，它们充其量最多能“追溯”到先存基因的历史，而不能解释这些源头基因它们自己的起源。(见图 11.2)

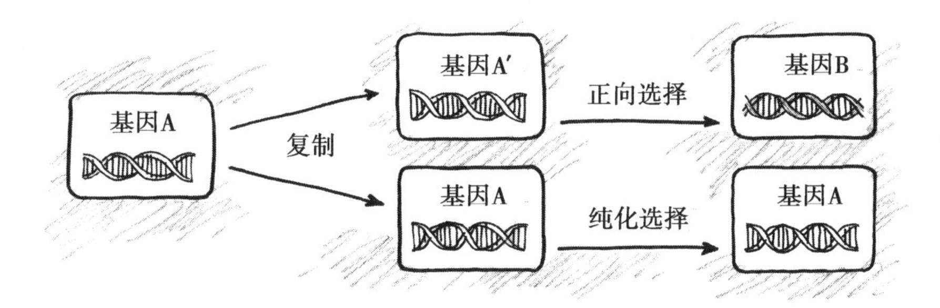

图 11.2　描述了基因复制和随后的基因进化是如何发生的。基因 A 的两个复制体基因 A 和基因 A′，下排的基因 A 在选择压力（selective pressure）下经过纯化选择（purifying selection）消除了对其有害的突变，从而保持了原有基因；而上排的基因 A′发生的突变对其本身有利，经过正向选择，从而进化为新基因。

这种类型的进化方案的确可以达到富有成效的研究目的。但是无论在事实的展示还是解释的合理性方面，这个假设的方案都有一个明显错误。龙先生文章中引用的这些研究方案，既没有论证突变机制在数学或实验方面的真实性，也没有直接观测到他们设想的那个突变过程的确起了作用，他们顶多就是提供了一种假说。这个假说把一个共同祖先基因的存在作为后续所有进化演变发生的出发点和基石，但是那个祖先基因是否真实存在到现在也还没有确凿的证据。他们这个精心编织的进化方案，能拿得出来的唯一证据，就是在已知基因中，有两个或更多的基因存在相似性，根据基因间相似性就能推测出这个共同祖先基因的存在。

这些方案都是建立在各种推测和假设之上的，不是科学事实，根本不值一虑。他们是否能够合理地解释遗传信息的起源，取决于他们是否能证实那个祖先基因的存在，以及证实突变机制的合理性。接下来我们就来看看这两个部分。

疑达问氏 共同祖先基因？

龙先生的文章里所引用的文献，几乎所有的都是通过研究两个或更多的现代基因而推测它们来源于一个共同祖先基因。这些研究方案都把两个或多个基因中的序列相似性（遗传信息的相似性）作为存在一个共同祖先基因的确定证据（见图 11.2）。我在第 5 章和第 6 章就提到，生物系统发育重建的标准研究方法，就是假定生物的相似性都是因为有共同祖先的结果，但那并不是被事实证明了的。正如我们在第 6 章中所见，序列的相似性不一定就是存在共同祖先明确的证据。有时物种之间的相似性并不能用继承于共同祖先来解释（比如，鼹鼠类和蝼蛄科昆虫有相似的前肢），肯定还有其他的理论能够解释这种基因序列的相似性。

首先，趋同进化（译者注：趋同进化是指起源不同而在进化过程中形成的具有相近或相似的形态和功能的生物学单位）假说认为，相似的基因序列可能是由两个不同的基因各自的两条平行血统独立进化而来。目前，趋同基因进化已经在分子和进化生物学的文献中有很多的例证。比如分子生物学家发现，齿鲸和蝙蝠的回声定位系统非常相似（回声定位系统所涉及到的基因和蛋白质也相似）。这两种迥然不同的哺乳动物居然具有异常相似的系统功能，生物学家们由此假设：回声定位系统（包括这个系统相关的基因序列和蛋白质）是在两个不同物种之间各自独立平行进化而来，而不是由一个共同祖先进化而来。

此外，不同的生物体为了满足相同的功能需要，从而分别被设计出相似的基因也是有可能的。以这种角度来看，相似的基因不一定就说明它们是来自共同祖先的后代，但是这一现象可以说明相似基因之间的功能考量、功能限制以及功能目标等是一致的。当然我也承认，我没有任何证明这个设计假说真实性的理由。作为一个能够解释基因序列相似性的假说，智能设计论看上去似乎并不那么吸引人（更多关于智能设计论的精彩论点，请见第17—19章）。虽然如此，但为了证明共同祖先基因并不能作为相似基因序列的唯一解释，我还是要将有关序列相似性的各种可能解释都介绍一下。

疑达问氏 ORFan 基因

有一些基因，连同它们富含遗传信息的序列一起，肯定都不能用龙先生引用的方案来解释。所有这些方案都试图说明，两个相似的不同基因，都是由共同祖先基因通过突变而不断变化而来。然而，根据目前对基因组的研究发现，在各种各样的生物中有成千上万的基因，它们的基因序列与已知基因相比没有任何显著的相似性。现在这些“种属限制性基因”或称为“ORFans”（即带有来源不明的开放阅读框的序列）在系统发育领域到处可见。ORFans 出现在每一个大的生物种属中，包括植物和动物，也包括真核和原核单细胞生物。在一些生物体中，甚至整个基因组的二分之一都包含 ORFan 基因。

因此，即便我们可以假设相似的基因序列总是指向一个共同祖先基因，这些 ORFan 基因也不能用龙先生所说的方案来解释。因为 ORFans 缺乏与其序列相似的已知基因（即使在远亲的物种中它们也没有已知的同源体），所以我们没法假设曾经有一个共同祖先基因，通过进化产生了一个特定 ORFan 和它的同源基因。注意：ORFans 的定义，即是没有同源基因。这些基因是一类独特的基因，这个事实已被越来越多的试图用从头起源（de novo origination）理论来解释基因起源的进化生物学家所默认了。

有些人可能会说，随着生物学家绘制出越来越多的基因序列并且将其不断添加到蛋白质数据库中，这些 ORFans 的同源序列最终会被发现，这样一来关于 ORFans 现象的谜题就会逐渐被解开。然而，到目前为止这种趋势却在朝着相反的方向发展。随着科学家检测出更多的基因组，他们也发现了越来越多的，没有任何相应同源序列的 ORFans。相反，“无匹配”

的 ORFan 基因数目的不断增长使得这个谜题变得越来越难解开了。

疑达问氏 突变进程的可信度

要知道，即使进化生物学家能够证明共同祖先基因存在，那也不能就此证明新达尔文主义关于基因的遗传信息来源于祖先基因的论点就是可信的。此外，“可信度”这个术语在这种情况下有一个特定科学方法论上的重要意义。科学哲学方面的研究指出，要想成功地解释历史科学（比如进化生物学），需要提供充分的“符合因果关系”的解释，比如引用一个能够产生某种结果的原因或者机制来解释。在《物种起源》一书中，达尔文也反复运用这一点，试图说明他的理论是满足这个被称为真实原因（vera causa）的准则的。比如，在《物种起源》第3章中，他以自然选择和动物育种的能力来做比较，根据观察到的短时间内小规模的进化改变来推测自然选择理论的因果关系充分性。

在这方面，达尔文坚持科学推理原则。科学推理原则是查尔斯·莱尔（Charles Lyell）用来推理发生在遥远过去的事件的指导原则，查尔斯·莱尔是最伟大的生物学家，也是达尔文主义的坚定支持者。莱尔坚称要想科学合理地解释地质特征的起源，必须引用“在现代的仍起作用的理论”（“causes now in operation”）——这些从已知经验中得到的，在目前的研究中仍然有用的理论。

龙先生文章中所引用的进化生物学家们提出的各种方案，能满足这个标准吗？复制突变模型、其他各种的随机突变模型与自然选择一起，确实都是现在还在起作用的理论，对此没有人有异议。但是这些所谓的进化过程真的就能证明，他们有那个能力产生生命史中生物形态结构革新所必要的遗传信息吗？我认为它们证明不了。以下是几点重要的原因：

疑达问氏 质疑开始

首先，在龙先生的论文中引用了大量进化生物学家的文献，他们都认为在预先存在的基因中，或者是在 DNA 或 RNA 的分子模块中有非常多的预先存在的遗传信息，它们如果发生突变就有可能产生新的基因。龙先生的论文里，重点强调了七种产生新基因主要的突变机制：(1) 外显子重排；(2) 基因复制；(3) 信使 RNA 转录后移；(4) 基因水平转移；(5) 移动遗传单位转移；(6) 基因分裂或融合；(7) 从头起源。(见图 11.1) 然而，除了从头起源，其他机制都以预先存在的基因或遗传文本的延伸部分为先决条件。他们认为，这个先前存在的、功能特异性的遗传信息在某种情况下发生了突变，产生的新变化足以编码整个蛋白质或者一个独特的蛋白质折叠。然而，这些方案所提出的所谓先前存在的生物信息这一假设根本没法得到证明，而且他们没有解释，甚至没有想过要去解释他们设想的这个机制如何能解决我在第 9 和第 10 章所说的组合通胀问题。

其实只要仔细研究过每一个机制的内容，我们就会发现，为什么基于这些机制的方案都需要回答遗传信息的起源这个重要问题。

外显子重排的支持者们设想，基因组中模块化部分随机排列或者重新排列产生全新的基因，就像重排文章中的整个段落来产生新的文章。在基因组中，编码蛋白质产物的区域散布在不编码蛋白质的区域中，外显子代表编码蛋白质产物的区域。这些蛋白质编码区经常被非蛋白质编码区（称为内含子）打断，内含子有其他功能，比如编码调节性 RNA 产物。无论如何，外显子就是储存着大量预先存在、具有功能特异性遗传信息的部分。

虽然大部分蛋白质是由多个外显子编码的，一个单一的外显子可能编码蛋白质结构中一个实质单元，比如一个功能性的结构域，因此外显子重排的支持者把它作为解释新蛋白质的一个证据。他们假设外显子可以被完全随机地重排混合在一起而形成基因。然而，这个机制不能产生新的蛋白质折叠。不论是足够大的外显子——大到能够编码一个蛋白质折叠（是编码蛋白质折叠而不是形式蛋白质折叠）；还是非常小的外显子——小到需要多个外显子组合在一起才能形成一个稳定的蛋白质折叠。在外显子非常小的情况下，还会出现一些其他问题（尤其是有害的侧链交互效应），从而阻止外显子重排产生新基因。

其他那些突变机制的进化方案也假定预先存在的遗传信息是产生新基因的非常重要的源头。基因复制（gene duplication），顾名思义就是一个预先存在的、富含功能特异性遗传信息的基因在细胞分裂以前进行的复制。信使 RNA 的反转录，就是当反转录酶作用于信使 RNA 链并把与它相对应的DNA链嵌入到基因组中，同样也能产生与预先存在的那个基因中编码部分一样的复制体。基因水平转移是指把一个物种（通常是细菌）的一个预先存在的基因转移到另一个物种的基因组中。当先存基因的质粒从一个有机体进入另一个有机体，可移动遗传元件的转移同样也会发生，并最终把自己整合进了新的基因组。这个过程一般出现在单细胞生物中，相同的现象也会出现在真核生物中，这些移动遗传单位称为转座子（经常被称为“跳跃基因”），它们可以从基因组的一个地方跳跃到另一个地方。基因融合就是两个相邻的先存基因（每个基因都富含特异性遗传信息）在删除了有干扰作用的遗传物质后连接在一起。

以上这六种突变机制，每个都假设预先存在有包含特异性遗传信息的基因，甚至有的突变机制还有赖于预先存在的精细复杂的分子机器（比如在反转录或DNA复制中其他复杂的细胞机制所用到的反转录酶）。由于构建这些分子机器还需要其他方面的遗传信息，这些方案又假设这些分子机器可以帮助遗传信息进行剪切、拼接或者分子模块的位移，所以很明显，这些方案根本没有回答到实质性的问题。

总之，进化生物学家们所想的就是：新基因的产生就像印一本新书一样，通过复制一本书的页面（基因复制、基因水平转移和可移动遗传元件的转移），重排页面的段落（外显子重排、逆转录和基因融合），文本中单词随机的拼写变化（突变），然后随机重排新页面，这样就能产生一本新书了。但是很显然，经过随机重排和变化后不可能产生一本能通顺阅读的书，更不要说产生文学巨作了。也就是说，经过这些过程的基因不可能产生序列特异性，也解决不了组合通胀问题。不管怎样，这些方案都回答不了新基因的起源问题，最多仅仅是说明了那些预先存在的功能性遗传信息的序列特异分子会发生重排或轻微改变而已。想要回答这些分子到底是怎么形成富含遗传信息的序列的，这两者之间还有着很大的不同。

疑达问氏 进化，无中生有？

龙先生的论文里还是至少引用了一种不需要预先存在遗传信息的突变类型：新基因的从头起源。比方说，他在讨论一篇文章时，试图解释基因的启动子（基因序列中负责启动转录的部分）的起源，他发现“这个不寻常的调控区域不会‘进化’”。相反，“它是原始的，通过合适序列偶然的并置，从头产生的序列。”

很多文章也提到了基因的从头起源。比如，龙先生的文章提到，有一项研究试图解释一种南极鱼类体内防冻蛋白质的起源，它指出短链 DNA 序列通过从头起源扩增产生一种有新功能的新型蛋白质。同样地，龙先生引用了《科学》杂志中的一篇解释两个与神经发育有关的人类基因起源的文章，上面说道：“编码蛋白质结构域的单基因或基因片段，这个结构域模块的构建就是从头起源，那个区域的外显子自发性地起源于一个独特的非编码序列。”其他文章也有相似的观点。2009 年的一篇文章指出，“自从人类与黑猩猩分化以来，人类至少有三种编码蛋白质的基因都是从头起源，这些基因在其他基因组中都没有找到同源的编码蛋白质。”最新发表在遗传学杂志《PLoS 遗传学》上的一篇文章报道“60 个新的编码蛋白质基因，它们都是自人类和黑猩猩分化以来，在人类血统中从头起源而来的”。这一发现被称之为“大量突破了之前对从头起源的基因数量的保守估计”。

2009 年《基因组研究》杂志的一篇文章标题很贴切，《达尔文的点金术：人类基因组来源于非编码 RNA》。它研究了基因的从头起源并承认，从“‘垃圾’DNA 中出现完整的有功能的基因（包括启动子、开放阅读框和功能基因）似乎根本不可能，就像中世纪的炼金术师要把铅变成金一样难以捉摸”。然而，文章中并没有解释“自然选择是如何使无效的 DNA 变成全新的功能基因，就像铅发生了分子演化而变成了金子一样”。

某些独特基因序列的出现也迫使研究人员不得不反复考虑基因的从头起源问题。一项研究果蝇的研究报道，“在黑腹果蝇亚群中出现的新基因大约有 12% 的可能来自于非编码 DNA 的从头起源”。同时作者也承认，引用这个“机制”给进化理论带来了一个严重的问题，因为它并没有真正的解释，任何的这种“对功能的非凡需求”到底是如何起源的[94]。作者提出，“预适应”可能在这之中起了作用。但是，它只能作为一种解释性的理论，因为它只是说明了具体在什么时间（在自然选择发挥作用之前）和在什么位置（在非编码 DNA 中），并没有说明从头起源的基因到底是怎样出现的，也没有解释基因是如何发生“预适应”来为将来的功能做准备的。实际上，进化生物学家们用“从头起源”来专门描述无法解释的遗传信息的增加；“从头起源”根本不适用于任何突变进程。

纵观龙先生引用的众多的突变过程，我们发现这些说法，要么对于储存在基因中的特定遗传信息起源的重要问题避重就轻，没有回答问题的实质；要么就是提出连自己都无法解释的从头起源理论——其本质上就是说，进化创造就是从无到有（“无中生有”）的。

因此，最后，龙先生的综述中引用的方案都无法解释特定的遗传信息到底是怎样从基因或是基因的某部分起源的。他们需要一个充分的理由来回答前面章节中提到的组合通胀问题，但是没有任何一种方案能回答这个问题，更不要说论证这些机制的数学合理性了。我写了一篇文章，运用序列空间中功能基因和蛋白质的稀有性论点，来质疑自然选择和突变在产生新的遗传信息方面的能力，但吉西尼克、马兹克和埃尔斯伯里把龙先生的这篇文章作为反驳我的武器。虽然在著名的多佛审判中，米勒教授利用龙先生这篇讲述遗传信息起源的文章，说服了联邦法官而在这场著名的法律裁决中取得了成功。但是显然，这篇文章并未能解决问题，或者说未能提供反驳这个问题的论据[95]。

疑达问氏 蛋白质折叠：合理但不相关的方案

还有一个问题，比较次要，但与龙先生所说的那些方案密切相关。那就是，这些方案都没有解释新蛋白质折叠的起源，而且几乎没有人去分析这些基因的蛋白质产物到底有没有差异，甚至是分析它们的蛋白质折叠有没有差异。相反，他们通常都聚焦于解释同源基因（同源基因就是产生具有相同折叠结构和执行相同或相似功能蛋白质的基因）的起源。

比如说，龙先生引用了一篇文章，这项研究比较了“RNASE1”和“RNASE1B”两个基因，它们编码同源的消化酶[96]。虽然这两个蛋白质的最适 pH 值有轻微不同，但它们执行几乎相同的功能：在疣猴亚科以树叶为食的猴子的消化道内分解 RNA 分子。更重要的是，这两种酶的氨基酸序列有 93% 的相似性，结构生物学家们因此推测这两种酶的蛋白质折叠结构应该是相同的，因为它们的功能是非常相近的。

此外龙先生还引用了一项对组蛋白编码基因 Cid 的研究，这项研究在两种密切联系的果蝇（黑腹果蝇和拟果蝇）中开展。研究并没有解释这个基因的起源，而是仅仅比较了这两个物种的 Cid 基因，对它们之间的微小差异进行分类，并提出了疑问：那些差异到底是如何产生的？这项研究鉴别了两个物种 Cid 基因上的数十个核苷酸位点，在整个含有 226 个氨基酸的 Cid 蛋白质中，只有 17 个氨基酸产生了改变[97]。如此微小的差异（7.5%）几乎不可能产生不同的蛋白质折叠。实际上，具有不同结构域的天然序列之间不可能有如此之高（92.5%）的序列一致性；而具有如此高一致性的天然序列通常都具有相同的蛋白质折叠。

龙先生另外还引用了两项关于“FOXP2”基因的研究，这个基因在人类、黑猩猩、其他灵长类动物和哺乳动物中都存在着表达调控。在人类和其他哺乳动物中，这个基因在大脑发育有显著作用。然而，根据其中一项研究，这个基因编码的蛋白质在“人类中仅需要改变两个氨基酸”，从黑猩猩—人类的共同祖先进化到人类的过程中，如此小的改变似乎不足以产生新的蛋白质折叠。

龙先生的文章引用了无数同类型的方案，他们都试图解释基因（以及相似的蛋白质）的轻微变异的进化，而不是解释新蛋白质折叠的起源。这其实是非常重要的一点（正如我在第 10 章所说的），因为新的蛋白质折叠代表了生命历史中选择性结构创新的最小单元，而这最小单元又是后续更大结构创新的基石。解释结构创新的起源需要很多证据，比解释相同基因或蛋白质的不同表型甚至编码新蛋白质的基因起源要求更高，它需要产生足够的遗传信息（真正的新基因）来产生新的蛋白质折叠。

因此，即使这些方案貌似可信，但它们也无法解释在寒武纪大爆发期间（或是在整个地球的生命史期间），产生这种结构创新所需要的遗传信息的起源。

疑达问氏 蛋白质折叠：相关但并不可信的方案

龙先生的文章中，也举了少数几个例子，来试图解释那些能够编码带有不同折叠结构的蛋白质的基因之间的不同。比如，他引用了几篇文章，这几篇文章都把外显子重排和蛋白质域重排等同起来。要知道，蛋白质域是由很多小的二级结构（比如 α - 螺旋、β - 折叠）形成的稳定蛋白质三级结构（见图 10.2）。很多复杂蛋白质有大量的蛋白质域，每一个都有其独特的三级结构。根据外显子重排假说，每个外显子编码一个特定的蛋白质域，基因组的外显子部分经过随机地剪切和拼接，从而导致遗传信息模块化的重排，形成的复合基因随后会编码形成一个新的复合蛋白质结构。正如龙先生所说，“外显子重排（也有人称之为结构域重排），通常会使编码不同蛋白质域的序列发生重组而产生嵌合体蛋白质”。

根据龙先生所说的这个机制，外显子重排（这个理念与基因融合非常相近）可能为新蛋白质（或蛋白质复合体）的产生提供了最可信的方式。然而，无论是在解释产生新的蛋白质折叠所需的遗传信息起源方面，还是在解释整个蛋白质复合体所需的遗传信息起源方面，外显子重排的说法还存在几方面的问题。

首先，根据外显子重排假说，每个外显子都参加了编码折叠形成一个独特的三级结构，（蛋白质结构域）的过程。对于蛋白质科学家来说，虽然独特的蛋白质结构（蛋白质折叠）可能得由几个小的蛋白质结构域组成，但是蛋白质结构域和蛋白质折叠其实是一样的。此外，外显子重排假说也是以存在大量的足以形成独立蛋白质域的遗传信息为前提。因此，它也不能解释蛋白质折叠的起源以及产生蛋白质折叠所需要的遗传信息的起源。

然而，一些外显子重排假说的支持者可能会以一种模棱两可的方式使用“蛋白质结构域”这个词。他们可能把蛋白质结构域与一些较小一点的结构单元，如蛋白质片段或如α-螺旋、β-折叠等蛋白质二级结构单元等同起来。他们以为通过这种方式，他们就能从这些小“片段”中把新的蛋白质结构搭建起来了。

但是，在多数情况下，如果形成蛋白质结构域的氨基酸链被切成了片段，那么这些片段就永远只能是片段，再也不能恢复原来的形状了。为什么呢？因为蛋白质的三维结构高度依赖于其他剩余蛋白质组分的结构和形状。去掉一小部分或一个片段，或者合成一个独立于其他的片段，再或者是一条松散的氨基酸链，都会导致蛋白质失去其原有形态或稳定结构。因此，外显子重排假说的这一方案缺乏可信度，因为它错误地假设无形状的蛋白质片段可以被混合，然后被模块化地形成一个新的具有稳定功能的蛋白质折叠。此外即使是假设外显子重排能够形成折叠，那它还有另外方面的问题。比如说，它还推测有许多功能性信息的存在，这些功能性信息不仅是小片段所需要的信息，而且是将这些小单元排列成稳定蛋白质折叠、最终形成功能蛋白质所需要的信息。但是，这些功能信息是否真的存在都是无法解释的。

第二，因为外显子重排假说假定，每个参与重排的外显子都参与编码一个特定的蛋白质结构域，而且外显子边界与蛋白质结构域或蛋白质折叠的边界相一致。然而，在现存的基因中，大分子蛋白质的外显子边界并不一定与折叠域的边界相对应。如果外显子重排确实能解释蛋白质是如何产生的，那么基因的外显子边界之间，以及较大的蛋白质复合结构（比如说，整个蛋白质）中相应的结构域之间就应该有明显的对应关系或关联。如果没有这样一个对应关系，那表明外显子重排不能解释已知蛋白质复合结构的起源。

第三，较小的蛋白质结构单元依靠外显子重排就能拼凑出新的蛋白质折叠，从生理学上说就是不合理的。我们来看看这个原因是什么。首先我们来了解一下什么是“侧链”。所有能形成蛋白质的20个氨基酸都有一条主干（由氮、碳和氧构成），但又有各自不同的化学基团，从主干伸出，称为侧链。根据侧链与侧链之间的交互作用，就能决定这些由氨基酸链组成的蛋白质二级结构能否折叠形成更大的稳定的三级结构。尽管许多不同的序列都能产生二级结构（α－螺旋和β－折叠），但要想生成稳定的折叠远比形成二级结构更加困难，因为它需要更加特异性的序列及其侧链氨基酸。由于在较小的二级结构单元中的元素被侧链所包围，因此他们没法整合进新的折叠，除非这些元素对于侧链之间的互补来说是特异性需要的，这意味着更小的二级结构单元鲜有机会能融合在一起[98]，以形成稳定的三级结构或蛋白质折叠。反之，如果试图从更小的单元中形成新的折叠结构，无论怎样都会受到二级结构中侧链氨基酸之间相互作用的不利影响。

就像我们在前章讨论的那样，在氨基酸序列的排布中对极端特异性氨基酸序列的需要，意味着在二级结构单元中占绝大多数的氨基酸序列，即使是每个单元间都相互接触，也不会产生稳定的折叠结构。正如我们在第10章所讨论的，带有稳定折叠结构的功能性蛋白质在序列空间极为罕见，因此找到相关稳定序列的可能性会小得惊人。基于这个原因，即使是资深的蛋白质科学家也一直在努力奋斗，希望设计出能够产生稳定蛋白质折叠的序列[99]。由于侧链之间的交互作用，所有试图想整合在一起形成具有稳定复合结构的二级结构单元，几乎都无法形成折叠。分子生物学家安·高杰（Ann Gauger）解释道，“因此，α－螺旋和β－折叠是蛋白质折叠内序列依赖性的结构元素，你不能像玩乐高积木一样随意切换它们的位置。”

由于氨基酸序列中功能序列（和折叠结构）的稀有性，想从来源于二级结构的稳定折叠中轻而易举找到不同的氨基酸序列也不是一件容易的事。要想产生特定的、能折叠形成稳定结构的序列，无论是在实验室或地球生命史中，都需要先解决组合通胀的问题。再小的折叠，也需要5或6个二级结构单元，每个单元至少有10个氨基酸，那就是说需要60个以上精确排序的氨基酸。为了稳定折叠结构，中等大小的折叠都需要12个甚至更多的二级结构单元，其中更包含150—200个特异排列的氨基酸。越大的蛋白质折叠，就需要越多的二级单位，以及越多特异排列的氨基酸。然而，最简单的细胞内也有许多肩负关键使命的功能序列，它们都需要很多折叠（至少150个氨基酸）相互密切协调作用，即使是产生这种长度的蛋白质，恐怕是要搭上整个地球的生命史这么长的时间才够。

所有这些对功能性序列的寻找，就宛如在组合可能性的汪洋大海里捞针一样。回想一下，阿克斯所估计的，中等长度（150个氨基酸）有10^{77}个可能性序列。那这个比率就相当于想在10^{77}个序列可能性（非功能性序列）的茫茫大海中找到那一根针（功能序列）。

当然，在天然存在的蛋白质中，二级结构单元的侧链之间确实能通过交互作维持稳定的折叠。但这些蛋白质，其稳定的三维折叠结构取决于极其罕见和精确排列的氨基酸序列。现在的问题，不在于产生稳定蛋白质折叠所必要的组合搜索问题是否得到了解决，而在于依赖于随机突变（或是外显子重排）理论的新达尔文主义机制，能否为稳定的蛋白质折叠到底是如何产生的这一问题提供一个合理的解释。

龙先生引用的这些论文都没有任何理由能让人认为外显子重排（或任何其他的突变机制）已经解决了这个问题。外显子重排这个假说忽略了需要特异性侧链这一点，但其实这一点在实验室研究中已经反复被证明了。想要从二级结构单元中构建出新的蛋白质，要是忽略了对特异性侧链的需要，无论他们怎样尝试都不会成功的。

无论是作为一个折叠的片段还是整个折叠，蛋白质结构域的随机重排到底如何解决组合通胀的问题？然而外显子重排的鼓吹者们对于这一点只字不提。索尔或阿克斯对功能基因或蛋白质稀有性的定量估计，他们也没有异议。他们既不怀疑基于这些估计所得出的概率，也不表明有比随机突变和选择更有效或更高效的搜索氨基酸序列空间的机制存在，更没能在实验室研究中证明外显子重排模型的有效性。相反，他们对于蛋白质结构的基本认知，就是通过外显子重排生成必需的遗传信息以产生一个新的蛋白质折叠。最后，如同龙先生在文章里体现出的一样，这些外显子重排的鼓吹者们信心满满地用几句话断言，“外显子重排就是重组序列，从而编码出各种蛋白质结构域以产生镶嵌蛋白质（mosaic proteins）”。

疑达问氏 语词杂拌

龙先生和他同事们有关外显子重排的断言，就如同其他许多推测突变机制的表述一样，模糊了理论和证据之间的区别。尽管这样的口气听起来很权威，但进化生物学家们通常难以直接观测到他们所设想的突变过程。实际上，他们只要在基因中看到具有相似性和差异性的模式，就马上把导致这种相似或差异的原因归结到他们所假定的那个进化过程上来了。龙先生所引用的这些论文，通常既没有数学论证，也没有实验证据，根本无力证明这些机制在生物信息产生中的作用。

正是缺乏了这样的证明，进化生物学家们提出一种名为“语词杂拌”（word salad）的解释——这是用以描述未观测到的过去事件的一个难以明白，令人觉得莫明其妙的术语。这解释也部分说得通，但还是没有解释产生新生命形式所需遗传信息起源的能力。这个进化文学的流派，设想外显子是从其他基因中“被招募”或“被捐赠”而来，或是来源于一个“未知的源头”；它使基因得到“广泛的新生”；它把“偶然并置的合适序列”归结于突变，或是归结于“偶然获得”的启动子元件；它假定一个基因“结构巨变”的原因是发生了“快速、适应性的进化”；它声称，基因“正向选择在进化过程中发挥了重要作用”，即使是在这个基因的功能（因此具有被选择的特性）还完全未知的情况下[100]；它设想基因是被“没有相关功能（或根本没有功能）的DNA胡乱拼凑起来的”；它假定新的外显子是“由一个独特的非编码基因组序列的偶然进化”中创造出来的；它提出“两个基因的嵌合融合”；在完全不同的谱系中却存在着“几乎相同的”蛋白质，它将其解释为“趋同进化的惊人例子”；当一个新基因找不出进化的原始材料时，它又声称，“基因的出现和发展非常迅速，产生了与他们先祖毫无相似性的拷贝”，因为他们显然是“高突变”。最后，当一切论据都失败了，他们又提出新基因的“从头起源”，仿佛这句话比刚才提到的任何理论都更有力量，更能科学地解释突变机制具有产生大量新遗传信息的能力。

这些描述含糊不清，就好像中世纪经院哲学家的命名游戏一样晦涩难懂。为什么鸦片使人入睡？因为它有诱导睡眠的本质。是什么原因导致新的基因迅速演变？因为它有“超突变性”，或是它有“快速适应进化”的能力。我们如何解释两个在各自独立且完全不同生物谱系中的相似基因的起源？当然是趋同进化了。那什么又是趋同进化？趋同进化是指各自独立且完全不同生物谱系中出现两个相似的基因（译者注：不同的生物，甚至在进化上相距甚远的生物，如果生活在条件相同的环境中，有可能产生功能相同或十分相似的形态结构，以适应相同的条件。这种现象叫做趋同进化）。那趋同进化是如何发生的呢？发现功能基因的概率如此之低，更别说是相同基因各自出现两次了。没有人确切地知道，也许是“合适序列的偶然并置”，或是“正向选择”，或是“从头起源”吧。能解释一下在密切相关的谱系中的两个相似基因到底如何起源吗？嗯，试试“基因复制”，或“嵌合基因融合”，或“逆转录转座”，或“基因组的广泛重组”，或是其他的一些听上去很科学的词汇组合吧。

这些方案含糊其辞，引发了严重的疑问：科学家们为何要把这些论点视为决定性的示威或反驳？这些论点可是以科学实验为基础的、对突变和选择所提出的准确无误的驳斥论点呀！

因此，尽管一位联邦法官发表了官方声明，说有大量的“记录新基因起源的科学文献”，但进化生物学家还没有证实新的遗传信息到底是怎样产生的，至少还没有证实生物形式革新中的一个关键单元——构建蛋白质折叠所需的功能基因数量。生物学家也还没有解决组合通胀的问题，也或者是对我在前面章节（或在我 2004 年的文章）中对选择和变异机制创造力的质疑予以反驳。对于阿克斯关于功能基因和蛋白质稀有性的评估，也没人能提出一个令人信服的反驳。

平心而论，新达尔文主义生物学家有他们自己的数学模型，这表明，只要条件适当，这近乎无限的进化改变就能发生。假设这些基于群体遗传学方程式的模型，准确地代表了有多少进化可能发生，让许多进化生物学家从此相信各种突变机制的创造性力量。但是他们真的就该相信吗？

在下一章中，我会讨论这个问题。我会解释为什么迄今为止，进化生物学家一直对向新达尔文主义提出的数学挑战保持平静。我还将说明为什么分子遗传学的新进展对新达尔文机制的创造力提出了另一个强大的数学挑战，这挑战来自于新达尔文主义架构的内部，并随着对新达尔文主义机制的因果充分性（causal adequacy）所提出的新质疑而产生。

12　复杂适应性及新达尔文主义数学

伊利诺斯州大学的生物学家汤姆·弗拉泽塔（Tom Frazetta），同其他人一样熟知教科书上的故事。根据新达尔文理论，有着复杂系统的生物体是自然选择通过作用于随机出现的、小规模的变异和突变而产生的。根据弗拉泽塔的理解，进化机制逐渐缓慢地改变生物体，随着改善一步步地逐渐累积，“作为一种连续变化，其中一个结构状态逐渐融合进另一种结构”。

然而，弗拉泽塔也有他自己的疑虑。作为研究动物的功能性生物学专家，他曾经解剖过一种稀有的蛇类。这种蛇又被称为雷蛇（译者注：属于岛蚺科，是爬虫类蛇亚目下的一个科），只存在于印度洋的毛里求斯岛上。它的外形似蟒蛇，但有着其他脊椎动物都没有的特异解剖结构。雷蛇的上颌骨被分成了两段，通过一个灵活的关节连接，其间还分布着许多特异性的神经。上颌骨中还有额外的骨骼和组织，分别由韧带所包绕。当雷蛇攻击猎物时，这种独特的结构使它的上颌骨能向后弯曲一半(参见图12.1)。

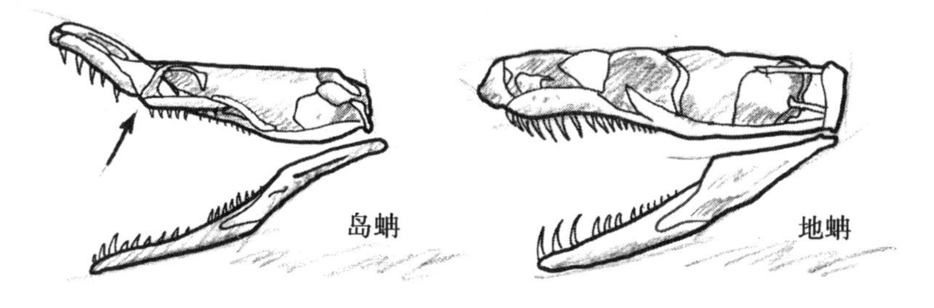

图12.1　复杂适应性：雷蛇上颌的关节，通过其附带的肌腱、韧带和肌肉组织一起使其能够活动。另一个头骨显示了在其他近似蛇类中发现的单片骨骼的上颌骨。

难道这复杂的骨骼、关节、组织和韧带就是逐步进化的表现吗？弗拉泽塔发现，“一个活动关节融合进上颌骨，形成了两个部分。但是这个活动关节要么有要么无，不存在一个中间状态来连接着两个部分”。也就是说，上颌骨要么就是一整片骨骼（就像其他脊椎动物一样），要么就是像雷蛇一样形成两段，连同相应的关节、骨骼、韧带和组织一起协同作用，而没有一个介于两者之间的中间状态存在，比如说：上颌骨是两片独立的骨骼，没有相应的关节，组织以及韧带相连。哈佛大学的生物学家斯蒂芬·杰·古尔德（Stephen Jay Gould）也对这个独特的构造发出了惊叹：“这个颌骨怎么能都成了两半？”或正如弗拉泽塔本人所观察到的那样，“我实在很难想象得出，一片单一的上颌骨是怎么转变为像雷蛇一样的两块颌骨构造的”。要知道，逐渐改变的中间状态肯定是不可行的，因为像雷蛇一样的两片上颌骨，需要所有必要部件（活动关节，连接韧带和必要的肌肉和组织）都同时出现。

弗拉泽塔意识到，新达尔文理论面临的问题，已远远超出了对稀有蛇类解剖特点的解释。作为一个年轻的进化生物学教授，他研究过许多物种的复杂结构特征。他知道，几乎任何有益的生物结构——比如内耳、羊膜卵、眼睛、嗅觉器官、鳃、肺、羽毛、生殖系统、循环系统和呼吸系统等，都是由多个必要组件结合在一起的。改变这样的系统需要改变它们的许多独立功能部分，因此必须慎之又慎。例如，改变哺乳动物内耳中的任何三块骨头——砧骨、镫骨或锤骨——必然会引起其他骨骼和耳朵其他部位如鼓膜或耳蜗等的相应变化。复杂的生物系统，其功能性取决于数十个或数百个像这样相对独立又紧密连接的部分相互协调运作。随着必要组件数量的增加，相应的协调变化也随之增加，任何部分的改变都会引起维护系统功能整体性的难度迅速增加。

这就是弗拉泽塔意识到的问题。任何系统的功能都依赖于其众多部分的协调行动，不可能在逐渐改变的过程中而不丧失功能。但根据新达尔文主义的理论，自然选择的作用仅仅是保存功能上的优势，能导致死亡或功能减少的改变不会被保留下来。因此，许多生物系统的集成复杂性对进化过程有了限制——当然这种限制是人类工程师在设计复杂综合系统时不会遇到的。1975 年，弗拉泽塔撰写了一篇论文来解释这个问题，这篇论文短小而经典，名为《进化种群的复杂适应性》，在文中他写道：

> 当想对一台机器的设计进行改进时，工程师不需要保持一种连续性，不用一边维持机器的功能一边进行改造……但在进化过程中，从一种形式转换为另一种形式可能需要大量的中间类型，涉及到巨大的连续性。这不仅对于设计的最终产品——最后的机器来说是切实可行的，而且对于大量中间体来说也是必须的。从真正意义上说，进化的问题是：这部机器是一边运行一边进化的！

从历史上看，一直以来进化生物学家们都试图毕其功于一役，一次性地解决这个变异或突变的问题。从达尔文起，他们就想要解释自然选择和随机变异到底是怎样通过一系列的增量改变，构建出可能带有选择性优势的复杂生物系统的。这个策略曾被达尔文用来解释眼睛的起源。他要求读者们想象，眼睛这一系列渐进的、有利的变化只是简单的“神经对光敏感”[101]。

当弗拉泽塔思考怎么解释复杂系统起源的问题时，他对经典和现代达尔文理论的解释都产生了质疑。他承认，这一部分是因为受到了威斯塔会议“局外人”（见第9章）怀疑态度的影响：穆雷·伊顿和其他威斯塔会议上持怀疑态度的科学家表达出了对新达尔文主义的担忧，他们“揭示了一些丑陋的人事”。

就像伊顿一样，随着对自然和遗传信息重要性的日益了解，弗拉泽塔对新达尔文主义机制理论的充分性也甚为关注。尽管1975年生物学家们就知道数百个基因可以参与编码成为一个复杂的集成结构，但他们至今也不能完全理解DNA中的遗传信息是怎样关联或“绘制”出这些高度复杂的生物形态结构的。比如说，要是改变哺乳动物的耳朵或脊椎动物的眼睛解剖结构，就会涉及到改变基因编码，甚至同时导致多重协调性突变的发生。

弗拉泽塔解释道：“集成系统的表型（尤其是遗传表型）改变，需要在遗传层面出现非常严苛且特定类型的修改。”整个系统对组件配合和功能的极度依赖性意味着对遗传改变的限制性。基因变化对每个必要组成部分都有影响，任何改变都可能会导致功能丧失甚至死亡，除非这些基因改变都是互相匹配协同发生的（但这几乎不可能）。因此，弗拉泽塔总结道：“对这个我们称之为机器的具有操作集成特性的进化系统，其系统中进化改变的难解之谜仍然有增无减。”此时，他所表露出的疑虑也受到了进化生物学团体的关注，因为根据新达尔文主义进化生物学家的假设，变异和选择拥有几乎无限的创造力，足以产生弗拉泽塔所描述的那种复杂的系统。

新达尔文理论的数学表达式似乎也证实了这一点。这个数学表达式名为群体遗传学，属于生物学中的分枝学科。群体遗传学的模型是研究基因频率怎样随突变、遗传漂变（基因组的中性改变，自然选择既不支持这种改变也不将其消除）和自然选择的进程而改变的。假设单一突变也能产生有利的变异或特征，那么群体遗传学的数学模型就可以描述出有多少进化改变能在给定的时间内发生。这些评估是基于三个主要因素：变异率、有效种群大小和世代时间。当进化生物学家把这些因素代入种群遗传学的方程时，计算结果似乎暗示标准进化机制可在许多不同类的生物体中产生进化改变，这种改变是如此的巨大和显著，甚至足以构建一个复杂的系统。只要突变能持续地产生新特征，通过自然选择的创造力，多么复杂的特征都能一次构建，一次又一次，就能产生新的复杂系统了。嗯，至少听起来是这样的。

这些数学模型（及其相关假设）给新达尔文主义者带来了信心，更导致他们中很多人忽视了很重要的一点，那就是其实需要很详尽地来计算可能出现复杂系统的特异进化途径到底有多少。例如，在弗拉泽塔首次提出他的挑战性论点性论点时，当时一篇广泛引用的进化生物学文章中，进化生物学家保罗·埃尔利希（Paul Ehrlich）和理查德·霍尔姆（Richard Holm）建议道：

> 人们不必探究关于鸟类的翅膀、长颈鹿的脖子、脊椎动物的眼睛、某些鱼类的巢等进化细节，这些和其他结构的选择性起源和行为模式可能被认为都是基本相同的，比如说曾经已经讨论过的工业黑化现象（译者注：工业黑化现象是指在工业化过程中，蛾类的灰色类型逐渐为黑色类型所取代的现象。是说明生物通过自然选择而进化的具体实例）。在一个特定的基因中，无论是一个很小的优势性改变或是不利性改变，都为自然选择的操作提供了可供其充分选择的差异性。

这个短语“足够自然选择发挥作用的差异性”，指的是群体遗传学方程以及这个方程中的其中一个因素（即所谓的选择系数），它确定了特定性状通过种群传播的速度。既然是方程，那它透露的信息也非常明确：这主要是靠数学方程讲述的故事；复杂系统起源的生物细节并不重要。

新达尔文主义注重数学建模，这有助于解释为什么主流的进化生物学家们并不担心新基因和蛋白质的来源问题或组合通胀问题（两个问题已经在第9章和第10章中讨论过了）。当代许多进化生物学家，比如说群体遗传学的奠基人，认为构建新基因的相关机制可能已经存在了。事实上，他们认为即使是单一突变（或一系列微小的，渐进的，有选择性优势的突变），也能产生新特性（以及构建他们的基因）。因此，这个新达尔文理论的数学表述似乎证明了大型进化变异的合理性，也就是说：生物体发生的这么多改变，就是靠一次性地突变就全部完成了。

但是，如果生物体的这些复杂系统，不是靠一次突变就构建起来，而是必须多个突变同时协调变化而成呢？如果仅仅是构建一个新基因或蛋白质，就需要这样多突变的协调作用呢？如果仅仅是出现一个单基因，就已经是复杂适应性改变的结果呢？

在威斯塔会议时，就已经出现了对新达尔文主义数学方面的挑战，而阿克斯的研究结果更加剧了争议。当然，开始时这种争议还不足以削弱人们对新达尔文主义理论的信心，许多进化生物学家认为这只是对进化机制创造能力的数学方面的挑战，因为他们大多是从事其他领域的科学家和工程师，都是生物学的门外汉或是不相关专业的人士。不过这种情形已经开始发生变化，它不仅对新达尔文主义机制的创造性提出了新的数学上的挑战，而且也间接证实了阿克斯对功能基因和蛋白质的稀有性的关键见解。在过去十年里，随着分子遗传学和群体遗传学的发展，也暴露出了新基因和蛋白质的起源问题与复杂适应性的起源问题之间的联系。1975年弗拉泽塔就察觉到了这种联系，随后越来越多的生物学家也都注意到了这一点，也都和弗拉泽塔一样，产生了新的疑问。

疑达问氏　群体遗传学和遗传信息的起源

新达尔文主义理论整合于20世纪30年代，那时DNA的结构还没有被阐明。当时的生物学家们对遗传信息的性质、结构或是精确位置都一无所知[102]。他们没法把基因和沿着DNA分子骨架排列的长链核苷酸碱基联系起来，他们也不认为基因是存储在复杂的生物大分子上的超长数字代码。

相反，在孟德尔之后（但是在沃森和克里克之前），基因被定义为与染色体有关的操作实体，能够产生具体可见的或选择性的解剖特征，如眼睛的颜色或喙的形状等。

20世纪30年代时，新达尔文主义缔造者重新构建了进化理论，他们强调突变的重要性，认为突变是一切遗传变异的源头。因此随后的理论都认为：突变，作为遗传变异的来源——必须作用于基因。由于当时他们还不了解基因的实质，他们还假设单一突变会通过改变一个基因来产生一个新特征。

群体遗传学的方程就是建立在这个假设上的，突变率因此成为在计算任何给定的群体中进化演变量的重要因素。如果每个单独的突变都能产生一个新的、潜在的、可选择的性状，那么这种变化积累的比率就能部分地决定在一个给定的时间内可以发生多少改变。

1953年之后，生物学家不再把基因想象为一个抽象的实体。沃森和克里克表明，基因有着明确的轨迹和结构，单个基因就包含了数百或数千个精确排序的核苷酸碱基。因此，生物学家改变了对突变的认识，才明白突变就是类似于长串数字代码中的排版错误。随后，许多科学家开始意识到个体突变是不太可能自行产生新的有益性状的。他们认为，突变不但不会产生一个新功能或新特征，反而可能还会减少基因中所包含的遗传信息，最终突变的积累将导致基因功能丧失。

为什么这一观念会发生变化，这就需要解释一下突变为什么能产生新基因了——解释一下这始于20世纪70年代的基因复制，以及随后的中性进化和正向选择观点到底是怎样产生新基因的。

尽管在群体遗传学的数学结构中，基因复制的理论并没有起到正式的作用，但它在整个进化中是一个非常重要的假设。20世纪50年代以后，进化生物学家不再认为单一突变必然产生全新的特质，这让群体遗传学的关键假设论点一下变得又无凭无据了。基因复制理论已经填平了大家在进化观念方面的代沟。自从这理论形成以后，许多进化生物学家认为，这个通过遗传文本部分而被揭示的机制，会累积产生多个变化而不影响生物体的适应性，从而保证了新性状的稳定供应和新基因的最终产生。

70年代中期，当弗拉泽塔已经在思考复杂适应性的进化生物学问题时，大多数新达尔文主义生物学家还没有意识到这点。他的论点在当时还没有构成对新达尔文主义的挑战，生物学家们大多对此毫无反应。其实，在群体遗传学的数学问题中就暗藏了疑问——到底什么难易程度的新突变才可以产生新的有效特征。

但这些机制真有效吗？一系列独立的突变真的能产生必要的构建新蛋白质和新特性所需的新基因吗？还是构建基因需要进行多次协调突变才能完成？

达氏疑问 基因的复杂适应性？

从传统上讲，达尔文主义生物学家假设：小的、独立的、逐步的变化可能产生所有生物的结构和功能，并且每一个变化都能赋予生物体一些生存或繁殖优势。这个假说是当时普遍流行的论点，但它其实并没有直面回应复杂适应性起源所面临的真正困难。1909 年，英国遗传学家威廉·贝特森（William Bateson）在他的书中，把这个假说狠狠挖苦了一番：

> 这表明，产生适应性机制的这些步骤都是不明确、难以察觉的，当然后面随之而来的麻烦也是可以预见的。虽然我们可以说，物种是通过一种潜移默化的，无法察觉的变异过程而产生的，但想通过感知就能了解进化过程肯定是没用的，只是能使我们自己受累而已。这种不费力的想法还真是受欢迎啊！

约翰·梅纳德·史密斯（John Maynard Smith）是第一个考虑到构建新基因和蛋白质需要多重协调突变的著名进化生物学家。在第二次世界大战期间，梅纳德·史密斯是一位航空工程师，然而在战后他正式开始了进化生物学的学习，最终他就职于英国苏塞克斯大学，作为杰出的生物学教授一直工作到 80 年代中期。

1970 年，梅纳德·史密斯在《自然》杂志发表了一篇文章，回应一篇犹他州州立大学生物学家弗兰克·索尔兹伯里（Frank Salisbury）早期发表的文章。索尔兹伯里曾质疑随机突变能否解释核苷酸碱基的特异性排列对于产生功能蛋白质的必要性。在威斯塔讨论会之后，索尔兹伯里担心，随机突变产生功能碱基或氨基酸序列的概率会低得惊人。据索尔兹伯里计算，“按照目前设想的突变机制，在地球存在的短短 40 亿年内，根本无法满足上百个数量级的创新需求，甚至一个单基因也不可能产生出来”。

为了克服这一难题，梅纳德·史密斯提出了一个蛋白质进化的模型。

尽管承认首个蛋白质的起源仍是一个谜，但他仍然认为一种蛋白质可以通过其氨基酸序列微小的、渐进的改变进化成另一种蛋白质，并且在进化过程中的每一步，每条氨基酸序列都还能保持其部分功能。梅纳德·史密斯把蛋白质—蛋白质进化比喻为在英文中每次改变一个新字母而最终生成一个新单词的过程（同时在改变的每一步产生一个有不同意义的词）。他利用这个例子来表达他所理解的蛋白质进化过程：

WORD → WORE → GORE → GONE → GENE

他解释说：

> 在这个比喻中，这个字代表蛋白质；字母代表氨基酸；单个字母的改变就相当于最简单的进化步骤，用一个氨基酸替换掉另一个；在进化过程中，每个单元步骤都需要相应的改变才能从一个功能基因转变为另一个。

作为一个自诩的“坚定的达尔文主义者”，梅纳德·史密斯意识到，如果进化过程中的每个中间体都能赋予一些适应性优势的话，那么自然选择和随机突变就能从现有结构中构建出新的生物结构。他认为，这一要求适用于很多的新基因和蛋白质进化，就像它适用于新的表型或较大规模的结构进化演变一样[103]。

然而，指导蛋白质合成的遗传信息，其本质具有数字或字母的特性，这对梅纳德·史密斯又提出了一个问题。在基因文本（或氨基酸排列）的基本序列中，如果一个基因或蛋白质进化为另一个的转变过程需要多个基因同时改变，那这种改变是怎么发生的？如果构建新基因需要多重协调突变，那么生成新基因或蛋白质的概率就会急剧下降，因为这种转化需要的不仅是发生一个突变事件，而是需要发生两个或三个或更多的突变。不存在发不发生，只是发生的多少而已。下面是他对这个潜在问题的描述：

> 假设有一个蛋白质是ABCD……而另一种蛋白质是abCD……这两种蛋白质都是通过自然选择出现的。进一步假设它们的中间体是aBCD……和AbCD……，他们都是非功能性的。突变产生了这两种

> 中间形式，但它们通常会在第二次突变发生的时候被消除。因此，通过两级递进步骤从abCD转变为ABCD是极不可能发生的。

在梅纳德·史密斯看来，“两级递进”和多重递进协调突变之间的联系是不可思议的，它显示出了分子进化的一个重要潜在的问题。最终，他得出结论：这种突变是如此的不可信，因为在新型生物结构进化过程中他们肯定没有发挥显著作用。他解释说，“这种双重递进的步骤……可能偶尔会发生，但要想在进化过程中作为一个重要的步骤发生，几乎没有可能性”。

几十年来，他提出的这个问题渐渐被人遗忘。2005年，生物化学家H.艾伦·奥尔（H. Allen Orr）在《自然遗传学评论》杂志中指出，“梅纳德·史密斯的工作发表于分子革命早期，他关于蛋白质进化面临问题的想法几乎被遗忘了二十年”。因此，奥尔指出，进化生物学家们已经停止在氨基酸水平层面来思考分子进化是否是一种适应性变化的结果这一问题。直到21世纪的第一个十年，生物学家又面临挑战：对蛋白质—蛋白质进化的合理性进行严格的定量分析。

疑达问氏　等待复杂的适应性

我在第9章末，曾简要介绍过美国里海大学生物化学家迈克尔·贝希（Michael Behe）（见图12.2），他于2004年和匹兹堡大学的物理学家大

图12.2　迈克尔·贝希

卫·斯诺克（David Snoke）一起在《蛋白质科学》杂志上发表了一篇论文，让论点回归到了梅纳德·史密斯首先提出的这个问题上来。此时，贝希已经是一名著名的新达尔文主义批评家了，他一直认为新达尔文主义对功能集成性“极致繁复”分子机器的起源没有给予充分的解释。在他2004年的论文中，贝希试图通过评估新达尔文主义理论是否足以作为新基因和蛋白质起源的解释，以拓展他对新达尔文主义的批判。他和斯诺克试图评估蛋白质进化的合理性，因为它的确需要多个协调突变。进化生物学家们认为，新基因是从重复基因（duplicated gene）的复制和随后的突变中产生的，而这也就是新达尔文主义关于基因进化模型的主要部分。贝希和斯诺克应用派生于群体遗传学的标准新达尔文主义模式，来评价这个基因进化模型的可信度。

在多细胞生物体中，为了生成一个新的可选基因或蛋白质必须同时发生多个（两个或更多）点突变，由此贝希和斯诺克评估了这个模型的可信度。梅纳德·史密斯也看出，其中的潜在问题就是需要多个协调突变同时发生，但他认为进化生物学家们并不需要为此感到担心。但贝希和斯诺克则认为，进化生物学家确实需要为此担心，而且他们还量化了该问题的严重性。

贝希和斯诺克首先指出，许多蛋白质，其具有功能的一个条件，就是需要氨基酸的独特组合以协调的方式进行交互作用。例如，蛋白质上的配体结合位点（小分子结合到大的蛋白质上的位置，以形成更大的功能性复合物），通常需要数个氨基酸组合。贝希和斯诺克认为，在这种情况下，氨基酸的组合肯定以一种协调的方式出现，因为对配体的结合能力取决于所有的必需氨基酸同时一起出现。为了支持这一推断，他们引用了一本权威的教科书，由芝加哥大学进化生物学家李文雄（Wen－Hsiung Li）主编的《分子进化》。李教授在书中指出：蛋白质（比如说血红蛋白），其不断进化的配体结合能力可能需要“许多突变步骤”，即便是构建这种结合能力的第一步都没有任何选择优势可言。李教授解释道：“获得新功能可能需要许多突变步骤。有一点需要强调的是，早期的步骤可能是选择性中性（非有利的），因为新功能可能一开始还表现不出来，除非量变已经积累到了一定程度。”

贝希和斯诺克指出，由于在缺乏配体结合功能的蛋白质中，单个氨基酸的变化从一开始就不具有选择性优势，因此即使是发生了一系列独立的突变，也无法在之前没有配体结合功能的蛋白质中产生出配体结合功能。相反，配体结合能力的演变更需要多个协调突变的发生。因此他们注意到，蛋白质彼此间是以非常特定的方式相互作用的，通常每个蛋白质都至少要有几个独立的必需氨基酸以组合形式出现，这一点也再次说明了对多重协调突变的需要。

疑达问氏 变化太多，时间太短

贝希和斯诺克运用群体遗传学原则，以评估在给定时间内发生不同数量协调突变的可能性。他们问道：在地球的演化史中，到底有没有充裕的、可能产生协调突变的时间？如果有，那在给定了不同的人口规模，突变率和世代时间的预期时间内，发生多少协调突变才是合理的？然后，将上述各个变异因素进行不同的组合，并评估产生两个或三个或更多协调的突变所需要的时间。最终他们确定：产生相近（即功能相关）的协调突变的概率简直比“登天”还难。它可能会需要一个极其漫长的时间，甚至远超过了地球的年龄。

疑达问氏 强力球彩票——群体遗传学一点通

在《进化的边缘》一书中，贝希用强力球彩票来说明进化群体遗传学的方程和原则。许多美国州政府使用强力球彩票来募集资金，而这是一个绝妙的比喻。了解它可能有助于理解更多群体遗传学的方程和原理，可以用来计算进化生物学家所谓的“等待时间”，即在不同进化过程中产生指定特征所需要的时间。

为了赢得强力球，参赛者必须购买彩票，上面印有6个数字，这6个数字与两个球区中其中的6个球数字相同。该游戏分为前区和后区，前区为编号从1到59的59个白球，从中选5个；后区为编号1到35的35个红球，即所谓的强力球，从中选1个。要想赢得大奖（超过1亿美金），玩家必须购买一注印有这6组数字的彩票并可按任意顺序选择上面的6组数字。据强力球网站介绍，6组数字全中的头奖概率为一亿七千五百万分之一。根据购买彩票的数量以及中奖的频率，其中奖难度极大，头奖奖池经常累积派不出去，可能要等待很长的时间才会有人得到大奖。

贝希问他的读者，首先想想产生一张中奖彩票平均需要多长的时间。他指出，仅知道彩票中奖的概率是不够的，还需要计算中奖的频率以及售出的彩票数量。贝希解释道："如果获胜的概率是一亿分之一，而每次有100 万人玩，那就是说平均每开奖 100 次左右才有一个会赢。"如果这个大奖每年开奖 100 次，每次 100 万人玩，那么估计每年只有 1 个人赢。"但如果这个彩票每年才开奖一次，那么平均就得一个世纪才能产生一位大奖得主"。开奖次数越频繁，等待的时间越短；开奖的频率越低，往往就需要较长的等待时间。同样，买彩票的人越多产生赢家的时间就越短，而买彩票的人越少，开出大奖的等待时间也会越长。

类似的数学原理可以用来计算在预期等待时间中，变异和选择所能产生多少生物的进化特征。生物学家首先需要评估这个系统的复杂性，或是评估这个生物特征不可能发生的概率。然而，在强力球中，知道了某一事件发生的可能性并不意味着人们就能算出这件事什么时间会发生。这样的计算也需要知道人口的规模（相当于有多少人玩强力球）和新基因序列出现的频率（相当于中奖的频率）。

在强力球规则中，每次开奖都会产生一段新的数字序列。但生物体的繁殖却不是这样，在它们各自的基因中，并不总是产生新的核苷酸碱基序列。基于这个原因，要想计算出在生物体中新序列产生的比率，需要知道两个因素：传代时间和突变率。更快速的突变率和更短的传代时间会增加新基因序列产生的速率，并从而导致等待时间缩短；而较慢速的突变率或较长的传代时间会导致等待时间延长。如同强力球，"玩家"的数目是很重要的。更大的群体产生新基因序列的概率比小的群体更频繁，因此能缩短预期的等待时间；而较少的人数会减慢生成新序列的速度，从而增加等待时间。

如今，根据强力球的规则，其实你可以"赢"而无需所有 6 组号码都正确（不赢大奖而赢小奖）。如果你只是选对了红色的"强力球"，你就赢了 4 美元。选对了三个白球，你就赢了 7 美元。如果你能正确选对 4 个白球的数字，你就赢了 100 美元。要是你能猜对所有的 5 个白球，就可以赢得 100 万美元。

每上升一个赢球的等级，都需要猜中一个额外的、必要的球。虽然获胜的概率呈指数下降，但奖品的价值却大大增加。根据强力球网站列出的获奖概率，赢 4 美元的概率为五十五分之一，赢 100 万美元的概率为五百万分之一，而赢得头奖的概率为一亿七千五百万分之一（见图 12.3）!

中奖的球数	中奖概率	奖金
1 红球	1 IN 55.41	$4
3 全是白球	1 IN 360.14	$7
4 全是白球	1 IN 19,087.53	$100
5 4白球、1红球	1 IN 648,975.96	$10,000
5 全是白球	1 IN 5,153,632.65	$1,000,000
6 5白球、1红球	1 IN 175,223,510.00	头奖（累积的奖金）

图 12.3　图表显示了在强力球彩票游戏中球的不同组合的中奖概率及其对应的奖金。

新达尔文主义者们一直认为，生物进化的种种过程类似强力球彩票中猜数字，自然选择的作用是选择和保持基因序列中有益的相关变异，就像屡次猜中 4 美元的小奖，而突变和选择机制则类似于在屡中小奖的基础上猜中头奖。

但是有没有这样一种可能：变异和选择机制没有经过强力球中小奖的过程，而是一步登天猜中了 6 个球，一次性地就产生了有功能优势的基因?显然，这种中头奖的概率是极小的，而等候出现这种情况的时间却长到令人望而却步。

疑达问氏　回归生物学

让我们回到贝希和斯诺克的论点中来。2004 年的那篇文章中，他们认为，产生一个新的蛋白质可能需要很多这种貌似不可能的突变一次性发生。他们计算了一下，这种同时出现多个不可能突变的可能性——就相当于买一张强力球彩票就猜中了所有的 6 个数字从而赢走奖池中所有的钱。

而且他们还思考了通过多种协调突变基因的变化生成一个新基因会花费多少时间或需要多大的人口规模——相当于中了遗传“大奖”。

他们发现，如果产生新基因需要发生多个协调突变，那么每增加一个必要突变，其等待的时间就会呈指数增长。此外他们还评估了人口规模的大小是如何影响产生新基因的时间。不出意料，更大的人口数量减少了等待时间，而较小的人口数量增加了等待时间。

更重要的是，想要产生一个新的基因，即使只需要两个协调突变，新达尔文主义进化机制可能也需要巨大的人口规模，或需要极其漫长的等待时间，或需要两个条件同时存在。如果协调突变是必要的，那么进化在基因层面上就会面临两难的“第22条军规”：需要超长时间的等待——等待时间超过了地球的生命；也需要巨大的人口规模——数量超过有史以来的多细胞生物的总和。人口规模是合理的——但等待时间是不合理的；等待时间是合理的——所需要的人口规模又不合理。正如他们所说，无论怎么算，“这数字还是高得令人望而却步”。

根据贝希和斯诺克的发现，突变和选择生成两个协调突变仅需要100万代，这对地球的生命史来说倒是个比较合理的时间长度，但是100万代对于有1万亿或以上数量规模的多细胞生物来说，这一数字还是超过了在任何给定的时间内几乎所有个体动物物种有效的繁殖种群大小。相反的是，他们还发现，在仅仅只有100万数量规模的生物体种群中，突变和选择也是能够生成两个协调突变的，但前提是每100亿代就全部清零重来。假设每种多细胞生物只活一年，100亿代就是100亿年——这也是两倍于地球的年龄了。在经历了这么不可思议的长时间内才产生一个基因，更别提是更显著的进化创新了。

即使是这样，他俩还是找到了一个微小的“甜蜜点”（sweet spot），只需要两个协调基因突变就可能出现（见图12.4）。这种基因源自10亿种群大小，“只有”1亿代的生物。要知道，在地球的生命史中出现过许多种群大小超过10亿的多细胞生物体，而且多细胞生物在地球上生活的时间也已经超过了5亿年，因此这些数字（假设还是每一年一代）提供了足够的时间供生物体生成一个新的基因（当然，如果涉及到双突变性状的生物体有少数其种群还不到10亿的话，那么等待时间会再次增加到不合理的长度）。

尽管如此，这些数字只适用于需要两个协调突变就能产生一个新基因的情况。如果生成一个新的功能基因或特征需要两个以上的协调突变，那么无论人口规模的大小，都需要极其漫长的等待时间。如果需要三个以上的协调突变，那就不再有什么“甜蜜点”了。因此，他们得出结论：“基因复制和点突变单独作用以产生新基因的机制是无效的，至少对于多细胞物种来说是这样。”

总之，贝希和斯诺克应用群体遗传学研究，评估基因进化理论的标准新达尔文模型的创造力。他们表明，在多细胞真核生物体中，如果构建该生物体结构需要两个以上的协调突变，那么新达尔文主义标准模型会受到明显的概率限制。

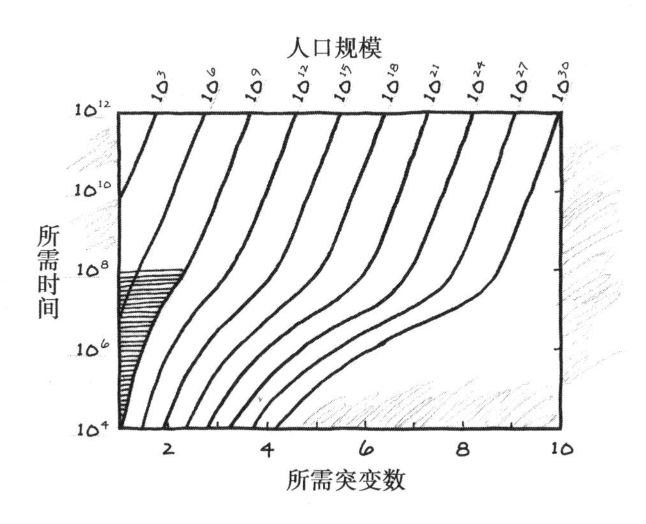

图 12. 4　该图显示如果构建一个基因或性状需要多次协调突变的话，那么多大人口规模和多长时间才能产生这个基因。阴影灰色区域显示了“甜蜜点”——足以产生新基因所需的人口大小和可用时间。值得注意的是，凡是需要两个突变以上的多重突变特征，在任何情况下都不会通过基因复制和后续的协调突变在多细胞生物中演化得来。另外还需要注意，对于绝大多数具有常规种群大小和合理代次的生物来说，即使是要进化出两个协调突变，也不是基因复制、突变和选择能够办到的事情。

达尔文疑问 进化的边缘与其批评者

贝希和斯诺克是新达尔文主义机制创造力的著名批评家，因此他们的论点在别的观察家看来似乎有些不认同。然而，试图捍卫新达尔文主义机制创造力理论的进化生物学家们却无意中证实了贝希和斯诺克的结论。

最近发表的两个科学出版物讲述了这个故事。首先，在2007年，迈克尔·贝希出版了一本书——《进化的边缘》，详细记载了他和斯诺克发表在2004年的那篇论文的结果。通过使用公共卫生数据，对一种导致疟疾的单细胞有机体的遗传性状抗疟药氯喹耐药性进行分析，贝希提出了另一条论据和证据来支持其结论——即使是很微小的遗传适应，也需要多重协调突变才能完成。

借助于公共卫生数据，贝希认为，氯喹耐药性在每10^{20}个细胞感染病例中只出现一次。因此他推断，耐药性特征可能需要多个（可能不一定协调）突变来产生。他称这种特质是"氯喹复杂性集群"（chloroquine complexity cluster）或"CCC"[104]。贝希想探究他所谓的"进化的边缘"，在基因水平探索突变创造和选择的限制性。这种特性能在一个相当短的时间内通过随机突变出现，但他不知道在更为复杂的、不同大小的人群规模中，产生这种耐药特征需要多长时间。

在书中，他请读者想象一下，如果有一种比"氯喹复杂性集群"（CCC）复杂两倍的遗传性状，这个性状的产生需要两个协调突变同时发生，而每个协调突变都像CCC一样复杂。换句话说，如果这两个突变必须在同一生物体以协调的方式同时发生才能产生相同性状的话，那么需要多长时间才能发展出这样一个假设的性状。根据群体遗传学的原理，这种多突变的复杂性特征需要更多的生物体或比生命史更长的时间才能形成。想想强力球彩票的例子：每增加一个协调的变化（多猜对一个号码球）其等待的时间会成倍增加。比如说，10^{20}个生物体才能产生一个CCC，要产生这个功能优势需要两个协调突变，那么它的平方就是10^{40}。但正如我们在第10章所看到的，只有10^{40}种生物曾经存在地球上，这意味着历经地球的整个历史也只是勉强产生这一种复杂性特征[105]。

同样，贝希推测较小种群规模的生物想产生两倍复杂于 CCC 的遗传性状，需要极其漫长的等待时间；而且即使是要产生简单一点的性状特征，也需要很长时间。

某些小种群规模的、长寿的生物，如哺乳动物或者人类和可能的类人猿祖先等，它们的进化需要急剧的突变才能完成，而协调突变的理论无法解释这个问题。贝希根据相关的突变率，已知的人类人口数量及世代时间，来估算在原始人类中产生两个协调突变所需的时间。据他计算，即使是产生这样一种温和的渐进变化也需要数亿年。然而，人类和黑猩猩被认为有共同的祖先，他们从 600 万年前才开始各自进化。贝希的计算表明，新达尔文主义机制在可用于人类进化的时间内不具有产生两个协调突变的能力，因此不能解释人类的起源。

事情从此变得有趣了。《进化的边缘》出版后不久，两名美国康奈尔大学的数学生物学家，新达尔文主义的捍卫者，里克·达雷特（Rick Durrett）和蒂娜·施密特（Deena Schmidt），试图通过自己的计算反驳贝希的结论。他们的论文：“等待两个突变：在调控序列进化中的应用以及达尔文进化论的局限”，同样运用基于群体遗传学的数学模型来计算在原始人类中产生两个协调突变所需要的时间。尽管他们计算出的时间比贝希估计的短，但其结果仍然高估了依靠新达尔文主义机制在相关进化时间内产生协调突变的可能性。他们的计算表明，“仅仅”需要 2. 16 亿年，而不是几十亿年，就可以在人类中产生两个协调突变。但是这个时间，是从人类和黑猩猩的共同祖先中产生独特的复杂适应性和差异，再各自进化成人类和黑猩猩所需时间的 30 倍。

原本是想反驳贝希，谁料达雷特和施密特却无意中又证实了他的主要论点。因为文中承认，他们所计算出的产生两个或更多协调突变所需的时间“不太可能在一个合理的时间尺度内发生”。总而言之，不管是新达尔文主义进化论的批评者还是捍卫者，都强调了相同的论点：如果协调突变对产生新基因和蛋白质是必要的，那么体现了群体遗传学原理的新达尔文数学理论，反而使新达尔文主义机制变得更加不可信了。

疑达问氏 基因选配

但是，产生新基因和蛋白质到底需不需要协调突变呢？贝希和斯诺克的推断是基于分子生物学一个无可争议的事实：许多蛋白质得依赖成套的氨基酸协调行动来执行它们的功能。此外，在《进化的边缘》一书中，贝希认为在许多复杂的生物系统中，肯定需要协调的适应性突变，因为在这些系统中，如果缺失了一个或几个基因产物（蛋白质或特质）就会导致它们失去功能。比如说，在细胞内的几种分子机器（纤毛转运系统，纤毛内转运系统，细菌鞭毛马达等）为了保持其功能都需要多个蛋白质的协调互动。不过，贝希并没有解决新的基因和蛋白质进化演变通路的问题，因此没有得出结论说新的基因和蛋白质本身就代表复杂的适应性。

一些新达尔文主义者提出了一种称为“选配”的蛋白质进化模型。在这个模型中，执行一个功能的蛋白质被转化，或被“选配”来执行一些其他功能。这种模型设想，新的特征，需要借多个“突变”一步一步的产生蛋白质形成，称之为“蛋白质 B”，另外那些缺乏这些特征的蛋白质，称之为“蛋白质 A”。选配理论的倡导者承认，在一系列的单独突变中，最初个别氨基酸的变化，在进化过程中的前几个步骤，是起源于蛋白质 A 的。如果蛋白质缺乏多位点特性的话，蛋白质 A 是没法执行蛋白质 B 的功能的。然而他们认为，这些初始变化可能使蛋白质执行一些其他有利的功能，从而使其具有选择性，并且能防止由于减少或失去它最初的功能而使蛋白质的进化终止。最终，随着突变继续产生具有稍微不同功能的新蛋白质，它们将产生在序列和结构上非常近似的蛋白质，仅需一个或非常少的额外变化足以将其转化成蛋白质 B。

阿克斯和他的同事，分子生物学家安·高杰（Ann Gauger）（见图 12.5），一起在西雅图生物研究所工作。他们意识到这些充满想象力的场景，决定做一个独创性的实验进行测试。他们认为，通过这个巧妙的实验，能够确定新的多位点特性的演变是否是通过多个协调的突变而产生，抑或是否由选配而产生。

图 12.5 安·高杰

阿克斯与高杰在蛋白质数据库中寻找序列和结构尽可能相似，但功能不同的蛋白质。他们发现了两种蛋白质能满足这些标准：一个是 Kbl_2，它能损害苏氨酸；另一个是 $BioF_2$，它能构建生物素（见图 12.6）。

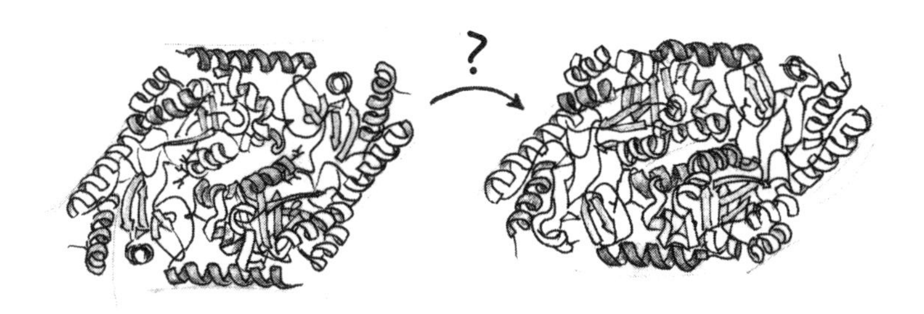

图 12.6　蛋白质 Kbl_2（左）和 $BioF_2$（右）。它们有着相似的催化机制，以加速大肠杆菌中的不同化学反应。

高杰和阿克斯意识到，如果他们能够只做一个或很少的氨基酸协调性改变就能使 Kbl_2 转变为执行 $BioF_2$ 的功能的话，就可能证明（这取决于很少是多少）两个序列足够接近的蛋白质能在合理的进化时间内通过蛋白质选配而转换其功能。此外，他们深知此事的难度，因此科学家们只要发现任何一点切实可行的蛋白质功能改变，其结果都非常具有正面意义。因为这样的结果就表明：他们起码发现了一个功能性的缺口，一个或极少数突变都可能会发生跳跃式的改变（这正如选配理论所设想的一样）。

但是，如果他们发现还需要许多协调的突变（这取决于许多是多少）

才能转换蛋白质的功能，那么可以确定：达尔文机制不能在一段合理的时间内做到蛋白质从功能A到功能B的转换。这也意味着，如果选配假设是合理的话，将需要更大程度的蛋白质之间的结构相似性。经过仔细研究一大类结构相似酶其家族成员之间的结构相似性后，他们知道，Kbl_2和$BioF_2$是序列和结构接近却执行不同功能的两个已知的蛋白质。因此，如果事实证明，一种蛋白质的功能转换为另一种需要许多协调突变——多到超出了在合理时间内能发生的范围——他们的实验结果将会对蛋白质进化的标准解释产生毁灭性影响。如果执行两种不同功能的蛋白质必须比Kbl_2和$BioF_2$结构更相似，突变改变才能使一个功能转换为另一个的话，那么选配理论就不适用了，原因很简单，因为在这么相似的蛋白质之间没法发生跳跃式的选配改变。

高杰和阿克斯首先确定了哪些氨基酸位点发生突变，最有可能从Kbl_2功能改变为$BioF_2$功能。然后，他们系统性地将这些位点进行了单独突变或联合突变。其结果是明确的：不能诱导一个或少数氨基酸发生他们所设想的功能上的变化。实际上，也不能让Kbl_2转变为执行$BioF_2$的功能，即使是突变了大量的氨基酸也不行。这就是说，即使他们能产生更多的协调突变，也不可能通过一个偶然机会就改变了整个进化史。

虽然他们试图转换Kbl_2执行$BioF_2$功能的结果失败了，但他们的实验没有失败，他们的实验首次证实了蛋白质进化选配假说缺乏可信度。即使是在蛋白质极其相似的条件下，将一种蛋白质功能转换为另一种也需要很多的协调突变。产生新基因和蛋白质需要多个基因突变的协调，因此，对新达尔文理论来说，贝希和斯诺克计算的等候时间的确是个问题。

阿克斯也通过实验来计算在不同变量和因素下产生不同数量协调突变所预期的等待时间。阿克斯制定了一套完善的群体遗传学数学模型，以计算不同的等待时间。他的研究结果也大致证实了贝希和斯诺克之前的结果。比如说他发现，如果把一个生命体携带不必要的基因复制体（产生基因复制体在进化产生一个新基因的过程中也是必要的）可能的适应成本也考虑进去，即使是三个协调突变所需的等待时间也超过了地球的生命史。

因此，他有效地确定了上限，可以用以预计在地球上生命史（考虑到携带重复基因在进化过程中的负面影响）期间发生在一个重复基因中的协调突变的数量。在不考虑携带重复基因适应性成本的情况下，其上限应该为6个协调突变。然而，在他们的实验中，他和高杰不能在单基因中诱导发生超过 6 个协调突变的功能变化。所以，即使是给予更加宽松的估算，结果也不能使基因选配假说变得可信。阿克斯和高杰的实验表明，在现实中即使是最小的一个步骤也突破了可供进化的合理时间。用他们的话说，“进化的创新需要很多的变化……而这些变化非常罕见，只可能在比地球生命史长很多的时间内才有可能发生”。

疑达问氏　这一切意味着什么

通过揭示蛋白质进化选配模型的不可信，以及在蛋白质中产生多位点的特性必须需要多重协调突变的事实，阿克斯和高杰证实了基因和蛋白质本身就代表了复杂的适应性，其本质就是，为了携带任何功能性优势，多个亚基的协调相互作用必须作为一个整体出现。

需要协调突变，意味着进化生物学家不能只是假设基因突变会随时产生新的基因和特质，而这一点恰恰是新达尔文主义者长期以来所假设的。实际上，贝希和斯诺克，达雷特和施密特，高杰和阿克斯，以及其他生物学家们最近也表示，把基于群体遗传学标准原则的数学模型应用于基因本身的起源问题上，即使只产生一个新基因或蛋白质所需要的多个协调突变的数量，也不太可能在一个短暂等待时间内发生。因此，这些生物学家把新达尔文主义机制用来解释新遗传信息的产生，反而让人更难以相信了。

2004—2011 年间发表的关于功能基因和蛋白质序列稀有性的研究成果也证实了阿克斯的结论。确实，这项研究有助于解释为什么这样漫长的等待时间是必要的。如果功能序列是罕见的，那么按理说，通过纯粹随机的和间接的方式找到它们就需要很长时间。此外，每增加必要的突变其等待时间也成倍增加。因此，如果功能基因和蛋白质确实非常罕见，如果协调突变都是必要的，那么长时间等待就是必然的。在 2004—2011 年间进行的各种实验和计算，间接证实了阿克斯的早期关于功能性基因和蛋白质的稀有性结论。此外，还有进一步的证据表明，新达尔文主义的机制不能产生构建新基因所必需的遗传信息，更别提是在进化过程这段有限的时间内产生一个新的动物生命形式了。

疑达问氏 数学和机制

归根结底，最终的结论是多私讽刺啊！研究人员运用基于群体遗传学核心原则的新达尔文理论数学模型，计算在各种情况下出现复杂适应性所需要的等待时间。从真正意义上说，新达尔文主义的数学模型本身就表明了新达尔文机制不能建立复杂的适应性（包括构建寒武纪动物所需的丰富的基因和蛋白质）。为此，弗拉泽塔做了一个绝妙的比喻：搬起石头砸自己的脚。

13　躯体模式的起源

很少有获得诺贝尔奖的科学发现受到如此少的关注。当然，这一发现本身受到了极大的赞誉。但更深层次的含义却又是另一回事了。

从1979年秋季开始，在海德堡的欧洲分子生物学实验室，两个敢于冒险的年轻遗传学家，克里斯蒂安妮·鲁斯勒－沃尔哈德（Christiane Nusslein－Volhard）和埃里克·威绍斯（Eric Wieschaus）（图13.1）培育了数以万计的果蝇（物种：黑腹果蝇），他们产生了数千种突变来研究果蝇的基因组，希望由此来揭示胚胎发育的秘密。用专业术语来讲，鲁斯勒－沃尔哈德和威绍斯进行的是“饱和突变”实验。在给雄性果蝇喂食了强力诱变剂甲烷磺酸乙酯（EMS）之后，鲁斯勒－沃尔哈德和威绍斯将其与雌性果蝇共同饲养，接下来在其后代幼虫身上查找明显的发育缺陷。

图13.1　克里斯蒂安妮·鲁斯勒－沃尔哈德（左）。埃里克·威绍斯（右）。

通过产生数千种基因突变，可以使果蝇基因组达到突变的“饱和”状态，鲁斯勒－沃尔哈德和威绍斯用这种方法在一小部分能够特异性调节胚胎发育的基因中诱导出了变种。这些调节基因通常能够控制许多其他基因的表达，以构建果蝇胚胎，并逐步将胚胎细分为将来能变成成年果蝇头、胸、腹部的不同区段。EMS 诱变剂破坏 DNA 复制，从而使基因发生突变。这些突变影响了胚胎发育的进程，在果蝇幼虫身上表现为明显的缺陷。通过观察有发育缺陷的幼虫，鲁斯勒 - 沃尔哈德和威绍斯便可推断出特定基因是如何调控果蝇身体不同部分躯体模式的发育的（body plan）。从本质上讲，就是通过基因逆向工程的技术来确定不同的基因的功能，包括那些调节果蝇发育的决定性基因的功能。[106]

这个被称为“海德堡筛查”的实验，因其彻底性和创新性，以及揭示了调节控制机制在动物胚胎发生中的重要性，而赢得了诺贝尔委员会的注意。1995 年，该委员会将诺贝尔医学或生理学奖授予了鲁斯勒 - 沃尔哈德和威绍斯。“这项工作是革命性的，”剑桥大学遗传学家丹尼尔·圣·约翰斯顿（Daniel St. Johnston）解释说，“因为这是为了从大多数甚至全部突变中找出发育过程中的关键模式基因，而在多细胞生物体中所做的首次诱变尝试。”

这是个老生常谈的故事。就故事本身而言，它无比正确。但鲁斯勒 - 沃尔哈德和威绍斯获得的突变体果蝇却讲述了另一个故事——这个故事并不那么广为人知，但却蕴藏着对动物躯体模式起源未解之谜的重要线索。

1982 年在美国科学促进会（AAAS）上的互动环节，威绍斯提到了这些线索。事情的经过是这样的，在议题为宏观进化过程的会议环节结束后，一位会员听众问威绍斯，他描述他们所诱导的果蝇突变非常“强烈”，“强烈”这个词意味着什么？威斯乔斯笑着解释说，“强烈”这词当然不是意味着“活着”。他所研究的那些发生突变、形体畸形的幼虫，在长到生育年龄前便毫无例外地夭折了。“是的，死了就是死了，”他开玩笑说，“不可能死了再死。”

另一个提问者又问威绍斯，他的发现对于进化理论有何含义，这时威绍斯的反应变得严肃起来，他大声质疑这些突变是否对于解释“进化过程是如何构建出新型的躯体模式”这一问题有任何的帮助。“问题在于，我们以为我们已经搞清楚了构建果蝇机体所需的全部基因，”他说，“但是，这些结果用来作为解释大进化显然不行。我想，接下来的问题是，导致主要进化性变化的正确突变到底是什么？或者将是什么？对此我没有答案。”

三十年后，发育和进化生物学家仍然不知道这个问题的答案。与此同时，在其他生物如线虫（蛔虫）、老鼠、青蛙和海胆等动物中实施和果蝇一样的诱变实验，引发了关于基因突变在动物躯体模式起源中所起作用这一令人困扰的问题。如果突变那些调节机体结构的基因总会在胚胎阶段就破坏动物形态的话，那么最初突变和选择是如何来构建动物躯体模式的呢?

在寒武纪生命大爆发中出现了新的动物形式，它们的新基因和蛋白质是如何产生的?新达尔文主义原理无法解释这个问题。即便是突变和选择能够产生全新的基因和蛋白质，另一个更为艰难的问题依然存在：要创造一种新的动物、构建其躯体模式，蛋白质必须组成更高级的空间结构。换句话说，一旦出现新蛋白质，就必须将它们安置在独特的细胞类型中发挥作用。然后，这些独特的细胞类型必须形成独特的组织、器官和躯体模式。这种组织的过程发生在胚胎发育期。所以说，要想解释微小的蛋白质原件是如何构建为动物机体的，科学家们必须了解动物的胚胎发育过程。

疑达问氏 基因和蛋白质在动物发育中的作用

与生物学的其他分枝学科一样，发育生物学也向新达尔文主义提出了令人不安的问题。发育生物学将胚胎发育为成熟生物体的过程称为个体发育。在过去三十年里，这一领域极大地提升了我们对“个体发育过程中躯体模式如何出现”这一问题的了解。大多数这些新知识都是来自对所谓“系统—机体”模型的研究，也就是对像果蝇和线虫之类生物学家在实验室里可以容易地使其变异的动物的研究。

尽管动物发育过程的具体细节因不同物种而大相径庭，但所有动物的发育都遵循着一个共同规则：开始时是一个细胞，结束时是许多不同的细胞。大多数动物物种，发育始于受精卵，一旦受精卵分裂为子细胞，进而发育成一个胚胎，机体发育就开始走向一个明确的目标，也就是说，发育为具有繁殖能力的成体形式。要抵达如此遥远的目标，需要胚胎在正确的时间以及正确的位置上，产生许多专门的细胞类型。

细胞分化涉及特定基因时空表达的协调。由于承担不同的角色，细胞的数量从一个到两个到四个再到八个，持续倍增，直至数万、数百万个，在有的物种甚至以数万亿计。细胞分裂的次数以及细胞总数，反映了成熟机体所需的不同细胞类型的数量。反过来讲，这就需要为不同类型细胞生产不同的蛋白质。

例如，在成体肠道细胞中负责消化的蛋白质与在四肢神经束中神经元表达的蛋白质是不同的。它们必须不同，因为它们各自执行着截然不同的功能。所以，在发育过程中，相应的基因必须被打开或关闭，或者说是"上调"或"下调"，以确保在正确的时间里，正确的细胞类型能产生正确的蛋白质。

特定的蛋白质在调节构建其他蛋白质的基因表达过程中发挥了积极的作用。这些扮演协调角色的蛋白质被称为转录调节子（TRs）或转录因子（TFs）。TRs（TFs）通常与DNA的一些特殊位点直接结合，要么阻止（抑制），要么促进（激活）特定基因的转录成为RNA。TRs（TFs）传达基因打开或关闭的指令。它们的三维几何结构表现出特有的DNA结合特性，其中包括一个包绕DNA双螺旋结构的含有61个氨基酸的特定区域。其他转录因子的如锌指结构以及亮氨酸拉链基序也能与DNA结合。转录调节子和转录因子通过复杂的环路，以及由其他基因和蛋白质发出的信号进行自我调节，整个过程的复杂和精密程度令人叹为观止。

由鲁斯勒-沃尔哈德、埃里克·威绍斯和许多其他发育生物学家所进行的辛苦缜密的遗传研究，发现了很多有助于将细胞分化为其成熟类型的关键胚胎调节基因。本研究在剖析新达尔文主义生命观的核心时，也发现了一个意义深远的难点。

疑达问氏 早期发生的躯体模式突变和胚胎致死

要造成动物结构的重大变化，时间是关键因素。在动物发育中较晚表达的基因发生突变对于细胞和结构特征的影响相对较少，这是因为在发育后期躯体模式的基本轮廓已经确立了，因而后期发生的基因突变对于动物的结构或躯体模式不会造成任何重大的、可遗传的变化。然而，在发育早期发生的突变则可能影响许多细胞，并可能对动物机体结构或躯体模式造成重大变化，尤其是当关键调节基因发生这些变化的时候。因此，那些表达在动物发育早期的突变可能是实现动物大规模宏观进化性改变的唯一机会。进化遗传学家约翰和乔治·伯纳德·米解释，"宏观进化性改变"需要在"胚胎形成的早期"发生变化。前耶鲁大学进化生物学家基思·汤姆森表示赞同：只有在机体发育早期表达的突变才能引起宏观进化性改变。

然而，从20世纪早期遗传学家T.H.摩尔根首次进行果蝇系统性变异实验开始直到今天，许多模式物种都进行了诱变实验，发育生物学表明那些在发育早期影响了躯体模式形成的突变必然会损害机体（见图13.2）[107]。新达尔文主义的创始人之一，遗传学家R.A.费舍尔指出，此类突变的作用“要么肯定是病态的（大部分是致死性的）”，要么导致机体“在野生状态下”无法生存。

发生“短翅”突变的果蝇无法飞行

发生“卷翅”突变的果蝇无法飞行

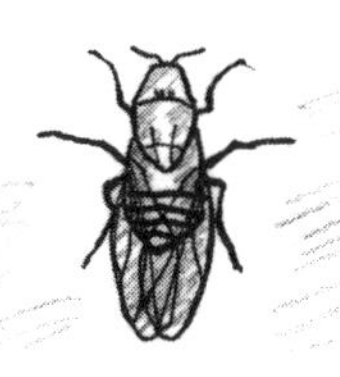

发生“无眼”突变的果蝇彻底丧失了视力

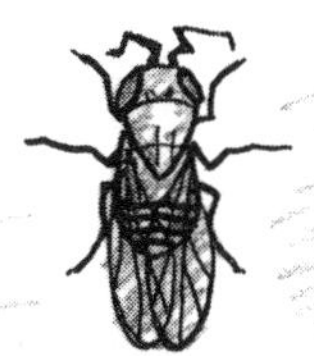

发生“触角足”突变的果蝇在本来该长触角的部位却长出了腿。发生这种突变的果蝇没有生育能力。

图13.2　实验导致果蝇发生有害的大突变（macromutations），包括“短翅”，“卷翅”，“无眼”以及“触角足”突变。

任何动物的正常发育都可以被描述为一种决策网络的拓展和扩张，最早期（上游）的决策相对于晚期发生的决策有着更重大的影响。调节基因与其结合蛋白质产物对这种决策网络的展开起到调控作用，如果调节蛋白质被突变改变或毁坏了，那么会级联影响下游直至整个发育过程。问题出现得越早，破坏的范围就越大。遗传学家布鲁斯·华莱士解释了为什么早期发生的突变极有可能会压倒性地破坏动物发育。“当试图从一个有机体转变为另一个有机体时，会遇到极端的困难……仍然正常工作的那些机体会非常艰难，因为它必须重置大量的调控开关以使个体（体细胞）能正常发育。”

鲁斯勒-沃尔哈德和威绍斯获得了诺贝尔奖之后，在后续的果蝇实验中发现了这个问题。在这些后续实验中，他们研究了在胚胎发育早期影响不同类型细胞组织的蛋白质分子。这些被称为“形态因子”（包括一个叫做 Bicoid）的分子，是建立果蝇前、后轴的关键。他们发现，当这些早期作用的、影响躯体模式的分子被打乱时，发育过程也就关闭了，若编码 Bicoid 的基因发生突变，胚胎就发生死亡。与其他例子一样，调节基因发生的变异会影响躯体模式成型。

跟其他复杂的逻辑系统一样，我们很熟悉地知晓这个过程必有其功能性的原因。如果汽车制造商更改了汽车的油漆颜色或座椅套，那么这车的其他部分根本不需要跟着改变，因为汽车的正常运行并不依赖于这些特性或功能（油漆颜色或座椅套）。但是，如果工程师改变了汽车发动机活塞连杆的长度，但不相应地修改曲轴，发动机将无法运行。同样，动物发育也是一个紧密整合的过程，各种蛋白质和细胞结构因为各自的功能而彼此依赖，后期发生的事件关键性地取决于早期发生的事件。因此，动物发育早期的改变需要大量在发育过程和下游实体中各自独立、功能上却相互关联的协调变化才能实现。这种紧密的功能性融合有助于解释为什么发育早期的突变会不可避免地导致胚胎死亡，以及为何即使发生得较晚的突变也常常使机体致残。

我们仔细看一个特殊实验，会把这个问题进一步阐明。Ultrabithorax 基因（表达于果蝇发育中期）发生突变会使这种原本双翼的动物多长出一对翅膀。尽管多一对翅膀听起来挺带劲，但事实并非如此。这种“创新”会导致果蝇不能飞，因为它还缺乏支持其新翅膀的肌肉组织。这种发育性突变并未伴随有其他许多使翅膀变得有用的协调发育变化，因而这种突变毫无疑问是有害的。

这个问题导致了一个乔治亚理工大学遗传学家约翰·F. 麦克唐纳所称为的“伟大的达尔文主义悖论”。他指出，那些存在于自然种群中的容易发生变化的基因仅仅影响机体形态和功能的次要方面，那些掌控机体重大变化如宏观进化的基因显然不会变化，要么一旦变化就会损害机体。正如他所说，“那些存在于自然种群中容易发生变化的遗传基因位点并不存在许多重要的自适应变化的基础，而那些构成了很多（如果不是大部分的话）自适应变化基础的基因位点，在自然种群中并不易变化”。换句话说，在进化过程中，产生新动物躯体模式所需要的那种突变，也就是在发育早期表达的有利的调节性变化，并未发生。然而，不是产生新躯体模式所需的DNA突变，却常在发育晚期出现。简而言之，主要的进化改变所需的突变总是可望而不可即，而那些我们得到的突变却都是不需要的。

我在发现研究所的同事保罗·尼尔森（Paul Nelson）（见图13.3）是一个生物学哲学家，他的专业是进化理论和发育生物学。他总结了动物发育挑战新达尔文主义的三个前提：

1. 动物躯体模式是建立在每一代机体中，从受精卵到众多成体细胞的一个逐步过程。在这一过程中，早期阶段决定了后续事件。

2. 因此，为了使任何躯体模式进化，突变必须发生于胚胎发育早期，必须切实可行，必须能够稳定传递给后代。

3. 然而，这些早期发生的，对动物发育产生整体影响的突变，却是最不可能被胚胎容受的突变，事实上，在任何发育生物学家研究过的动物中，这种突变也是从未被容受过的。

图13.3　保罗·尼尔森

进化生物学家李·范·瓦伦（Leigh Van Valen）（1935—2010）和进化理论家及生物学哲学家威廉·威姆萨特（William Wimsatt）同是芝加哥大学博士学位委员会的成员。在与他们就这些深层次的问题争论多年后，尼尔森对他们也非常欣赏。范·瓦伦以“红皇后假说”著称，此假说认为机体是为了保持自身的健康而不断进化，他对宏观进化的机制充满了兴趣。威姆萨特提出了“遗传筑垒”的理论，以解释种在复杂系统工作中，包括动物发育过程中产生“因果不对称”的原因。他们都对尼尔森承认说，科学文献没能提供能够影响早期动物发育和躯体模式成型的可行性突变的例证（前提3，前文），也没能提供新的动物形态宏观进化所需要的早期突变的例证（前提2，前文）。然而，范·瓦伦和威姆萨特仍然坚持动物形态的起源，是由一个共同祖先经过某种无定向的突变获得而来的这一理论。然而，尼尔森认为，这些前提强烈暗示，新达尔文主义原理并没有（实际上是并不能）提供产生新的动物躯体模式的机制。正如他所说，“如果那些明确的、足以产生改变整个躯体模式的突变不会造成有益的和可遗传的变化，那么就很难说突变和选择是如何首次产生新的躯体模式的”[108]。

因此，他得出结论：

> 在过去三十年中，在新达尔文主义的框架下进行的对动物发育和宏观进化的研究表明，新达尔文主义对于新躯体模式起源的解释很可能是错误的，——其中的种种原因达尔文自己也应该了解。

事实上，达尔文本人坚持认为，“没有什么可被自然选择所影响”，“除非发生了有利的变化”。或者正如瑞典进化生物学家索伦·洛鲁普（Sonen Lovtrup）简洁的解释，“没有变异，就没有自然选择；没有自然选择，就没有进化。这种说法基于最简单的一种逻辑……把选择压力作为进化剂毫无道理，除非适当突变的有效性是虚构的”。然而，那些作用于早期的、能形成躯体模式的、能调节基因的“适当”的突变根本没有发生。

微进化产生的改变是不够的，而大突变（大规模的变化）则是有害的。这个悖论从一开始就困扰达尔文主义，对动物发育基因调控的发现使这种矛盾更加尖锐，也对作为寒武纪出现动物新躯体模式解释之一的现代新达尔文主义原理的有效性提出了严重质疑。

疑达问氏 发育基因调控网络

发育生物学的另一方面研究揭示了一个与新达尔文主义机制创造力相关的挑战。发育生物学家已经发现，许多特定的动物躯体模式发育所需的基因产物（蛋白质和核糖核酸），能传输信号以影响单个细胞的发育方式以及自身分化的方式。此外，这些信号也会影响胚胎发育中细胞的组织方式和细胞间互动的方式。这些信号分子相互影响，形成具有协同作用的回路或网络，就像电路板上的集成电路一样。例如，只有当一个信号分子确实收到另一个分子送来的信号时，它才会将信号传递出去。这信号陆续依次在其他信号分子中进行传播，整个传播过程是协调而整合的，执行着有严格时序要求的特定功能。这些细胞信号分子的协调性和整合性保证了动物躯体模式发育过程中不同类型的细胞能恰当地分化和组织。因此，正如在动物发育早期，即使是突变单个调节基因就会不可避免地关闭发育过程一样，突变或者改变整个相互作用的信号分子网络也会破坏胚胎的发育。

没有哪个生物学家在动物发育调控逻辑领域的研究比加州理工学院的埃里克·戴维森（Eric Davidson）更为深入。在他早期职业生涯中，戴维森与分子生物学家罗伊·布里顿（Roy Britten）合作阐述了“更高级细胞的基因调控”理论。戴维森和布里顿认为，“更高级的细胞”是指在动物胚胎发育最初阶段过后出现的那些已经分化或特化了的细胞。戴维森观察到，在一个动物个体中，其细胞无论形态或功能如何不同，“它们都包含完全相同的基因组”。在一个有机体的生命周期中，这些特化细胞的基因组在特定的时间仅表达它们 DNA 的一小部分，并因此产生不同的 RNA。这些事实有力地表明，一些动物性遗传控制功能在机体的一生中根据需要来打开或关闭特定的基因，而且这种系统性的功能在动物从受精卵到成体不同类型细胞的发育过程中就构建好了。

1969 年，他们提出了自己的理论，戴维森和布里顿承认“在已分化的细胞中，对控制基因表达的分子机制知之甚少”。然而，他们推断，一定有这样一个系统在工作。因为：（1）有数十或数百种特化细胞在动物发育过程中出现；(2) 每个细胞都包含相同的基因组；(3) 某些相控系统必须确定，在不同时间不同细胞中表达哪些基因，以确保不同类型细胞能够各自分化，一些系统级的调节逻辑必须监督和协调基因组的表达。

戴维森一直致力于发现和描述胚胎发育过程中基因调控系统的机制。在过去的二十年里，基因组学的研究揭示了基因组非蛋白质编码区控制和调节了蛋白质编码区的表达时间。戴维森已经阐明，调节和控制基因表达的 DNA 非蛋白质编码区和蛋白质编码区以环路的形式共同发挥作用，这些被戴维森称为“发育基因调控网络”（或 dGRNs）的环路控制了动物的胚胎发育过程。

1971 年戴维森来到了加州理工学院，他选择紫色球海胆作为他的实验模型系统。紫色球海胆的生物学特性，使得它作为实验室研究对象非常有吸引力：这一物种在太平洋沿岸极为丰富，能在实验室里产生大量的容易受精的卵子，并能存活许多年。戴维森和同事们开创了深入剖析海胆基因调控系统所需的技术和实验方案。

他们的发现非常复杂，需要通过图例来说明。图 13.4 显示了海胆胚胎发展似乎在 6 小时后才开始（图左上）。这是 16 个细胞的阶段，意味着已经发生了 4 轮细胞分裂（1→2→4→8→16）。在接下来的 4 个发育阶段，无论是细胞的数量还是细胞特化的程度都有所增加，到了第 55 小时，海胆的骨架元素开始显现轮廓。图 13.4 左所示的是与胚胎发育图相对应的细胞和组织类型主要调控基因示意图，这些基因表示为框，通过控制箭头相联系。最后，图 13.4 右显示了戴维森所说的“基因电路”，它开启了特异的生物矿化基因，以生产构建海胆骨架所需的结构蛋白质。

最后的图表示了一个发育基因调控网络（或 dGRN），一个由蛋白质和 RNA 信号分子组成的整合网络，负责分化和排列构成海胆骨架的特殊细胞。请注意，为了使生产结构蛋白质的生物矿化基因表达，位于其非常上游的基因在胚胎发育开始的数小时内就被激活并开始发挥作用了。

这个过程，在海胆中并不是碰巧发生的，而是通过高度的调节系统和精确的控制系统才得以实现，并且在所有动物中都是如此。譬如秀丽隐杆线虫，其成体仅有 1 000 个细胞，但即便是结构如此简单的动物，也是在发育过程中受到了无比精准而复杂的基因调控网络（dGRN）的调节才得以成型。在所有动物中，各种 dGRN 指挥了戴维森所描述的胚胎“复杂性的逐步增加”过程，他认为这种增加的程度只能用“信息术语”才能估量。

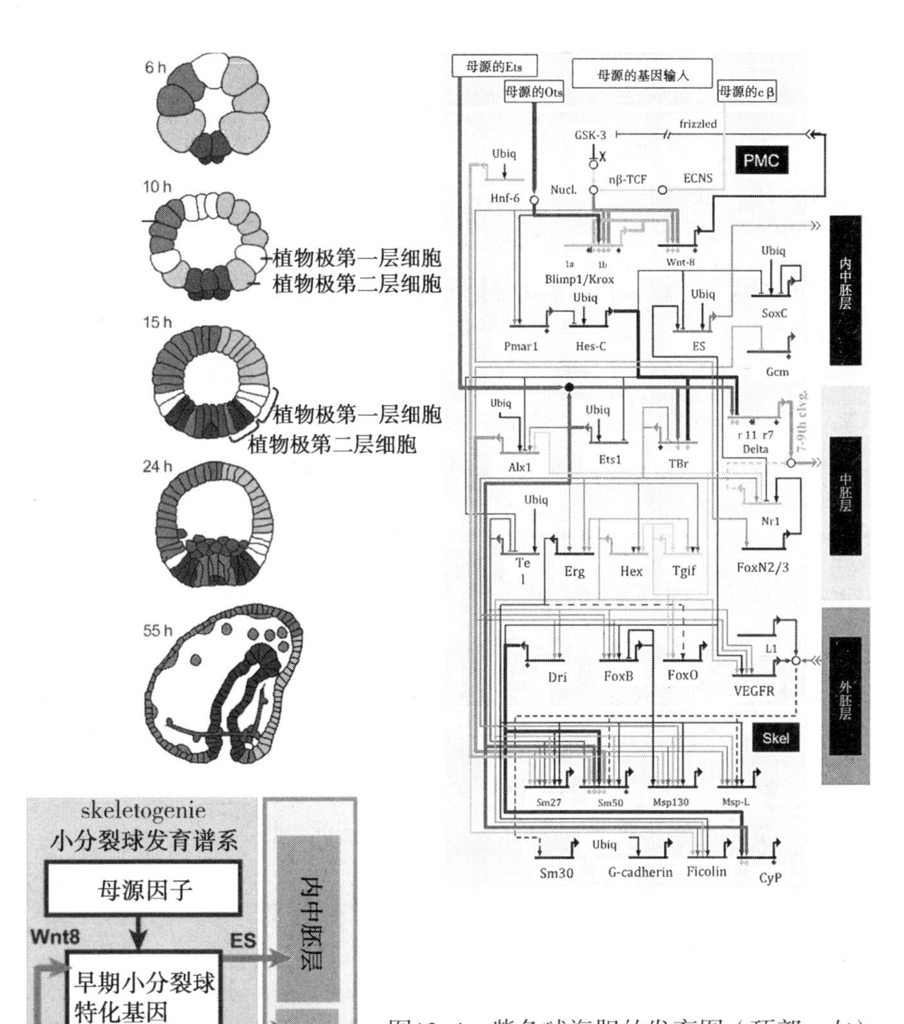

图13.4　紫色球海胆的发育图（顶部，左）：第6小时开始显示胚胎细胞分裂，直到第55小时幼体骨骼出现。（底部，左）：描述了参与形成幼体骨骼的主要基因类别。（顶部，右）：显示了控制幼虫骨骼结构的涉及整个“基因调控网络（GRN）”的基因环路细节。

戴维森指出，一旦连接建立，dGRNs 作为集成环路的复杂性使它们顽固地拒绝突变性改变。在过去十五年中，他在几乎所有发表的文章中都一直强调这一观点。他指出，“解除这些分枝环路中的任何一环，都会导致海胆胚胎产生一些畸形”。

发育基因调控网络之所以能够抵御突变的变化，是因为它们进行了分层的组织。这意味着，一些发育基因调控网络能控制其他的基因调控网络，而另一些只能影响其控制下的基因和蛋白质。位于这个调控层级中心的，就是在发育中调控动物躯体模式轴线和整体形态的调控网络，这些 dGRNs 一旦发生变化，对机体造成的影响将是灾难性的。

事实上，并没有这些根深蒂固而功能关键的调控环路发生变化的例子。层级结构外围是那些专门调节小规模特性的基因调节网络——这些网络有时是可变的。然而，创造一个新的躯体模式需要改变动物的轴线和整体形态，这就要求那些重要的调控环路在发生变异的同时，还不能造成灾难性的后果。戴维森就强调，突变影响了调节躯体模式发育的 dGRNs，会导致“肢体缺失或丧失生存能力的灾难性后果”。他详细解释说：如果 dGRN 分枝电路中断，其后果肯定是可以预见的，通常也都是灾难性的。由于分枝环路都是相互联系的，所以整个网络的协同工作是让机体运行的唯一方式。确实，每个物种胚胎的发育方式都只有一种。

疑达问氏 工程约束

戴维森的发现对新达尔文主义机制的充分性提出了深刻挑战。建立一个新的动物躯体模式不仅需要新的基因和蛋白质，更需要新的 dGRNs。而要通过突变和选择在一个已经存在的 dGRN 基础上建立一个新的 dGRN，就必然要改变已经存在的发育基因调控网络（正如我们在第 12 章看到的那样，如果没有伴随多个协调性突变的话，这样的改变是不可能出现的）。戴维森的研究也表明，但凡出现这种改变都会不可避免地导致毁灭性的后果。

戴维森的工作，更凸显出了一个严重的矛盾：新达尔文主义对构建躯体模式的解释，与工程最基本原则之一的约束原则之间的深刻矛盾。工程师们早就知道，越是将功能集成在一个系统中，就越难使其在不损害或不破坏系统整体的前提下改变它的任何一个部分。戴维森的工作也证实，这个原则非常适用于发育中的生物。基因调控系统控制精密整合的动物躯体模式的发育，所以这些基因调节系统的重大改变必然会损害或破坏动物发育[109]。有鉴于此，新的 dGRNs 及其产生的新躯体模式怎么可能通过变异和选择的方式从已经存在的 dGRNs 及躯体模式基础上逐渐演变而来？

戴维森指明了以前没人明白的一点：“与经典进化理论相反，驱使动物种分化这一微小的变化过程并不能作为动物躯体模式进化的研究模型。”

> 新达尔文主义的进化论……假设所有过程的工作方式都是相同的，因此酶类或者花朵颜色的进化都可以被用作研究躯体模式进化的工具。它错误地假设蛋白质编码序列的改变是发育进程发生改变的基本原因；它还错误地假设躯体模式的进化性变化是一个持续的过程。所有的这些假设基本上都是反事实的。这并不奇怪，因为新达尔文主义的思想就来自于那些根植于群体遗传学的前分子生物学与自然史的联系的理念，这其中任何一种学说都无法阐明驱动胚胎躯体模式发育基因调节系统的运作机制。

疑达问氏 现在和以后

同鲁斯勒 - 沃尔哈德和威绍斯一样，埃里克·戴维森的工作，突显了与寒武纪生命大爆发明显相关的一个难题。通常，古生物学家将寒武纪生命大爆发理解为地质学意义上突然出现的新的动物生命形态。创建这些形态需要新的发育程序，包括新的早期激活的调节基因和新的发育基因调解网络。然而，即便是早期激活的调节基因以及 dGRNs 都不可能在不破坏原有发育程序（以及动物形态）的前提下发生突变性改变。这些生命体如果突变，那么自然选择将无“利”可选，动物的进化将会终止。

达尔文对寒武纪生命大爆发的疑惑主要是围绕在化石中间形态的缺失问题上。不仅这些中间形态的化石从没被发现过，而且寒武纪生命大爆发本身也说明了一个深刻的，由于化石证据的问题没有解决而带来的工程学问题——通过把一种紧密整合的遗传因素及其产物逐渐改变为另一种，从而创建新的动物生命形式的问题。

然而，在下一章，我们将会看到一个更为艰巨的疑难。

14 表观遗传革命

1924 年，也就是在人们发现 DNA 信息承载功能的三十年前，两名德国科学家汉斯·施佩曼（Hans Spemann）和希尔达·曼戈尔德（Hilda Mangold）报道了一个有趣的实验，这个实验的意义在当时并没有受到足够重视。施佩曼和曼戈尔德通过显微外科的方法，将一个新生蝾螈胚胎的一部分切除并移植到另一个正在发育的蝾螈新胚胎中去。

他们得到了一个令人吃惊的结果：受体形成了双体胚胎，每一个都有头和尾巴，在腹部相连，就像连体婴儿一样。尽管这一实验，极大地影响了胚胎的解剖形态，但施佩曼和曼戈尔德并没有改变胚胎的 DNA。

他们的实验结果显示了一种激进的可能性：有某种 DNA 以外的东西能够显著影响动物躯体模式的发育。另外其他一些实验结果也有相同的提示。在 20 世纪 30—40 年代，美国生物学家埃塞尔·哈维（Ethel Harvey）的实验显示，海胆胚胎在移除其细胞核后，仍能发育到 500 个细胞左右，也就是说，海胆胚胎在没有细胞核 DNA 的情况下还能继续发育到 500 个细胞。在 1960 年，比利时科学家用化学方法阻断了两栖动物胚胎 DNA 转录为 RNA 的过程，他们发现即使是阻断了 DNA 的转录，胚胎仍然能够继续发育为几千个细胞。1970 年，加拿大的生物学家发现，如果将海胆的细胞分裂原件注射入青蛙受精卵，那么在没有细胞核的情况下，青蛙胚胎仍然能够进行早期发育。

这些实验结果都表明，在没有 DNA 的情况下胚胎无法发育完全。在每个实验中，DNA 都是最终完成胚胎发育所必需的。然而，这些结果同时也表明，DNA 并不意味着一切，至少在早期阶段，有其他来源的信息在指导动物发育。

疑达问氏 超越：表观遗传信息

2003 年，麻省理工学院出版社出版了题为《有机体形态的起源：超越发育和进化生物学中的基因》的突破性科学论文合集，本书由两位杰出的发育和进化生物学家编辑，他们是维也纳大学的格尔德·穆勒（Gerd Müller）和纽约医学院的斯图尔特·纽曼（Stuart Newman）。在这部论文集中，穆勒和纽曼收录了许多描述遗传学和发育生物学最新发现的科学著作。这些新的发现表明，基因本身并不能确定一个动物的三维形态和结构。相反，许多科学家在他们的著作中报道，起着至关重要作用的是所谓的表观遗传信息，这些信息储存在细胞结构中，并不在 DNA 序列里。表观遗传（epigenetics）前缀“epi”的意思是“上面”或“以外”，因此表观遗传是指基因以外的信息来源。正如穆勒和纽曼在引言中所述，“基因水平的详细信息无法对动物的形态作出解释”。而“表观的”或者说“序列外的信息”在胚胎发育期间却对动物的“身体组装”起着至关重要的作用。

穆勒和纽曼不仅强调了表观遗传信息在发育过程中对躯体模式形成的重要性，他们还认为表观遗传信息在起初动物躯体模式的起源和演化中同样发挥着重要作用。他们得出的结论是——近来发现的有关表观遗传信息在动物发育中的作用，对标准新达尔文主义中对动物躯体模式起源的解释提出了最为严峻的挑战。

在这本合集的引言中，穆勒和纽曼列出了一些进化生物学中的“开放性问题”，包括寒武纪时期动物躯体模式起源和有机形式的起源等疑问，后者就是这本书的中心话题。他们指出，尽管“新达尔文主义仍然代表着解释进化的主要理论框架”，但却“缺乏生成的理论”。在他们看来，新达尔文主义“完全回避了有机体形态和表型性状起源的问题”。书中继续写道，新达尔文主义之所以缺乏对有机体形态起源的精准解释，正是因为它无法解释表观遗传信息的起源。

1993 年的加州中部海岸，我正驱车前往一个持达尔文怀疑论的科学家私人会议的途中，与我一同前往的是乔纳森·威尔斯（Jonathan Wells）（见图 14.1），当时我第一次了解了表观遗传信息以及穆勒和纽曼实验的问题。他刚在加州大学伯克利分校拿到发育生物学博士学位。与在这个领域的其他人一样，威尔斯拒绝动物发育中的“（绝对）基因中心论”的观点，并开始认识到非基因来源信息的重要性。

图 14.1　乔纳森·威尔斯

在那时，我已经研究了许多源于分子生物学的，对标准进化理论的质疑和挑战，但表观遗传学对于我来说还是全新的理念。在我们的旅途中，我问威尔斯为什么发育生物学对进化论和评价新达尔文主义如此重要？他回答：“因为这就是整个理论将要被揭开的谜团之所在。”我永远都不会忘记他的答案。

这些年来，针对用新达尔文主义原理来解释动物躯体模式起源的充分性，威尔斯提出了一个强有力的反驳论点。他的论点集中在表观遗传信息对动物发育的重要性上。要知道为什么表观遗传信息给新达尔文主义带来了额外的挑战，以及究竟什么是生物学家所说的“表观”信息，那就让我们先来看看生物形态和生物信息之间的关系。

疑达问氏 形体和信息

生物学家通常将“形体”定义为独特的形状以及肢体的布局。动物在从胚胎发育到成体的过程中，机体的形体存在于三维空间中，并适时出现。当合成动物躯体模式的材料成分被用于构建特异的具有可辨认的三维形态的布局或者说“地形”时，我们就能够辨识出特定动物的躯体模式。因此，一个特定的“形体”，代表了在一个更大的可能性布局下机体材料组分的一种高度特异的排列。

以这种方式理解形体，提示了就最一般意义上的概念来说，它与信息之间存在某种联系。正如我在第 8 章所说，香农的信息数学理论认为，传播的信息量等同于在一系列符号或字符中衰减或消除的不确定性的总量。因此那些被赋予了一些选择，或是被赋予了一些可能安排的信息会被排除掉，这样其他的信息将会得以实现。被排除的布局方案的量越大，所传递的信息量也就越大。无论以什么方式限制一组可能的材料布局方案，都会使得一些可能性被排除，而另一些可能性被实施。在香农的理论中，这是产生信息的普遍过程。由此可见，即使信息不以数字形式编码，只要对生物形式的产生加以约束，同样能传递信息。

DNA 不仅包含香农信息，还包括功能性的或指定的信息。DNA 中核苷酸的排列次序或是蛋白质中氨基酸序列的排布是特异的，因此包含有大量的香农信息。但是 DNA 和蛋白质的功能有赖于碱基和氨基酸这些极度特异的排布顺序。

同样，动物形态结构不仅也是极度特异的，而且代表了物质极度详尽的排布。在胚胎发育过程中，机体形态和功能都取决于各种成分精确的安排。因此，其他构建机体形态的原件如细胞、近似类型的细胞群、dGRNs、组织以及器官的精确安排，也代表了某种特定的或功能性的信息。

在第 8 章时代就说到，将香农的信息理论简单地应用于分子生物学，有时会导致包含对在 DNA 和蛋白质的某种信息的认知混淆，也可能会导致对机体中指定信息驻留位置的认知混淆。这也许是因为关于基因的信息承载容量可以轻易地被测量的缘故，生物学家经常将 DNA、RNA 和蛋白质当做生物信息的唯一存储库。新达尔文主义者认为基因拥有构建动物形态所必需的所有信息，他们还认为基因中发生的变异足以产生构建新动物生命形态所需的全部新信息。然而，如果生物学家理解了机体形态其实是对生物层次结构中多个层面物质的可能排布加以控制后的结果的话（从基因和蛋白质到细胞类型和组织，再到器官和躯体模式），那么他们可能会出现生物体更多层次的，信息丰富的结构。在发育生物学的发现已经证实了这种可能性。

疑达问氏 基因之外

许多生物学家，尤其是发育生物学家已经不再相信是DNA引导了几乎所有细胞内发生的事件。他们发现越来越多的构建躯体模式的重要信息是来源于胚胎细胞的形态和结构，甚至包括来自未受精细胞和受精卵的信息。

现在生物学家把这些信息的来源称作“表观遗传”[110]。众多实验表明，一些DNA以外的东西能够影响动物躯体模式的发育，施佩曼和曼戈尔德的实验就是其中之一。自20世纪80年代以来，发育和细胞生物学家，如布莱恩·古德温（Brian Goodwin）、华莱士·阿瑟（Wallace Arthur）、斯图尔特·纽曼（Stuart Newman）、弗雷德·里吉豪特（Fred Nijhout）、哈罗德·富兰克林（Harold Franklin）等就已经发现或分析了许多表观遗传信息的来源。甚至一些分子生物学家，如遗传程序指导动物发育理念的先驱西德尼·布伦纳（Sidney Brenner）也坚持认为，编码复杂生物系统所需的信息远远超过了DNA中携带的信息。

DNA有助于指导蛋白质的合成，部分DNA分子也有助于调节细胞内各种蛋白质的合成与表达。然而，一旦合成了蛋白质，这些分子必须被设置到更高级别的蛋白质和结构系统中。基因和蛋白质就像简单的堆积木一样，是碱基和氨基酸以特定的方式排列起来的。同样，特定的蛋白质系统构建出独特的细胞类型，特定的细胞类型和组织则构成了不同的器官，各个特定器官的特定组合排列就构成了躯体模式。然而，个别蛋白质的性质不能完全决定这些高层次结构的组织和模式。其他来源的信息必须协同作用，帮助单个蛋白质设置于蛋白质系统中，蛋白质系统再构成独特的细胞类型，特定的细胞类型构成不同组织，不同的组织构成不同的器官，进而由不同的组织和器官以形成躯体模式。

有两个类比，可能有助于说明这一点：在一个建筑工地，建筑工人会利用许多材料：木材、电线、钉子、石膏板和管道等。然而这些建筑材料并不能确定房子的布置平面图或这个片区房屋的布局。同样，电子电路是由许多组件如电阻、电容和晶体管等构成，但这样的低级组件无法决定其自身在一个集成电路中的位置（见图14.2）。

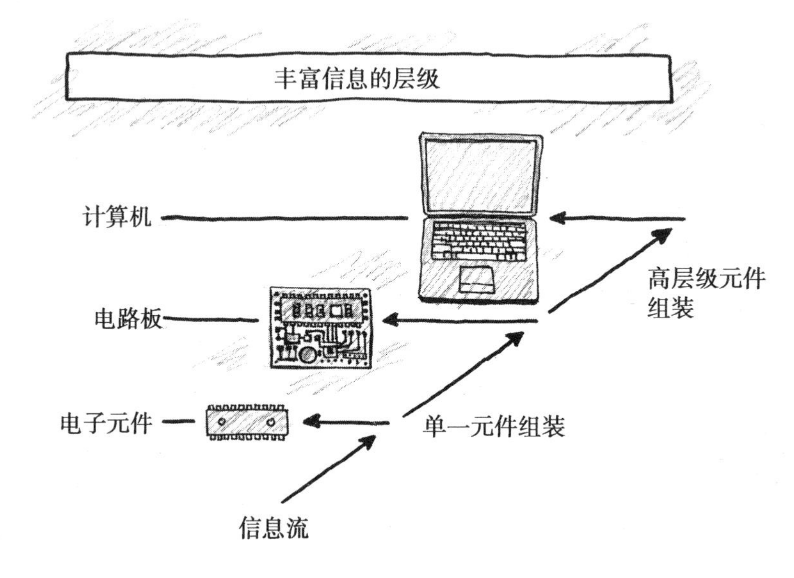

图 14.2　不同来源信息的分层和排布。需要注意的是，构建较低级别电子元件所需要的信息，并不能决定这些组件在电路板中或电路板之间排布就是构建一台计算机所必需的。想做到这一点还需要额外的信息输入。

同样地，在动物的发育过程中，DNA 本身并不直接使单个的蛋白质组装到这些较大的系统或构造（细胞、组织、器官以及躯体模式）中[111]。相反，在胚胎形成中，胚胎细胞的三维结构和空间结构对决定躯体模式具有非常重要的作用。目前，发育生物学家已经确定了在这些细胞中表观遗传信息的几个来源。

疑达问氏　细胞骨架阵列

真核细胞具有内部骨架维持其形状和稳定性。这些"细胞骨架"是由若干不同种类的长丝组成的，包括那些被称为"微管"的物质。细胞骨架中微管的结构和位置影响胚胎的模式和发育。胚胎细胞内的微管"阵列"，帮助发育过程中必需的蛋白质分布到这些细胞中的特定位置，一旦分布到位，这些蛋白质就能执行发育过程中的关键功能。但是，这些蛋白质只有在先前就存在的、精确的结构化微管或细胞骨架阵列的帮助下送到正确的位置上才能完成相应功能（见图 14.3）。因此，细胞骨架中微管的精确排列构成了关键性结构信息的一种形式。

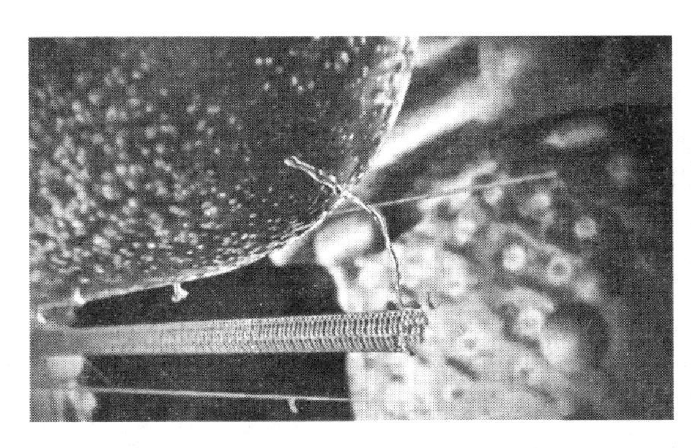
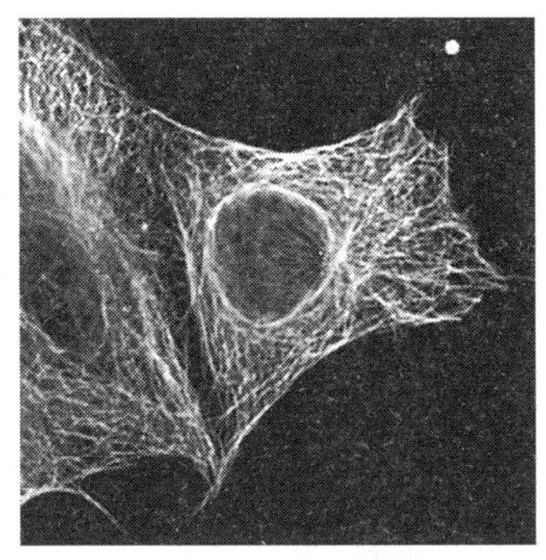

图 14.3　显示了一幅由微管蛋白组成的微管（在图像的底部）的静态照片（左）。显示了在细胞内一大段由许多微管组成的细胞骨架（和其他元件）的横截面显微图像（右）。

这些微管阵列是由微管蛋白质组成，这些蛋白质都是基因产物。然而，就像相同形状的砖可用于组装成许多不同结构一样，细胞微管中的微管蛋白质的形状也基本相同。因此，区分不同种类胚胎和发育途径中微管阵列形状差异的，既不是微管蛋白质亚基，也不是编码它们的基因，而是微阵列本身结构。这是通过其亚基的位置和结构，而不是亚基本身的性质来确定的。乔纳森·威尔斯这样解释道："在胚胎发育中重要的是微管阵列的形状和位置，而微管阵列的形状和位置不是由它的亚基来决定的"。基于这个原因，美国科罗拉多大学的细胞生物学家富兰克林·哈罗德认为，不可能用组成结构的蛋白质组分特性来预测细胞中的细胞骨架结构。

此外，另一个细胞结构也能影响微管的阵列，从而影响它们形成的精确结构和它们执行的功能。在动物细胞中，这种结构被称为中心体，一个微小的细胞器，位于完整细胞的细胞分裂之间的核的旁边。从中心体发出的是微管阵列，它能赋予细胞自己的三维形状，并提供内部通道，用于细胞器和基本分子与核之间的定向传输。在细胞分裂时，中心体可以自我复制。这两个中心体形成细胞分裂装置的极点，并且每个子细胞继承了中心体之一，但在中心体中不包含 DNA。虽然中心体是由蛋白质基因产物组成，但是中心体的结构不仅仅是由基因来决定。

疑达问氏 膜型

表观遗传信息另一重要来源，是存在于细胞膜蛋白质的双向模式。当信使 RNA 被转录后，这些蛋白质产物必须运送到胚胎细胞中适当位置发挥适当功能。定向运输涉及到细胞骨架，但它也取决于运输发生前处于特定位置的膜空间局部靶点。发育生物学家已经证实这些膜型在果蝇胚胎发育起到了关键性的作用。

疑达问氏 膜靶点

例如，在果蝇（Drosophila melanogaster）早期胚胎发育中需要调节分子 Bicoid 和 Nanos（等等）。前者是前部（头）发育必需，而后者是后部（尾）发育必需。在胚胎发育的早期阶段，滋养细胞注入 Bicoid 和 Nanos 的 RNAs 到卵细胞中。（滋养细胞为将成为卵子的卵母细胞和胚胎提供有母系编码的 mRNAs 和蛋白质。）细胞骨架阵列运输 RNA 穿过卵母细胞，到达并附着在卵细胞表面指定的靶点部位。到达适当的位置后，Bicoid 和 Nanos 才能在果蝇的头对尾轴组织发育中发挥关键作用。它们这样做必须通过两个梯度（或不同浓度），一个与 Bicoid 蛋白质大部分集中在前端，而另一个与 Nanos 蛋白质大部分集中在后端。

在这两端分子之间的就是 RNA（基因产物），遗传信息在此过程中起着非常重要的作用。即便如此，包含 Bicoid 和 Nanos 基因信息本身并不能确保基因编码 RNA 和蛋白质的正常功能，而是由先前存在并已经定位在卵细胞内表面上的膜靶点来确定这些分子会附着的位置以及它们将如何发挥功能。这些膜靶点为胚胎发育提供了重要的信息——空间坐标。

疑达问氏 离子通道和电磁场

膜型也可以通过离子通道的精确排列来提供表观遗传信息，通过离子通道在细胞壁上的开口，可以调控带电颗粒的双向运输。例如，有一种离子通道可通过富含能量的 ATP 分子运输 3 个钠离子出细胞，而使 2 个钾离子进入细胞。由于这两种离子都具有 1 个电荷（Na^+，K^+），这种净差就形成了一个跨细胞膜的电磁场。

实验表明，电磁场具有“形态发生”效应，也就是说，它能够影响发育生物体的形态。特别是在一些实验中已经表明，这些电场的靶向干扰会破坏正常发育的方式，表明电磁场可以控制形态发生过程。人工施加电场可以刺激和引导细胞迁移。也有证据表明，直流电流可以影响基因表达，这意味着内部产生的电场可以提供空间坐标引导胚胎形成。虽然形成电磁场的离子通道包含了可以由 DNA 编码的蛋白质（正如微管由 DNA 编码的亚基组成），但是这个模式在细胞膜上是没有的。因此，除了在 DNA 中编码形态发生蛋白质所需的信息以外，这些离子通道的空间排列和分布也能影响动物的发育。

疑达问氏 糖代码

生物学家们已经知道，另一个表观遗传信息的信息来源存储在细胞膜外表面的糖分子排列上。糖可以附着到组成细胞膜本身的脂质分子上（在这种情况下，它们被称为“糖脂”），或者它们可以连接到嵌在细胞膜中的蛋白质（在这种情况下，它们被称为“糖蛋白质”）。相比构成蛋白质的氨基酸来说，单糖的结合方式更多，从而导致细胞表面模式极其复杂。生物学家罗纳德·施奈尔（Ronald Schnaar）解释，“每个（糖的）部件都有几个可能的不同位置，这就好比一个 A 可以形成四个不同的字母，取决于它是正立，颠倒，还是放在其任何两侧。实际上，只要 7 个单糖就可以排列为成百上千个长度不超过五个字母的完全不同的词。

这些序列特异富含信息的结构影响了胚胎发育过程中不同类型的细胞

排列，因此，一些细胞生物学家将糖分子的排列称为“糖代码”，并把这些序列比作存储在DNA上的数字编码信息。生物化学家汉斯－约阿希姆·加比尤斯（Hans－Joachim Gabius）指出，糖类提供了一个“高密度编码”系统，即“对于允许细胞通过复杂的表面相互作用来进行迅速有效的通信交流来说至关重要”。按照加比尤斯的说法，“迄今为止，这些糖分子在信息存储容量上超过了氨基酸和核苷酸”。因此，精确地排列在细胞表面上的糖分子明确地代表了DNA碱基序列之外的另一个信息来源。

疑达问氏 新达尔文主义和表观遗传信息的挑战

胚胎细胞中这些不同表观遗传信息的来源对新达尔文主义充分性构成一个巨大的挑战。根据新达尔文主义，新信息、形式和结构是由自然选择在遗传文本中，在一个非常低水平的生物层次结构上作用于随机突变而产生的。然而，胚胎发育过程中躯体模式形成，以及生命历史过程中的主要形态学创新，都取决于组织层次更高水平上排列的特殊性，而并非仅仅是由DNA来决定。如果DNA不能完全决定胚胎发育形式以及躯体模式的形态发生，那么即使进化过程中提供再多的时间和再多次突变试验，DNA序列既使无限变异也不能产生一个新的躯体构型。研究基因突变是目前研究中简单且错误的方式。

即使在最好的情况下，即不考虑突变和选择生成新基因的巨大不可能性概率，DNA序列突变产生的也仅仅是新的遗传信息而已。但是建立一个新躯体模式需要的不仅仅是遗传信息，它需要遗传和表观遗传两方面信息，而表现遗传信息不是存储在DNA中的，因此不能由突变的DNA产生。由此我们可想而知，单靠DNA中自然选择作用于随机突变的机制并不能产生新的躯体模式，当然也不能产生寒武纪大爆发时首次出现的那些躯体模式了。突变的自然选择本身并不能产生新躯体构型的机制，比如在寒武纪大爆发第一次出现那样。

疑达问氏 以基因为中心的回应

许多赋予重要三维空间信息的生物结构，如细胞骨架阵列和细胞膜离子通道，均是由蛋白质组成的。因此一些生物学家坚持认为，在DNA中编码这些蛋白质的遗传信息可以解释这些不同结构里的空间信息。然而，这个专门的“基因为中心”的观点已被证明不足以解释生物信息的位置和生物形式的起源。

首先，就拿细胞表面的糖分子来说，基因产物在其中就没有发挥直接的作用。遗传信息产生了蛋白质和RNA分子，而不是糖和碳水化合物。当然，重要的糖蛋白质和糖脂（糖蛋白质和糖脂复合物的分子）被认为是涉及到蛋白质网络的生物合成通路的结果。然而，在这些通路中，生成蛋白质的遗传信息仅仅只是决定了这些蛋白质的功能和结构，它不能指定那些在产生糖修饰的通路中的蛋白质间的协调相互作用。

更重要的是，胚胎细胞外表面位置上的特定糖分子，在糖分子细胞间的通讯和排列中发挥着极其重要的作用。然而，它们的位置不是由编码这些糖分子可能附着的蛋白质的基因所决定。相反，研究表明，在细胞分裂过程中，细胞膜中蛋白质模式是由亲代膜直接传给子代膜，而不是每个新的子代细胞基因表达的结果。由于细胞膜外表面糖分子上附着有蛋白质和脂质，因此它们的位置和排列也可能遵循细胞膜对细胞膜的直接传递模式。

膜靶点通过吸引形态发生的分子到细胞内表面上的具体位置，在胚胎发育中起到关键作用。这些膜靶点大部分是蛋白质组成，而这些蛋白质大部分主要通过DNA指定。即便如此，许多“本质无序”蛋白质的倍数差异取决于周围的细胞背景，因此这些背景提供了表观遗传学信息。此外，许多膜靶点上的蛋白质不止一个，而且这些蛋白质不能自我组织以形成适当的结构靶点。最后，不仅是膜靶点的分子结构，还包括它们的具体位置和分布共同决定了它们的功能。

同样，细胞膜上的钠-钾离子泵也是由蛋白质组成。然而，建立电磁场轮廓的细胞膜上的这些离子通道和泵，其位置和分布反过来会影响胚胎发育。这些通道的蛋白质成分并不能决定离子通道的位置。

与膜靶点和离子通道一样，微管也是由很多蛋白质亚基组成，不可否认这些蛋白质是遗传信息的产物。以微管阵列来说，基因中心论的捍卫者并不认为个别微管蛋白质决定这些阵列的结构。不过，有人认为其他蛋白质或蛋白质组合协作行动能够确定更高级的形式。例如，一些生物学家指出，所谓的辅助蛋白质，即基因产物也被称为“微管协助蛋白质”(MAPs)，在微管阵列中能够帮助组装微管蛋白质亚基。

然而，事实上，MAPs和许多其他必要蛋白质都只是故事的一部分，细胞膜内表面特异靶点位点位置也有助于确定细胞骨架的形状。而且，如前所述，构成这些靶点的基因产物并不能决定这些靶点的位置。同样，中心体以及微管组织中心位置和结构也会影响细胞骨架的结构。虽然中心体是由蛋白质组成，但是组成这些结构的蛋白质不能完全确定中心体的位置和形式。梅奥诊所分子生物学家马克·麦克尼文（Mark McNiven）和科罗拉多大学细胞生物学家基思·波特（Keith Porter）已经证实，中心体结构和膜型作为一个整体传达的三维结构信息可以帮助确定细胞骨架的结构和其亚基的位置。而且，其他几个生物学家已经证实中心粒可以进行独立的自我复制：子代中心粒接收来自亲代中心粒的整体结构形式，而不是构成中心粒的单个基因产物。

这种观点的其他证据来自于纤毛虫和大单细胞真核生物。生物学家已经证实，在纤毛虫的细胞膜上进行显微外科手术可以产生遗传性改变而不改变DNA。这表明，膜型（相对于膜成分）是直接作用在子细胞的。在膜型和中心体这两个例子中，形式是由亲代的三维结构直接传递到子代的三维结构，它不完全包含在DNA序列或编码这些序列的蛋白质中。

在每一个新子代中，细胞的形态和结构是由基因产物、预先存在细胞固有的三维结构和组织、细胞膜和细胞骨架共同作用的结果。许多细胞结构是由蛋白质组成，但蛋白质之所以能到达正确位置，部分原因是因为先前存在的三维模式和细胞结构的固有组织。结构蛋白质和编码它们的基因都不能独立决定它们的实体三维形状和结构。基因产物为细胞、器官和躯体模式提供了三维结构发育的必需条件。

疑达问氏　表观遗传突变

当我在公众场合解释这个问题的时候，我通常都会遇到同样的疑问。观众中有人会问突变是否可以改变具有表观遗传信息的结构。提问者想知道，如果改变表观遗传信息可以提供自然选择需要的生成新形式的变化和创新，那么新达尔文主义者设想的基因突变也能以大致相同的方式做到。这是一个合理的提问，但事实证明，变异的表观遗传信息不是提供产生新生命形式的现实途径。

第一，表观遗传信息所存在的结构——比如细胞骨架阵列和膜型，比单个的核苷酸碱基或 DNA 延伸大得多。正因为如此，这些结构对许多诸如辐射和化学剂等能影响基因导致突变的来源是不敏感的。

其次，细胞结构在某种程度上是可以改变的，而这些改变绝大多数可能具有有害或灾难性的后果。当然，在最初施佩曼和曼戈尔德实验中，他们强行改变了胚胎发育中表观遗传信息的一个重要资源库。然而，由于表观遗传信息的重要性，产生的胚胎根本没有存活机会，更不用说繁殖了。

改变带有表观遗传信息的细胞结构很可能导致胚胎死亡或产生不育的后代，出于同样原因，变异的调控基因和发育基因调控网络也能造成进化的结束。由各种细胞结构所提供的表观遗传信息，对躯体模式发育，以及由精确的三维位置和这些富含信息的细胞结构的位置所决定的胚胎发育的许多方面来说都至关重要。例如，形态发生蛋白质，主监管基因（Hox）产生的调节蛋白质和发育的基因调控网络（dGRNs）的特定功能，都取决于特定富含信息并且已经预先存在的细胞结构所处位置。因此，改变这些细胞的结构，将很可能损伤生物体发育轨迹过程中一些重要的物质。太多发育过程中的不同的实体，都依赖于具有有益的或是中性影响的表观遗传信息，才能发挥它们合适的功能。

第 16 章中我将探讨一些新的进化理论，包括一个被称为“表观遗传继承”的理论。有人认为，表观遗传结构突变可以产生显著的进化创新，我们将看到与这个观点有关的一些难点。

疑达问氏 越来越多的达尔文“异常点”

在1859年出版的《物种起源》中，达尔文是第一个，前瞻性地提到对生物形态起源解释的人。当时，他承认，寒武纪动物的表现形式不符合他对生命历史渐进进化的构想。因此，他认为寒武纪大爆发主要是一个化石记录不完整的问题。

在第2、3和4章，我解释了为什么寒武纪形式体现出的化石不连续性问题从达尔文时代开始就愈演愈烈。然而现在，显然有一个更具体的问题困扰着整个现代新达尔文理论的大厦。新达尔文机制并不能解释到底是遗传还是表观遗传信息的起源对产生新生命形式来说是必需的，因此，寒武纪大爆发提出的问题仍未得到解答。不仅如此，达尔文在1859年就着手回答中心问题，即穆勒和纽曼特别提到的、关于一般动物形态的起源问题——也仍然没有答案。

新达尔文主义的当代评论家承认已经存在的生命形式可以在自然选择和遗传变异双重影响下多样化。已知的微进化过程可以解释白桦尺蛾的着色、细菌不同菌株对抗生素耐药性的获取、加拉帕戈斯雀喙尺寸周期性变化的小变化等。然而，现在许多生物学家认为，新达尔文理论并没有为新躯体模式或寒武纪大爆发事件的起源提供足够的解释。

例如，前耶鲁大学进化生物学家基思·斯图尔特·汤姆森（Keith Stewart Thomson）曾表示疑问，大规模形态学变化真的可以由基因水平的微小变化积累而成吗？澳大利亚国立大学的遗传学家乔治·米克洛什（George Miklos）也认为，新达尔文主义不能为生命形式和结构大规模的创新提供一个机制。生物学家斯科特·吉尔伯特（Scott Gilbert）、约翰·奥皮茨（John Opitz）和鲁道夫·拉夫（Rudolf Raff）曾试图建立一个新的进化理论以补充经典新达尔文主义，而他们也不能充分地解释大规模的大进化论变化。正如他们所书。

> 从1970年开始，许多生物学家开始质疑新达尔文主义解释进化的充分性。遗传可能足以解释微观进化，但在基因频率上的微进化改变应试没有能力把一个爬行动物转变为哺乳动物，或把鱼

> 转变成两栖动物。微进化能做到的是保证优胜者的存活，然而它不能产生优胜者。就好像古德温（1995）所指出的，“物种的起源——达尔文的问题仍然没有解决”。

吉尔伯特和他的同事们试图通过激活 Hox 基因的突变来解决生命形式起源的问题——我将在第 16 章阐述这个方法[112]。尽管如此，许多一流的生物学家和古生物学家——格里·韦伯斯特（Gerry Webster）、布莱恩·古德温（Brian Goodwin）、君特·泰森（Günter Theissen）、马克·克斯勒（Marc Kirschner）、约翰·格哈特（John Gerhart）、杰弗里·施瓦茨（Jeffrey Schwartz）、道格拉斯·欧文（Douglas Erwin）、埃里克·戴维森、尤金·库宁（Eugene Koonin）、西蒙·康威·莫里斯（Simon Conway Morris）、罗伯特·卡罗尔（Robert Carroll）、冈特·瓦格纳（Gunter Wagner）、海因茨－阿尔伯特·贝克尔（Heinz – Albert Becker）、沃尔夫－埃克哈特（Wolf – Eckhart）、斯图尔特·纽曼、格尔德·穆勒、斯图尔特·考夫曼、彼得·施泰德、亨氏·沙德勒（Heinz Saedler）、詹姆斯·瓦伦丁（James Valentine）、朱塞佩·塞姆蒂（Giuseppe Sermonti）、詹姆斯·夏皮罗（James Shapiro）和迈克尔·林奇（Michael Lynch）等均提出了关于标准新达尔文主义机制充分性的问题，特别是新颖形式的进化问题[113]。正因如此，现在寒武纪大爆发看起来已经不怎么像是达尔文所认为的轻微的异常点了，它像是一个更深的谜，一个非常基础但悬而未决的问题——动物形态的起源。

PART Ⅲ

AFTER DARWIN, WHAT?

第三部分

达尔文之后是什么?

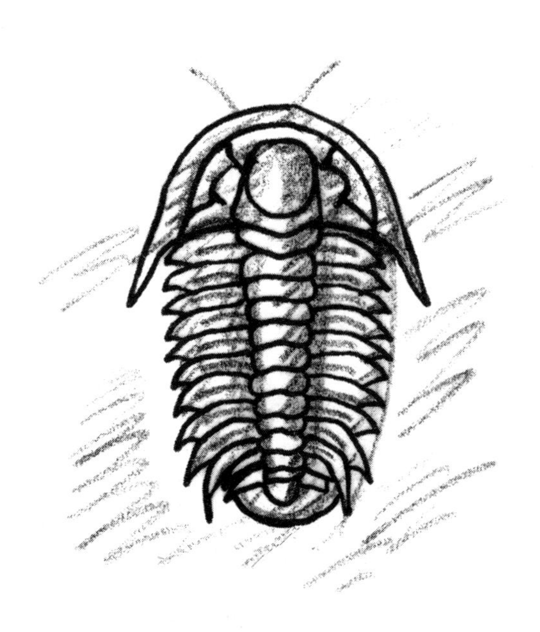

15　后达尔文主义世界和自组织

2009年，《物种起源》一书出版的第150周年。就在这一年，著名的寒武纪古生物学家西蒙·康威·莫里斯（Simon Conway Morris）在《当代生物学》杂志上发表了一篇题为“沃尔科特、伯吉斯页岩和后达尔文世界的传言”的随笔，评价了进化生物学的现况。“《物种起源》中的证据无处不在，一个接一个的精巧布局，构成了《物种起源》巍峨矗立的大厦，而神创论者则被永久地留在它的阴影里，”他写道，“但是，当谈到突然出现的动物化石时，情况又不同了。”康威·莫里斯认为，相反，寒武纪大爆发的悬案，“打开了通向后达尔文主义世界的道路”。我们在前面的章节中回顾了一些证据，这些证据被用来解释化石记录的真相，而不仅仅是解释这些表面上的、动物形式突然出现的现象，并且这些证据反驳了新达尔文机制能够解释新形式和信息起源的论点，这一切都可能有助于解释为什么如今生物学已开始进入后达尔文主义世界。

此外，有的信奉了后达尔文主义观点的生物学家，即使是开始时有任何的疑惑，但这些疑惑都随着2008年的那个夏天而烟消雾散了。2008年夏天，16个有影响力的进化生物学家齐聚在奥地利阿尔滕贝格（Altenberg）康拉德洛伦兹研究所（Konrad Lorenz Institute）举行了一场私人会议，其后的科学媒体将这次会议中的科学家们称为“阿尔滕贝格16（Altenberg 16）”。这些科学家们都怀着一个共同的目标，那就是探讨进化理论的未来。虽然关于新生命到底是如何演化形成的，这些生物学家的观点时有不同，甚至有时相互冲突，但他们的信念却是统一的，那就是确信新达尔文主义综合理论是按常规顺其自然地发展起来的，而且需要新的进化机制来解释生物形式的起源。当时也参加了会议的古生物学家格雷厄姆·巴德（Graham Budd）后来解释说，“当公众一想到进化，他们就想到翅膀的起源（或类似翅膀起源的事件）。但是这些事件，进化理论其实并没有告诉我们多少”。

当然，关于生命形式起源的解释恰恰正是使得寒武纪大爆发如此神秘的原因。在第7章讨论间断平衡理论时，我引用了寒武纪古生物学家詹姆斯·瓦伦丁和道格拉斯·欧文得出的确切结论。他们认为间断平衡理论和新达尔文主义两者都没能解释新躯体模式的起源，因此，生物学需要一种新的理论来解释“新颖形式的演化”。

阿尔滕贝格16（Altenberg 16）科学组织的目标就是回答这一问题，解决这一挑战。自该会议以来，包括会议之前的近二十年，许多进化生物学家一直在努力形成新的进化理论，或者至少也是形成比突变和选择的单独作用更具创造性的进化机制的新观念。这些新理论，都致力于回答这个日益迫切的问题：达尔文主义之后，或新达尔文主义之后，是什么？

疑达问氏 新达尔文主义三要素

新达尔文主义机制的大厦构建于三个核心主张之上：第一，进化改变是作为随机的微小变异（或突变）的结果而发生的；第二，经过变异和突变筛选的自然选择过程，部分有机体能比其他的有机体留下更多的后代（差异繁殖），是因为它们具有或缺失某些特定的变异；第三，被青睐的变异必须在有机体中一代又一代地被忠诚地遗传继承下去，从而随着时间的推移发生种群的变化或进化。生物学家马克·基施纳（Marc Kirschner）和约翰·格哈特（John Gerhart）称这三个要素——变异、自然选择和遗传可能性，是新达尔文进化论的“三大支柱”。

现在，那些质疑正统新达尔文理论的进化生物学家，通常对新达尔文主义三要素中的一个或多个要素提出质疑。埃尔德雷奇和古尔德质疑达尔文渐进主义，并且他们因此否定突变是以分钟为单位增量发生的（即刚才所说的新达尔文三要素中的第一个要素）想法。其他进化生物学家由于否认新达尔文机制中其他的核心要素，因此寻求用其他机制或过程替换它们。在这一章中，我将检验一类新的后—新—达尔文进化模型，该模型试图通过淡化随机突变的作用来解释生物形式的起源。这些模型更强调“自组织（self - organizational）”法则或生物形态演化过程的重要性。

疑达问氏 自组织模型

就在阿尔滕贝格16（Altenberg 16）会议召开之前，大量的进化理论家已经开始寻求能够替代新综合理论的理论。间断平衡理论就曾经是一个备选，然而随着对这一理论的科学批评不断攀升，最终在1980—1990年间对它的批判达到了顶峰，在这期间，一群科学家联合在新墨西哥州圣菲研究所的智囊团开发了一种新的理论方法，他们称之为“自组织”。

与新达尔文主义将生物形式和结构的起源解释为自然选择作用于随机突变的结果不同的是，自组织理论家建议，生物形式往往是因为自然规律（或“形式法则”）作用的结果而自发地出现（或者“自组织”）。他们推测，自然选择的作用是将这些自发产生的结果保存下来，这个自发的自组织秩序（而不是随机基因突变）才是新生物形式的终极源头。因此，他们不再强调经典新达尔文主义三元素中的随机突变和自然选择的作用了。

1993年，最著名的科学家，前宾夕法尼亚大学生物化学家斯图尔特·考夫曼（Stuart Kauffman）（见图15.1）与圣菲研究所联合发表了一篇众

图15.1　斯图尔特·考夫曼

人热切期待的论著:《秩序的起源:进化中的自组织和自然选择》。在该文中,考夫曼清晰地表达出对突变与选择机制创造力的犀利批判,还强调了一些我在前几章中已经评述过的论点。考夫曼提出了一个全面的替代性理论来解释新生命形式的诞生。此外,他还提出了一项解释寒武纪大爆发的具体建议[114]。

考夫曼注意到,动物躯体模式的发育涉及两个阶段:细胞分化和躯体模式的形态发生(细胞组织)。因此他探索了自组织过程运作的可能性,特别是细胞分化和躯体模式的形成,也许会有助于解释过去发现的这些新动物形式是如何起源的。

他指出:第一,在动物细胞中的基因调控网络(基因之间相互调控),影响细胞分化。它们通过生成可被预测的"分化通路"来调控细胞分化,即在胚胎发育细胞分裂过程中,一类细胞从另一类细胞中分化出来的模式。比如说,在胚胎发育早期,有一类细胞(称为"A"类细胞),将分化生成两种其他类型的细胞(称为"B"和"C"类细胞),最终"B"类细胞又生成"D"和"E","C"类细胞又生成"F"和"G",随着这一过程的持续发展,还生成了许多其他的细胞类型。考夫曼表明这些分化通路"可能反映了复杂的基因调控网络的自组织功能"。换言之,胚胎细胞的调节基因网络决定了细胞分化和差异的通路。由于这些细胞分化的模式可能是由调控基因决定的,因此考夫曼认为它们是自组织过程中必然的副产物。此外,由于"细胞分化通路可能从前寒武纪开始就存在于所有的多细胞有机体中",他认为自我排序(self - ordering)的属性是"一大类基因组调控网络中所固有的",在动物形式起源中发挥了重要作用。

在动物发育的第二阶段——躯体模式的形态发生期间,考夫曼认为自组织过程在其中也起到了类似的重要作用。这一阶段虽然没有涉及到那么多细胞类型的分化,但涉及到了不同细胞类型在特定组织器官中的排列以及组织,这些共同构成了多样化的动物躯体模式。

在已知的躯体模式发育进程中,考夫曼再次重申了自组织的作用,并且认为它们在始祖动物躯体模式的形成中发挥了重要作用。例如,结构或"位置信息(positional information)"在细胞和细胞膜中的重要性,就如同不同的细胞类型是如何被组织成不同的动物形式一般,都是关键决定性因素。我在第14章讨论了这种"表观的"信息对动物发展的重要性,并解释了为什么它对新达尔文理论构成了威胁。由于认识到这种信息的重要性，考夫曼还否定了新达尔文主义关于“遗传程序”完全决定动物发育的假设。他进一步认为，由于位置信息而产生的发育模式，是自我排序在生物形式的存在法则和物质法则中的倾向性证据。

如果真的存在自我排序倾向或形式法则，那么它们能解释动物躯体模式的起源吗？能解释构建躯体模式所必需的信息的起源吗？它们做不到。

自组织和表观遗传学信息

想知道原因，首先让我们来看一看考夫曼对于动物发育的第二阶段、直接组织细胞的表观遗传“位置”信息是如何解释的。考夫曼试图通过一个完完全全的假设来解释这个“位置”信息，并且，最终，提出了一个想当然的方案。他援引了一个由上世纪40年代著名的英国数学家艾伦·图灵（Alan Turing）勾画出的理念。图灵认为，在动物的发育中，细胞的特定排列，不是来源于细胞内的预先存在的遗传和表观遗传信息的分布情况，而最终可能源自于关键分子的扩散和特殊排列，这些关键分子可能是类似于胚胎细胞里的成形素蛋白质（morphogen proteins）一类的分子（成形素或成形素蛋白质，是在动物发育期间影响细胞分化和组织的分子）。

图灵推测，这些分子的分布，可能是作为简单化学反应的结果，在信息初期独立地起源。他猜想：一个分子除了生成自身的副本（“自催化autocatalyzing”）外，还另外产生了一个不同的分子。然后这些分子其中的一个能够抑制其他分子的产物，经过反复循环，从而使这个分子越来越多而其他分子越来越少。图灵认为这些分子在分布模式上的不均性，最终会导致不同细胞分布的不均，从而产生不同的动物形式。

而考夫曼拓展了这一观点，将它作为理解决定性位置信息是如何作为不同分子化学相互作用的结果而组织起来的一种方法。然而，他的方案有一个明显的缺陷：缺乏任何化学或生物学的特异性。考夫曼在解释这一点时，并没有提及在他设想中起作用的是哪个具体的化学物质或蛋白质，相反，考夫曼用未知字母“X”和“Y”来描述他所假设的分子反应。更为重要的是，考夫曼没有任何证据能够证明他所设想的化合物交互作用，能够产生特定的生物相关配置或特定的成形素蛋白质分布，也没有任何证据能证明从预先存有丰富信息的胚胎细胞中生成这些蛋白质具体排列分布的过程。

让人根本难以置信的是，他还认为在成年动物体内几十亿或数万亿的细胞中，对于协调这些细胞的运作和排列所必需的特异性，即使形成了自催化的循环过程，也仅是靠一个或两个简单的化学物质相互作用就建立起来了。考夫曼本人也默认，从单独的化学物质反应生成生物特异性其实是非常困难的。他在对自己的这个模型的批判过程中指出，化学自催化产生的分子扩散模式，关键取决于“初始的条件”。换句话说，想要获取生物相关的丰富信息排列的成形素蛋白质，需要自催化分子从一开始就有一个非常特异的（大概是信息丰富的）排列。

考夫曼提出，始于原始汤（original soup）的自催化反应导致了生命的起源。但是，他这个自以为能解释生命起源的说法也遇到了同样的问题。在《秩序的起源》中他承认，产生自催化或是自我复制的分子设置（这是他设想的生命起源方案中的关键步骤），需要最初的多肽或 RNA 分子具有“高分子特异性”。换句话说，就是需要多肽或 RNA 分子具有特异的排列和结构，即功能性信息。

自组织和遗传信息

那么对于动物发育早期阶段所必需的特异遗传信息的解释呢？考夫曼的自组织理论解释了“基因调控网络”的起源对细胞分化的必要性了吗？没有。相反，它甚至还以一种更加显而易见的方式，引出了这些调控网络的起源问题。事实上，虽然考夫曼认为细胞分化是一种“自我排序”或自我组织的过程，但是他也承认，这一进程所具有的可预测的分化通路的特点是起源于预先存在的基因调控网络。细胞分化中的自发性的排序倾向都是“在一大类基因组调控网络里所固有的”。的确，基因调控网络中的遗传信息不是来自细胞分化的自我排序过程。相反，细胞分化从某种程度上将可以被称为“自我排序”，它来源于预先存在的遗传信息。因此，正如考夫曼自己所揭示的那样，这个自组织过程无法解释遗传信息的起源。

在之后的《宇宙为家》一书中，考夫曼提出了计算机模拟的两个“模型系统”，以寻求对遗传信息是如何自我组织的解释，至少是原则基础上的解释。在其中一个例子中，他描述了一个由线连接起来的按钮系统，这些按钮表示新的基因或蛋白质，而线则表示蛋白质之间的自组织吸引力。当这个系统的复杂性达到了一个临界阈值（用按钮和线的数目表示）的时候，新的组织模式可能会“自发地”（没有智能的指导）出现在系统中，这种情况与在特定条件下水自发地变为冰或蒸气的方式相似。

在书中，他请读者们想象一个彼此有许多交联的灯光系统。每盏灯都可以有各种闪光状态，打开、熄灭、闪烁等等。由于每个光源可有多个可能的状态，因此这个系统也有大量可能的状态。进一步讲，在这个系统中，规定了过去的状态如何影响未来的状态。在这些规则之下，系统如果实行正确的调整，那么最终会产生一类秩序，即少数几个灯光活动的基本模式重现的概率比随机频率要高。由于这些模式代表了可能的系统可以驻留的状态总数的其中一小部分，因此考夫曼表明自我组织法则同样可能会发现极不可能发生的生物效应，甚至可能是在一个更大序列空间中发现功能性碱基或氨基酸序列。

然而这些模拟实验也未能解释寒武纪动物所需的新基因和蛋白质的起源，对此我们不难理解。在考夫曼列举的两个示例中，都假定有预存信息的重要来源。在他按钮与连线的例子中，他用按钮代表蛋白质，它们就是预存遗传信息的结果。那么这些预存的信息又是从哪里来的？考夫曼没有说明，但是这些信息的来源是生命史中需要解释的一个重要部分。同样地，在这个灯光系统中“自发”出现的顺序（就是除了智能输入的信息之外的顺序），考夫曼认为只有通过该程序，程序员才可以“调整”系统，使它远离（a）生成过于僵硬的顺序或（b）堕入混乱之中。其实这个系统应该还涉及到了一个有智能的程序员，他选择某些特定的参数而排除了其他的——也就是输入了信息。我们来总结一下这个例子的意义，考夫曼坚称它显示了“这些秩序井然的细胞，长久以来被认为是经历了达尔文式进化的锤炼所产生的，然而其实是可能产生于动态的基因组网络中”，也就是说，它其实来源于预先存在的、无法解释的遗传信息中。

此外，考夫曼的模型系统无法与生物系统来进行类比，因为这个模型系统不用考虑功能性。由预编程规则管理的相互交联的灯光系统可以通过少数模式就适用于更大的可能空间。但由于这些模式没有功能，也不需要满足任何功能性的要求，因此它们没有类似于真实有机体基因的特异性。考夫曼的模型系统无法产生由特定的复杂性或功能信息为特征的序列或系统，它们产生出的是以非周期性的方式分布的重复顺序模块，仅仅具有了复杂性（根据香农的信息概念）而已。获得一个由规则支配的系统来生成有一定量变化的灯光重复闪烁模式是很有趣的一件事，但这个系统并不与生物学相关。另一方面，如果是一个灯光系统，能闪烁出“向琼斯投票（Vote for Jones）”的意思的话，就能模拟一个生物学相关的结果了，因为至少它在没有智能代理设计指定信息的情况下还能出现功能性的字母序列。

考夫曼与寒武纪

考夫曼还提出了一个具体的自组织机制来解释寒武纪大爆发的某些方面。根据他的观点，新寒武纪动物出现是因为经历了一个“长跳（long-jump）”式，而非渐进式的突变，离散地构建出了新的躯体模式。他认识到，突变能够影响早期发育，而且几乎都是有害的[115]。因此他得出结论：躯体模式一旦建立之后就不会改变。这样一来，他的方案就与化石记录中的自上而下模式保持一致了。

即便如此，考夫曼的方案还是回避了最重要的问题：第一个出现的新寒武纪躯体模式是如何产生的？他也认为，即使是经过“长跳式突变”，也没有特定的自组织过程可以产生这种变化。如前所述，考夫曼承认发育早期的突变是有害的，但是发育生物学家们都知道，只有一类突变有切实可行的机会产生大规模的进化改变，那就是考夫曼所说的大跳跃。虽然考夫曼否定了依赖于随机突变的新达尔文主义，但他还是必须引用最不可信的随机突变类型来为新寒武纪的躯体模式提供一个自组织的解释。

疑达问氏 发育工具箱和自组织过程

最近，另一个自组织的倡导者，纽约医学院细胞生物学家斯图尔特·纽曼（Stuart Newman）发表了若干文章，暗示自组织过程有助于解释躯体模式的起源。在阿尔滕贝格16（Altenberg 16）会议的论文中，纽曼开发了一个类似于考夫曼的模型，但这个模型具有更多的生物学特异性。

纽曼和考夫曼一样，也引用了自组织过程。但是，纽曼将这些进程视为动态运行着的，并借助一个遗传的“工具箱”进行协调。他的模型，强调了在所有主要寒武纪动物类群中，一组高度保守的（类似的）调控基因的重要性。在他看来，这个共同的“发育遗传工具箱”自动物王国的全面启动以来，用于“生成动物躯体模式和器官形式，已经有5 000多万年了”。

但是，如果所有动物分类群都有同样的工具箱，为何产生的动物形式如此多种多样？为何产生的高等后生分类群之间又是如此不同？对纽曼而言，要回答这个问题，就需要了解自组织进程如何在发育过程中影响细胞间的相互作用，以及它们如何使基因获得不同功能以影响细胞间交互作用的。

例如，他把多细胞的出现归因于细胞获得了“分裂后还能互相附着”的能力。而反过来，这一能力不是源自产生新的基因和蛋白质（如新达尔文主义所假定的），而是源于旧基因和蛋白质对特定自组织（和表观遗传）进程反应的再利用，如“黏附力”。此外纽曼还提议，一旦出现了第一个多细胞生物，它们会“设置额外物理过程活动的舞台”，这一过程可能改变发育遗传工具箱中其他基因的表达和功能，产生完全新型的不同的躯体模式。纽曼解释说，“多细胞的现象为这些分子参与身体和器官的形成开辟了可能性”。

纽曼设想，由于细胞表面分子间的吸引力不同，细胞内关键分子的分布模式也不同，因此新的动物躯体模式是不同细胞以不同的结构彼此黏附在一起而形成的。他称这些自组织的力量和因素为“动态图形模块”（Dynamical Patterning Modules，DPMs）。图 15.2 显示了一些典型的细胞因自组织力作用而聚集或排列在一起的方法。纽曼列出了很多导致这些不同的细胞簇自发出现的“动态图形模块”或自组织力，包括“黏附、成形和表面极化，在生化状态、生化振荡，以及扩散性和非扩散性因素分泌作用之间相互转换”。

要理解纽曼的想象，就得把细胞看成乐高积木。拼接这些乐高积木有许多不同的方式，取决于积木的形状以及积木的凹凸痕。这些模式使得乐高玩具小组被排列入不同的模块化结构里：立方体、墙体、圆环等等。然后，每个较小模块化结构可以结合在一起，形成许多不同的更大的结构如飞机、摩天大楼、潜艇和城堡等等。同样地，纽曼认为细胞间不同的黏附力，以及细胞内或细胞间的不同分子扩散模式，会产生出不同的多细胞组织的模式或图案，反过来这些多细胞组织的模式或图案又能作为功能性的模元（modular elements），能够以多种方式组合形成各种各样的动物形式[116]。

那么，这个自组织过程解释了寒武纪大爆发中动物躯体模式的起源，或者解释了产生新动物形式所必需的信息的起源了吗？还是没有。相反，纽曼和考夫曼一样，要么无法提供一个充分的机制，能够产生关键的生物

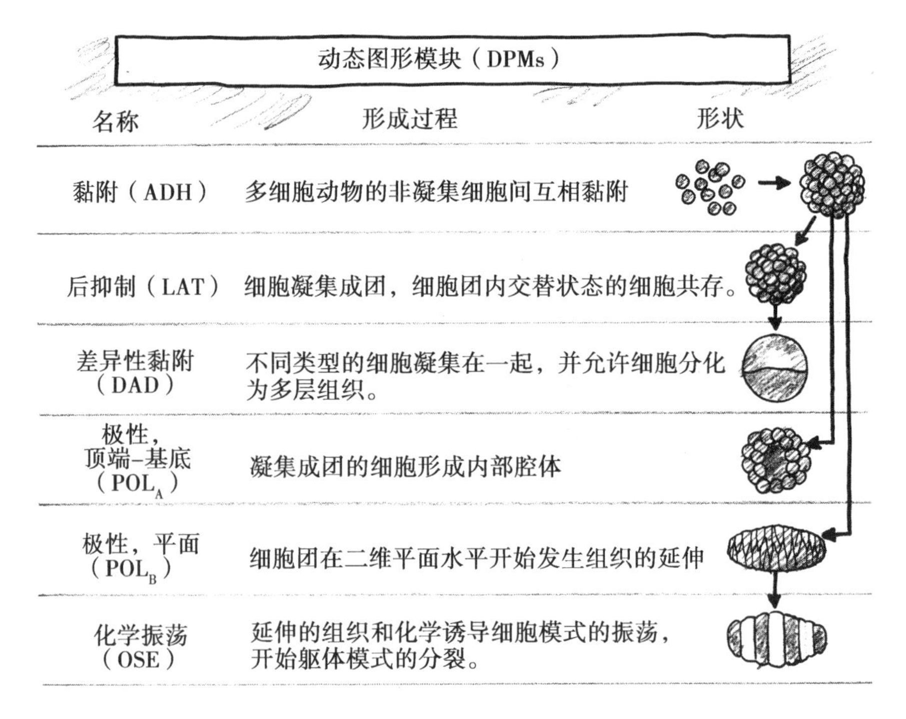

图 15.2 动态图形模块（DPMs），生物学家斯图尔特·纽曼显示了动物发育过程中一个细胞粘住另一个细胞（“集合”）并形成结构的不同方式。

信息；要么就是顾左右而言他，提出一个存在着多来源信息的假设而回避了问题的实质。

疑达问氏 假设一个工具箱

首先，纽曼是以一个“发育遗传工具箱”的存在为前提条件，这个工具箱就是一整套的基因，包括直接有助于动物躯体模式发育的调控基因。但是这些遗传信息从哪里来？他没有详细说明，但据推测他可能假设新达尔文主义机制能产生工具箱中的遗传信息。如果是这样，那么纽曼模型就会遭到第9—12章所述论点的攻击，他当然不会引用任何明确的自组织过程来解释遗传工具箱的起源了。他似乎还错误地预计，这个共同工具箱中的基因，提供了所有的形成特定个体躯体模式必需的遗传信息。但是这一假设忽略了一个事实，那就是根据许多最近的调查结果显示：特定分类群内的个别物种往往需要特定于这些物种和分类群的发育基因。因此，这些基因不会存在于纽曼所假设的这个共同的遗传工具箱中。

第二，纽曼没有解释组织模块化的排列所需的信息，或是将细胞团组成整体动物躯体模式所必需的信息来源。他的动态图形模块，最多充其量，只是解释了小的细胞群体的排列，而无法解释组织、器官和整个躯体模式的模块化细胞簇的排列。

让我们再来想想乐高积木的排列。很少数量的乐高积木也有很多的排列方法。这些不同的排列方法形成的共同结构模式如：两块粘在一起成直角；几块弯曲的在一起形成圆环；堆叠模块形成空心正方形或立方体；排列为棱镜或圆柱体；平面的积木堆叠成两层或三层或更多。虽然这些结构元素是因为每块积木之间的凹凸处相互作用粘在一起，这些凹凸本身并不是形成任何更大的结构如一座城堡或一架飞机所特定的，因为结构单元之间以多种不同的方式进行合并或重组，这些模元的形状和属性无法指定更大的结构类型。相反，若要生成某一种结构，模元必须以特定的方式排列。排列这些模元的方式有很多种，因此只有一个或一小部分才能生成所需的结构，就像每套乐高积木都有一张步骤说明的规划图一样——换句话说，得有附加信息。

同样，不同类型的细胞簇想通过纽曼的动态图形模块（DPMs）产生出一个躯体模式，还需要其他额外的信息。而纽曼并没有对此做出解释。他只是反复地强调，细胞群的组织看上去似乎自发地形成，可能是因为细胞之间（他的DPMs）交互作用的结果。然而他无法确定的是，这些细胞群必须自行排列为特定组织、器官或躯体模式，是否就是作为对任何已知物理过程或法则的响应。这些模元（细胞簇）有很多的“自由度”，可以用无数种方式排列，因此这似乎完全是可能的。如果是这样，那么模元的排列就需要一些额外信息的指导，如整个的生物体蓝图或装配说明书。然而纽曼并不认可这种可能性，他也不会引用任何规则性的自组织过程来解释，因为这将会消除这种信息对动物发育的需要。

纽曼的方案还有一个更深远的问题。即使是细胞自我组织而形成动态图形模块的能力可能来自于之前提到的那种无法解释的信息来源，但是纽曼的“动态图形模块”无疑是细胞表面分子的相互作用以及细胞之间的化学梯度作用的结果——单个“动态图形模块”的具体构成是靠这些分子的特定结构和属性来决定的，在这层意义上讲，“动态图形模块”一定是自我组织的。但是很显然，通常细胞聚集在一起时的特定方式是取决于这些细胞的表面分子与分子群之间高度精细和复杂的相互作用的。有助于这些相互作用的分子，无疑绝大部分是蛋白质——遗传信息的产物。此外，细胞间的相互作用受细胞表面上排列的蛋白质和其他分子（如糖编码中的糖分子，参见第14章）的影响，同时，蛋白质结构的组合排列也影响细胞间的相互作用。但这些分子的排列，反过来又由预先存在的遗传基因，或更可能是由预先存在的表观遗传的信息源和结构所指定。因此纽曼的分析结果表明，自组织倾向（或是生物形态规律）的存在程度取决于预先存在的生物信息来源。因此，想要解释信息的来源，纽曼也失败了。

纽曼强调了动物发育的过程中，表观遗传学信息是如何影响基因产物的表达与功能的。他提出，不同的基因产物可能会执行不同功能，这取决于它们找寻自我过程中的机体环境。但纽曼并没有具体解释这个共同工具箱中的基因是如何获得不同的功能来响应自组织过程的，或是解释决定这些功能的表观遗传信息又是从何而来的。然而很显然，环境依赖性基因的表达是取决于其他大量预存的表观遗传学来源的信息和结构的。

再举个例子，我们在第14章讨论的细胞膜靶标。这些靶标通过影响关键成形素蛋白质的定位，成为了一个重要的表观遗传信息来源。然而，细胞膜上靶点的排列，并不是靠它们制造的这些蛋白质之间的简单化学相互作用来进行自组织的——也就是说，蛋白质并不决定膜靶点在细胞内的位置。相反，膜靶点的位置和结构是从上一代细胞传播到下一代细胞，也就是一个将父代细胞预存的表观遗传结构信息传递到子代细胞的这样一个过程。纽曼没有用任何已知的自组织过程来解释这种信息或结构的起源，相反还有证据表明，内膜和外膜靶点、骨架排列、糖编码和许多其他来源的表观遗传结构信息，并不是由于各自的分子亚基之间的物理相互作用而进行自组织的。

疑达问氏 秩序 vs 信息

此外，自组织理论家们还面临着概念区分的问题，质疑着他们的理论与生物系统的相关性。自组织理论学专家通过引用纯粹的物理或化学过程

（或描述这些进程的规律）来寻求对生命系统中“秩序”的起源的解释。但是我们需要的，不是对生命系统中的一些简单重复或几何图形的大体秩序的解释，而是对生命系统的复杂适应性以及生成它所需的遗传和表观遗传信息的解释。

无论是生物信息，还是单独从物理和化学作用中产生的复杂解剖结构，自组织的倡导者都没能举出有力的例证来。他们要么就像纽曼和考夫曼一样，认为胚胎发育是作为预先存在的丰富信息的基因产物、细胞膜与其他细胞结构的可预见的演化结果；要么就是提出能产生出一类秩序的纯粹的物理和化学过程，但其实这一过程跟我们最需要解释的生命系统的特点几乎没什么关系。

对于后一种情况，自组织理论学家往往指出，简单的几何形状或重复性的秩序形式，就是由纯粹的物理或化学过程所产生的，或是在物理或化学过程中被修饰的。他们建议，这种秩序为理解生物信息或躯体模式的形态发生起源提供了一个模型。自组织理论学家引用晶体、旋涡和对流作用（或闪光的稳定模式），来阐释这个想象中的、能够生成“自发的秩序”的物理过程：盐是由于钠离子和氯离子之间吸引力而形成的晶体形式；排放浴缸里的水由于重力和其他的作用力而产生旋涡；封闭空间里温暖空气（或熔岩）的上升而出现了对流作用。在生命系统中发现的一些分子具有高度有序的结构和可识别的几何形状，其原因就是由于单个组成部分相互间的物理作用。然而，这类分子或物理系统中的“秩序”，与它具体排列的“秩序”（指能够描绘 DNA 中的数字代码特征，以及其他高级别信息丰富的生物结构的特异复杂性）是无关的。

在 DNA 和 RNA 信息编码的例子中，这种情况是最常见的了。以下的一些论点可能与我在第 8 章中的讨论相同，但它们值得反复讨论。在一段 DNA，或 RNA 副本编码区中的碱基，通常以非重复性的或非周期性的方式排列，这类遗传文本的显示方式，就是信息科学家所谓的“复杂性”，而非简单的“秩序”或“冗余”。

我们来看看秩序和复杂性之间的区别，比如下面这两列序列：

Na – Cl – Na – Cl – Na – Cl – Na – Cl

AZFRT < MPGRTSHKLKYR

第一条序列描述的是盐晶体的化学结构，它是以信息科学家们称之为“冗余”或简单的“秩序”的方式来显示的，晶体中 Na 和 Cl（钠和氯）两种元素，高度遵循简单、严格的重复方式来进行排列。这一条序列可以由简单的规则或计算机程序生成，如“每当出现一个 Na，后面就跟一个 Cl，反之亦然”。相比之下，第二条序列就显示出了复杂性。这一串随机生成的字符中，不存在简单的重复模式。简单的规则或计算机程序是无法生成这样的序列的。

DNA、RNA 和蛋白质中带有信息丰富的序列，其特点就不是简单的秩序或纯粹是复杂性了，而是“特定的复杂性”。在这种序列中，字符（或组分）的不合规则和不可预测的排列是序列执行功能的关键。下面的三个序列具体说明了这些区别：

Na – Cl – Na – Cl – Na – Cl – Na – Cl（秩序）

AZFRT < MPGRTSHKLKYR（复杂性）

Time and tide wait for no man（译者注：时间和潮水一样，都是不等人的）（特定的复杂性）

所有这一切序列的产生都有自组织参与吗？很简单：像法则一样的自组织过程，能够生成如水晶或旋涡一样的秩序类型，但不会生成复杂的序列或结构；对于生成能够在基因或功能复杂的器官中表达的这类特定的复杂性“秩序”，它们仍然无能为力。

自然法则的定义就描述了这种重复现象，这种可以用微分方程或者用普遍的“如果—那么”语句来描述的秩序。例如，请思考一下这些对重力规律的非正式表达：“所有没有支撑的物体跌落”或“如果高架上的物体失去了支撑，那么它就会落下”。正是因为我们已有过多次失去支撑后物体落到地面的经验，才有了这些对自然的重力现象合理的、准确的、法则一样的描述语句，本质上，重复为法则描述提供了有用的材料。

然而，编码蛋白质的 DNA 和 RNA 分子中，其信息序列是不会显示出这种重复“秩序”的。就这点而论，这些序列既无法用自然法则来解释，也不能用法则一样的“自组织”过程来解释。DNA 和 RNA 中显示出的这种非重复性的“秩序”——这种为了保证其功能性而必须精确排列的“秩序”——绝不是靠自然法则或法则一样的“自组织”过程能够生成或是解释的。

另一方面，核苷酸碱基会严格地执行如ACACACACACACACACAC这样的重复序列，其目的是禁止DNA存储或传递特定的信息。DNA的化学性质有一个古怪的特征，即四种核苷酸碱基中的任何一个都能黏附到DNA分子内部主链的任何位点。这种化学不确定性使得DNA和RNA有可能存储任何一个有无限种排列可能的核苷酸碱基，也就是说能编码任何遗传信息，但是这种不确定性也使得化学吸引力法则的解释落了空。并且，由于吸引力不能决定DNA或RNA的核苷酸碱基序列，因此，DNA和RNA中的信息（特定碱基排列）的起源，也不能归因于自组织的吸引力。

分子生物学信息应用理论的革新领导者休伯特·何桢（Hubert Yockey），是第一个认识到用自组织理论来解释生物信息来源有关问题的人。他认为这些理论失败的原因有两个。第一，他们不能从信息中区分秩序。第二，DNA分子中的信息并不是来自法则一样的吸引力。正如他在1977年所说的，“试图将秩序……与生物组织性或特异性联系在一起的想法，必然被视为一种文字游戏，不可细想。信息大分子能编码遗传信息，同时由于（自组织的）理化因素对碱基或残基的影响非常小，因此信息大分子也可以携带信息”。

对于许多至关重要的表观遗传信息来源来说，情况也是大致相同。比如说，在膜靶点或细胞骨架排列中的蛋白质组分之间的吸引力，不能决定这些表观遗传结构的具体结构或位置，这些结构的起源同样也不能归因于自组织的吸引力。相反，无论在哪种情况下，信息丰富的表观遗传结构都来源于预存的表观遗传信息。

因此，自组织理论很好地解释了那些生物学中不那么重要的内容，即重复性或简单几何形式的秩序。自组织理论家们当然要引用这些有自组织特点的结构了，但是这些例子通常局限在极其有限的范围内，它们包括晶体中的原子重复模式；简单的几何数字；直线模式、三角形和条纹；旋涡；螺旋波电流；和计算机屏幕上滑过的简单形状等[117]。然而这些例子，都没有一个能表现出特定的复杂性，即DNA和RNA中的数字信息或生成一个功能性的动物生命形式所需的蛋白质、细胞、组织以及器官的复杂排列。

疑达问氏 自然魔法还是真正原因?

2007年，我参加了一次私人会议，参会的进化生物学家和其他科学家都有一个共同的信念：现在需要一种新的生物起源的理论。出席会议的还有几个著名的自组织理论提倡者。会议期间，这些科学家们从物理学和化学角度提出了有趣的类比，来显示生物领域中在没有智能指导的情况下，秩序是如何“自发地”产生的。然而看起来这些类比，跟复杂性，尤其是跟基因、细胞膜或动物躯体模式的特异复杂性都没有什么直接的关联。会上的其他科学家，引用了大家熟知的，能够产生生物相关形式和信息的过程，向自组织的倡导者发起了挑战。

在会议接近尾声时，一个自组织倡导者私下里对我肯定了这些批评的有效性，他承认，现在“自组织更像一句口号而不是理论”。斯图尔特·考夫曼，也许正在试图为这个有缺陷的解释制造一个接受的必要性，他称自组织观点具有他所谓的“自然魔法（natural magic）”。在麻省理工学院一次演讲时，他得出结论：“自然魔法中的生命泡沫，已经远远超出法则的疆界，超越了数学化。”他继续解释说，自组织观点的优点之一就是它允许我们与自然“返魅（reenchanted）”，并且“发现超越现代性的方式”。

从现代科学的开始，科学家们就倡导用“真实原因（vera causa）”原则来形容科学的推理常识。这一原则认为，解释某一特定现象或事件时要求查明“真正的原因”，即由经验中得知的，有能力产生这一事件或现象的原因。早期的现代科学家把这个原则作为理解自然科学方法的关键要素之一。这个原则，跟以前人们的奇幻思维相悖。之前人们把自己从来没有观察到的、无法掌控的事件都归结为自然的力量，如今这一想法已被弃之不用，当科学革命趋于成熟时，例如点金术之类的行为最终被否定，这正是因为炼金术士无法证明他们有自己宣称的这个转石成金的能力。

很明显，自组织理论未能提供生物相关形式的“秩序”起源，也就是生命系统中功能复杂性和特定信息起源的真正原因。不仅如此，他们要么还回避生物信息的终极起源问题，要么就是引用无法产生特定复杂性的物理和化学过程来回答这个问题。

从这个角度来看，相比于默认自组织理论在解释现实生命形式和信息的产生方面的失败，考夫曼近来关于自然魔法和所谓的自然“返魅”的讨论，并不是一个大胆、创新、主动地来协调科学和精神的行为（虽然他的本意是如此)。实际上，在多年来致力于解答生命形式的起源问题未果后，考夫曼近来关于“自然魔法”的反思，听上去更像是一种对那个久悬不决的奥秘的承认。

16　后（新）达尔文主义时代

为何新的动物生命形态会如此之快的出现在化石记录中？当斯蒂芬·杰·古尔德（Stephen Jay Gould）最初为这个问题绞尽脑汁时，他认为其中有许多可能的变化机制。在1980年那篇著名的、宣称新达尔文主义已经“死亡”了的论文中，他不仅把异域物种形成以及物种选择作为新的进化机制，还重新探讨了一个长期不被认可的观点。确切地说，他认为大规模的“大突变”可以相对快速地产生生命形式的重大变革[118]。

早在20世纪30—40年代，伯克利大学的遗传学家理查德·戈尔德施密特（Richard Goldschmidt）就提出过类似观点。由于注意到化石记录的不连续性，戈尔德施密特设想，就是由于这种大规模的突变，动物生命形式的巨大变革，在一代的时间内就产生了。比如说，他赞同德国古生物学家（此后为跃变论者）奥托·申德沃尔夫（Otto Schindewolf）（1896—1971）的观点“第一只鸟是从爬虫的蛋中孵化出来”的。此外，在戈尔德施密特看来“寻找古生物学记录中的许多缺失环节是徒劳的，因为他们根本就不存在”。如果一只鸟能直接从爬虫蛋中孵化出来，那它肯定是爬虫亲代遗传物质大突变遗传的结果，那么如此大的跳跃或者“跃变”显然不会留下任何的化石中间体。

然而，新达尔文主义者拒绝了这种观点，认为这是生物学上不可思议的极端现象。他们认为，如此快速地在解剖结构和生理系统中出现这么多整合的功能性改变，将会不可避免地产生畸形突变体，而非由系统整合的器官组成一种全新的动物[119]。他们声称，戈尔德施密特的大突变不会产生像他自己宣称那样的“希望怪兽”，而是“绝望怪兽”——不能存活的生物体[120]。

即便古尔德希望给大规模突变一个重新定位，他也十分小心地将自己的观点与戈尔德施密特那种荒谬的想法区别开来。他认为，与动物进化相关的基因发生突变会比其他基因突变产生更大，更显著的形态学改变。这些“进化突变”，可以在较短时间内产生生命系统的一个模块部分，而不是必须得像戈尔德施密特所说的那种在一代就要产生一个全新的生命形式。举一个很好的例子，他指出，古代无颌鱼的腮弓骨（尽管不是整条鱼），也有可能作为进化大突变的结果只经历一步就出现。古尔德解释道：“我并不是指这种跃变在所有复合的、集成的特征中表现出来的全都是全新的形式……相反，我认为跃变仅在关键适应性的必要特征中起潜在的作用。”

为了应对来自周围的严厉批评，古尔德在随后的间断平衡理论中淡化了大规模突变的作用。然而，其他的进化生物学家却从古尔德的观点中获得灵感，形成了强调大规模突变是大进化驱动力的一系列理论。如鲁道夫·拉夫（Rudolf Raff）、肖恩·B. 卡罗尔（Sean B. Carroll）、华莱士·阿瑟（Wallace Arthur）等进化理论学家和发育生物学家就提出了生物学的一个分枝——进化发育生物学。演化发育生物学家们已经提出了一种替代挑战新达尔文主义的模型，针对新达尔文主义学说设想的缓慢、渐进的基因轻微突变积累形式，他们认为，一旦影响参与动物发育的基因突变，则可以造成大规模的形态变化，甚至出现一个全新的躯体模式。

本章不仅考察演化发育生物学家的观点，还囊括了其他三种最典型的新达尔文主义的替代理论，包括一些“阿尔滕贝格16（Altenberg 16）”成员提出的想法（见图16.1），这些替代性理论都只强调了“三元素”的某个特定的方面。自组织理论我在上一章已经讨论过了，它强调法则式的进程在随机突变中的作用。而其他的理论则重申了突变的重要性，尽管它们各自都将突变如何作用重新定义了一遍。其中一种就是这“进化发育生物学”，它认为突变产生的是增量上的改变。另一种，中性进化理论，它认为突变作用于缺失的选择。还有新拉马克主义的“表观遗传信息传递”，它认为表观遗传信息中的可遗传性改变能影响未来的进化过程。此外还有所谓的“自然遗传工程”，它肯定了非随机的基因重排在推动进化革新中的作用[121]。

那么，就让我们来看看这些方案能否解决生命形式和信息的起源这两大难题，能否回答寒武纪生命大爆发之谜吧。

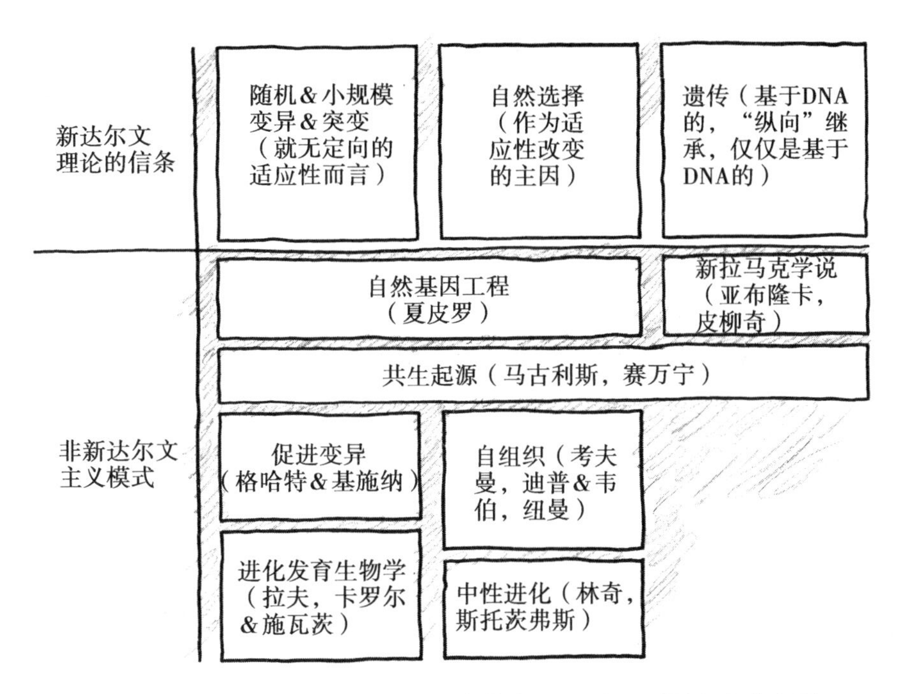

图 16.1　正统新达尔文主义的基本信条，以及以不同方式背离了这些信条的各种非达尔文进化模型。右下方框内表示了由新达尔文主义信条中脱离出来的各种新的进化模型。

疑达问氏 进化发育生物学及系列观点

新达尔文主义综合理论长期以来强调大规模宏观进化的诸多变化是小规模“微进化”种群内积累的必然副产物。20 世纪 70 年代，生物进化学界开始质疑这种原来被普遍认可的观点，当时，年轻的古生物学家如斯蒂芬·古尔德，奈尔斯·埃尔德雷奇和史蒂芬·士丹利认为化石记录并没有表现出“从微观到宏观”的渐进式变化。1980 年，著名的宏观进化研讨会在芝加哥自然博物馆召开，会上一片反对之声，随着理论家们关于“大进化并非来自微进化”的结论，暴露出了发育生物学家斯科特·吉尔伯特所说的一股“进化理论中的地下电流”。

在这次会议上，质疑“微观—宏观”共识的古生物学家们年轻的发育生物学家结成了同盟，因为他们对新达尔文主义也有所不满。他们知道群体遗传学的数学表达式只考虑基因频率中量的变化，而不是解释基因的起源或是新个体如何产生。因此，许多的发育生物学家认为，新达尔文主义并没有提供令人信服的宏观进化理论[122]。

许多发育生物学家，如印第安纳大学的发育生物学家，“进化发育生物学”的创始人之一，鲁道夫·拉夫就强烈地呼吁进化理论的学者们需要综合他们的见解以形成一个更有说服力的理论。例如，发育生物学家知道在动物发育早期出现的突变对个体形态的改变至关重要。因此，他们认为，这些突变势必在生命历史上产生一个全新的动物物种的过程中发挥重要作用，这种对发育过程的理解有助于了解动物进化。有些进化发育学家如肖恩·B. 卡罗尔和杰弗里·施瓦茨曾明确提到同源基因（或 Hox 基因）——影响其他基因定位、定时和表达的主调控基因——完全具备在动物形态中产生如此大尺度改变的能力。这些进化发育学家们已经打破了经典新达尔文主义对于突变改变在规模或增量方面的基本理解。

疑达问氏 主要的未必可行，可行的未必主要

尽管这一领域的研究很热门，但进化发育生物学是失败的，一个最明显的原因是：进化发育生物学所提出的主要进行方案，早期发育中的突变在动物个体形成中可以引起遗传性稳定、大规模的变化，这与百年前果蝇、线虫（蠕虫）等生物体诱变实验的结果相矛盾[123]。正如我们在第 13 章中看到，鲁斯勒·沃尔哈德和威绍斯等科学家们的实验已明确显示，早期个体突变总是导致胚胎死亡。这样的实验结果让进化生物学家陷入窘境，遗传学家约翰·麦克唐纳巧妙地将它称之为“伟大的达尔文悖论”。或许你可能还记得，麦克唐纳指出，作用于胚胎早期的调节性突变并不会产生能在种群中长期保留下来的，生物体形式上的改变。相反，这些突变通常会立刻被自然选择淘汰，因为这些改变总是带来破坏性的后果。另一方面，作用于胚胎发育后期的突变在动物特征上产生的改变是可行有效的，但这些变化不会对整体动物结构造成影响。这就陷入了一个两难困境，重大的改变是不可行的，可行的改变不是主要的。对于产生新躯体模式所需要的突变变化来说，这两种类型的突变方式都无法办到。

2007 年，我与几位同事共同编撰了一本教科书《探索进化》。书中，

我们提出了“两难选择困境”（主要的未必可行，可行的未必主要），认为这是对于依靠突变/选择机制来解释主要形态学变化起源的进化理论来说提出的挑战。美国国家科学教育中心（NCSE）——一个有影响力的激进团体，它反对让学生了解那些对进化理论的科学质疑——也对我们发起了挑战。他们指控我们的教科书“不承认广泛的、对于DNA序列中的突变有重要形态学影响的研究”。换句话说，他们声称某些可行的突变确实能够产生大规模改变。

美国国家科学教育中心（NCSE）引用“进化发育生物学”相关著作声称，有一类在某些基因组特定调控区域（“顺式调控”区域）的突变已被证实可以在有翅昆虫中产生大规模的变化。这些顺式调控元件上的基因突变“被许多进化生物学家认为对于产生进化改变来说具有巨大的作用”。此外，他们坚称，“顺式调控元件上的突变在形态演变中起到至关重要的作用”。为了证明这一点，美国国家科学教育中心（NCSE）还列举了三个发育生物学家本杰明·普鲁多姆（Benjamin Prud'homme）、尼古拉斯·高布（Nicolas Gompel）和肖恩·B.卡罗尔发表在《美国科学院院报》（PNAS）上的论文。

然而，这篇文章并未提及美国国家科学教育中心（NCSE）声称的那些内容，但它确实断言调控DNA的改变“不仅可以在相近物种间产生相对温和的形态学改变，也可以在较高分类级别的种群产生显著的解剖学差异”。但这项研究只表明，果蝇DNA中顺式调控元件的变化如何影响几种不同类型飞虫的翅膀斑点着色，并没有报道任何对昆虫的形态或躯体模式产生重大影响的改变。相反，这项研究其实重点表明了一个有效的基因突变仅仅只是产生了一个微小的，或是表面性的改变而已。（见图16.2）

许多生物进化学家对用这样的调控突变来解释新躯体模式的进化是有争议的，这也毫不奇怪。例如，两个传统的新达尔文主义者，哈佛大学的霍皮·胡克斯特拉和芝加哥大学的杰里·柯尼就发表了一篇综述，回顾了在《进化》杂志上发表的各种关于进化发育生物学的文章。他们指出，“基因组研究对进化改变的顺式调控理论几乎没有支持”。

他们还认为，显然大多数的顺式调控突变都会导致遗传和解剖性状的损失，这其中还包括一个著名案例：进化生物学家突变了顺式调控元件，使刺鱼失去了背部的棘刺。正如他们质疑，“支持进化发育生物学的观点，即顺式调控改变导致了形态学改变，这就足以表明启动子在新性状的进化

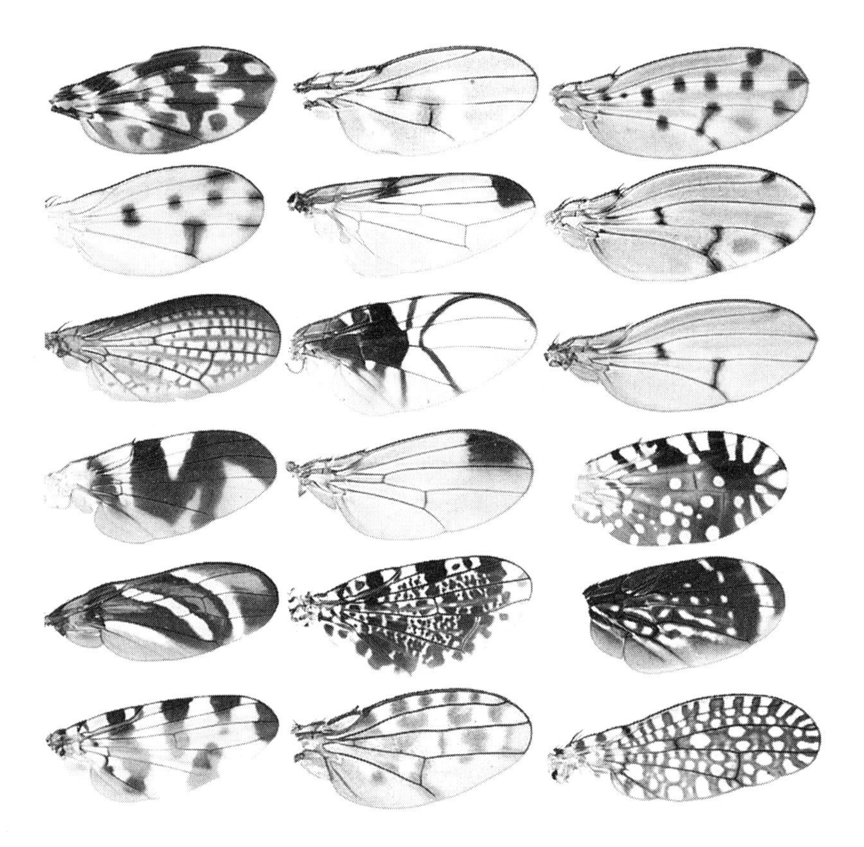

图 16.2　昆虫翅膀斑点着色的改变被认为是由顺式调控元件的突变引起的。这样的例子表明，这些突变对发育以及对其后代的改变作用往往是轻微的。

中是很重要的作用，而非仅仅是失去旧性状”。胡克斯特拉和柯尼得出结论：“目前没有证据证实顺式调控变化在适应性进化中发挥了重要作用——至少其作用并非显著。”至于他们对新达尔文主义者的评价，我们可以推测胡克斯特拉和柯尼可能并不打算用这种观点去驳斥美国国家科学教育中心（NCSE）对《探索进化》的批判。然而，科学，就像政治，有时会使陌生人或为同床之友。

疑达问氏 Hox基因？

当生物学的学生们在大学校园的公开讲座里听到我的同事保罗·纳尔逊提及“伟大的达尔文悖论”（见第13章）时，他们通常会问道：“那么Hox基因呢?”你可能还记得，同源基因的主要作用是在动物发育过程中调节和协调其他蛋白质编码基因的表达。同源基因能影响那么多基因的表达，因此许多进化发育生物学的倡导者认为，同源基因突变可以在形式上产生大规模的变化。

例如，美国匹兹堡大学的杰弗里·施瓦茨用的同源基因突变来解释化石记录中突然出现的动物形式。在他的《突然起源》一书中，施瓦茨承认在化石记录中存在不连续性。他指出，“对于大多数主要生物群体的起源来说，我们仍然摸不清头脑。这些化石之中的证据就像雅典娜从宙斯头颅中诞生一样，已经成熟并且呼之欲出，这一切又跟达尔文进化论关于逐步渐进进化的构想相矛盾”。

那么，怎样才能解开这个谜题？进化发育生物学的倡导者施瓦茨，揭示了他的答案：“影响同源基因活性的突变可以产生深远的作用——例如幼虫背囊动物转变为脊索动物。显然，潜在的同源基因要引起我们所说的进化改变，这似乎是难以理解的。”[124]

但是，同源基因上的突变能否将一种动物生命体的躯体模式转变为另一种？有多个理由质疑这一点。

首先，正是由于同源基因调控着如此多不同基因的表达，因此实验中诱导在同源基因中产生的突变已被证实是有害的。以果蝇为例，生物学家们通过对Hox基因的突变研究发现“大多数同源基因的突变会导致致命的出生缺陷”。另外，Hox基因突变后产生的表型，即使在较短时间内还能保存，但与野生型相比却短命得多。例如，通过突变果蝇的一个Hox基因，生物学家戏剧性地获得了触角基因改变的突变体，或者说一只头部应该长触角但却长出腿来的倒霉苍蝇（见图16.3）。其他的Hox基因突变会使果蝇的平衡器官（生长在正常翅膀根部，用于稳定昆虫飞行时平衡性的一个微小结构）转变生长为一对额外的翅膀。这些突变都引起了动物身体结构的改变，但并不是一种有益的或是可永久遗传的方式。触角突变的个体在

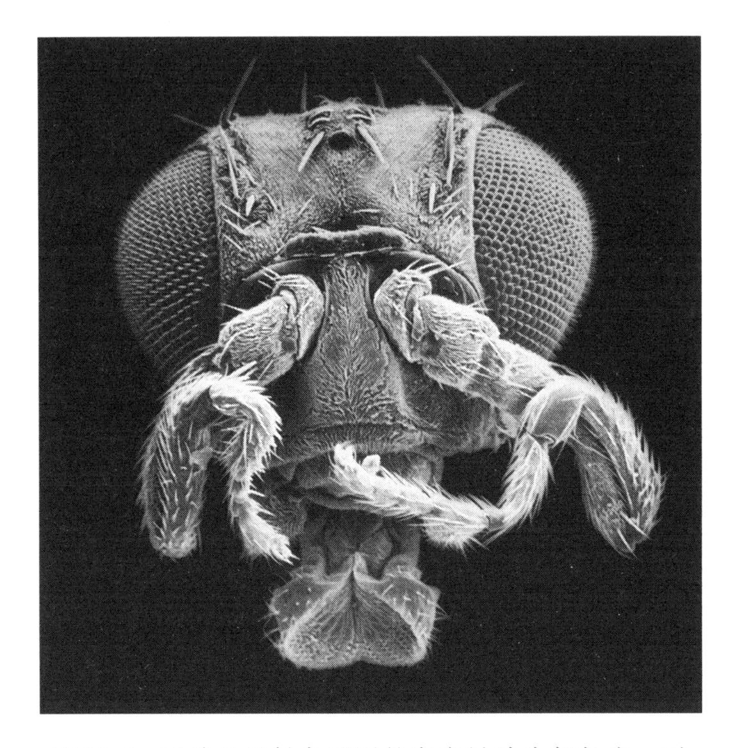

图 16.3　图片显示触角基因的突变导致头部长出一对腿，而此处应该是生长触角的地方。这样的例子表明，动物发育早期所出现的突变以及能够产生巨大变化的突变通常会导致后代的适应性下降——在这种情况下，后代通常不能生育。

野外无法生存，同时极难繁衍，而且它的子代也极其容易死亡。同样地，多一对翅膀的突变体由于缺乏肌肉结构，这对翅膀根本无法使用，同时由于没有了平衡器官，导致它在任何情况下都无法飞行。正如理论生物学家埃洛斯·萨斯玛利（Eörs Szathmáry）谨慎而保守地在《自然》杂志上写道，"这样的大突变（比如说 Hox 基因突变）可能经常会出现不适应的状况……"

其次，所有动物中的 Hox 基因都是在动物发育开始后才参与表达，远在躯体模式形成之后。在果蝇中，当 Hox 基因开始表达时，胚胎已经形成了大约 6 000 多个细胞，此时果蝇基本的身体架构——前、后、背、腹轴等都已经形成。因此，Hox 基因并不决定躯体模式的形成。埃里克·戴维森和道格拉斯·欧文指出，虽然Hox基因的表达在躯体模式中对正确的区域或定位分化是必要的，但是它在胚胎发育过程中的表达远远迟于整个躯体模式的发展，而躯体模式是受与Hox完全不同的基因所调控的。因此，在寒武纪大爆发的动物躯体模式的最初起源并不仅仅是一个Hox基因的作用，而是受控于更深层次的控制元件——戴维斯所称的“发育基因调控网络”（简称dGRNs）。而我们在第13章中就讲过了，戴维斯认为，要想改变发育基因调控网络而不损害其调节动物发育的能力，这是极其困难的。

第三，Hox基因只提供为了产生蛋白质而让某些基因打开，某些基因关闭的信息。构建蛋白质以生成部分组织或器官这样的信息是由专门的调控基因来完成的。然则Hox基因本身，并不携带有构建这些组织部分的信息。换句话说，Hox基因突变，并不会产生构建新的组织、器官和躯体模式所需的遗传信息。

然而，施瓦茨认为，生物学家可以光凭Hox基因突变来解释复杂的结构（如眼睛）了。他断言，“存在着眼形成的同源盒基因，当其中之一（尤其是Rx基因），被正确地激活之后，眼睛就出现了”。他还认为，同源基因的突变有助于器官的正确排布以形成躯体模式。

在一篇施瓦茨著作的书评中，萨斯玛利认为施瓦茨的推论具有缺陷。他也注意到Hox基因不会编码构成身体结构部分的蛋白质。因此，他认为，Hox基因的突变本身不会形成新的身体结构或者新的躯体模式：“施瓦茨忽略了同源盒基因是一种选择基因的这个事实。如果根本就没有接受其调控的基因，那么这些同源盒基因无法发挥作用”。尽管施瓦茨说他已经“惊叹”“同源盒基因在帮助我们了解进化变化基本原理方面的重要性”，而萨斯玛利却在质疑这些基因中的突变是否具有如此创造性的力量。在询问杰弗里·施瓦茨是否能够用Hox基因的突变来解释生命新形式的起源时，萨斯玛利的结论是，“恐怕，他不能”。

同样，Hox基因也不具有对形成躯体模式必要的表观遗传学信息。其实，即使在最好的情况下，Hox基因的突变也只是能改变基因而已。Hox基因的突变只能在DNA上产生新的遗传信息，他们不会、也不能产生表观遗传学信息。

不仅如此，表观遗传信息及结构事实上还决定了许多Hox基因的功能。这一点已得到证实：在不同的门类中都发现相同的Hox基因（核苷酸序列同源性）可以调节不同解剖学结构的发育。例如，在节肢动物中，Dl

基因（Distal－less gene）是节肢动物腿部正常发育所必需的，然而其在脊椎动物中的同源基因（如，小鼠中的 Dlx 基因），用于形成一种不同类型（非同源）的腿部。另外在棘皮动物中同源的 Dl 基因，则是调节管脚和棘刺的发育——其解剖结构显然跟节肢动物是非同源的。Dl 同源基因在不同情况下扮演不同的角色，这是由更高级的机体背景所决定的。同时，由于 Hox 基因的突变不能改变更高级机体的表观遗传学背景[125]，因此，它们无法解释构建新躯体模式所需的新的表观遗传信息和结构到底是如何起源的。[126]

疑达问氏 中性或非自适应进化

美国印第安纳大学的遗传学家迈克尔·林奇给出一种不同的进化变化机制，这也是对基因组起源（或者是增长）的另一种解释。他提出了一个中性的或“非适应”的理论，用于解释为什么自然选择在进化中的作用不大。他的理论，是基于进化机制的特征和强度在不同规模种群中起作用时所观测到的矛盾结果而得出的。

他首先指出，一般来说，种群数量越大，发生突变的概率越小，（在真核生物）遗传重组率越高。此外，大规模种群（如细菌）的基因组往往更小、更精简——这意味着这些基因组中含有较少可干扰的非编码序列。在大规模种群中，自然选择也会在消除有害、修复有益突变方面起到较强的作用。更为重要的是，在大规模种群中，遗传漂变（随机丢失的基因变异倾向）的过程是薄弱的，这使得包括细菌和单细胞真核生物在内的大规模种群中，自然选择作为新性状进化的关键要素是有意义的。

而另一方面，林奇发现，包括几乎所有小规模的动物，种群都具有较高的突变率和较低的遗传重组率。这些种群往往具有非常大的基因组，并且拥有大量的非编码 DNA，如内含子、假基因及转座子。林奇认为，在这些小规模种群中，自然选择的作用可能是非常弱的，也就是说，它无法有效地消除有害、修复有益突变。正如林奇所说，“三个因素（小规模种群数量、低重组率、高突变率）共同降低自然选择的效力”。此外，在小规模种群中，如随机突变、基因重组、遗传漂变之类的所谓“中性”过程，比自然选择更具主导作用。

那么，这与动物起源和寒武纪大爆发有什么关系？进化生物学家认为，寒武纪祖先动物群可能存在于相对较小规模种群中。林奇认为，在小种群中，由于自然选择作用的弱化，动物基因组的复杂程度必然会随着时间推移，非编码DNA模块的积累而增加。他认为，这些中性突变驱动了进化，促进了动物基因型和表型复杂性的增长。总之，基因组的扩展以及解剖复杂性的起源是由于基因中性的、非适应性的积累而成，而不是自然选择作用于随机突变的适应性结果。正如他所说，“许多独特而复杂的真核基因通过半中性过程产生，并伴随有很少的（如果有的话）、直接的正向选择作用”[127]。

在他的著作中，林奇同样也提出了对新达尔文主义机制有效性的有力批判。他认为，较之前众多进化学家提出的假设而言，实际上自然选择对进化规模特征的影响作用是较小的——尤其是在相对较小的种群规模中。在同一群体中，随机的环境因素——生物体处于正确时间和空间中（如，靠近丰富食物来源的地方），或处于错误时间和空间中（如，在遭受旱灾或靠近喷发火山的地方）——将会对能否繁育成功起到更为关键的作用。

疑达问氏 有悖常理的方法

基于群体遗传学的原理，林奇发展了他对自然选择创造力的数学评价方式。然而，在他的分析中，既没有显示单凭中性进化过程就足以产生新功能的基因和蛋白质，也没有显示出单凭中性进化过程就能解释许多复杂的解剖学体系，构建这样的复杂体系新的遗传（或表观遗传）信息的来源。诚然，这看起来似乎有悖常理，至少从新达尔文主义的观点来看是这样，单纯随机突变的积累就能够完成那些新达尔文主义者长期所说的突变和自然选择能够做的事？林奇试图用来解释解剖复杂性起源的理论，实际上其机制的说服力比较新达尔文主义更低。这样一个有悖常理的理论是正确的吗？

也许是的，但作为生物信息和解剖学复杂性如何产生的一种综合理论，林奇的中性学说还不尽如人意。

首先，林奇学说并没有为真核生物中存在的一些关键分子机器作出解释，其实解释这些分子机器可以使他的机制更可信。林奇认为，特别是那些小的多细胞生物种群，肯定会积累许多插入的基因组原件。但是这些增长的基因组中的功能性信息如果要表达，那么细胞必须具备切除非功能性随机积累遗传原件的某种方式——至少，其中的某些突变要能够产生功能性基因和蛋白质。

现存的真核生物有赖于一套被称为剪接体的分子机器——在基因表达之前能够切除内含子同时拼接外显子（即基因组中编码蛋白质的部分）。“这种超大的复合体”，细胞生物学家梅利莎·尤里察（Melissa Jurica）通过观察发现，“是由超过150个蛋白质组成”，同时还包括一些结构性RNA，“可能确实算得上名副其实的‘细胞中最大最复杂的大分子机器’”。

但是，剪接体从何而来？产生剪接体的必要遗传信息从何而来？林奇没有给出答案，尽管他已经注意到了这种分子机器对于基因表达的重要性，以及对他的理论的重要性。他解释道：“问题的关键是内含子存在于基因中，并且被翻译成mRNA，但随后必须被精确而完美地剪切去除。如果出现一个核苷酸缺失，那么得到的转录产物是没有活性的。”然而，林奇的理论仅仅只是假设，并非说明产生剪接体所必需的遗传信息的起源问题。他当然也不会用任何中性进化过程来解释这些大量的多蛋白质、多RNA复合体的来源问题。尽管他关于基因积累和表达的理论假设了这种复杂机器的存在，他也不能这么来解释。我的同事保罗·尼尔森所说的更加精彩：“要想林奇理论中的基因组累积起作用，大量复杂的分子机器需要从幕后推出来。”

当然，根据林奇的理论，这些机器和系统的出现似乎比真核细胞的起源会更早一些，因为在大规模的简单单细胞生物种群，自然选择在推动进化方面起到了更显著的作用。不过，林奇并没有作出这样的论断。目前多数进化生物学家认为真核细胞的起源问题是一个完全没有解决的问题——中性进化理论或者适应进化理论都无法解释。

当然，只要这些分子机器哪怕是在最简单的单细胞真核生物中存在，我们都可以推测，它们的出现势必先于动物起源。因此，严格地说，解释其来源，并非直接关系到对寒武纪大爆发的解释。然而，林奇无法解释分子机器的起源，那他理论的可信度也由此可见一斑——最起码也要为生命史中生物信息和生物复杂性的出现机制提供一个全面的解释嘛！——为找寻生命过程中出现了哪些生物信息和复杂性的机制问题提供全面的解释。

漂进漂出

不管怎样，我们都有足够理由质疑林奇的理论。

首先，林奇假设了一个错误的以基因为中心的生物起源观。如他自己所述，“自然界中，我们已知的大多数表型多样性都是直接源自真核基因的特殊结构”。他的这种观点忽视了表观遗传信息和结构在动物起源中的关键作用，这一点我们在第14章有所讨论，并且，他的理论没有对其起源作出任何解释。

其次，在小规模种群中，如遗传漂移等中性过程并非青睐有益突变，同样也没有将突变引起的遗传性状有效的固定下来。正如第10章所言，自然选择是一把双刃剑。一方面，自然选择有助于种群中的有益性状固定下来，另一方面，自然选择难以使功能基因变化多样而不被消除。进化中性理论试图利用基因复制以及其他的能够在基因组中加入非功能序列的过程来回避后一个问题。然而，要是这么做的话，这些理论又显著地削弱了自然选择在有益突变一出现时就将其固定下来的作用机制。因此，在所有的中性理论中（也包括林奇的在内），任何出现以及开始在种群中流传的有益突变可以很轻易地——无需受到自然选择的任何阻碍——从种群中漂移出去。这种局限极大地延长了中性过程固定种群中有益遗传改变的时间。无论新达尔文主义的怀疑者或支持者都已经认识到林奇模型在这方面的不足[128]。

第三，也是最重要的一点，林奇的理论不仅无法解释新基因和性状在小种群中的固定问题，同样也无法解释新基因和性状为起源问题。林奇的中性突变机制设想基因组复杂性是先前已存在的遗传元件积累的结果（内含子、转座子、家基因和基因复制）。然而，这些元件并不产生任何新的功能性（或特定）的遗传信息，它所做的只是将已有功能的序列从生物体背景中将已存的遗传序列翻译出来而已。诚然，中性理论的观点，就是假定增加的遗传元件在最初始阶段没有执行重要的功能，从而使得它们能够经历突变而不会对生物体产生有害后果。林奇本人也推测这些额外的元件不会在新文库中发挥功能，这也是他为什么假设还需要剪接体来裁剪掉这些信息，至少在一开始是这样。

对于林奇的理论来说，要想解释新的、有功能的基因和蛋白质（还有解剖结构的复杂性）的起源问题，他必须能够解决第10章中讨论过的组合通胀问题，他需要阐明单纯的随机突变能够有效地搜索可能为相关序列合空间，从而找到新的功能基因或蛋白质。

然而，林奇根本没有解决序列组合通胀的问题或者与基因和蛋白质序列空间稀缺性密切相关的问题。他没有给出重组或突变（遗传漂移）能够产生功能性或特定遗传复杂性的任何实验结果。相反，他提供的例子全都是假设出来的。此外，对于其认为成功搜索功能性基因和蛋白质的概率可能比第10章中所计算的要高（即，更有可能会发生），他也没有给出任何理由。因此，他解决不了组合通胀问题以及功能基因和蛋白质序列空间的稀缺性问题所提出的挑战。

或许，较之其他中性理论，在中性、非适应过程必须占主导地位的方面，林奇提供了更多详细的解读。然而，他也并没有显示出，像随机遗传突变从自然选择中脱离这样的过程，足以产生全新的功能性基因或蛋白质，更不用像复杂的解剖学革新这样需要更多这种基因和蛋白质的来源了。相反，正如阿克斯的实验结果所展示的那样，无论哪种随机突变都不会产生足够多的尝试，来提供可能（或可行的）的成功搜索，以找出在给定序列空间中的功能基因或蛋白质。

疑达问氏 林奇与等待的时间

林奇在一篇文章中讨论过，中性进化过程在现实的等待时间内能够产生新的复杂适应性——需要多重协调突变的复杂适应性。尤其是在他最近与圣路易斯大学的同事亚当·阿贝格撰写的一篇文章中，他提到“传统的群体遗传机制”如随机突变和遗传漂移，能够导致“特定复杂适应性相对快速的出现”。林奇在这篇文章中作出了两个特别的阐述。第一，他声称在大规模群体中，如果突变中间体在其生物效应中是中性的，那么任意的复杂适应性都可能发生。也就是说，林奇试图表明在大规模微生物种群中，复杂适应性所需要的几乎无限数量的突变在现实的等待时间中是可以发生的。根据林奇所言，只要一系列中的突变每个都对生物体有中性作用（而非有害）这可能发生，其次，林奇认为，虽然在小种群中也需要很长的时间来构建复杂性状，但这种特征仍然能够在现实可等待的时间中出现，只要突变中间体的作用是无害的、中性的。因此他得出的结论“随机遗传漂移和突变的高效力可以以一定的速率汇集多细胞物种的复杂适应性，这与在巨大微生物种群中成功出现复杂适应性的情况没有什么明显的不同”。

虽然林奇是在严密的数学科学论文背景下作出了如此的断言，但他这种说法的意义，如果是真的话，很难被夸大。从本质上说，他声称他基于数学模型的群体遗传学——展示了单纯的随机突变和遗传漂移能够在现实的等待时间内产生极其复杂的适应性，那么他的中性进化理论就解决了复杂适应性的问题以及第12章中所讨论的漫长等待时间的问题。

但是，话虽好听，但美梦难成真。事实证明，林奇和阿贝格在得出他们的结论时犯了一个微小的但却是根本的数学错误。准确地说，或许，达格拉斯·阿克斯是指出林奇学说存在问题的第一人。虽然阿克斯看到林奇和阿贝格论文中大多数的数学运算是正确的，但他运用自己的计算方式和实验证明其中有一些重要的错误。最后，他追溯到了林奇和阿贝格结论中两个错误的公式，两者均是基于错误的假设。从本质上讲，林奇和阿贝格假设，生物体能够通过一个直接的途径产生新的解剖学结构，从而获得一个特定的复杂适应性。每种突变都建立在以前最有效的可能方式上直到构建出所需要的结构。因此，他们形成了一个进化改变的无向模型，此外还形成了一种假设，没有任何适用机制（如自然选择）能够锁定在某些复杂有利结构出现过程中出现的潜在有益改变。他们计算产生这种结构所需的等待时间，假设锁定潜在有利变化过程的确存在，还假设无定向的和纯粹的随机机制在某些方面直接导致了这些功能的有利结果。阿克斯对此给论进行了犀利的批判：“种群可以采取所有可能的进化路径，而林奇和阿贝格的分析仅仅只考虑了那些特殊途径，即那些能够直接得到理想的结果（复杂适应性）的特殊途径。”

林奇的中性模型没有确保潜在的有益突变能够随着其他突变的累积而驻留。正如阿克斯所言，“有效的改变不会被存起来，然而公式2（林奇的公式之一）却假设可以”。阿克斯指出，从数学上讲，降解（突变改变的固定会使得复杂适应性更少出现）会远比建设性突变更快地出现，这会导致预期等待时间成倍增加。

我在第10章所说的，关于基因进化中性模型所面临的问题，有助于阐明林奇和阿贝格结论的错误假设。回想那一章，我假设蒙住眼睛的人掉入没有鲨鱼的巨大泳池中，虽然他不会遇到任何捕食性动物（就像自然选择的净化作用），但他同样会遇到在浩瀚无边的水体边缘找楼梯的问题（就像在无穷无尽的可能序列中找功能性序列一样)。现在,假设有人要计算蒙眼人游到巨大水池边上的楼梯所需的平均时间,如果仅简单地划出这个人用最快速度游到水池边楼梯的距离,那他或她会得出这位不幸游泳者所面临问题的一个令人满意的乐观估计吗?为何?因为此人所遇到的问题远远不止等待时间而已,也就是说,这个人根本就不知道梯子在哪儿,或者怎样才能到达梯子,他也没有任何方法来计量这一过程,因此他是根本不可能到达的。

因此,对于他需要多久时间才能游到楼梯边上的任何实际估计——相对于理论上最快路线的可能估计——必须考虑到他可能漫无目的地游荡,走走停停,转着圈在游以及向各个方向漂流。相似地,林奇和阿贝格在他们的计算中没有考虑随机、无向、无目的性质。相反,他们错误地认为进化的中性过程能够直接奔向某些特定的复杂适应。事实上,这一过程——从所有的可能性看来——这一通往复杂适应性的稀有而孤立的功能之岛的过程中,同样存在着在毫无目的,没有任何可以引导的无功能可能性的中性的巨大序列空间中茫然前进的情况。正因为如此,林奇大大低估了产生复杂适应性所需要的等待时间,因此也没能解决基因和蛋白质以及其他任何复杂适应性的起源问题。而阿克斯却用他自己的数学模型对林奇进行了批判,认为等待时间的问题与他之前曾计算过的那样难以解决。

疑达问氏 新拉马克表观遗传

新达尔文主义的三大理论支柱主要关注遗传信息的传递和继承,然而毫无疑问,又有一种新的进化理论质疑着新达尔文主义对遗传的理解。

达尔文自己也缺乏一个对解释生物机体如何将遗传信息从一代传递到下一代的准确理论。他认为,生物体的变化是在一生中发生的,这些变化是不同器官和解剖结构"使用和废用"的结果,而后通过繁殖传递给后代[129]。在这方面,达尔文的遗传理论沿袭了更早的进化理论家让·巴蒂斯特·拉马克(Jean Baptiste de Lamarck)的观点,而后者深信获得性遗传。

尽管一度得不到任何证据的支撑,但拉马克的机制对达尔文的思想来说是一个日益重要的支持,尤其是对自然选择的批评使得达尔文把重心越来越多地放在环境对进化改变的影响上。事实上，达尔文在《物种起源》第六版（1872）中，也特别强调了这些遗传模式的重要性[130]。

但随着1900年孟德尔遗传定律的重新发现，以及染色体被确认为遗传信息的载体，拉马克的遗传理论被打入冷宫。此后，随着新达尔文综合理论的崛起，基因成为所有生物体遗传变化的核心。1953年以后，生物学家们就将基因与DNA分子上特殊排列的核苷酸碱基等同起来。

然而，最近，随着越来越多的生物学家已经认识到某些驻留在DNA结构之外的生物信息——如表观遗传信息，对研究这些非遗传来源信息影响进化过程可能性的兴致日益浓厚。表观遗传信息能够被改变，并且可以直接独立遗传，这个结论使得对表观遗传学的研究得到进一步关注。相应地，这一发现促使了当代“新拉马克主义”的诞生，这一理论设想在进化的过程中，生物体非遗传性结构的变化将影响后代。

目前，新拉马克主义最突出的拥护者包括：特拉维夫大学伊娃·亚布隆卡（Eva Jablonka）和纽约城市大学的马西莫·皮柳奇（Massimo Pigliucci）。当然，拉马克本人对基因的作用一无所知，并且深信获得性遗传是进化过程中重要的驱动力。当今的新拉马克主义者，尽管充分了解现代的遗传学说，仍然相信非遗传信息和结构可能在生物的进化形式上发挥一些作用。按照亚布隆卡的说法，新拉马克主义“认可了原来被‘现代综合理论’所否认的进化可能性。‘现代综成理论’认为变化是盲目的，是（基于核酸）遗传的，以及跃变对进化没有贡献作用”。

亚布隆卡已经收集了几类证据用于支持她的“表观遗传系统”。首先，在一些单细胞生物（如大肠杆菌和酵母）中，由环境引起的代谢途径变化能够在细胞DNA不发生任何改变的情况下遗传到下一代。其次，她指出介导有机体形式（及功能）的结构信息能够通过膜状物以及其他三维细胞结构，在不依赖DNA的情况下从亲代传递给子代。

第三，DNA甲基化过程——通过特殊酶的作用，使由碳氢原子构成的甲基（CH_3）与双螺旋结构中的核苷酸碱基相结合。这样的过程可以改变基因调控及染色质结构。亚布隆卡发现，由这些过程引起的变化往往可以在DNA碱基序列没有任何改变的情况下传递给后代。

最后，她援引了“RNA介导”的表观遗传这一最新发现的现象。在这里，小分子RNA与特殊酶类一起，影响基因表达和染色质结构的作用，其修饰物也能够不依赖基因而进行遗传。

那么，这些机制能够有助于解释源于寒武纪大爆发的动物起源吗？不一定。

宏观进化需要稳定，也就是说需要能够永久遗传的变化，这是其本质。但亚布隆卡的证据显示，在动物中只要出现了这样的非遗传继承现象，总会涉及到结构（1）不会改变（如膜结构和其他结构信息的永久性模板）或者（2）即使改变也最多只能保持几代。这两种情况对动物形式的进化变革都没有显著作用。相反，对于生物种群中发生的定向进化变化来说，这些改变必须是可以遗传的，并且必须是永久的。稳定性——不可逆及持久可遗传性状——是任何进化理论在逻辑上的不可回避根本的需求，这也正是"经过改变的继承"的深意所在。

同时，对于稳定的非遗传继承，亚布隆卡的证据是模棱两可的，这一点她自己也爽快地承认。根据亚布隆卡搜集的动物数据来看，没有一个例子显示出在任何种群中诱导的表观遗传变化可以永久保存。继承这样的改变是短暂的，最多也就只有四十几代（取决于物种）。

亚布隆卡很坦率地认可缺乏稳定性的证据这一问题，她说："我们相信，在真核细胞基因组每一个基因中，表观遗传的改变是可以继承的，但是以什么样的方式，能够持续多长时间，以及在什么样的条件下继承，这些问题尚待研究。"因此，尽管比较有趣，但新拉马克主义表观遗传理论的进化意义仍然不明确，或者用亚布隆卡本人的话说，"难免地，有点投机"。

疑达问氏 自然基因工程

芝加哥大学的遗传学家詹姆斯·夏皮罗（James Shapiro）提出了另一个称为"自然基因工程"的理论，这是另一个从后达尔文主义角度阐述进化如何起效的观点。夏皮罗已经形成了一种对进化的理解，既考虑到生物体的综合复杂性，也认识到非随机突变和进化过程中变异的重要性。

他指出，种群中的生物体通常对自身进行修饰和改变以应对不同的环境影响。他列举的证据显示，当种群面对不同环境的压力、信号及触发点时，生物体不会随机地产生突变或者可遗传的改变，也就是说，这些改变必须要，或者必须符合它们的生存需要。种群通常会以一种直接的或协调性的方式来应对环境压力或信号。“那些继续坚持认为自然随机发生可遗传改变的进化论者应该为这样一个简单的理由感到惊讶：对突变过程的实证研究表明它肯定包含模式，环境影响，源自新遗传结构及改变 DNA 序列的特定生物活性。”

夏皮罗的理论对正统新达尔文主义的的挑战，具有非常深远的意义。他否认新变异的随机性，而这是达尔文本人强调以及新达尔文主义的理论家在整个 20 世纪反复重申的。并且，他还主张在进化过程中强调预编程式的适应能力或者“工程”般变化，生物体以“认知”的方式来应对环境影响，通过协调的方式重组或突变其遗传信息以维持其生命力。

比如说夏皮罗指出，与新达尔文主义主张的“DNA 的改变是偶然的”论调相反，所有的生物体都拥有成熟的细胞体系用以在复制过程中校对和修复它们的 DNA。“这就类似于人造的一个质量控制系统”，该系统的“监视和矫正”功能代表了“认知的过程，而不是代表机械的精度”。

作为调控突变的一个例子，夏皮罗观察到细菌在应对环境暴露——如来自阳光的紫外线伤害，或者抗生素的作用时，会激活一种“急救应答”（“sos response”）系统，这套系统有特异的易错 DNA 聚合酶，通常这些酶类是不表达的，但一旦被整合激活，将使种群中产生比平时更广泛的遗传变异。细胞通过一种叫做 LexA 的 DNA 结合蛋白质对这一过程进行调控，LexA 的功能主要是对易错聚合酶的抑制。当急救系统因环境损伤被激活，LexA 的合成急剧下降，从而使得易错聚合酶开始表达，但而后 LexA 的合成会上升，以“确保 DNA 一旦开始修复，LexA 会重新聚集，从而抑制急救基因的表达”。该系统允许细胞“复制那些损伤尚未被修复的 DNA”，以确保关键的复制进程能够通过损伤片段继续进行，而如果复制进程缺失的话会导致细菌的死亡。

用个比喻可以有助于解释面对环境的挑战时细胞在做什么。设想一个装甲步兵营正在穿越一片开阔的平原。突然，该营遭到敌人猛烈炮火无情的袭击，很多士兵都受了伤。要保障受伤士兵能够撑到攻势停止或者援军到达，指挥官会命令某些具有专业技能的特定队员去拆解少量坦克，以临时用其装甲抵御炮火的攻击。然而，一旦攻击停止，他就会命令他们停止拆卸行为。也就是说，作为一个整体单元，能够容忍“损害”自己的一些设备，尽可能地来拯救更多的队员。

同理，在一定程度上，这种“易错”角色的出现可能是违背常理的，但这些急救系统中由突变产生的DNA聚合酶实际上构成了细胞防御措施的基本硬件。在夏皮罗看来，这种生存策略没有体现出达尔文理论的随机性，而是一种相当成熟的预编程，一种“即使最小细胞都具备”保持其活力的“机制”。此外，急救应答系统的周全协调表达，更是进一步表明该系统只有在细胞有需求时才会被激活[131]。

为了加快基因组特定部分的突变率，细胞同样可以改变其既有表达遗传信息的方式，即表达一些以前未表达并且抑制其他基因表达的基因。种群中的生物体在特殊刺激下会检索并获取储存于基因组甚至不同染色体上的遗传信息模块化元件，随后细胞会组装、串联这些模块化元件形成新的基因或者RNA转录产物，指导新蛋白质的合成以帮助机体生存。

夏皮罗认为，这些或其他类型的直接的遗传改变以及对刺激的反应，是在“精确的控制”下产生。他形容细胞就像“一台高能的实时分配式计算机”一样执行着各种各样的“如果—那么”子程序。这一观点有力驳斥了新达尔文主义团体的三大关键要素之一——突变和变异是以随机的方式发生的论点。

在过去的15年里，夏皮罗发表了一系列文章，介绍了他们新发现的细胞能力：细胞能在一定环境条件下指导或“设计”遗传改变以保持其生存力。他的文章代表了一个充满希望的新的生物研究途径，为研究细胞信息处理系统如何修改和指导遗传信息实时表达以响应不同的信号提供了一种新的视角。夏皮罗的工作同样为如何在现存种群中观察进化变化的发生提供了新的见解。

那么，夏皮罗能否为解决动物构建躯体模式所需信息的起源问题提供答案？回答是肯定的，但前提是夏皮罗能够精彩地回答生物体如何能实现自我修正的问题。

生物体“预编程适应能力”的程序从何而来？如果正如夏皮罗所说，自然选择和随机突变不能产生这种信息丰富的预编程，那么它是怎么产生的？在下一章节，我将来详细解答这个问题。

17　智能设计的可能性

一座偏远岛屿上的房屋主人在外骑行时遇害身亡。当警长从陆地赶来时，他得知有这样几个嫌疑人：一个是反复无常的猎场看守人；一个是与被害者有宿怨的邻居；另一个是被害人分居的妻子，住在岛上的小村舍里。警长很快就了解了案件的基本情况：在一个僻静的海滩上，被害者在马背上被射杀。三位嫌疑人都有可能接触到射杀被害者所用的来福枪，他们都能从未上锁的工棚中取得这把枪，并都有可能到达犯罪现场。他们每人都有杀人动机，但他们都没有不在场证明。

但是，随着调查的展开，越来越多的事实水落石出。更重要的是，当验尸官到达时，他发现尽管被害者腹部中弹，同时头部被枪托狠狠地砸过，但这些伤痕都仅是为了隐藏房主的真正死因。在跌落地面时房主已经死亡，致死的原因是一颗从他右耳后侧入颅的子弹，而这恰好是职业枪手的惯用伎俩。此外，弹道分析显示射杀被害者的子弹并非来自储存于工棚中的那把枪，而是来自相当一段距离开火的武器。

随后，警长开始对着嫌疑人名单逐一排除。有大量证据显示，三名犯罪嫌疑人都不擅长射击，更谈不上是世界级的职业枪手。房主分居的妻子手是颤抖的，根本没有枪支使用经历；看门人的视力极差；而邻居似乎拥有一个相对的不在场证明——他的手臂骨折，没法在来福枪射击时托起弹夹。然而，另外一个生活在庄园里的人，在任何人都可能是本案的嫌疑人的情况下却没人怀疑他。他就是被害人忠诚的个人助理，已跟随房主多年，是一个被家人和其他仆人爱戴的胆小怕事的老人，因此没有人会把他当做犯罪嫌疑人。但他，是否有可能参与制造本案？是否真是一个意想不到的人——确切地说是“管家”——所为？

显然，标准的进化论已陷入僵局。无论是新达尔文主义还是众多最新的理论（间断平衡、自我组织、进化发育生物学、进化的中性学说、表观遗传学、自然基因工程）都不能完美解释寒武纪新动物形式的起源问题。

此外，所有这些进化理论家们都有两个共同点：他们的理论依赖于严格的物质进程，并且他们也都未能证明产生新生命形成所需的信息起源的原因。

这就产生了一个问题：是否有可能存在一种完全不同或者意料不到的原因，可以为存在于寒武纪大爆发新信息和形式的起源提供更充分的解释？尤其是，智能设计——一种有意识、理性的目的性行为——是否有可能在寒武纪大爆发中发挥了作用？

疑达问氏 智能设计简介

当提到智能设计时，通常让当代进化生物学家很难理解为什么这样的想法会被考虑，或为什么要讨论智能设计应在生物学中起到任何作用。尽管现在许多生物学家承认当前严格的唯物主义进化论存在严重的缺陷，但他们也拒绝考虑涉及智能的引导、指挥或设计的替代方案。

这种阻力似乎来自单纯的对智能设计理论的无知。许多进化生物学家将智能设计等同于基于宗教的想法——一种类似《圣经》神创论的形式。其他人则认为，这种理论否认了所有进化变化的形式。但与媒体的报告相反，智能设计并不是基于《圣经》的设想，而是关于生命起源的以证据为基础的理论——一种部分而非完全挑战“进化”这一含义的理论。

或许解释智能设计理论最好的途径，是将其与直接挑战达尔文进化理论特殊部分对比起来看。我们在第 1 章的开篇序论中就指出：“进化”一词拥有多种含义，这在达尔文进化理论中已多次提及：第一，随时间而变化；第二，普遍共同祖先；第三，自然选择的创造力作用于随机变异。在肯定进化这三层含义的基础上，经典的达尔文主义和新达尔文主义都认可新达尔文主义者理查德·道金斯（Richard Dawkins）的“盲眼钟表匠”假说。该假说认为，自然选择作用于随机变异（突变）的机制，不仅可以产生新的生物学形式和结构，还可以设计出整个生物体[132]。

达尔文在《物种起源》以及他的信件中都提到了这个观点。回顾第 1 章培育羊群的例子，我描述了人工育种和环境改变可以使羊群产生适应性的优势。在 19 世纪，生物学家们认为生物体在其环境中表现出的适应性，就是大自然在生命设计中就最强有力的证据。观察到自然选择拥有产生这种适应性的力量，达尔文不仅肯定了他的机制可以产生显著的生物学改变，也认为他的机制能够解释生物体的由来。因此，他试图运用唯物主义方式解释生物体外观设计起源的问题，以反驳设计假说。现代新达尔文主义者也认可生物体似乎是被设计好的，他们同样充分肯定了非智能化的自然机制——突变和自然选择——是出现这些表征的原因。无论是达尔文主义还是新达尔文主义，都认为选择/变异（或选择/突变）机制是发挥了一种“设计师替代者”的作用。正如已故哈佛大学进化生物学家恩斯特·迈尔（Ernst Mayr）的解释，“达尔文主义的真正核心是自然选择理论。这个理论对达尔文主义至关重要，因为它以自然的手段赋予了适应性（自然神学家的‘设计’的解释”。或者，像著名的进化生物学家弗朗西斯科·阿亚拉（Francisco Ayala）言简意赅地指出，自然选择解释了“没有设计师的设计”。

包括理查德·道金斯（Richard Dawkins）、弗朗西斯·克里克（Francis Crick）和理查德·列万廷（Richard Lewontin）在内的其他现代的新达尔文主义生物学家们，都强调生物有机体仅仅是看上去像是被设计的[133]。他们认为，许多生物结构——不管是鹦鹉螺、三叶虫的复眼、哺乳动物心脏的生物电系统，或众多的分子机器——吸引着我们的注意力，因为这些成熟的系统很容易让人们联想到人类自己设计的产物。例如，道金斯指出，DNA 中的数据信息与计算机软件或机器代码离奇的相似。他解释说，生命系统的许多方面“看上去就就像被有目的的设计出来的”。

然而，新达尔文主义者认为，由设计而来这一观点完全是虚幻的，就像达尔文本人也这么想，因为他们认为，只有像自然选择和随机突变这样完全盲目的唯物的过程，才能够在生物体中产生出仿佛被设计的结构。自然选择和随机突变仿效了这种设计智能化的力量，但并没有以任何方式来进行智能化的引导。

现在该智能设计理论登场了。智能设计理论挑战了自然选择和随机突变（以及其他相似的无向的唯物主义过程）能够解释最受关注的生物体是设计出现的说法。同时，该理论肯定了生命系统中存在某些确定的特征，而解释这些特征最好的观点实际上就是一种真实的智能设计——一个有意识的理性的智能设计，而不是一个盲目的唯物主义过程。智能设计理论并没有反对“进化”释义中的“随时间而变化”或者是普通共同祖先的观点，但也确实与达尔文的观点产生了争论，后者认为主要生物变化的原因以及生物外观的设计完全是盲目和无向的。

智能设计理论也不是要把生物学生插入一个不相关的宗教概念中。智能设计致力于解决进化生物学中长期以来的关键科学问题：设计到底是真实的还是虚幻的？事实上，达尔文试图去解释的部分恰好是生物的外观的。当运用现代唯物主义进化理论不能解释寒武纪动物最引人注目的形态的起源时，也不能解释数据信息的存在以及其他复杂的适应性时，很有可能表明这些生物体的出现不仅仅只是出现而已。反对设计假说的达尔文主义进化理论，再加上无法解释突然出现的生命形式的新达尔文主义和其他唯物主义理论，似乎在逻辑上已经有了重新开启动物生命史中确实存在（而不是出现）设计的可能性。

生命的出现，究竟是完全无向物质作用的结果，还是以智能设计为引导的产物。智能设计的支持者显然认同后者，并认为之所以生物体看起来像是被设计的，就是因为他们确实是被设计的。设计论支持者们认为，在生命系中已经显示出了有智能活动的指示，能够他们的这种说法，这些指标可以使智能设计能够从生命世界的证据中被科学地检测到。

但是，对许多进化生物学家而言，要接受这一点这是非常困难的。他们认为智能设计是基于宗教的想法，他们认为大家可能会认同生命的智能设计是因为将其作为宗教信仰的一部分——而不是科学证据的结果。事实上，大多数进化生物学家既看不到智能设计的观点如何能用来科学地解释生命的起源，也看不到智能设计在自然界的证据中如何被科学地检测到或被证实。研究人员究竟要怎样才能证明这样的推论呢？

疑达问氏 我的故事

当我 1986 年远赴英国开始研究生学习时，我问过一系列类似的问题。那时，我并没有考虑过智能设计作为一种动物起源解释的科学合理性。相反，我想知道，智能设计能否有助于解释生命的起源。我的疑问最终促使我学习到一种史实科学探究的独特方法，这一发现使我想到了一种推理的方法，可以检测或者推断过去的原因，包括智能化的原因。

在那之前一年，即 1985 年，我遇见了复兴智能设计思想的当代鼻祖之一，他认为智能设计在生命起源中可能起到关键作用。那时，化学家查尔斯·萨克斯顿（Charles Thaxton）（见图17.1）刚出版了一本书《生命起源之谜》。他的共同作者是聚合物学家、工程师沃尔特·布拉德利（Walter Bradley）以及地球化学家罗杰·奥尔森（Roger Olsen）。他们的这本书因突破性地批判了当代化学演化理论而备受称赞。他们指出，试图从简单无生命的化学物质解释第一个活细胞的起源行是不通的，尤其对于产生第一个生命必要的信息来源问题，这些理论更是无能为力。

图17.1　查尔斯·萨克斯顿

在这本书的后记中，三位科学家提出了一种激进的假说以替代原有理论的看法。他们提出，DNA作为信息载体这一属性可能表明存在一种设计智能化活动——一种有思维的工作，或如他们所说“智能化因素”。在借鉴英国—匈牙利物理化学家迈克尔·波兰尼（Michael Polanyi）分析的基础上，他们认为，仅有化学和物理因素无法产生DNA中的信息，正如只有墨水和纸张无法在书籍上记录信息一样。此外，他们认为，一致的经验表明，在智能活动与信息产生中存在因果关系[134]。

当这本书问世时，我作为地球物理学家在达拉斯一家石油公司工作，恰好萨克斯顿就住在这座城市。在一次科学会议上，我遇见了他，并对他的工作产生了浓厚兴趣。在接下来的一年，我开始拜访他的办公室，与他讨论他的书以及他关于DNA的激进思想。

萨克斯顿观点的第一部分对我来说有很大的意义。经验似乎确实肯定（特定的或功能性的）信息通常来自智能代理的活动，是通过思考而非无意识的、物质的过程。当手机推特（Twitter）的铃声响起时，显然响声的来源是建立了推特（Twitter）账号的人首先在脑海中想到了信息，然后编辑了信息通过互联网发送过来。信息确实是由想而生。

但萨克斯顿想得更远。他承认，大多数科学分枝没有考虑把智能活动作为解释是因为，智能代理不会产生重复或者可预见的现象，因为它们很难在受控的实验室条件下研究。然而，萨克斯顿认为，科学家们可能会将智能因素作为对过去某些事件的一个积极而科学的解释，作为一种特殊的科学探究模式，他将其称为起源科学。他指出，科学学科如考古学、进化生物学、宇宙学、古生物学经常推断出独特的、不可重复的事件发生，而这一方法可以帮助科学家推论，并识别出在过去事件中的智能因素的阳性指标。

我起初并不那么肯定。萨克斯顿关于与起源科学的那种独特方法的见解，看来似乎是直观可信的。毕竟，进化生物学家和古生物学家似乎都用到了一种不同于实验室化学家运用的调查方法。不过，我不完全确定这些方法是什么，与其他科学中采用的方法有什么不同，以及是否能用这些方法来合理地考虑智能设计作为一种科学假说的可能性。

因此，次年我便离开了得克萨斯州达拉斯，前往英国剑桥，在历史和哲学科学研究中追寻我的答案。是否存在一种独特的史实科学探究的方法？如果有，那么这种推理或调查的方法能否有助于设计假说的科学重塑？信息与设计智能的先导活动之间的直观联系，能否证明一个对智能设计下面的（历史性的）科学推理？对智能设计阳性的（基于史实的）科学推理？它能使智能设计被检测到吗？

疑达问氏 史实科学方法和设计假说

在我的研究中，我发现史实科学家们往往运用独特的逻辑形式做出推论。这种类型的推论专业上称为溯因推理。19 世纪，美国逻辑学家 C. S. 皮尔斯（C. S. Peirce）提出了这种推理的模式，并将其从两个知名的形式即归纳和演绎中区分出来。他指出，归纳推理中一般规则是由特殊的事实推断，而演绎推理中一般规则则是应用于特殊的事实以推导出具体的结果。然而，在溯因推理中，推论往往是有关过去的事件或基于当前线索、事实的原因。

为了明确这三种推论类型的不同点，我们看看下面的几个论证形式：

归纳论证：

A_1是 B。

A_2是 B。

A_3是 B。

A_4是 B。

A_n是 B。

所有的 A 都是 B。

演绎论证：

大前提：如果 A 已经发生，那么 B 也必然会发生。

小前提：A 已经发生。

结论：因此，B 将会发生。

溯因论证：

大前提：如果 A 发生了，B 应该肯定也会发生。

小前提：令人惊奇的事实 B 被观察到了。

结论：因此，有理由怀疑 A 已经发生。

要注意推论形式中演绎推理和溯因推理之间的差异。在演绎推理中，小前提肯定了前因变量（“A”），结论才能推导出后果变量（“B”），一个预期的结果。这就意味着，演绎推理所期待的结果将会在未来发生。演绎推理一个经典例子有此特征：

大前提：凡人皆有一死。

小前提：苏格拉底（Socrates）是一个人。

结论：因此，苏格拉底是个凡人。（他也会死）

在溯因推理中，小前提肯定了后果变量（“B”），结论才推断出前因变量（“A”）——这个变量指的是无论在逻辑上还是时间上都已经发生的某件事。因此，溯因推理通常用于确认过去发生的事情。正因如此，法医或地质学家、古生物学家、考古学家和进化生物学家等史实科学家通常使用溯因推理，用现在的线索来推断过去的条件或原因。正如斯蒂芬·杰·古尔德（Stephen Jay Gould）指出，史实科学家的特征就是“从结果推断历史”。

例如，地质学家可能会作出如下推论：

大前提：如果发生泥石流，那么我们希望找到被倒下的树木。

小前提：找到了树木倒下的证据。

结论：因此，我们有理由认为曾经发生过泥石流。

在演绎推理形式中，如果前提为真，那么结论肯定。然而，在溯因推理中，其参数是不同的。溯因推理的参数具有不确定性，仅是合理性或可能性。想要知道为什么，看看下列溯因推理论据的变化：

大前提：如果发生了泥石流，那么我们希望找到倒下的树木。

小前提：找到了倒下的树木。

结论：因此，发生过泥石流。

或者，简化处理：

大前提：如果发生了泥石流（MS），那么树木倒下（FT）。

小前提：树木倒下（FT）。

结论：因此，发生了泥石流（MS）。

需要注意的是与第一个版本溯因推理不同，前者的结论是初步确定（“我们有理由认为可能发生过泥石流”），而后者的结论是明确肯定（“发生过泥石流”）。显然，后一种形式的说法有问题，因为它不能遵循树木倒下必然证明发生过泥石流的客观规律。树木倒下可能会有很多其他原因。有可能是一场飓风将其吹倒；也可能在暴风雪中被积雪压倒；或者是伐木工人砍倒。在逻辑上，肯定小前提（已明确）的结果变量会构成一个形式的谬论——这个谬论来自对多种因素（或前提）可能产生相同证据（或结果）的错误认识。

即便如此，倒下的树木也可能表明发生过泥石流。因此，对上述的论点进行修订后得出结论："我们有理由认为可能发生过泥石流"不会被认为是谬论。即使我们可能没有肯定发生结果，但我们可以肯定它发生的可能性。这就是溯因推理。它认可一个假说——通常是关于过去的一个假说——可能是真实的，即使不能明确肯定这个假说（或结论）。

疑达问氏　多重竞争假设的方法

为了解决溯因推理的这个限制，同时尽可能强化对过去事件的推论，19 世纪地质学家托马斯·张伯伦（Thomas Chamberlain）开创了一种新的推理形式，他将其称之为"多重有效假设的方法"。历史和法医科学家们在不止一个原因或假设可能得到相同证据时采用这种方法，他们用这种方法在多个竞争假说中进行裁决，即通过对比这些假设，看看哪种最好的假说不仅能够解释某一个证据，而且还能解释范围更广的相关事实。

例如，在确定大陆漂移假说作为大范围地质观测结果的最佳解释时，就曾用到了这样的方法。在 20 世纪早期，德国地质学家和气象学家阿尔弗雷德·魏格纳（Alfred Wegener）痴迷于寻找一种合适的方式，像玩拼图游戏一般在地图上将非洲和南美大陆拼合起来。他提出，大陆曾经是结合在一起的一块巨大整体，称之为"盘古大陆"（Pangea），而后才分离和漂移。

起初，许多地质学家都嘲笑魏格纳的观点。他们认为，大陆之间存在遥远的距离，这种形状的匹配很可能仅仅只是一种巧合。魏格纳的批评者们驳斥其大陆漂移观点是"疯狂的呓语"，"日耳曼伪科学"，"童话"。但魏格纳引用了其他的证据，在他看来，这些证据足以证实大陆漂移不是巧合的假说。他指出，在南美洲东海岸与非洲西海岸相应地方和沉积地层中发现的化石形态相吻合，这一事实若单纯用巧合来解释，那也太凑巧了。然而，其他地质学家试图解释一海之隔的化石形态吻合不是大陆运动的结果，而是动物或植物迁徙的结果——或漂洋过海，或通过古大陆桥。此外还有第三种假说也参与到争论之中，连同巧合假说一起，认为魏格纳假说能解释的事实，它同样也能解释。

然而，此后另一组事实的发现足以帮助科学家们在这些相互竞争的假说之间作出抉择。第二次世界大战期间，美国海军勘测了海底地形，测量了穿越海洋的地球磁场。这些磁力测量显示了磁化岩石的平行线，而这些从山脊两侧到海底中部的每条线，标明与大洋中山脉等距，且具有相同的极性。地质学家还了解到，岩浆不断从这些大洋中山脉的中部渗出。他们发现，当岩浆冷却时，它“获取”了一种特征性磁表现，可以反映地球磁场在该位置冷却时的极性。当船舶拖带精度磁力仪测量“残磁”时，科学家们发现，随着磁力仪从大洋中脊向各个方向拖离，海底的磁化在“正常”和“反转”极性的部分之间交替发生了改变。这也使得在大洋中脊的每侧对称的著名“琴键”模式被发现。(见图 17. 2)。

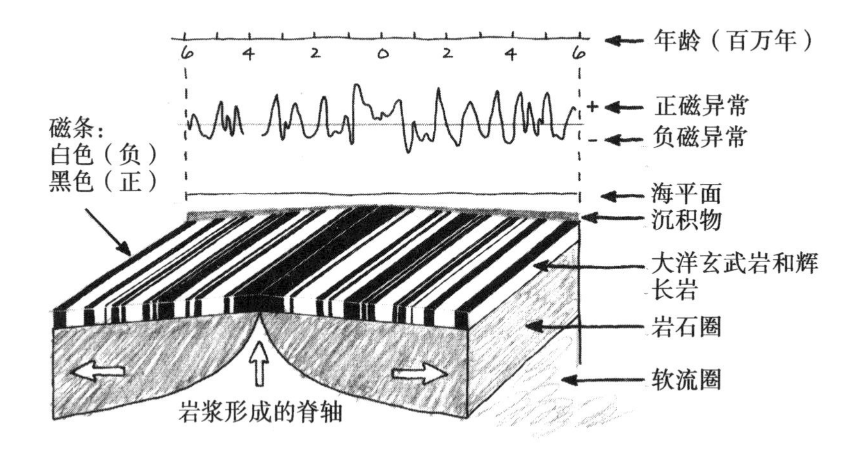

图 17. 2　此图显示在大洋中脊每侧对称出现“常规”或“反转”极性交替改变的磁条纹图案。因“琴键”模式只能通过板块构造和扩张来解释，它促成当代地质学理论被广泛地认可。

为解释交替磁性这种对称的格局，地质学家提出，磁条形成是海底扩张远离大洋中脊的结果，正如在地球磁场变化的情况下，岩浆会受到挤压和冷却——换句话说，大陆的确在漂移。这一假设不仅解释了磁条的对称图案，还包括其他的相关证据。虽然其他假设也能解释（或者是辩解）大陆形状的匹配或相似化石漂洋过海的现象，但仅有大陆漂移理论（由海底扩张驱动）能够解释海底磁条纹以及其他证据。因此，作为其最有说服力的结果，大陆漂移的决定性案例很快建立起来，进一步加强了关于古大陆运动的合理溯因推理，表明这一推理对所有的相关事实提供了最好的（也是唯一适当的）解释[135]。

诸如彼得·利普顿（Peter Lipton）的当代科学哲学家认为这种分析方法能够“推理出最好的解释”。科学家通常在试图解释过去事件的起因或结构时采用该方法，他们比较了各种假说来找寻哪种能够最好地进行解释。然后，他们暂时认定，最能解释该数据的假说则有可能是真的。

显然，“最好的解释是能够回答所有的事实或者大部分事实”这一说法是一个关键的疑问。什么样的解释才能算得上合理或者最好的?

碰巧的是，历史上的科学家们已经有了一套标准来决定在一系列相互竞争的假说中哪种解释提供了对一些远古事件的最好解释，其中最重要的标准是“因果充足”。在未给出一个成功解释的前提下，科学家们必须找出已知发挥作用能够产生那样的效果、功能或者事件的原因。在找寻鉴别这些原因时，历史学家通常依据他们自己对因果的认识作出判断，已知能够产生效果（或者被认为是有能力产生）的原因通常被认为比那些没有这些因素的更有说服力。例如，对于地球火山灰层的形成而言，火山爆发是比地震或洪水更好的原因解释，这是因为，已经明确观察到火山爆发能够产生大量的火山灰，然而地震或者洪水却不会。

地质学家查尔斯·莱尔（Charles Lyell）（1797—1875）是科学史上最早使用溯因推理的科学家之一，他对达尔文有较大的影响。在达尔文搭乘贝格尔号远航期间，他拜读了莱尔的巨著《地质学原理》（*The Principles of Geology*）并在《物种起源》书中采用了莱尔的推理原则。莱尔书的副标题概括了他的核心方法论原则：《试用现在起作用的原因解释以前地球表面的变化》（*Being an Attempt to Explain the Former Changes of the Earth's Surface, by Reference to Causes Now in Operation*）（1830—1833）。莱尔认为，当科学家们设法解释过去的事件时，他们不应该引用一些不明类型的原因，因为其效应我们观察不到。相反，他们应该引用那些我们根据现有经验已经知晓能够发挥作用的因素。科学家们应该列举当前起效的原因，这就是“现在正起作用的原因”。这也正是其均变论方法中的想法，即著名的格言：“将今论古”（“The present is the key to the past”）。根据莱尔所述，对因果关系现有的经验应该指导我们推理过去事件的原因。达尔文采用了这种方法的原理，试图证明自然选择是一种真理，是一种引起生物显著变化真正的、已知的或实际的原因。换句话说，他旨在表明，自然选择有其“因果充分性”来产生那些他想要解释的效应。

疑达问氏 唯一已知的原因

科学哲学家们，以及顶尖的历史科学家们都强调因果充分作为判定相互竞争假设真伪的重要标准。但科学哲学家们坚持认为，对这些假说解释能力的评价，在这个效应或证据只有一个已知原因的时候，会导致结论性的推论（见图 17.3）。如果存在多种因素可产生相同的效应，则该效应的

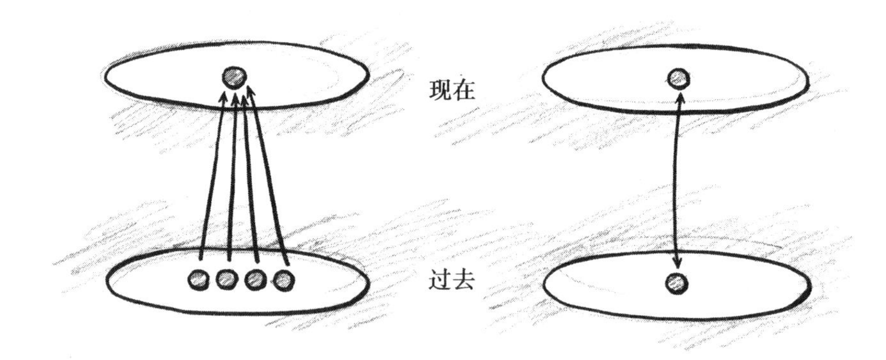

图 17.3 追溯逻辑问题的示意图。是否能够明确地将过去重现取决于是否存在一种单一的原因或条件产生现有的状态，或者是否存在多种可能的原因或条件产生现有的状态。左侧图例描绘了一种信息破坏的情况，即多种过去的原因（或条件）产生现有的结果。右侧图例描绘了一种信息保存的情况，即仅有一种过去的原因（或条件）产生现有的结果。

存在就不能明确由何种因素产生。然而一旦科学家们知道仅有一种原因产生既定效果时，他们即可推断出该原因，同时也能避免结论的错误——忽略掉其他那些可能产生相同效果的原因。在这种情况下，他们可以从遗留的线索中推断或者检测到过去唯一的看似可行的原因。

这一推论可以有两种方式。第一种，在只有一种已知原因的情况下，科学家们可能会将他们的研究聚焦于一个单一（孤立）的事实，他们可以仅从效应中就快速而果断地推断出原因——没有需要证实结果的风险，因为没有其他已知的原因能够产生同样的结果。例如，由于火山爆发是火山灰层形成的唯一已知原因，因此火山灰层考古遗址的存在就强烈表明这里曾经发生过火山爆发。

另外一种情况，科学家们遇到的证据，有许多原因都能导致结论的发生，因此，他们往往会扩大研究，研究范围远远超出最初那个或那组事实。在这种情况下，他们将利用上述策略（作为多重竞争假设方法的一部分），通过补充寻找其他的证据，直到他们找到与唯一已知原因对应的一块。接下来，他们就将各竞争假说的说服力进行对比。使用这种策略，历史上的科学家们会选择那个被证实了具有产生所有相关证据能力的原因，该原因就唯一已知的，能产生所有相关证据，包括产生新事实或新证据的原因。例如，大洋中脊两侧洋底磁对称模式的发现，使我们能够将三种假说的解释力进行对比，通过比较我们知道，只有海底扩张假说才能做为对所有相关事实的因果充分的解释。

这种方法通常可以让科学家们根据仅有一种已知（或者理论上可行）的原因，（从一些组合的效果中）挑选出一条证据，从而能够果断地建立一个过去的原因。虽然这种策略较之第一种策略，需要面对一组更宽泛的事实，但所涉及的推理逻辑状态是相同的。在不同情况下，它有一种原因，一个事实的存在（无论是其本身或与其他事实相结合）会让科学家们作出关于此事因果历史关系的确定性推论，同时还不会有为了肯定其结果所导致的谬误。从逻辑上讲，如果一个推测的原因是导致一个既有事件或效应发生的必要条件或必要原因，那么科学家们显然可以从现有的效应中推断出那个条件或者原因。哪里有烟，哪里必先有火，如果说看到远处山脉有烟飘出，显然表明在山的另一侧有火的存在。

疑达问氏 历史推理和智能设计

所有的这一切与寒武纪大爆发有什么关系?

关系非常大。在我对历史科学方法的研究中，发现，无论他们是否意识到这一点，科学家们通常使用推理的方法来作出最好的解释。他们根据现有的线索、证据或者影响作出大量关于过去原因的溯因推理。这后来提示我，如果存在寒武纪大爆发的特征或寒武纪动物的特征，如果智能设计在这一事件中发挥了作用，那么这将是“应该肯定会发生的事”，那么这至少可能会形成一种把智能设计做为历史（溯因）科学推理的假说。那么智能设计的倡导者就能够以一种标准的历史科学方式给出答案：

大前提：如果智能设计在寒武纪大爆发中起到了作用，那么由智能活动产生的特征（X）就应该肯定会出现。

小前提：特征（X）在寒武纪大爆发的动物中被观察到。

结论：因此，有理由认为智能原因在寒武纪大爆发中起到了作用。

当然了，历史科学家只有在“性状X”是寒武纪大爆发的证据，以及大家都知道智能设计产生“性状X”的情况下，才会对某种智能因素过去的活动作出这种溯因推理。此外，仅仅因为寒武纪大爆发显示出了一些由智能设计所产生的性状或特性，并不意味着智能设计是这些特征的真正原因（或者最好的解释）。只有在智能设计是寒武纪事件和动物性状的唯一已知原因时，科学家才能对过去的智能化原因作出决定性推论。

那么，我们还剩下两个重要问题。是否寒武纪大爆发的记录确实存在那样的特征?我们由经验得来的这些寒武纪特征是不是由智能原因所为?智能原因是不是唯一已知原因?这一切到底是不是“管家”所为?

18　寒武纪大爆发中智能设计的征象

精心设计的推理小说，如同真实世界中的犯罪调查，需要清晰的逻辑层层深入。对死亡原因的解释，一开始会有非常多的可能因素。随着越来越多的线索被发现，这些所有的可能会逐渐缩小，直到呈现出一个真正的原因。这些线索通常有两种形式：肯定性证据，有可能发生过情况的指示（例如，发现38mm口径弹壳以及在尸体上发现枪伤）；否定性证据，没有征象显示发生过情况。

（在我前面的章节中提及）假设发现房主尸体的那位警长，当时他正在房主死亡海滩附近的泥泞小路上巡逻，因此这位警长在谋杀案发生不久便碰巧发现了尸体。进一步假设，这位警长办案经验丰富，在第一时间检测了受害者的体温，发现受害者的身体仍然是温暖的，几乎就像活人一样。显然，在这种情况下，警长会得出结论，受害者刚刚去世。在调查到这一点时，一条物理规律将有助于警长的推理，能够说明谁没有犯罪。随着死亡时间的推移，人体体温冷却至周围环境温度的速率是已知的。所以，即使考虑到搭乘交通工具，凶犯也不可能在尸体被发现时就逃出很远的距离。

这些事实为案中的大多数嫌疑人提供了铁一般的不在场证明。只要他们在尸体发现地点半径之外的人。当然，称这些信息为否定性线索仅仅是习惯性的称谓而已。“否定性”和“肯定性”证据是我们对案件征象的设想，而并非事实本身：毕竟，证据只是证据。尽管如此，事实本身既排除又支持了相互竞争的假设。当证据逐渐积累时，将会拼凑出一幅画卷、一份卷宗——用以解释事件发生的真正原因。因此，当我们说“根据死者的体温，可以排除按照尸体冷却速度设定半径以外的70亿人”，我们同样可以说“根据死者的体温，表明嫌犯应是当警长到达案发中心时30英里以内的某人”，较之前一个推论，嫌犯的锁定范围小了很多。

我在书中已经介绍过，并多人都尝试来解答这科学之谜，这其中的奥秘，从某种意义上讲，逐渐深入。然而当越来越多解释寒武纪动物生命大爆发的尝试都以失败告终，这些相互竞争的理论就都成为了否定性线索（即能够有效排除某些可能原因或解释的证据）。我已经解释了为什么广为人知的进化理论、新达尔文主义无法解释寒武纪时期的信息和生命形式的爆发，我也同样考查了最新的进化理论，指出这些理论为什么无法解释其关键环节。那么，从这一点说，多数的证据都被归类于否定性证据。这些证据很可能已经告诉我们，什么不会引起寒武纪大爆发。但是，在我们设想的谋杀案中，随着证据的积累使得一系列解释的可行性越来越低，同时也开始描绘出另一幅额外的可能是真实的场景。

嫌犯轮廓

远在侦探们明确嫌疑人真实身份之前，他们通常会先勾勒出他的轮廓。一位顶尖的古生物学家曾用这种策略来着手调查寒武纪大爆发的原因。道格拉斯·欧文（Douglas Erwin）一直致力于解决动物躯体模式起源的问题（见图 18.1），他遭受教于美国加州大学的寒武纪专家詹姆斯·瓦伦丁（James Valentine）。欧文曾与埃里克·戴维森（Eric Davidson）在过去的十余年里紧密合作，而戴维森就我们在第 13 章中提到过的那位试图探

图 18.1　道格拉斯·欧文

索寒武纪之谜的科学家。

现在，欧文和戴维森已经摒弃了标准的新达尔文理论（尤其是戴维森的反应更加强烈）。他说，标准理论“产生了致命的错误”。而欧文和戴维森的研究则更加深入。他们已经列出了一份重要线索的列表——一份必须要解释清楚的关键证据的清单。运用这份清单，他们开始勾画（至少在外形上）出寒武纪大爆发背后原因的轮廓。

这份清单积极的一面，在于他们认为，这个原因必须要有几个属性来解释有关化石记录以及由此构建动物模型的关键事实。尤其是，这个原因必须能够产生一种生物自上而下出现的模式；必须能够相对快速地产生新的生物形式；并且还必须是结构性的，而不仅仅是修饰性的复杂的综合遗传网络。（具体参见第 13 章中讨论的发育基因调控网络）

从负面的角度来看，戴维森和欧文都排除了将观察到的微进化过程，以及推测出的大进化机制（如间断平衡和物种选择）作为寒武纪大爆发关键特征起源的解释的可能性。他们坚称，从无到有构建动物躯体模式的要求，“无法通过微进化（或）宏观进化理论满足”。

在第 13 章中，我讨论过他们得出该结论的缘由：发育基因调控网络，一旦建立起来后，在没有对进化动物有“灾难性”后果时，就不会被干扰（或发生突变）。因此，如果那些进化改变需要影响到早期基因调控网络（dGRNs）最深的节点，那么全新的基因调控网络不可能再逐步从先前已经存在的基因调控网络演化而来。然而，构建具备产生新动物物种能力的新基因调控网络，恰恰需要在早期基因调控网络中产生这种根本性改变。但是新的调控网络又是怎么出现的？戴维森和欧文认为，当前的进化理论都无法解释这些系统的起源。因此，他们认为，寒武纪大爆发的原因都无法用当前任何的微观或者宏观进化理论来解释。

对此，欧文强调了发生在寒武纪大爆发革新的独特性：“与后来的事件不同，寒武纪时期最具意义的发育事件涉及到细胞类型、发育层次以及表观遗传的增殖。”他得出结论，“寒武纪时期与随后的发育事件之间最关键区别在于，前者涉及到这些发育模式的构建，而非发育模式的修饰。”据此，欧文认为寒武纪大爆发的中心事件——新躯体模式的起源——不同于任何当前观察到的生物过程。此外，过去的事件跟现在是根本不同的——那时候的进化与现在进化严重不对称[136]。因此，他描绘的“嫌犯”肖像又添加了一条负面的线索：不管导致产生新动物形式的原因到底是什么，反正它肯定不会与目前所观察到的任何生物过程相类似。

疑达问氏 勾勒原因

然而问题也随之产生：证明唯物主义进化论不成立的否定性线索越来越多，它们能否成为另一种原因（可能是智能原因）的肯定性指标？

通过对动物生命起源成因轮廓的描绘，戴维森、欧文以及其他众多进化生物学家在不经意间，其实多多少少已经有了一点智能设计的理念。让我们快速回顾一下欧文和戴维森对“嫌犯”的描述。他们的结论是：在寒武纪大爆发时期，新动物形式起源的成因必须满足以下几点：

- 快速产生出新的生命形式。
- 产生一种自上而下的生物出现形式。
- 构建复杂的综合环路，而非仅仅是修饰。

他们还总结出了这个原因的特征：

- 无法用当前任何的微观或者宏观进化理论来描述。
- 不会与当前任何在现实生命种群中起作用的生物过程相类似。

欧文和戴维森，虽然不是智能设计理论的朋友，但由于他们对某些特别感兴趣的方面如基因调控网络（戴维森）、化石不连续性（欧文）方面的深入研究，已经勾画出了这个原因的部分轮廓。此外，其他的进化生物学家也对该场景的描绘做出了贡献。西蒙·康威·莫里斯（Simon Conway Morris）惊叹于“进化具备在所有生物可能性这个巨大的‘超空间’中精确导向至最合适解决方案这种不可思议的能力”。因此，他认为进化可能以某种方式“引导”至有利的功能或结构终点，但没有指明哪个已知的进化机制能够如此直接进化至这样的终点。詹姆斯·夏皮罗（James Shapiro）提出进化改变机制依赖于预先设定的适应能力，但没有解释这种预设定从何而来。几个在前面章节中讨论过的较新的进化理论，都说明了遗传和表观遗传信息形式的同时存在，强调了必须从一开始就能够产生这些信息的能力必须有其原因存在，但都没有解释这原因到底是什么。

欧文和戴维森将新达尔文主义排除在外的线索清单固然非常大胆，但这几页探讨的证据已为他们描述寒武纪大爆发真正原因的轮廓提供了额外的贡献。我们先前的研究已经证明，构建一个动物需要特定的或功能性的信息，并且所有对寒武纪动物起源的解释都必须具备产生下列信息的能力：

- 数据信息。
- 结构（表观遗传学）信息。
- 功能集成以及分级组合的信息层。

任中其一，或所有这些线索加在一起，能否提供出一个考虑另一个原因的理由？能否考虑一下智能设计在动物生命的起源中发挥了作用的可能性？

应该可以。事实证明，每种寒武纪动物以及寒武纪时期化石记录的特征，这些特征构成否定性线索——使得新达尔文主义和其他唯物主义理论不足以作为因果解释的线索，但这些线索也恰好是从经验中已知的，通过智能活动而产生的系统特征。换句话说，标准的唯物主义进化理论无法准确地对为产生生命形式的现象确定一个适当的机制或原因，因为生命形式是靠智能活动（有意识有理性的思想活动）而产生的。这表明，与前述章节中阐明的历史科学推理方法一致，我们有可能作出一个强有力的历史推断，认为智能设计可以作为这些特性起源的最好解释。

让我们从寒武纪动物的关键性特征开始，来看看每个寒武纪事件的特征，看看它们如何指向了智能设计的过去活动，从而使得智能设计能够被科学地侦测到。

疑达问氏　寒武纪信息大爆发

我们已获知，构建寒武纪（或其他时期）动物需要大量新的、功能特定的数据信息。此外，在 DNA 中存在的这些数据编码信息，至少在所有生命体中，都是一种令人震惊的设计的表现。例如理查德·道金斯（Richard Dawkins）所说，“基因的机械代码与计算机是惊人地相似”。同样，生物工程先驱洛里·霍德（Leroy Hood）也指出，DNA 中储存信息如同“数字代码”一样让人联想到计算机软件。就连微软创始人比尔·盖茨（Bill Gates）都认为：“DNA 就像一种计算机程序，但远远比任何编写的软件都要先进。”

然而，我们也看到，无论新达尔文主义还是其他的唯物主义理论模型或机制，都无法解释遗传信息（数据编码）的起源，而这些信息是创造寒武纪动物，或者是创造出寒武纪动物所具有的最简单的结构革新所必需的。从唯物观点来看，这一切无法解释的设计的征象是否反而说明了智能设计的真实存在？

我想是可以的。但为了说明缘由，还需要进一步阐述一些我个人关于“进化”的思考。

在知道了历史科学家如何对遥远事件的起因作出推理后，我首先将这些方法应用于推理产生第一个活细胞所需的必要信息的起源问题。在我的《细胞签名》（*Signature in the Cell*）一书中曾用到了多重竞争假说的方法（或推理出最好的解释）来评估关于生物信息最终根源解释的“因果关系”。我发现，化学进化模型（无论基于巧合、物理—化学必要性或两者的组合）无法合理地解释为什么其具备在 DNA 和 RNA 中产生数据信息的能力。然而，我们确实知道有某种原因具有产生数据编码的能力，这个原因就是智能代理。既然智能代理是目前已知具备产生信息能力的唯一原因，那么智能设计当然是制造第一个生命体必要信息来源的最好解释。

《细胞签名》一书中，关于智能设计的例子由于被视为对化学进化理论的挑战而被小心翼翼地限制了。许多进化生物学家承认，化学进化理论对始祖生命起源问题的解释是失败的，无法解释生物信息的起源是其失败的主要原因之一。正是因为他们认识到只有在出现第一个能够自我复制的生命体之后，自然选择才能在进化中起到关键作用，所以，大多数进化生物学家同样认为，解释生命起源以前的信息来源问题远比解释已有生命体中新信息的起源问题更加困难。

正因如此，在《细胞签名》一书中，我没有为智能设计可能有助于解释从先前存在的简单生命形式形成新动物物种过程中作为必要信息的起源问题而进行解释，因为这将需要一个独立的论证来表明自然选择和突变机制不足以在已经存在的生命体中产生新的遗传信息。本书在第 9—14 章中已经提供了证明，这些章节展示了新达尔文主义为何不能解释遗传信息的起源问题——起码连建立一个新蛋白质折叠的要求都不能满足。第 15 章和

16章也进一步表明，其他主流的唯物主义进化理论同样无法对建立新动物物种形式所必需信息的起源作出解释。既然寒武纪动物生命的大爆发就是信息和结构革新的大爆发，那么一个问题也就应运而生：是否有可能——这种生物信息的增加不仅是对生物进化唯物主义理论的否定证据，而且是对智能设计理论的肯定性证据？

一个目前正在起作用的原因

这当然是可能的，智能代理，由于其理性及知性，已经证明其具备以线性序列特异性排列的形式产生指定的或功能性信息的能力。数字及字母形式的信息通常源自智能代理。计算机用户若是追踪屏幕上的信息来源，则不可避免地会触及一种思维——源自软件工程师或程序员的思维，书籍或者抄本中的信息最终源自某位作者或者书吏。我们基于经验的信息流知识证实，具有大量特定或功能性信息的系统总是起源于智能源头。功能性信息的产生是“习惯性与意识活动相伴随”，我们共同的经验已经证实了这一明显的事实。

因此，这也同样表明，智能设计非常完满地满足了历史科学解释法中关键“因果”的要求，智能就是在数字形式中具有产生功能性和指定性信息能力“目前正在起作用的原因”。正如我写到这里，我的大脑中便产生了指定的信息一样，智能代理以软件编码、古代抄本、书籍、加密军用码等形式产生了信息。我们已经知道没有“当前有效”的唯物主义原因能够产生大量指定的信息（尤其以数字或字母的形式）[137]，仅仅只有智能设计符合历史科学解释法因果充分的要求。换句话说，我们关于原因和效应的一致经验表明，智能设计是产生大量功能性特定的数据信息的唯一已知原因。由此可见，寒武纪大爆发时期生命信息大量注入的原因，毫无疑问指向了智能代理。

智能设计能够单独作为遗传信息起源的解释还有另外一个原因：有目的的代理才能产生那么指向明确的作用，而自然选择的无向性却缺乏与其具有因果充分性的条件。我们已经注意到，自然选择缺乏产生革新信息的能力，这是因为它仅能够在新的功能性信息已经产生后才能发挥作用。自然选择能够挑选新的蛋白质和基因，但仅仅在这些蛋白质和基因已经表达出某些功能之后（影响复制的产物）才起作用，产生新的功能性基因、蛋白质和蛋白质体系则完全有赖于随机突变。然而，如果没有在功能性标准的引导下对所有可能序列进行搜索，随机变异的结果就是个概率性的命运。我们所需要的不仅是变异的资源，或者是选择的模式以能够在成功搜索后发挥作用，我们重要的而是选择的方式（a）在找到功能序列之前，就在搜索过程中起作用（b）被有关功能性目标的信息或被有关功能性目标的认知所引导。

对该需求的论证其实源于一个看似不可能的方向：遗传算法。所谓遗传算法，据称是用于模拟突变和选择创造能力的程序。理查德·道金斯（Richard Dawkins），贝恩德－奥拉夫·库伯斯（Bernd－Olaf Küppers）等人已经开发出计算机程序，模拟由突变和自然选择介导的遗传信息产生。然而，这些程序仅在为电脑提供了“靶序列”，并将未来的功能（如，特定的靶序列）而非实际现有的功能作为选择标准时才能获得成功。正如数学家大卫·柏林斯基（David Berlinski）指出，遗传算法需要一种类似于“前瞻性记忆”的东西才能获得成功。然而，这种预见性选择与自然界中的实际情况根本不同。在生物学上，生存的差异取决于功能的维持，自然选择不可能先于产生新功能序列而发生，此外自然选择还缺乏预见性。正如进化理论家罗丹（Rodin）和萨特马利（Szathmáry）所说，自然选择在此过程中的作用，必须按严格的时点发展，必须发生在“‘在当前时刻’，此时此刻……缺乏对未来潜在优势的预见性”。

然而自然选择所缺乏的，正是智能设计所具有的、有目的有导向性的选择。有理性的代理能够按照心中的远期目标来安排物质与符号，他们还能解决组合通胀的问题。在语言的使用方面，人类的头脑中经常“发现”或产生语言序列来传达一个预期或预先考虑的观念。在思考的过程中，功能性目标能够优先，并限制性地从一个巨大的，可供选择的声音和符号组合库中选择单词、声音、符号来产生功能性（有意义的）序列。同样，复杂工艺物品和产品的制造，如桥梁、电路板、引擎、软件等，均源自于目标导向性的应用。事实上，在所有功能整合的复杂系统中，设计工程师或者其他智能代理为产生出这些形式，序列或者结构，也必须要对物质可能的安排采用限制的方式。智能代理已经多次论证具备这样的能力：对众多的可能性结果加以限制，根据其明确的目标和导向来实现未来的功能。经验一再表明，智能代理（思维）唯一拥有这种因果力。

因此，通过对生物信息起源问题的分析，我们发现自然选择和其他无向进化机制在因果力上暴露出不足。而智能代理则具备预见性，他们能够在发挥物理化效应之前决定或选择功能性目标，他们可以设计或者选择材料，即从可能性阵列中实现这些目标。随后，他们可以按预先考虑的设计方案或一套功能需求的方案，将目标具现化。自然选择所缺乏的因果力，根据定义，其实就是与意识和理性相关联的，有目的性的智能。然而，虽然智能设计能够克服漫无边际的组合搜索问题，并且解释新特异信息的起源问题，但智能设计的当代拥护者并不主张消极地根据证据给出随意的解释。相反，我们认为寒武纪大爆发的一个关键特征就是一个具有因果能力的实体。这个实体，就是产生寒武纪信息爆发性增长的必要条件。

疑达问氏 集成电路：发育基因调控网络

别忘了，动物形式的产生不仅仅只是需要遗传信息而已，他们同样需要紧密集成的基因、蛋白质和其他分子网络来调节他们的发育发展——换句话说，他们需要发育基因调控网络。埃里克·戴维森（Eric Davidson）一生致力于发育基因调控网络（dGRNs）的研究。动物的发育发展面临两大主要的挑战。首先，他们必须产生不同类型的蛋白质和细胞，其次，他们必须在正确的时间、地点获得这些蛋白质和细胞。戴维森已经证实，胚胎依靠调节DNA结合蛋白质（称为转录因子）及其物理靶标网络来完成此项任务。这些物理靶标是典型的，能够产生其他蛋白质或者RNA分子的DNA（基因）片段，反过来还能够调节其他基因的表达。

这些相互依存的基因网络和基因产物，就是一个醒目的、被设计而出的表现。戴维森关于这些发育基因调控网络（dGRNs）的图形描述，非常像电器工程蓝图或者集成电路接线图，就连戴维森本人也经常说这相似性简直让人觉得不可思议。“从对动物发育基因调控网络的分析所体现的情况，”他沉思，“是令人震惊的：编入DNA序列中的逻辑交互程序网络，相当于一台有特定电子回路的生物计算设备。”这些分子共同形成一个高度集成的信号分子网络，如同集成电路一样发挥功能。电子设备中的集成电路是单独的功能元件，如晶体管、电阻、电容的系统结合，这些元件被连接在一起共同发挥一个重要的功能。同样，发育基因调控网络的功能元件——DNA结合蛋白质、DNA靶序列以及其他由结合蛋白质和目标分子产生和调控的分子——同样组成一个集成电路，从而完善了产生成熟动物形态所需的所有功能。

然而，正如在第13章所述，戴维森本人已明确表示，这些分子系统（dGRNs系统）对功能性有很强的限制，使得它们无法经由突变和选择机制而逐步改变。出于这个原因，新达尔文主义一直无法解释这些分子系统以及功能整合的来源问题。就像进化发育生物学的倡导者，戴维森本人，也主张一种进化改变的模型，该模型设想突变产生了大规模的发育影响效应，从而可能绕过非功能性的中间回路或者系统。然而，无论“进化发育生物学”的支持者或者其他提出新唯物主义理论的支持者，都无法确定一种能够产生发育基因调控网络的机制，或是能够产生任何一个类似复杂集成回路结构的突变机制。但是，根据我们的经验，复杂的集成电路——以及复杂系统中的部分整合性功能，都是由智能代理所产生的。具体点说，是由“工程师”设计出来的。此外，智能因素是产生这种效应的唯一已知原因。由于动物的进化采用了一种集成电路的形式，很明显这是一个由各部分，以及各子系统构成的紧密且有功能的整合系统。同时，由于智能代理是产生这些特征的唯一已知原因，那么在寒武纪动物所体现出的这些特征，就能够证明智能代理在寒武纪动物的起源中发挥了作用。（见图13.4）

疑达问氏 遗传和表观遗传的层级结构

除了存在于个体基因中的以及存在于发育基因调控网络和蛋白质集成网络中的信息之外，动物的形式还存在层级结构，或富含信息的分子、系统和结构层。例如，发育中的胚胎在以下几种形式中需要表观遗传信息：a）膜靶标及构成，b）细胞骨架排列，c）离子通道，d）细胞表面的糖分子（糖代码）。正如第13章所述，大多这些表观遗传信息存在于母体卵细胞的结构中，且不依赖于DNA，直接从膜遗传到膜。

这种三维的结构信息与其他分子系统中信息丰富的分子一起，确保动物的正常发育进化。特别需要指出，表观遗传信息会影响调节蛋白质（包括DNA结合蛋白质）、信使RNA，以及各种膜元件的正确位置，从而影响其功能。表观遗传信息也同样影响发育基因调控网络的功能。因此，存在于母体卵细胞中更高结构层级的信息有助于确定动物发育过程中整个基因和蛋白质网络（dGRNs）和单个分子（基因产物）的功能。遗传信息对于确定蛋白质氨基酸或 RNA 分子碱基的排列是必要的，发育基因调控网络对于确定多数基因产物的位置或功能是必要的。同样，表观遗传信息对于指定较低级别分子以及分子系统，包括发育基因调控网络本身的位置和决定其功能也是必要的。

此外，表观遗传信息的作用只是动物中信息丰富的结构、系统和分子间层级排列（或分层）的众多例子之一。事实上，在生物层次结构的每个层面，生物体都需要有指定的和高度特异（信息丰富）的成分在较低层面排列，以维持其形式和功能。基因需要核苷酸碱基的特定排列；蛋白质需要氨基酸的特定排列；细胞结构和细胞类别需要蛋白质或蛋白质系统的特定排列；组织和器官需要特定类别细胞的特定排列；躯体模式需要组织和器官的特定排列。动物形态中包含信息丰富的基础组分（如蛋白质和基因），但同样包含信息丰富的高级排列组分（如基因和发育基因调控网络中基因产物的排列，或蛋白质在细胞骨架或细胞膜上的排列）。最终，动物才能够表现出较高层次的系统和结构的安排（如特定细胞类型、组织和器官的排列从而形成特定的躯体模式）。

这种高度特定的、紧密集成的动物体内分子原件和系统的分层排列，同样也表明了智能设计。我们对这些结构和系统的研究经验又再一次表明、智能代理——只有智能代理才能产生这一切。我们已经知道，人类智能的代理必须具备设计制造复杂且具功能的物品的能力，即是说，具备产生特定的复杂性或特定信息的能力。此外，人类往往能设计信息丰富的层次结构，其中既有单独的模块，也包括这些模块的组合以呈现出复杂性和特殊性——正如第 8 章中所指的特定信息。集成电路中独立的晶体管、电阻器和电容器组合在一起表现出了设计的复杂性和特异性。那么，在较高层面的组织结构，集成电路中这些元件的特定排列，以及这些元件之间的连接需要额外的信息，并且它反映出了更高级的设计。(见图 14.2)

作为有目的性智能的一部分，有意识和理性的代理具备设计信息丰富部分，并且组织这些部分构成功能性信息丰富的系统和层次结构的能力。我们知道，没有其他实体过程具有这样的能力。显然，我们有充分的理由怀疑，突变和选择过程、自组织过程，或者其他用任何唯物主义进化论来阐释的无定向过程是否能够做到这点。因此，基于我们现有对各种关联因果力和各种进化机制效能仔细评估的经验，我们可以推断，对于构建寒武纪时期动物形式层级结构信息的起源问题，智能设计是最好的解释。

疑达问氏 定位，定位，定位

目前，动物形式中信息的层次结构组织，还有另一个非常值得注意的方面。许多相同基因和蛋白质发挥不同的作用，这主要取决于它们所处的不同动物种群的生物体以及信息背景。[138]。例如，相同的基因（Pax－6或它的同源基因，称为“无眼”基因），有助于调节果蝇（节肢动物）眼睛的发育，同时也作用于墨鱼（头足类动物）和小鼠（脊椎动物）。然而，节肢动物的眼睛与头足类动物或脊椎动物有着完全不同的结构。果蝇拥有数百个独立眼睛（小眼）组成的复眼，而小鼠和墨鱼具有类似照相机一样，拥有晶状体和视网膜的眼睛。此外，尽管墨鱼和小鼠具有类似的光学结构（晶状体、内部腔体、视网膜），但它们的焦点不同。它们经历了完全不同的发育模式，利用不同的内部结构和神经连接到大脑的视觉中心。然而，Pax－6 基因及其同源基因在调节这三个不同物种的感受器官结构中起到关键作用。此外，进化和发育生物学家们发现，“相同基因，不同解剖结构”的这种模式在两侧对称动物门类中均有发现，从基本的特征到其附属物、肠道、心脏和感受器官。（见图 18.2）

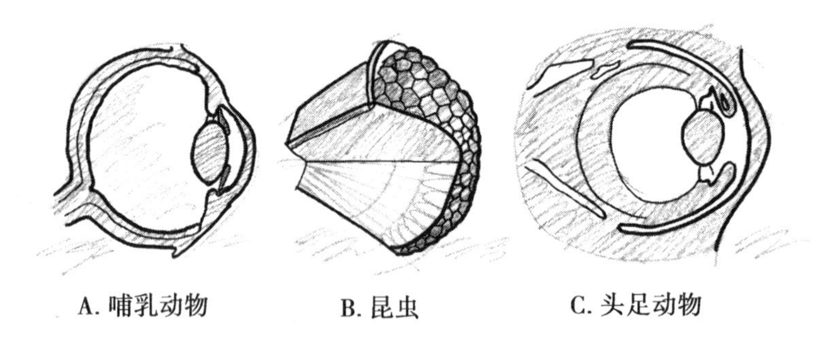

图 18.2　相同的基因能够在不同动物中产生完全不同的结构，这与新达尔文主义的期望相悖。

这一模式，与进化理论书中所描述的情况是不符合的。新达尔文主义预测，不同的成年结构应该由不同的基因产生。这一预测直接源自新达尔文主义的设想，即所有的进化（包括解剖学）的转变均始于 DNA 序列的突变——通过自然选择、遗传漂变或其他进化过程固定于种群之中的。这种说法的因果关系是从基因（DNA）到发育再到成体解剖结构的单一流向。因此，如果生物学家观察不同动物形态，势必会认为不同的基因将导致动物发育产生那样的形态。鉴于果蝇的复眼和脊椎动物相机一般的眼睛之间存在巨大差异，新达尔文主义理论绝不会认为，“相同”基因与节肢动物和脊椎动物产生不同的眼睛有关[139]。

如今，许多顶尖的进化理论学家已经认同了这个问题。威斯康辛大学进化发育生物学研究员肖恩·B. 卡罗尔（Sean B. Carroll）指出，新达尔文主义预测相似基因产生相似结构是“完全错误的”。斯蒂芬·杰·古尔德将相似基因的多功能作用的这一发现描述为“明确的意外”，“沉重打击了正统理论的信心”[140]。

智能设计理论，对此提出了一种解决问题的方法——一种我们熟悉的，源自我们自己对人造制品构建和操作的方法。图 18.3 展示了一种通用的开关晶体管，这些电子原件可以被用来建造许多电子系统，从计算机到微波炉到收音机等等。然而，晶体管的具体功能会受到其所处系统的制约。（当然了，晶体管的特定功能是有限的；一枚晶体管无论如何也不会有电池的功能。）

然而，对于多功能模块化这一特征，用我们常用的语言，如英语来进行类比，则更加直观和清晰。为了说明这一点，我的同事保罗·尼尔森（Paul Nelson）曾在亚伯拉罕·林肯的葛底斯堡演说中“分解”出 44 个单词的词库（见图 18.4）。用这些相同的单词，使用大致相同的频率，他撰

图 18.3　一种普遍通用的晶体管，用于例证某个元件在不同设计的系统中可以发挥不同的功能。

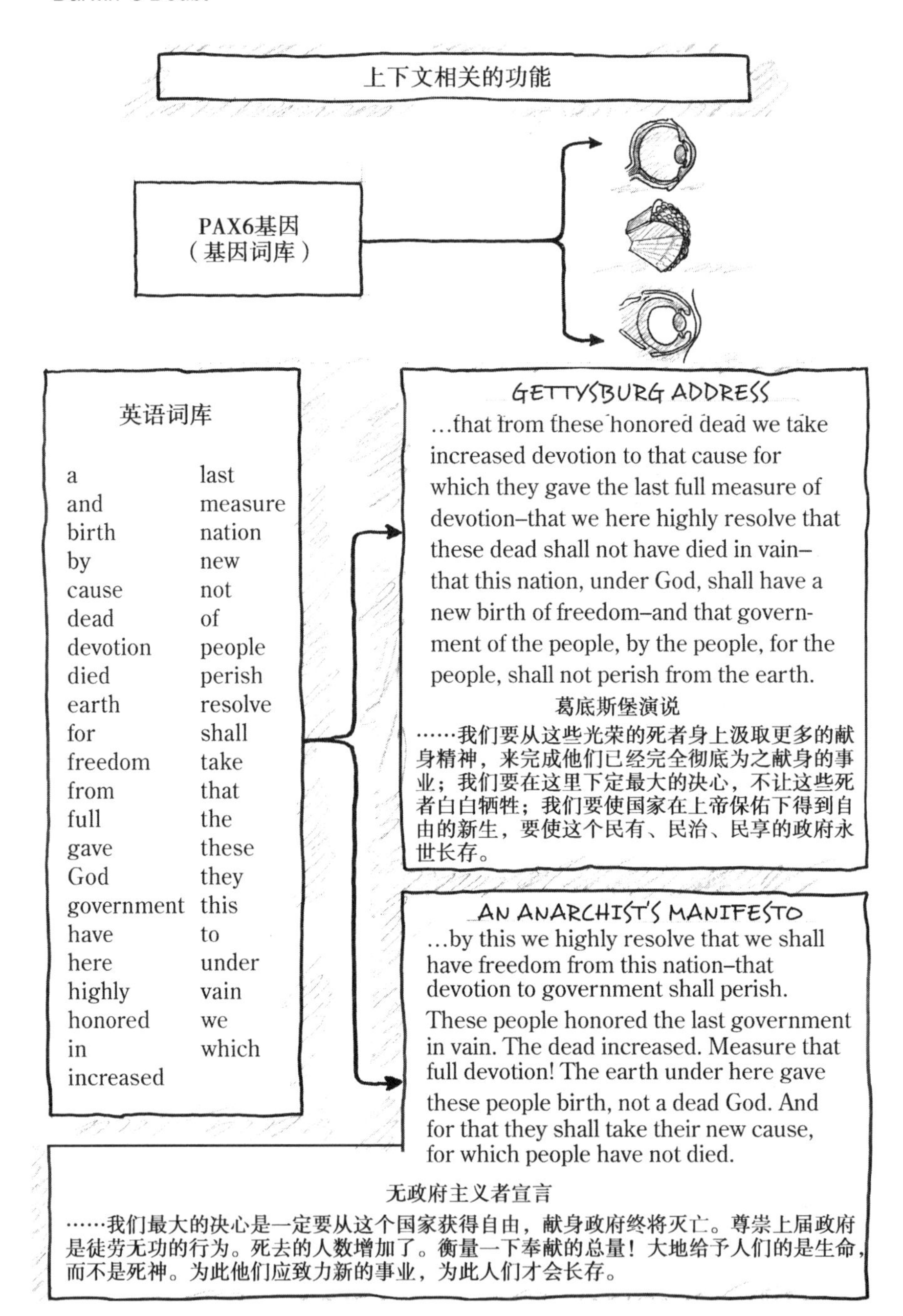

图 18.4　林肯葛底斯堡演说和“无政府主义宣言”的对比显示了相同的模块元素（单词）能够根据所处上下文呈现出不同的功能效果，这正如很多基因在生物系统中的作用一样。

写了“无政府主义宣言”，然而后者与林肯演说的含义截然相反。发生改变的并非单词——最低层级的模块。相反，高层级的语义背景，或者整个语境不一样了。林肯根据他的思想写出了如下语句，而无政府主义者则又表达出另一种含义——这就是这些功能性元件，或者模块在各自体系中发挥了不同的作用的结果。尼尔森将发生在生物学中的这种现象称为“有机体语境原则”。

他还认为，智能设计为生物系统中多功能模块的存在提供了令人信服的解释。为什么这么说？因为基因模块的多功能性是新达尔文主义观点中意想不到的，但却是智能设计体系中的常见特征。正如尼尔森和乔纳森·威尔斯（Jonathan Wills）提到，“一个智能的原因可以在不同系统中重新使用或重新部署相同的模块，而这些系统之间不存在任何必要的物质或物理连接”。他们还观察到，智能代理“能够独立产生相同的模式”，并使它们在不同系统部件中发挥不同用途：

> 如果我们假设，智能设计者使用一组通用的多功能性基因模块来构建生物体——正如人类的设计师。可以在收音机或计算机中采用相同的晶体管或电容器。……那么，我们就可以解释为什么我们发现“相同”的基因表达于完全不同的机体发育中。……一个具有DNA结合特性的特别基因，它的功能一定发挥在一个更高层次的系统中，而这一系统的终极起源就是智能原因。

威尔斯和尼尔森进一步解释，“是整个系统，而非基因本身”决定下级模块最终的功能意义，正如所有人类科技或通讯系统中的设备所表现出的一样。当然，无论是计算机软件或计算机硬件（集成电路）都能表现出这种特性——可以被称为“语境相关，多功能模块化”。同样，在信息丰富的文本中（如葛底斯堡演说或无政府主义宣言），人们能够依靠相同的低级模块（单词）在不同的语境中表达出不同的含义。经验表明，当我们了解了为何系统会有此特征时，智能设计的答案就已经昭然若揭了。

疑达问氏 前寒武纪—寒武纪的化石记录特征

智能设计不仅有助于解释许多寒武纪时期动物本身的关键特征，同样也有助于解释许多其他寒武纪时期化石记录的异常特征。

倒锥：差异性先于多样性

正如在第2章中所讨论的，化石记录表明了一种“自上而下”的格局，即首先出现门类层面的形态学差异，随后才能产生种属层面的多样性。躯体模式中的重大革新先于基础设计的微小改变而发生[141]，这种“多样性倒锥”同样支持智能设计。

新达尔文主义采用“自下而上”模式的因果关系，试图通过首先启动简单的躯体模式，并通过微小而有效的变异积累逐步组装动物更复杂的躯体模式，以此来解释新躯体模式的由来。采用这种自下而上的方法，通过小规模的多样性最终产生大尺度的形态学差异——躯体模式的差异。这种“自下而上”的模式，背后所描述的实际上是一种自组装，即逐步产生材料的零部件最终形成整体的组织。从因果关系的角度来说，即是部分先于整体。然而，正如我先前所指，这种模式会遇到古生物学和生物学两方面的问题：这一过程没有任何化石记录的证据。同时，在任何情况下，这一过程所需形态创新和变革，从生物学角度来看都是难以置信的。

但如果这种“自下而上”的模式是失败的，也许“自上而下”的模式会成功。“自上而下”的因果模式始于一个基本框架、蓝图或方案，然后选择相符的部件进行组装，蓝图的绘制先于部件的组装。那么，这样的蓝图从何而来？有一种可能的原因：智能模式。智能代理通常会在将物质材料具现化之前先构思好计划，预设计的蓝图往往先于其零部件的装配。打个比方，一名游客到通用汽车厂装配车间参观，他肯定不会看到通用公司新车型的直接蓝图，但在参观到生产线末端的成品后，他可能会立刻浮现出汽车最基本设计方案。无论汽车、飞机或计算机，无不例外都体现出思维先于实体的特征。这些部件是不会产生整体的，但整体的思想会引导部件的组装。

这种形式足以解释化石记录中的模式。寒武纪时期所出现的新物种，揭示了存在着一种完全新颖，独立形态以及功能整合的躯体模式。因此，尽管化石记录并不能直接证实思维计划或蓝图的存在，但这样的计划的确能够解释，或者是能够推断出化石证据的“自上而下”模式。换句话说，如果寒武纪动物的躯体模式确实作为预设计这样“自上而下”模式的结果出现，那么基于我们对复杂设计系统的认识，我们可以期待在化石记录中找到这种模式的准确证据。然而，唯物主义“自下而上”的因果模型却不能解释这种相同模式的化石证据。因此较之唯物主义进化理论，智能设计提供了一个寒武纪化石记录特征的更好解释。

设计假说同样能够解释为何小规模的多样性出现在化石记录的形态学差异之后，而非之前。复杂的设计系统具备一种基本功能的完整性，以致很难使其发生改变。正因如此，我们就不应期望渐进改变的机制能够产生新的躯体模式，或者是渐进改变机制能够在新躯体模式出现之后再从根本上改变它。但是说不定我们可以找到一些基本主题上的变化，这些变化是由一个基本构造或躯体模式所建立起来的，并且带有功能限制性。全新的组织形式需要从头开始设计。例如飞机的产生并非因汽车的逐渐改进而来。然而，新的创新往往与新的设计共生，这也说明基本组织计划是不会改变的。

自汽车诞生之日起，所有的汽车都具有相同的基本框架和功能单元，包括一部发动机，至少三个（通常是四个）车轮，一个供乘客乘坐的轿厢，一个将车轮连接到轿厢的底盘结构，一个方向盘和转向柱（或类似机制的结构），以及一个将发动机动能传递至车轮的传动结构。当然，这些是最基本的要求。许多汽车都采用车轴连接车轮，其他的虽没有这种连接，但“牵拉”的豪华轿厢需要额外的车轴或车轮。虽然在原始模型基础上的许多新变化是出现在基本汽车设计发明之后，但所有的变化都体现在相同的基本设计上。有趣的是，我们在化石记录中也观察到这样的模式：主要动物的躯体模式首先与一种（或很少）的物种或门类伴随而生，随后许多其他的改变产生了许多新的特征，但它们都还是表现出了相同的基本躯体模式。

经验表明，在设计性系统中，必要功能与可选功能之间存在层级关系。汽车的运行离不开发动机或转向机构，但不管有没有双梁悬挂、防抱死制动系统或“环绕立体声音响”都能够正常运行。必要功能和可选功能的区别表明未来在基础设计计划上出现革新及改变的可能性。因此，设计性系统的逻辑，恰恰表明了一种“自上而下”的模式，这种模式不仅在我们自己技术革新的历史中还是在寒武纪大爆发之后的生命发展历史中，都能清晰看到（图18.5）。另一方面，唯物主义理论可不会期望化石记录能够体现这种“自上而下”的模式，它所期望的是相反的“自下而上”模式。

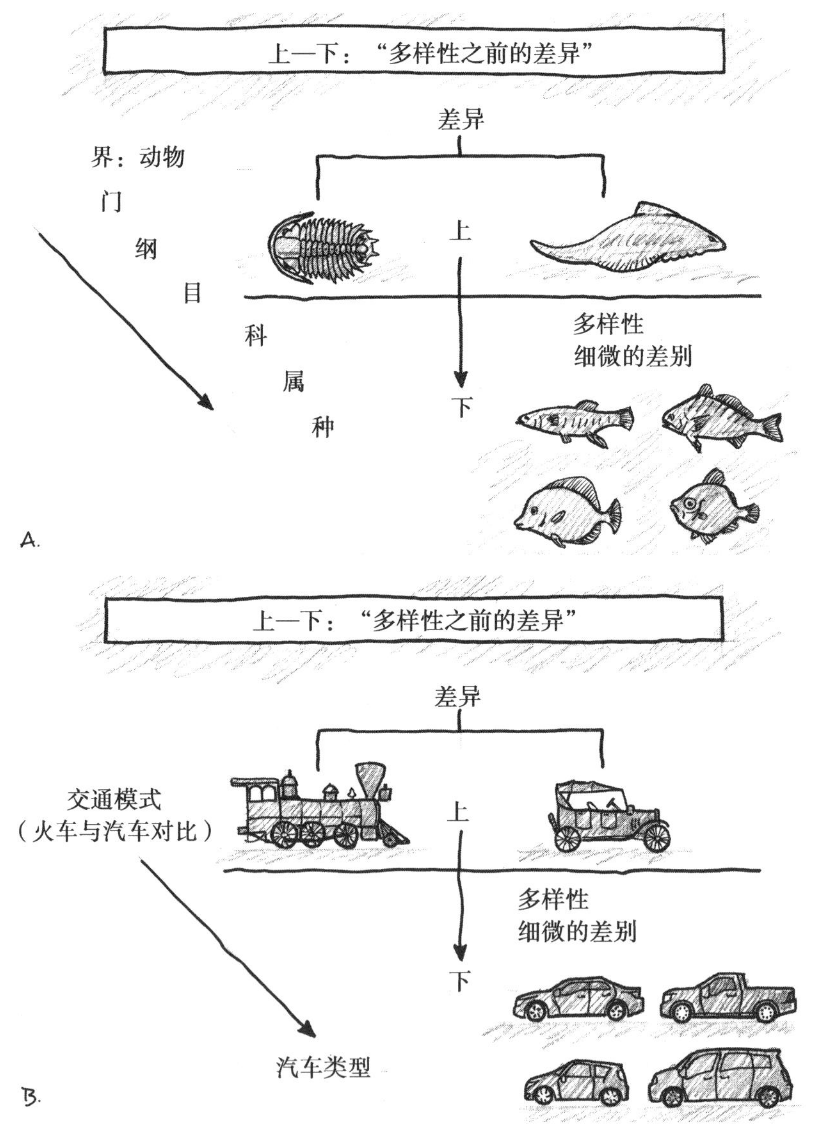

图18.5　发现于动物生命历史中自上而下的模式（上）。人类科技中自上而下的模式（下）。

突然出现与消失的祖先

不仅如此，智能设计理论还有助于解释化石记录中复杂的解剖结构和动物躯体模式的突然出现。智能代理有时会通过一系列渐进的修改产生物质实体（如一个雕塑家耗费时间对雕塑进行塑造），不过智能代理也同样具有将复杂技术系统引入整个体系的能力。通常，这样的系统与早期的技术系统没有相似之处。当无线电最初发明时，均不同于其他早前的任何东西，甚至不同于之前任何通讯技术的形式。与此同理，尽管智能代理不需要突然产生全新的结构，但它们其实能够做到这一点。因此，思维活动为寒武纪化石记录中突然出现的模式提供了一个因果充足的解释。

另一方面，严格的唯物主义进化理论所设想的“自下而上”因果模式，其中的物质部分或物质上具现化的中间组织形式必然先于完全成熟的躯体模式之前出现。正因为如此，新型动物形式突然出现的现实与唯物进化理论的期望开始相互矛盾。新达尔文主义尤其不希望看到动物形式的突然出现，正如达尔文本人坚称，“Natura non facit saltum”（拉丁文：自然不可跨越）。然而，智能代理却能够突然地、独立地表现，这与其理性选择或意志作用相一致，即使它们并不总是这样。因此，寒武纪动物的突然出现至少能够表明，可能是一位有意识的代理——一名设计者的意思起了作用。

智能设计同样有助于解释祖先前体的缺失问题。如果躯体模式的出现是智能代理的一种非物质计划或者想法体现的结果，那么构成第一个动物的物质前体则不必存在化石记录中。无线电并非由电报逐渐进化而来，精神计划或者思维也不需要留下物质的痕迹。因此，智能设计足以解释寒武纪地层中祖先前体材料的缺乏问题，而“自下而上”的唯物主义进化论却不能，更别提之前讨论过的假象学说了。

进化停滞（持久的形态隔离）

最后，智能设计同样也解释了在化石记录中所观察到的进化停滞现象。正如间断平衡学说所主张，寒武纪物种往往随着时间的推移趋于维持它们基本的形式不变。更高类群的动物躯体模式，包括纲和门，同样在它们基本的架构设计上保持特别的稳定，在寒武纪时期首次出现后，在漫长的地质历史中呈现出“无定向变化”[142]。因此，不同动物躯体模式间的形态学差异依然是没有关联的。此外，正如我在第13章指出的，发育机制限制了生物体不发生致命后果的前提下能够变化的程度。

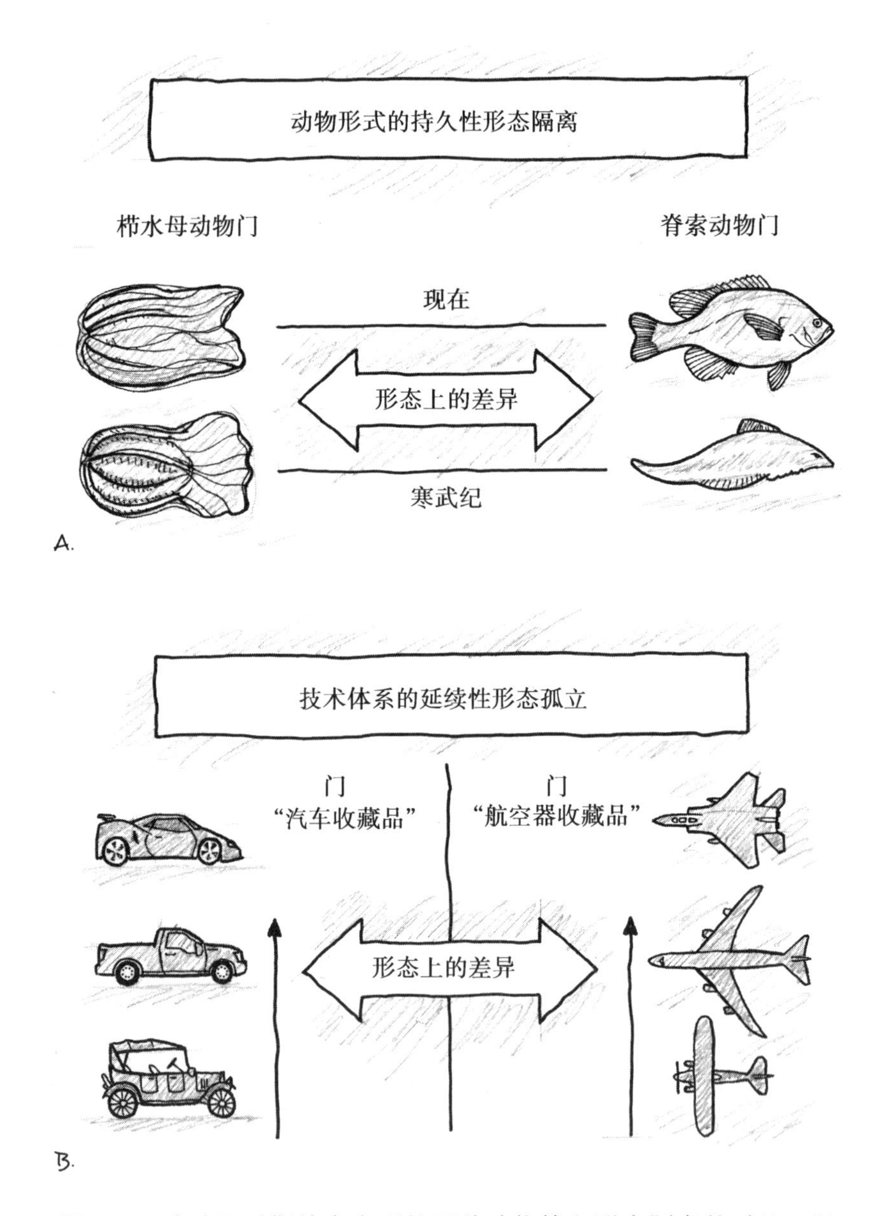

图18.6　寒武纪时期首次出现的两种动物持久形态隔离的对比，以及两种科技系统中类似的形态隔离。

动物躯体模式的持久形态隔离与差异性，对于新达尔文主义和其他所有渐进式进化理论而言，完全是出乎意料的。提出这种进化改变模式的理论家们，期望化石记录能够表明生命的形式是不知不觉地从一种转变为另一种。事实上，无论是缺乏一个令人信服的假象学说，还是缺乏一个充分的大规模间断性进化改变的机制，“生物形态空间”都应该被考虑。化石记录不应该显示出动物生命那么多的形态学差异，或者是那么多的不同形式。

然而，如果生命系统确实是智能设计的结果，那么这种形态隔离，以及这种持续的相互隔离的状态，就正是我们所期望看到的——因为这正是我们在其他智能化设计系统的发展历史中所看到的（见图 18.6）。经验表明，被设计的对象具备一种功能整体性，使得改变他们其中的一些重要部件或者基本组织和体系结构是非常困难的，或者是完全不可能的。尽管老牌 Yugo 汽车的 A 车型已完全由本田雅阁所取代，但汽车的“身体模式”中几个重要功能或结构元件的形状却一直保持到 19 世纪晚期都没有任何改变。

此外，尽管出现了许多创新的变化设计，但与其他功能不同的科技设备相比，汽车均保留了他们的“形态差距”或者结构性差异。事实上，生物系统中的持久形态学差异（表现为化石记录中的进化停滞现象）与我们科技系统是非常类似的。在生物学中，我们认识到不同有机体的躯体模式是根本上彼此完全不同的整体组织体系。例如，螃蟹和海星，可能在其低级蛋白质部分呈现出某些相似之处，但它们有着迥然不同的消化系统和神经系统，并且在器官和身体部件构成的整体组织上也大相径庭。同样，汽车和飞机可能具有许多类似的部件，但它们特有的组件和整体组合构造有很大的区别。

复杂功能性集成系统中的这种结构差异和相互隔离的存在，表明了我们熟知的科技世界中智能设计系统的另一个显著特点。例如，只读光盘（CD - ROM）（使用于音频系统或者计算机）的基本技术不是从早期如数字磁带或磁盘存储器的科技中逐渐“演化”而来的。在模拟记录中，信息以三维微型凹槽的形式储存在乙烯基表面，并通过一个金刚石触针被机械地识别。这种储存和识别信息的方式，作为一种体系，从根本上不同于只读光盘，后者将信息以数字编码的形式储存于光碟的镀银表面，再通过激光束这种光学方式，而非机械地读取信息。只读光盘从设计源头起就是全新的，它与其他科技产物相比，即使是那些执行大致相同功能的部分，都表现出了显著的结构差异和特异性。虽然次要的新功能可能“共生”于其基本的设计框架之上，但不可逾越的功能鸿沟使得只读光盘有别于其他的技术系统。正如生物学家迈克尔·登顿（Michael Denton）所言，“句子和手表之间的差异是怎样，电脑程序和飞机发动机之间的差异就是怎样。事实上所有已知的复杂系统都是如此，几乎无一例外，它的功能被限制在独特的、奇妙的子系统组合中，就像渺小的岛屿散落在无垠的大海中一样”。实际上，这种结构差异或者形态学的隔离得出了一种设计性系统的结论：也就是说，能产生这种系统特征的只有唯一的一个已知原因——那就是智能。

疑达问氏 思维的行为

历史学和哲学的研究已经表明，解释某一事件或者一组事实，科学家们通常需要列举出能够产生这一事件或者这些事实的可能的原因。正如历史科学家一般，当科学家们没有充足的直接观察被研究特定事件或效果的因果证据时，他们必须列举一种可能，从另一角度证明产生该问题的事实。这就意味着历史科学家必须证明，所研究的事件或者事实在某些方面应该代表过去已经发生的某个特定原因所产生的预期结果已经“理所当然”地发生。

对于许多科学家而言，尤其是那些沉浸在当代科学文化唯物主义假设中的科学家，智能设计的想法似乎天生就不可信，甚至是语无伦次的。科学对他们而言不仅是观察和研究物质实体和现象，还参考物质实体对其进行解释。对于这些科学家而言，即使是考虑了智能设计的思想以及一个设计性思维的活动，那也是毫无意义的。

然而，事实证明，无论是寒武纪动物本身的形态还是在化石记录中的表现形式，都呈现出由智能设计发挥作用产生的特征（图 18.7）。此外，寒武纪动物形态和其外观的表现方式与我们期望找到的化石记录不相符，同时，与动物界纯粹的唯物主义“自下而上”的进化过程也不相符。因此，尽管这对许多科学家的唯物主义情感上产生潜在的干扰，但在逻辑上已经能得出这样的结论：对于寒武纪事件的关键特征，设计假说实际上提供了一种更好的、更加充分的解释。

当达尔文首次承认寒武纪化石记录的问题时，一个小小的疑问便一直

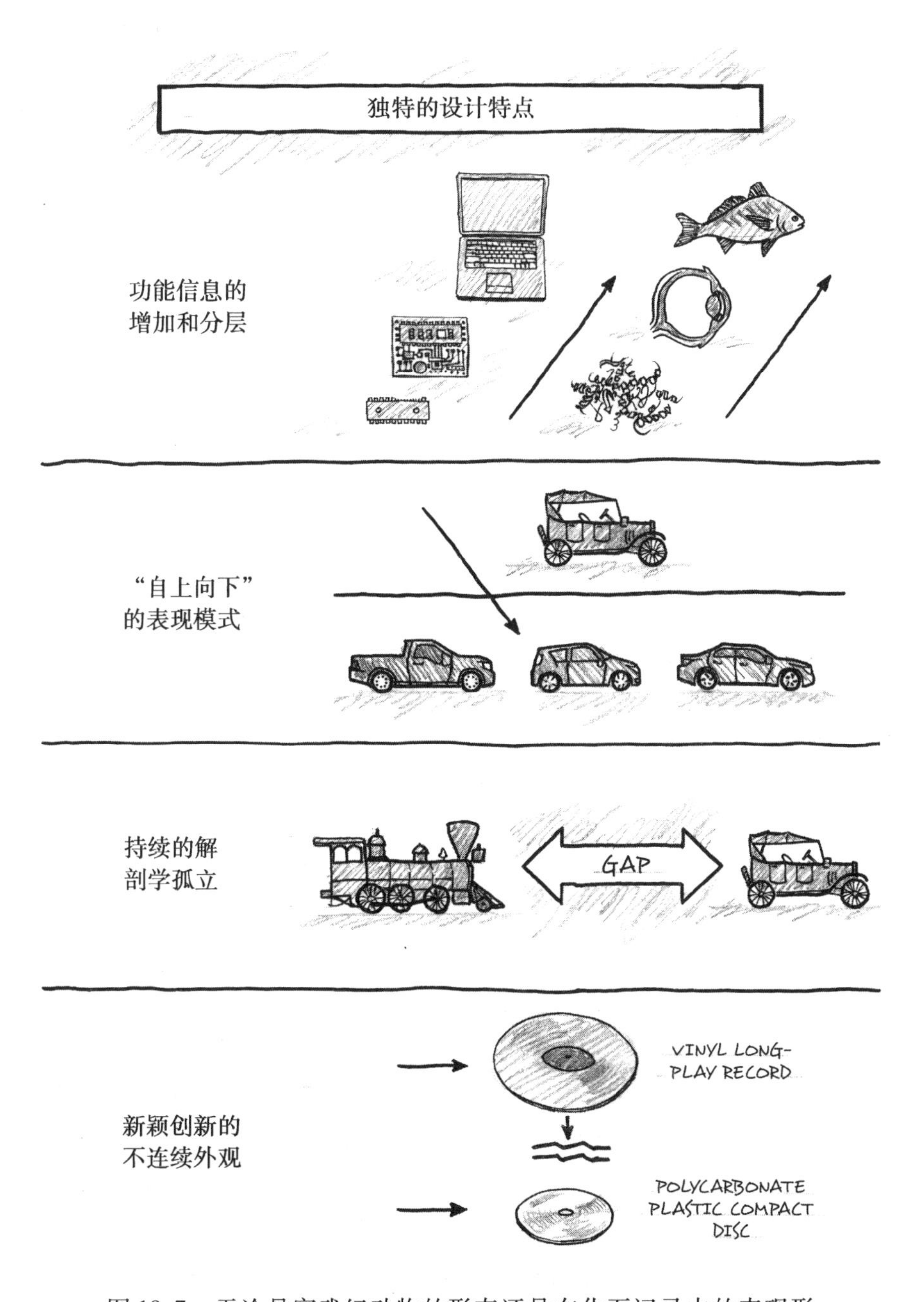

图 18.7　无论是寒武纪动物的形态还是在化石记录中的表现形式，都呈现出设计系统鲜明的特征或标志——我们期望所看到的由智能设计发挥作用产生的特征。

困扰着他和他的理论。他的对手路易斯·阿加西斯（Louis Agassiz）不但否定了他的进化理论，同时还肯定了另一种对自然的理解和对动物生命起源的解释。对于阿加西斯而言，动物分类以及化石记录的表现形式强化了一种观点，即是生物表现出基本的“类型”——源自智能设计的思维。因此，他会说，寒武纪化石传递着“思维的行为”。

正如第1章指出，达尔文自己也承认阿加西斯深厚的古生物学知识以及阿加西斯问题的有效性。尽管如此，要他认可达尔文理论以外的另一种设计假说，可能在19世纪60年代还为时过早，当然也反映了一些时代的偏见。但在一个半世纪之后，当经历多次失败的尝试去揭示、辩解祖先化石的缺失问题后，以及在分子生物学和发育生物学的发现之后，已经彻底改变了我们对动物生命复杂性的理解。对于一个建立好了的理论来说，仅仅继续把寒武纪大爆发当作困扰该理论的一个繁琐问题——一个长期的问号或者负面的线索——在现在看来没有必要持如此谨慎的态度，因为对此根本就没有答案。

寒武纪时期所出现动物形态即是如此，不仅没有任何清晰的物质先祖，而且他们的出现完全伴随着数字代码，能够动态地表达集成电路（发育基因调控网络）以及多层次、分级组织的信息储存和处理系统。

鉴于这些奇迹和化石记录存世的持久形态，如今我们是否应该继续，正如达尔文那样，把寒武纪大爆发仅仅看成是一个异常点？或者我们现在是否应该将寒武纪事件的特征作为支持另外一种动物生命起源观点的证据？如果是这样，当前是否有一种令人信服的逻辑来考虑一个不同类型的因果历史呢？

事实上，有。寒武纪事件的特征清晰地指向另一个方向——不是那些仅仅模仿设计性思维能力的尚未发现的物质过程，而是一个真真切切的智能原因。当我们遇到那些能够展示寒武纪动物任何关键特征的对象，或者存在于寒武纪化石记录中的事件时，当我们知道这些特征和图案是如何出现时，我们总能发现智能设计在它们的起源问题中发挥了因果作用。因此，当我们遇到了寒武纪事件中这些相同的特征时，我们就可以推断——基于已建立的因果关系和均变论原则——同种因素操纵了生命的历史。换句话说，智能设计给出了最好的、因果最充分的解释来回答构建寒武纪动物所必需的信息和线路图的起源问题。同样，它还为化石记录里的寒武纪动物中表现出的自上而下、大爆发和不连续模式提供了最好的解释。

19　科学的规律

前章中的论点又产生了一个很明显的问题：如果智能设计对寒武纪大爆发之谜提供了这样一个明确又令人满意的解决方案，那为什么有这么多杰出的科学家都没有想到这一点呢？

在这个问题上，我偶然想起了 G. K. 切斯特顿（G. K. Chesterton）的一篇短篇小说“隐形人”，可能对这个问题有所启发。在“隐形人”中，切斯特顿讲述了一件谋杀案：有人在一所公寓里被杀害，这个公寓只有一个入口，而这个入口是由四个诚实的人轮流看守的。这四个人都坚称，在他们值班期间没有任何人进出过公寓。一位衣着光鲜的法国侦探与他的朋友，一位衣着普通的看似平淡无奇的天主教神父布朗一起调查这个案件。在他们对守卫的问话中，每个守卫都坚持认为在案发期间没有人进入或离开建筑物。但随后，这个看上去毫不起眼的布朗神父，突然问道，“开始下雪之后，有没有人从那个楼梯上去或是下来？”

“当然没有，”他们向他保证。

布朗神父凝视着在外面入口处楼梯的白雪问道：“那我就不知道那是什么了？”大家顺着他的目光方向望去，发现了一个“灰色拉丝纹的脚印”。

“哦上帝啊！”其中一个叫道，“一个隐形人！”

在问过了几个问题之后，布朗神父很快就揭开了迷案的真相：“当这四个非常诚实的人说没有人进入大厦的时候，他们的真正意思是，没有他们不熟悉的‘外人’进入”。布朗神父对他的侦探朋友解释说，“他们的意思是指没有他们所熟悉的人进入，但实际上确实有一个人进入了房子，再走了出来，但他们并未注意到他”。

“一个看不见的人吗？”

“一个精神上的隐形人，”牧师说。

那一个精神上的隐形人到底是什么样子？

"实际上他还穿着相当显眼的红色、蓝色和金色衣服，"牧师解释说，"就在这个惊人的，甚至艳丽的服装下，他堂而皇之地在这八只眼皮底下进入喜马拉雅大厦（公寓大楼的名称）；他冷血地杀害了……（被害者），并带着死者的尸体下楼，走到街上……大家都没注意到他。"

此时此刻，牧师一边说话一边伸出手抓住身旁"一个偶然经过的邮差"，这个邮差刚刚走过了他们身边，所有人都没有注意到。"不知怎么的，从来没有人注意到邮差，"布朗神父沉吟道，"然而，他们也像其他人一样有七情六欲，甚至可以随身携带很大的包裹，能轻松地将尸体放进去。"

这个过路的邮递员，没错，就是凶手。他就在这四名看守的鼻子底下走来走去，上楼下楼，全是因为他们精神上的一叶障目，暗示自己谁是应该注意的，谁是应该忽略的，从而导致了他们对邮递员的完全忽视。

此次讨论的主题是侦探，这是故事的作者最喜欢的：这么明显的可能性，但专家还是错过了。其原因就在于他们太在意之前的假设而使他们忽略了其他的显而易见的可能性。难道"隐形人"这样的故事也会发生在寒武纪大爆发的调查工作中吗？是否进化论生物学家和古生物学家也戴上了精神上的有色眼镜，让他们对神秘的寒武纪想不出一个合理的解释？

奇怪的是，这正是发生在进行中的寒武纪爆炸的调查中的情况。然而，在这种情况下，这些戴着有色眼镜的学者们却不愿考虑一个基于科学原则的解释。这一原则被称为"方法论自然主义"或"唯物主义方法论"。方法论的自然主义声称，一种理论要想被称为科学理论，必须严格以物质因素为参照，必须要能解释自然中的现象和事件——甚至能解释宇宙生命或如人类意识等现象的起源。根据这一原则，科学家们可能不会求助于一种心灵的活动，这种心灵活动就是一位科学哲学家所说的"创造性智慧"[143]。

想要了解科学家们是如何坚持这一原则，以至于使他们忽略了那个可能的、真正的寒武纪大爆发的解释，让我们重温一下第11章关于史密森国家自然历史博物馆的进化生物学家理查德·斯腾伯格（Richard Sternberg）（见图19.1）的案例报道。当时我发表了一篇文章，在文中我主张智能设计是寒武纪信息爆炸的最佳解释，文章发表在《华盛顿生物学会会刊》，斯腾伯格发表了我的文章，但他随后遭受到了史密森管理员的职业报复。负责监督该杂志编辑出版的华盛顿生物学学会管理机构，也发表公开声明，否定他发表我的这篇文章的决定。然而，在这份声明中，没有引用出我的文章的任何事实错误或是提出试图反驳我的论点。此外，学会的会长，史密森动物学家罗伊·麦克迪尔米德（Roy McDiarmid），私下写信给斯腾伯格，并告诉他，他已看过了同行评议的回复，这些报告显示出我的文章的内容一切都是井井有条的。

图 19.1　理查德·斯腾伯格

那么，斯腾伯格发表我文章的做法真值得公众谴责吗?

斯腾伯格就因为发表了一篇违反方法论自然主义科学推定规则的论文，就激起了众怒。我不想再多说了，生物学会的态度已经让这个重要问题变得一清二楚：对斯腾伯格和评论文章的冷漠处理；不邀请科学论文来予以驳斥，就好像这个问题是证据的误传或误解一样。此外，生物学会还试图通过发布政策声明来解决这个问题。正如华尔街日报作家的报道，“华盛顿生物学会发表了一份含糊其辞的教会声明，以撇清它与那篇文章之间的关系。但是它并没有立足于论点的争论，而仅仅是援引了一项美国科学促进协会决议对 ID（智能设计理论）的定义，就否定其正统性。这种做法，就其本质而言，是不科学的”。

华盛顿生物学会“认定文件不适用于诉讼程序”。该学会试图证明这一说法。首先，在其薄薄的程序理由中，声称这篇关于动物躯体模式的起源文章，代表了一种与传统理论中动物分类问题的“背离”。第二，更引人注目的是，它引用了美国科学促进会（AAAS）的政策声明："呼吁其成员理解科学的本质"，并认为把"智能设计论"作为科学教育的主题是"不相称的"。在我的文章中，并没有把智能设计论作为课程宣言，而是把智能设计论作为一个基于证据的科学论据。撇开这么明显的一点不说，美国科学促进会的声明在对自然科学的理解方面，肯定了其隐含的完全的唯物主义本质。它这样做就是不认为智能设计是合格的科学理论——不仅是在科学教育中，而且是就智能设计本身的科学性来说都是不合格的。

斯腾伯格事件，只是其他无数提倡智能化设计理论学术自由科学家被处置事件中的一件。想要回答是什么让这么多名声显赫的、知识渊博的科学家对寒武纪大爆发之谜，对这么一个显而易见的答案视而不见的原因，还有很长的路要走。正如那个切斯特顿关于隐形邮差的故事，他们已经接受了一个自我强加的限制假设。这些科学家认为，他们对科学正在尽他们的责任。然而，如果研究人员拒绝把智能设计假说作为一个原则问题来考虑的话，很显然当出现了支持智能设计的证据时，他们就会因为忽视而错过。与此同时，来自于生物学内部的文化压力，也迫使科学家们一直回避考虑智能设计的重要性。例如，弗朗西斯·克里克曾告诫生物学家"要牢牢地记住，他们所看到的不是设计，而是进化"。1997 年，发表在《纽约书评》上的一篇文章，哈佛大学遗传学家理查德·列万廷（Richard Lewontin）也明确做出了一个类似的承诺——无论是否有证据能够证明，都要严格地以唯物主义来解释。正如他那段经常被引用的话：

> 由于我们有一个事先的承诺，一个唯物主义的承诺，因此我们以科学的一面为重，尽管它的部分构造还很荒谬，尽管它还未能履行其对健康和生命的许多重要承诺，尽管科学界不容纳未经证实的理论。这并不是说科学的方法和制度在某种程度上迫使我们接受这个对现象世界的物质解释。相反，我们是受到了先前理念的驱使，坚持产生一个研究装置必须要有物质的因素，坚持产生一组概念也必须要有物质的解释，无论这个解释是多么反直觉的，也无论这个解释对于门外汉来说多么地玄奥难懂。此外，唯物主义是绝对的，因此我们不能允许神的理论进入科学这个圈子[144]。

根据列万廷所描述的方法论自然主义的承诺，以及斯腾伯格等科学家的行为我们就可以知道，毫无疑问，无论有何证据，科学家们也根本不会考虑用智能设计假说来解释寒武纪大爆发或在生命的历史中的任何其他事件，因为这样做是违反了他们理解中的“科学的规则”。

疑达问氏 这就是科学吗？

但这些科学家都对吗？也许科学必须将自己局限在纯粹的自然主义或唯物主义的解释中。如果是这样，将智能设计假说排除在科学假说范围之外的理由又是什么呢？是唯物主义方法论在科学中的正确决策吗？

虽然科学家们通常认定方法论自然主义作为科学的规范，但其原则以及对设计假说的排斥却证明了其本身就难以自圆其说。对于智能设计论，方法论自然主义要么是声称这个特定理论不符合科学的定义，要么是说这个理论不满足科学定义的评判标准。一些哲学家和科学家们断言，一个科学理论若想有资格作为科学，它必须满足可测性、可证伪性、可观察性、可重复性等各种标准。科学哲学家们将之称为“划界标准”，因为一些科学家声称可以用它们来定义或“界定”科学，并将真正的科学从伪科学或其他形式的调查，如历史、宗教或形而上学中区别开来。

疑达问氏 界定的一般问题

如何界定一直是个棘手的问题。从历史上看，科学家和哲学家都认为科学可以通过其特别严格的研究方法加以区分。但是，由于不同分枝和种类的科学所使用的研究方法不同，因此想要用一种方法就能定义各类科学那肯定是行不通的。

例如，一些学科对自然实体进行区分和分类，而另一些则试图制定适用于所有实体的总体规律；有些学科在实验室可控制和可复制的条件下进行实验，而另一些则往往根据证据或线索，试图重建或解释在过去的奇异事件，而不是实验室研究；有些学科对自然现象的产生进行描述，并没有想用机制研究来解释它们。而有的学科则根据潜在的机制，寻找机制或规律；有些科学领域做出预测，以检验理论，而其他则通过比较两者的解释力来验证竞争理论；一些学科同时使用这两种方法，而有一些猜想（特别是理论物理学）可能根本无法进行检验测试……

科学史上的一个小插曲说明了这个问题。17世纪，一群被称为“机械哲学家”的科学家们提出了“机械论哲学”。他们认为，基于早期化学方面的研究进展，作为一个科学理论都必须首先提出机械论的解释。（机械哲学其基本假设是：自然按照机械的原则运行，其规则性可以以自然规律的形式表现出来，在理想的情况下，可以以数学的方式加以表述。生命现象可以完全应用机械作用或机械理论来说明，生物只不过是一种复杂的机器。）然而，在物理学中，艾萨克·牛顿（Isaac Newton）（1642—1727）所构想出来的那个至关重要的理论，就没有机械的解释。牛顿这个关于宇宙引力的理论，以数学的方式描述了行星之间的相互引力影响，并没有以机械的方式来对这个现象进行解释。由于各行星之间相隔千万里，在虚无空间里不再有物质相互影响。尽管有来自于机械论捍卫者，德国数学家戈特弗里德·威廉·莱布尼茨（Gottfried Wilhelm Leibniz，1646—1716）的挑衅，牛顿还是明确拒绝用机械论或其他任何理论来解释他所描述的神秘的“超距作用”（action at a distance）。

谁能说牛顿的理论不科学吗？严格来说，答案取决于有人选择适用科学的定义。时至今日，恐怕没人会说牛顿的那个著名理论不是合格的科学，然而，认为科学理论必须提供机制解释的人却仍旧比比皆是。[145]

这就是问题所在。如果科学领域的科学家和哲学家们对科学本身都没有一个统一的定义，那么他们又怎么能够对哪些是科学理论，哪些不是科学理论进行界定呢？如果连科学家本身都缺乏对科学定义的理解，那我们也很难认可他们对某个特定理论是否科学的评价。出于这个原因，科学哲学家们，研究科学的性质和定义的学者们，几乎普遍拒绝使用划定性的论据来决定理论的有效性[146]。他们越来越多地把划界标准作为一个基本的语义问题，仅此而已。问：X理论科学吗？答：这取决于用来决定这个问题的科学的定义。

此外，正如科学哲学家拉里·劳丹（Larry Laudan）的一篇开创性文章“划界问题的消亡”中所示，尝试应用划界标准来确定具体理论的科学地位都会不约而同地产生不可调和的矛盾。牛顿的理论取代了之前旋涡理论（vortex theory），这种名为以太旋涡说的理论认为行星是被一种叫以太

（ether）的物质所推动而围绕着太阳旋转。如果真是这样，它确实为行星间引力吸引的现象提供了一个机械的解释。但后来还是证实这个设想是错误的，因为它没有能证明自己的证据，并且牛顿以及随后的物理学家们也指出了该设想的明显错误。然而，由于它提出了引力机械原因的论点，仍然有资格作为“科学”——至少是符合了莱布尼茨（Leibniz）和其他机械哲学家所青睐科学的概念。相反，牛顿的理论不符合他们关于科学的定义，但它却更准确地符合事实。

这种划界的矛盾一直困扰着整个科学界。如果一个理论由于其标准或方法特性（可测试性、可证伪性，指可重复性、可观察性等）而无法对其证据进行解释或描述，科学家们就会判定其为假。而在另一方面，许多受人推崇的或成功的理论往往缺乏据科学家们所述必要的、真正的科学特征。

因此，科学哲学家们普遍认为，相对于考虑一个理论是否应该被认定为“科学”而言，更重要的应该是考虑这个理论的真实性，以及这个理论是否有证据支持。对一个理论是否“科学”的问题争论只不过是想转移公众注意力的烟雾弹。我们真正想知道的是一个理论到底是真还是假？支持的证据是有还是没有？值不值得我们相信？并且我们也不能通过应用一组抽象的、旨在提前告诉我们所有好的科学理论必须是什么样子的标准来决定这些问题。

疑达问氏　定义与驳回：划界论证对智能设计

然而，科学哲学家之间对划界论证的排斥并不能阻止那些智能设计的批评者，他们试图通过制造对生物起源的争论而反对智能设计理论。有的人用这些关于生物起源的论点来证明方法论自然主义（这跟反对智能设计具有相同的效果）。

方法论的自然主义主张智能设计理论，其部分或者全部内容本质上都是不科学的，原因如下：（a）是不可测试的，（b）是不可证伪的，（c）是不可预测的，（d）并没有描述可重复的现象，（e）并不能解释的自然法则，（f）不引用机制，（g）不会做出实验性的声明，（h）没有解决问题的能力。他们还声称它不是科学，因为它（我）是指不可见的实体。这些批评者还假定、暗示，甚至断言：只有唯物主义进化理论才是符合标准适当的科学方法。

读者不妨参考《细胞签名》（*Signature in the Cell*）一书，上面有对这些具体争论更为详细的回应。在这里，我可以展示一下他们的许多指责完全是错误的（比如说：与他们的指责相反，智能设计才是可测试的、是可预测的、是可实验的、是具有科学的解决问题能力的）。但我同时也表明：当制造划界论证的这些要求都是真实的——当智能设计不符合一个具体准则——这一事实就是：并没有充分的理由能将智能设计排除在一个科学的理论之外。为什么？因为智能设计挑战的唯物主义进化理论，早已被按照惯例视为“科学”，但是这个科学理论也无法满足同样的划界标准。换句话说，没有站得住脚的科学定义，也没有具体的划分标准，能同时证明智能设计不科学而唯物主义进化理论就科学。相反，想要试图使用无效的界定标准来特意驳斥智能设计作为一种科学理论，也无法将智能设计的科学地位与其他竞争理论剥离开来。想要评判他们的科学地位，这取决于使用的评判标准，是否能提供形而上学的中性标准进行评估，通过这种方法，智能设计和物质起源理论总是被证明同样科学或同样不科学。

例如，一些批评人士认为智能设计没有资格作为一个科学的理论，因为它参考的是一个不可见的或不可观察的实体，即在遥远过去的一个设计性思维。然而，也有许多假设不可见的事件和实体的理论——被认为是科学的。物理学家假设军队、字段、夸克的亚显微结构；生物化学家推断亚微观的结构；心理学家讨论病人的心理状态；进化生物学家则通过对观测不到的过去的突变进行推理，以证明没有化石留存的已灭绝生物体及其过渡形式的存在。如同一个充满智慧的设计师的作用，因为他们有给出强有力解释的能力，因此根据现有的观测数据对这些事件做出推断。

如果对于应用于观察的界定标准是非常严格的，那么无论是智能设计理论还是唯物主义进化论都不科学。如果这个标准在应用中有更大的自由度（或实际性）——承认那些历史科学理论，通常都是用推断的方法对难以察觉过去事件、原因或实体进行推测得来的——那么两种理论都是科学的。

就是这样的，其他的判定标准也一样。没有特定的（毫无争议的）划界标准来评判智能设计论，若想把智能设计理论排除于科学理论之外的话，也必定会把唯物主义理论排除在外。

疑达问氏 把智能设计作为科学理论的理由

划界论证不能把智能设计排除出科学之外。但是，如果能因此就基于以下约定俗成的理由来把智能设计视为科学理论的话，那倒是好事。

例如，许多科学家和哲学家都认为科学探索中可测性是一种重要特征。而智能化设计则可以通过三个具体的、相互关联的方法来进行检测。第一，有的科学理论就是专门致力于解释遥远往事，而智能设计只要通过与其比较，就能对智能设计的解释能力进行评估；第二，智能设计，像其他历史科学理论一样，是被我们对这个世界因果关系结构的认识所检验。正如我们之前所讨论，当他们引用众所周知、可产生该效应，或正在产生该效应的原因来做解释时，历史科学理论就能提供足够的解释。正因为如此，包括智能设计在内的历史科学理论的合理性，都可以被以因果关系为参考独立的知识所检验；第三，虽然历史科学理论通常不能在受控的实验室条件下进行测试，但他们有时会产生一些预测，这些预测使科学家们能将其优点与其他理论相比较。智能设计已经产生了一些特殊的经验性预测，这些独特的预测能将智能设计与进化理论区别开来，有助于确立其理论优势（在《细胞签名》中，我描述了智能设计理论产生十个这样的预测）。

如果真是约定俗成，那还有一个令人信服的理由认为智能设计是一种科学理论：我们推断智能设计与达尔文的物种起源一样，都是运用相同的历史科学推理方法，以及相同的均变论原则（uniformitarian principles）。两种理论都有很深刻的逻辑结构。智能设计和达尔文理论的内容历经数代修改，都形成了最好的回溯推理解释。两种理论都致力于解决典型历史问题；都采用常规的历史形式的解释和测试；都具有形而上学的意义。因此只要我们认为达尔文的理论是科学理论，那么同样也要将智能设计理论认为是科学理论才合理。

有的批评家认为：新达尔文主义和智能设计理论是两种不同类型的调查。但实际上，这两种理论是相同类型的调查。它们是运用相似的逻辑和推理方法，对同一个问题（在生命的历史长河中，是什么导致了生物体形式的产生和出现?）做出的不同回答。按理说，同样这两个理论，如果我们把新达尔文主义视为科学理论，那么对智能化设计理论也应该具有相同地位。当然，理论正确与否是另一回事。一种理念有可能是科学的，也可能是不科学的。历史上的许多理论已被证明是如此。比如之前提到的旋涡理论，也是这数不清例子中的一个。

如果有读者朋友愿意了解更详细的对于有关智能设计理论是否“科学”的答复，我建议你们看看《细胞签名》的第18、19章。在文中，我详细回答了对于智能设计多方面的哲学质疑。其中包括：（a）智能设计是宗教而非科学；（b）智能设计是基于错误的类比推理；（c）智能设计是一种由无知产生的谬误，就是有时被称之为“鸿沟之神”（God of the Gaps）的玩意儿；（d）智能设计是科学的塞子；（e）其中最著名的，最广为人知的有力反驳，来自于理查德·道金斯，他问道“那又是谁设计出了设计师”等等。

疑达问氏 智能设计科学地位的新目标

自从《细胞签名》出版以后，剑桥大学的古生物学家罗伯特·阿舍（Robert Asher），提出了另一个原因以质疑我将智能设计作为一种科学理论。在他的《进化与信仰》一书中，他挑战我用莱尔和达尔文的均变论方法来发展智能化设计的主张。由于他的书2012年才由剑桥大学出版社出版，且提出了新的反对意见，因此值得在这里进一步探讨。

阿舍研究了我的思路，并分析如下：“我们今日所知所见的这个进化过程，与对过去事件现象的解释密切相关，而且我们今天所见到的那些特别复杂玄妙的事情都是因为其背后有一个智慧的创造者。”他指出，我所认为某些复杂的技术，如计算机软件，其来源只有一个：人类的智慧。因此，根据阿舍对我的解读，也同样可以认为“我们所发现的，存在于过去的一件同样复杂的装置也必须是来自于智慧的结晶，比如说人类的智慧”。

相对于“复杂的事情”，阿舍似乎并不了解特定信息作为智能设计的一个关键指标的重要性。除此之外，他还声称在我的智能设计论中发现了均变原则的作用。根据阿舍的推理，智能设计实际上是“反均变论的”，因为它没有提供一个“机制”。正如他所说，“智能设计的倡导者们如迈耶（Meyer）等都是明确反均变论的，他们试图通过代理属性（设计）来取代因果机制（自然选择）。那么时至今日，到底是什么样的过程才导致了他对过去事情的如此理解呢?”

阿舍问题的答案其实很明显。答案就是：智慧体。我们对当下产生特定信息的智能代理的存在已经有了丰富的经验。比如说，“有意识的活动”的智能代理——其因果力（causal powers）作为“正在起作用的原因”，对过去的生物信息的起源提供了一个最佳的解释性推论。换句话说，我们对于这个世界的因果循环结构的经验——特别是当下已知的，产生大量特定信息的原因——对过去生命系统中特定信息的起源提供了一个基本性的了解。我正是依赖于这样的经验，了解到生命史一种可能的运作类型，这也使得我的论点相比均变论有着明显的，特征性的不同（不是“反均变论”）。

他还混淆了一件事，他没有搞清楚在历史科学中的解释（需要引用一个目前已知或足够充分的原因）中对均变原则的需要，以及在历史科学的解释中对物质原因，或机制原因的需要。智能设计理论的确引用了一个原因，并且确实是一个已知能产生效应的原因，但并不是引用的机械或唯物主义的原因。智能设计论的支持者可能将智慧体设想为一种严格的物质现象，一些可还原到大脑的神经化学物质，但他们也可能是不能被大脑的化学物质或任何物理过程还原的心理现实。他们也通过参照自己的理性意识和内省体验来理解和定义智能，在思想还是大脑的问题上并没有特定的发生位置。

阿舍认为智能设计是否认唯物主义或“物理主义”思想的，他也排斥智能设计，认为它是不科学的，但他的理由无法自圆其说。他声称“所有真正科学的理论必须提供机制”只是重申了方法论的自然主义的原则。事实上，说所有的科学解释必须提供一种机制，相当于说他们必须引用材料，这恰恰就是方法论的自然主义的原则要求。他的假设没有道理，因为所有可接受的科学性的原因不是机械的就是唯物主义的。他的论点假设了一个关键问题，即是否有独立的（形而上学的中立）原因，这个独立的原因要求历史科学的理论引用唯物主义的解释，而不是对调用可能的如创造性智慧、思想、心理作用、机构或智能设计之类非物质实体的解释。

无论在什么时候，他那含混的逻辑都要求引用一个真实的原因（vera causa)，一个带有只能引用唯物主义无理要求的真正或已知原因。他混淆了均变论与自然主义方法论[147]，然后，他批评我的设计理论是反对均变论的，但实际上我反对的是后者。这样做，他将一个额外要求强加于对过去事件的解释上，导致他错误地将我的论点视为反均变论，并且忽略了智能设计的解释证据。他对方法论的自然主义盲目认可，使得他对智能设计的证据视而不见——因为存在着精神上的“隐形邮差”。

然而，他提出关于智能设计不引用机制的理论仍然困扰人们。事实上，我经常听到有关这一问题的质疑。人们会问这样的事情：“我看到你关于数字代码为智能设计提供证据，那么智能设计又是如何精确地生成信息或安排物质形成细胞或动物?”他们又或者会问：“你是怎么推断出智能的设计师将其思想加之于动物形成的?”正如阿舍所说，“一种生物现象就算是被设计出来的，即使是非常简单的设计也不可能离开一个实际的运行机制而存在”。

为了弄清楚这个问题，有几点需要考虑。首先，智能设计理论不提供，也不试图提供生物信息或生物形式起源的一个机械性说明。相反，它提供了另一种涉及到精神的因果解释，而不是产生现实世界的一个必要的或独有的材料。它有助于思考生命体信息的起源，有助于理性的思维活动，它不是一个严格意义上的物质或机械活动过程。这并没有使它作为一个有瑕疵的物质或机械的解释而存在，而是使它成为一种替代性的解释。智能设计的支持者们之所以不提智能的因素，是因为他们对于生命形式或遗传信息的来源想不出一个可能机制的解释。他们提出了智能设计，因为他们认为智能设计提供了一个更好的、更适当的理由来解释这些事实的因果关系。有鉴于此，我们知道，从信息来源的经验看，唯物主义的解释是没有说服力的。

可能有人要问同样一个机制在不同的环境中如何运作。他或她可能想知道，生命信息一旦产生，是通过什么方式被传送到物质世界的。在我们的经验中，智能代理在产生信息后，通常使用物质手段进行信息传输。教师可以用粉笔将信息抄写在黑板，或在古代可能用金属器具将信息凿在一块岩石上。通常，那些想知道智能设计机制的人，都会不可避免地面临遗传信息终极起源问题的挑战。他们想知道，负责在生命系统中传递信息的智能代理是通过什么方法，或是通过什么物质手段，将信息传递给如 DNA 链一类的物质实体的。用一个哲学术语来讲，他们想知道智能代理起作用的“直接原因”。

答案是：我们不知道。尽管我们可以通过智能设计师在生命体起源的因果角色中找到些蛛丝马迹，但对于在寒武纪大爆发或生命历史的其他重大活动时到底发生了什么，我们没有足够的证据或信息来详细准确地回答。

一幅考古插图可以帮助解释（见图 19.2）。许多年前，探险家在太平洋西南面的一个偏远的岛屿上发现了一组巨大的石像，这组石像都显示出独特形状的人脸。毫无疑问，这些石像都是思想的最终起源。然而时至今日，考古学家仍然不知道它们是被什么确切的手段分别雕刻或立起。这些古代雕刻者可能使用金属锤、石凿，或激光器来雕刻这些巨石。虽然在这些巨石像到底是如何雕凿而成的众多假设之中仍然缺乏决定性的证据，但考古学家们还是可以肯定地推断，是智能代理创造了它们。同样，我们也可以推断出智能设计在寒武纪动物起源中的因果作用，即使我们还不能确定它用了什么物质手段。如果有的话，那智能代理的作用就是传递信息，或构建物质，或设计生命体形式。虽然智能设计理论认为，智能的原因在塑造生命的历史上发挥了重要作用，但它没有说智能因素是如何影响了物质，也没有这么做。

图 19.2　复活岛上被称为“莫埃”（“Moais”）的巨大头部雕像。

由于智能代理负责将生命的设计传递给物质，那我们就必须有进一步的信息来决定机制或手段，这是合乎逻辑的理由。我们可以从物理世界的某些特征中推断是智能因素产生了这一切，因为智能是一种已知的必要原因，也是产生这些特点已知的唯一原因。通过对其独特性作用的观察，我们也能回顾性地推断智能就是原因。然而，我们不能建立一个独特的场景来描述智能代理是如何负责生命活动的安排，或是将其理念作用于物质，因为一个智能代理的理念可以通过许多不同方式在物理世界进行传播或具象化。

另外还有一个更深刻的原因：智能设计——实际上，科学本身也是如此——可能无法对思想是如何构建出物质这一点提供完整的机械性说明。罗伯特·阿舍所担心的"即使是设计出的生物现象"，也可以是"简单的不需要实际机制而存在的"。在阿舍的理解中，均变的原则要求一个先例，一个已知的，不仅产生信息，并能将无形的思想转化为物质现实以塑造物理世界的原因。阿舍抱怨说，智能设计的论据，不能引用这样的先例，因为它是"反均变的"。

其实先例早已有现成的了，一个对于人人来说都无比熟悉的东西：我们的思想。直到目前，还没有人能知道我们的思想——发生在我们有意识的头脑的决定和选择——是如何影响我们物质的大脑、神经和肌肉，将我们对物质世界具象化。然而我们对自己的想法却是非常清楚，对于意识的神秘莫测，我们没有机械论的解释，也没有所谓的"思想—身体问题"（我们的思想，我们的身体和大脑的物质构造以及这个世界之间的相互影响）。然而，毫无疑问，我们可以将影响着世界的物质状态的，大量的物质信息——作为我们有意识的头脑的决策或选择的结果。将他的所思所想化作文字，印于一个物质载体——一页书，来试图反驳智能设计。当然了，我现在也是这样做的。这个例子，作为无数的日常生活的体验之一，肯定能满足均变论的要求。

我们也知道，尽管神经科学不能解释为意识或心灵——身体问题，但我们也可以认识到思想的产物（智能设计的影响）在其独特丰富信息中的表现。当阿舍教授读我这本书时，他读到了我的思想；当我读他的书时，我也读到了他的思想。虽然我们永远不能知道思想到底是怎么影响物质的，但我们知道它确实可以影响物质。因此，在我们试图解释设计思想是如何影响物质的生物系统的形成中，有一个鸿沟可能永远也无法逾越，但这并不意味着我们不能认识到心灵活动在生物系统中存在的证据。

疑达问氏 为何它对科学如此重要？

即使智能设计的支持者们承认他们不会，甚至不能回答思想是如何作用于动物生命物质实体的问题的话，又有什么关系？对我们来说，找到智能设计的证据就那么重要吗？如果智能设计仅仅是用一个谜团替换了另一个谜团，那为什么不干脆就按照方法论自然主义的要求，把我们自己限制在唯物主义的解释算了？把自己局限于唯物主义中，能让我们愉快地接受现有的这些神秘事件吗？把自己局限于唯物主义中，不会更简单、更节约脑力吗？

也许吧。但这样的话就把生命的奥秘置于一个错误的境地。我们知道，智能设计可以产生功能信息以构建所需的复杂系统，但我们不知道，精神到底是如何影响了物质。如果我们想要知道罗塞塔石碑（Rosetta Stone）出现的原因，然后又坚持要证据，要各种能证明这蚀刻画石（丰富的信息）的产生是一个纯粹物质过程的证据，那样我们就是自己骗自己。是智能代理将信息刻在石上，将信息传递了下去，那块放在大英博物馆的黑色火成岩刻板为此提供了无可辩驳的证据。如果有任何规则让我们不考虑智能设计的解释，让科学家们不考虑智能设计这么明显的一个可能性，一个对生命起源的真正的解释，那才是不科学的。这不仅仅是科学问题，而是真理问题。出于这个原因，"科学的规则"应该让我们先试着接受真正的理论，再考虑证据。但方法论的自然主义却不是这样。

此外，盲从于方法论的自然主义、拒绝考虑在生活中智能设计的证据，这不仅影响了我们追寻生命起源和历史的愿景，还影响了我们寻找生命真谛的脚步，从而影响我们所追求的整个生物研究进程。

再次，我用一个人工产品（human artifact）的比喻来说明这一点。如果我们问在罗塞塔石碑上刻碑文的工匠，到底是怎样来完成他（她）的工作的，用金属凿、黑曜石的磨片、金刚石触针，或其他材料？我们可能没有足够的证据来回答这个问题。然而，这个问题将有助于考古学家知道他们正在寻找的是一个载有信息的工件，而不是严格自然过程的副产品。这将引领他们追寻其他更多的，关于石刻的相关问题，比如："碑文是什么意思?”“谁写的?”和“通过这个告诉我们当时的文化状况”。同样，我们思考动物到底是如何产生和发展的，这将会引领我们去寻找生命形成的不同问题。这个问题，若我们视自然选择为生命产生的唯一机制的话，是绝对想不到的。

智能代理和自然选择这两种理论的工作原理有很大的不同。变异和选择机制是一个盲目的，反复试错的过程，这个机制必须通过一系列的增量步骤以保持优势。根据达尔文进化论的假设，我们不需要有能看清生命体结构或系统的眼光，也不希望看到生命结构是通过一次大的飞跃式的爆发而产生的。然而，我们希望看到的是，在生物体和基因组中一次又一次反复试错过程的证据。

能不能让我们打开思想，接受生命是被设计出来的这种可能性？对于智能设计师所做的工作，我们已经知道很多。智能的设计师们使用了许多既定的设计策略（或如工程师所说的“设计模式”）。他们也有先见之明，使他们通过一系列的中间结构，不需要维护其功能性就能达到功能目标。通常他们可以直接在一个系统中构建出一个新系统，而不依赖于随机的、渐进的、反复试错的修改。

这两种机制的运行是如此的不同，往往会产生截然不同的生命结构和系统。科学家们应该考虑的问题是，这个看起来完全不同的生命系统（生命的历史也是如此），到底哪一个机制才是产生这些生命体和生命结构的原因？这些不同的视野和期待使得科学家们提出了不同的研究问题，并且对我们从生命结构本身中的发现做出了不同的预测。

疑达问氏 “DNA 元件百科全书”计划和 ID 预测

2012 年，在基因组研究领域取得了一件惊天动地的成果，那就是由智能设计支持者们做出的预测，其中一个得到了确认。三大科学研究领域的顶级杂志：《自然》、《基因组研究》和《基因组生物学》发表了一系列开创性的论文，报道了一项在人类基因组的大规模研究中取得的结果。那就是由美国国家人类基因组研究所在 2003 年 9 月发起的一项公共联合研究项目，被称为 DNA 元件百科全书（Encyclopedia of DNA Elements，ENCODE）计划。根据研究结果，我们得出结论：人类至少有 80% 的基因组能执行有效的生物学功能。这个结论驳斥了之前人们广泛持有的观点：大部分人类基因组都是“垃圾 DNA”（“junk DNA”）。

这一发现对新达尔文主义长期以来给予基因组的解释提出了挑战。根据新达尔文主义，基因组作为一个整体，应该显示为了产生新的遗传信息而进行反复试错的随机试验的过程。在 20 世纪 70 年代，研究人员发现在人类基因组中，只有一小部分基因组包含有构建蛋白质所需的信息，其余多数则功能不清。这个发现在当时被誉为是证明达尔文主义生命观点的有力武器。高等生物基因组 90% 以上都是非编码序列，这些基因组的非编码区域被认为是中性或近中性进化中产生的“垃圾”，是在基因组中产生功能代码时的试验过程中非功能性碎片。因此，这些非编码区域被视为“垃圾 DNA”，持这一论点的科学家甚至包括科学界的泰斗弗朗西斯·克里克。

智能设计论主张是一个智慧体导致了基因组的产生。智能设计论的倡导者早就预测，基因组中大多数蛋白质编码序列都能履行一定的生物学作用，即使它们不直接参与蛋白质合成。智能设计的理论家们并不否认突变过程可能会导致一些以前的功能性 DNA 退化，但我们确实预测到了功能性 DNA（信号）比非功能性 DNA（噪声）多，而不是非功能性 DNA（噪声）比功能性 DNA（信号）多。智能设计论的领导人物，威廉·德姆斯基（William Dembski），在 1998 年就预示道：“按照进化的观点，我们能发现的只是很多无用的 DNA。而另一方面，如果生物体真是被设计出来的，我们预计基因组 DNA 会尽可能地展示出更多的功能。”

“DNA 元件百科全书”计划和最近的其他基因组学研究都已经证实了这一预测。根据《自然》的封面文章所报道，“DNA 元件百科全书”计划“让我们得以认识，在早已研究透彻的蛋白质编码区域以外的，80% 的基因组都有生物学功能”。其他基因组学研究表明：总体来说，基因组的非编码区域的功能就像一台计算机的操作系统。事实上，基因组的非编码区域除了拥有无数的其他功能之外，还能直接定时和调控基因组区域数据模块的表达或编码。在“DNA 元件百科全书”计划之前，新达尔文主义者会经常问：如果 DNA 中的信息为智能设计理论提供了令人信服的证据的话，那为什么基因组 90% 以上的序列都是无功能的？现在，最新的基因组学研究已经帮我们提供了一个现成的答案：他们错了。

这些基因组学研究领域的发现，对其意义的争论在媒体上悄无声息。但是，反复有人试图玷污“DNA 元件百科全书”计划的研究人员，给他们扣上帮助和教唆"智能设计创造论者"帽子，他们这么做，反而无意中强调了自身地位的岌岌可危。在这一行动中，多伦多大学生物化学家，劳伦斯·A.莫兰（Laurence A. Moran）成为关键人物。莫兰的策略是，主要围绕发表了"DNA元件百科全书"计划的科学家和科学记者，给他们刷上"智能设计神创论"的外衣——给再熟悉不过的智能设计冠以一个新名字：《圣经》直译主义——年轻地球神创论。当著名的科学杂志上选择"DNA元件百科全书"计划作为2012年十大科学新闻之一的时候，它通过揭示压倒性的功能基因组从而引爆了垃圾DNA的概念，莫兰却讥讽道，"哦，我想我必须得指出，许多科学家简直和智能设计创造论者一样愚蠢！"在媒体报道中，在科学世界里的"神创论"是一个肮脏的词汇。像这样，通过挑战一个受欢迎的理论来企图诬蔑真相，说明科学意识形态的垄断可以扼杀调查和讨论。

从更积极的方面看，垃圾DNA想法的消亡也说明了：一个竞争性的视野能激励研究人员，从而有助于新发现的产生。尽管肯定不是每个致力于非编码DNA功能研究的科学家其灵感都来源于智能设计理论，但至少有一个值得注意的科学家是受益于此。在本世纪初，当时"DNA元件百科全书"计划还没有成为头条新闻，这名科学家在美国国立卫生研究院（National Institutes of Health）发表了很多基于基因组学的研究文章以挑战垃圾DNA的想法。2012年，"DNA元件百科全书"计划的成果出版后，他在许多文章中的合著者，著名的芝加哥大学的遗传学家詹姆斯·夏皮罗（James Shapiro）在《赫芬顿邮报》发表了一篇文章，称赞这位科学家的开创性研究，以及他在"DNA元件百科全书"计划成果出来之前所做的预测。在文章中，夏皮罗承认他和他的合著者有着"完全不同的进化哲学"——他大方地承认了那个合著者对智能设计理论日益增长的兴趣。

那个科学家到底是谁？不是别人，他正是进化生物学家理查德·斯腾伯格。2004年当他还在史密森学会（和美国国立卫生研究院）工作时，就发表了他对智能设计理论的开创性理念。在那个时候，斯腾伯格对新达尔文主义越发怀疑，而对智能设计则越来越感兴趣，认为大部分基因组可能真是功能性的。随后他的研究也支撑了这个论点，智能设计部分激发出了他的科学灵感。

在《细胞签名》中，我描述了许多智能设计理论中的预测性特点（这些预测不同于唯物主义的进化理论），还讲述了这些与众不同的预测是如何在生物学各个新的研究领域，包括在医学领域起到了一些助力。这些预测可能会带给科学家以新的发现——发现接受另一个新的、竞争性的理论其实也不是那么难。

疑达问氏 开拓视野

现在，你们应该清楚为什么这么多杰出的科学家们都错过了智能设计在寒武纪生命大爆发中的证据了吧。生物学家斯科特·托德（Scott Todd）在《自然》杂志上撰文，简洁陈述了其理由：“即使所有数据都指向一个智能的设计师，但这样的假设仍是被排除在科学界之外的，因为它是非自然的。”一旦当科学家们认定智能设计是超越科学范围之外的理论，那么他们就不再考虑这个可能的、关于动物形式起源真相的解释了。然而同时这个决定也剥夺了他们的全新视角，这个全新视角原本可以帮助他们发现新科学问题，发现新科学途径。知道这一点有助于解决这部书的最终秘密，但同时也表明仍然需要一个更有效的方式来解决这个未知之谜。那些忠于方法论自然主义的科学家们，除了一条束缚着他们，让他们步履蹒跚、精疲力竭的19世纪唯物主义的精神锁链之外，他们一无所有。开放的未来之路就在我们眼前。在这智能设计的大家庭里，让我们打破规则，遵循这真相的引领吧!

20　利害攸关

2002 年的夏天，我有机会与一组包括了地质学家、地球物理学家以及海洋生物学家的队伍共事，一起攀爬并考察了伯吉斯页岩。我们的团队里也包括了我 11 岁的儿子和他的一个朋友，这位少年对寒武纪化石以及进化论和智能设计的争论都非常感兴趣。

当我们到达山顶的时候，没有想到我居然被化石所震惊了。毫无疑问，我曾经见过许多化石，但在这个山顶上，亲眼目睹到这些来自动物生命的曙光时期，肢体和器官保存着完好的海洋动物化石时，呈现在我眼前的“寒武纪大爆发”实况，还是深深震撼了我。这些复杂的海洋生物，在海拔高度7 500英尺加拿大落基山脉稀薄空气的冲刷下，就这样突然地出现了，而在沉积记录中几乎没有发现其先祖形态。关于它们的一切迫切地需要一个故事来解释，而且这是一篇鸿篇巨著。我的思想、我的想象，都禁不住飞了起来（见图 20.1）。

图 20.1　伯吉斯页岩的三叶虫化石

正如这些奇妙的化石，我们这次旅程中的两段经历也让人记忆犹新，一是发生在上山路上，二是发生在下山途中。我们在上山过程中，曾经横穿过一片巨大的岩屑坡，这片山脉区域没有植被覆盖，有的只是沉积岩的碎片，我突然听到走在队伍前面的儿子呼唤我。过于激动的他，声音都颤抖了。我向前眺望，看见这个平时活力无限、无所畏惧的孩子，此刻呆立在原处，睁大双眼，脸色苍白。我越过小径上的几个徒步者逐步靠近他。原来他感觉到眩晕，虽然这里的山势并不险峻（见图20.2）。在他攀爬这

图20.2　作者与儿子杰米，在加拿大不列颠哥伦比亚省，伯吉斯页岩，沃尔科特采石场（上）。伯吉斯页岩露头下一瞥（下）。

片岩坡的过程中，他突然往山下看了一眼。没有熟悉的树木作为参照物，他脚下只有数百英尺的松散的岩石碎片，他的思绪立刻变得混乱，被吓到了。我让他跟随着我的步调，稳定一致地大步前进，迅速地走出了这片开阔的山地。不久后，我们来到了一条有着树木和其他植物可作为稳定参照物的小路上。这孩子所能看到的视角迅速地发生了改变。他渐渐放松下来，不久后，又开开心心、蹦蹦跳跳地走在了我的前面。

下山途中，我与队伍中的一个同伴展开了激烈的交流，他表达出另一种与众不同的困惑。这次交流以我儿子的朋友与导游之间的对话为开端，这位导游是当地伯吉斯地学基础机构（Burgess Shale Geoscience Foundation）指派给我们的。我们的导游是一位古生物学家，兼着一份美差。他告诉我们很多周围环境的地质学历史故事，还有化石的发现故事，当然也包括动物生命的进化历史。实际上，就在我们最后路过的山顶小径的那个拐角就搜集到大量的、保存极好的化石。因此，这位导游介绍的化石遗址描述是能够支持正统进化论的。导游显然没有意识到我们中的大多数都了解这些化石，并且我们正打算挑战达尔文进化论准则。

我们当然没有说出我们的观点，但是参与这次远足的科学家们基本上全都是对新达尔文主义持怀疑态度的学者。曾经和陈均远教授一起研究中国海绵胚胎化石的旧金山大学海洋生物学家保罗·陈也参与了这次旅行，他对寒武纪时期古生物学知识可不是一知半解、略知一二，同行的还有几位加拿大地质学家。为了不造成不必要的纷争，我们非常小心地规避这一问题。我们只是想看看化石而已。

然而，在我们下山途中，我儿子的小朋友向导游提出了一个问题，请他解释如何用我们刚才所见来支持达尔文进化论。导游首先坚定地表达了他对达尔文主义路线的拥护，他认为伯吉斯化石的发现“证实了”达尔文理论。听到这个结论的时候，这个早熟又聪明的少年不禁大声喊了一声：“什么？你在开玩笑吧！达尔文是正确的？这些动物在没有任何先祖化石记录的情况下就突然凭空出现了？”

你要知道，这个可爱的年轻人明白如何用他的不羁来逗乐我们的导游。非常幸运，这奏效了。然而，我们中的其他人起初是感觉受了伤害，这是我们极力想避免的讨论，我们知道它通常会引起紧张的气氛。对科学家们而言，谈论宗教和政治反而更加安全。

然而，因为他的功劳，我们的导游坦然自若地接受了这个挑战。向导解释了伯吉斯化石如何证明了时间演变的证据，岩柱又如何告诉了我们地球的年龄，高山上的化石发现如何揭露出星球的演变过程。我们这位年轻的朋友在阅读上花费了太多时间，应该放下书本了。儿子的朋友则把地球年龄问题抛在了一边，赞同向导对地球年龄大概是数十亿年的估算，他笃定这位向导也接受沉积岩记录里那些变化的证据。从这种意义上讲，他并没有质疑进化的过程。他质疑的是达尔文进化论。“渐变的证据在哪里?”变声期的少年人以他特有嘶哑而又略带兴奋的嗓音，提出了这个问题。“如此快速地产生这么多新型动物的机制又是什么?”他继续抛出下一个问题。

就在这时，异象突生。原本领着我们沿着小路前进的古生物学者突然止住了脚步，停了下来。他放弃了权威学说的任何借口，“我有时候也会感到疑惑，你懂的”。我想他应该是开诚布公地说出了他青少年时期的疑惑。

“你如何来解释呢?”他问我儿子的朋友。

我们这位年轻的发言人非常自信地随口说出了自己的理解，“毋庸置疑，当然是智能设计!”

就这一论点，导游提出了几个试探性问题。不久，这位小朋友黔驴技穷回答不出了，他频频地看向我，希望我能加入讨论。无可奈何，我只得加入到这个话题的讨论中。我向他解释了智能设计争议的相关信息，以及寒武纪大爆发是如何指向这一理论的。于是导游又向我提了几个难以回答的问题：我们如何检测到这些设计呢？智能设计是自然科学吗？我们是不是因无知而放弃科学？或是因无知而放弃了进化的主流科学理论？他迫切地想知道我个人认为的设计者是谁。他的挑衅，既尖锐又坦诚。这真是一场精彩的交流。

当我们到达登山口时，他流露出对这次交流的感谢之情让我感到非常惊讶，他还感谢了挑起这次交谈的小友。之后，他又说了一些个人看法，隐隐地透露出他对生物起源的困惑。作为一名科研人员，他坚信进化论观点，但他也发觉了进化论中某些矛盾之处，他想知道是否有可以兼顾科学以及信仰中生命目的和意义的方法。就在我们离别时，他说他会更多地去了解智能设计，因为他被智能设计理论目前的发展趋势吸引住了。我觉得我们进行的是一次诚恳的人类思想交流，而不是在进化争论中时不时发出的那种咄咄逼人的腔调。

多年以来，每当我研究与思考生物起源时，曾与许多不同派别和背景的人交流过：宗教人士和无神论者、科学家、工程师、医学博士、商贾和女性、电器修理工和出租车司机。这些谈话通常都是在无意间开始的，导致有些人不由得关心我是如何谋生的。这些对话发生的时机并不由我掌控，然而，我通常都会委婉地答复他们（“我为一家研究机构工作”）来避免在机场或修理洗碗机时可能会引出的一段沉重话题。人们对生命如何开始都很有兴趣，并且他们都是凭直觉相信那些有着更强大哲学、宗教和世界观影响的理论。通过思考这些，人们更加活力充沛。很多人想找到一种方法来协调世界观与科学证据，来解答他们作为人类最深刻存在归属的目的和意义。但是，许多人就和我们这位向导一样，当面对一个综合性难题的时候就会被挫折打败。

究其原因，并不难理解。从一方面来看，很多人由于其信仰实际上对科学如何解释生命起源并不感兴趣。此外，许多忠诚的宗教信徒接受介于科学与信仰之间反科学的、无关的，甚至危险而强硬的证词，比如说《圣经》中给出关于生命从何而来的理解。他们的方法并不能协调科学和信仰，因为信仰来源于《圣经》，而且通常是把《圣经》中一段特别阐述作为生命起源唯一靠谱的信息来源。

从另外一方面来看，许多科学家认为科学从假设新达尔文主义的生物起源开始就教导我们一些重大问题，尽管还存在许多科学难题，尽管它否认目的性智能在生命历史中的任何作用。

尤其是两种流行的达尔文主义世界观的理念，导致了两种不同的对世界观的结论。第一种观点，即“新无神论”（“New Atheism”），其代言人理查德·道金斯（Richard Dawkins）的原著《上帝错觉》，以及克里斯托弗·希钦斯（Christopher Hitchens）的作品《上帝并不伟大》中都明确地表达了该理论。另一本新无神论专著也坚决否认上帝的存在，并将其称为“一个失败的假设”。为什么会这样认为呢？因为道金斯及其他人认为自然中不存在设计的证据。因而，道金斯的无神论主张自然选择和随机突变可以解释自然界中所有设计的“表现”，他认为关于设计的争论总能提供神明存在最有力的证据。最后，他总结道，相信上帝是非常不可思议的，等同于“一种错觉”。对于新无神论者而言，由于达尔文主义的提出，宗教信仰变得奇妙玄幻又可有可无。正如道金斯的一句名言，“达尔文是一个充满理智的无神论者”。

2006年，《上帝错觉》一书问世，这些新无神论者掀起了一场出版界的风暴。然而，“新”无神论者实质上并没有什么“新主张”。相反，这代表了一种基于科学的哲学理论的流行程度，即科学唯物主义。19世纪末随着达尔文革命的发展，科学唯物主义在科学家和哲学家之间普及并流行，对当时的科学家和学者们来说，科学世界观是唯物主义世界观，上帝、自由意志、思想、灵魂和目的都没有发挥作用。科学唯物主义，以及经典达尔文主义，都否认设计在自然中的存在，因此也否定了人类存在的最终目的。英国哲学家、数学家波特兰·罗素（Bertrand Russell）在20世纪早期曾说过，“人类就是一种对能达到的终点毫无预见性的原因的产物”，这使得人注定“在太阳系灭亡之际灰飞烟灭”。

另一种日益流行的观念被称为神导进化论（theistic evdution）。弗朗西斯·柯林斯（Francis Collins）在他的著作《上帝的语言》（2006）中推广了这一概念，这种观点承认上帝存在的同时也肯定了达尔文主义的生物起源。然而，它对一些问题提供了详细的看法，比如上帝可能会或可能不会影响进化过程，又或者如何协调达尔文主义和犹太教基督徒之间关于起源问题看似矛盾的那些说法。举例来说，虽然柯林斯本人肯定新达尔文主义，但又拒绝回答他是否认为上帝以某种方式指示或引导进化的过程，因为这非常明确地否定了自然选择的导向性作用。达尔文主义和新达尔文主义坚持认为生物体表现出来的设计是一种错觉，因为产生这一表现机制是不可控制和无方向性的。在柯林斯看来，上帝是否引导了不可控的自然选择过程？他，以及许多其他神导进化学家，都不会回答这个问题。这种暧昧可能就是造成科学和信仰之间始终无法和解的原因，但这同时也遗留下许多未回答的问题。平心而论，许多神导进化学家会同意不是所有问题都能被解答的观点，因为科学和信仰各自占据的是单独的、非重叠领域的知识和经验。但这个答案本身，就强调了柯林斯以及其他持有同样观点的学者认为科学和信仰之间的调和是有限的。

本书对于上述两种观点来说，是一次科学的挑战。首先，我们已知的事实和论据表明新无神论者的科学前提是有缺陷的。突变和自然选择机制并没有创造性的力量，因此，不能解释生命中所有“表现”的设计。例如，新达尔文机制不能解释产生全新动物躯体模式所需新的遗传或表观遗传信息。

本书提出了四个独立的科学评论来证明新达尔文主义机制的不足之

处。达尔文假设的机制不依赖智能指导就可以产生出躯体模式，但已有研究表明新达尔文机制不能解释遗传信息的起源，这是因为：（1）它无法对基因和蛋白质功能的组合序列空间进行有效的搜索；（2）生成一个新基因或蛋白质所需漫长的等待时间是不切实际的。该机制也不足以产生新的躯体模式；（3）早期突变，是唯一能产生大规模改变的可能；（4）无论如何，基因突变都不能产生构建躯体模式必需的表观遗传信息。因此，尽管《上帝错觉》取得了商业上的成功和广泛的文化认同，但新无神论哲学缺乏可信度，这是因为它建立在对现代科学形而上学的理解基础上，而许多前沿生物学家都认为该科学理论本身就缺乏可信度。

其次，本书还对如弗朗西斯·柯林斯在内的神导论进化学家就许多相同的科学原因提出了强有力的挑战。柯林斯充分信任新达尔文主义，并将其视为生物学的统一理论，但他似乎没有意识到目前困扰这一理论的强大科学问题——尤其是对自然选择或突变机制创造力的挑战。他没有试图解决或回答任一挑战。此外，他在《上帝的语言》中涉及到共同起源观点的辩论，是建立在不同生物体基因组中所谓非功能性或“非编码”元素存在的基础上。尽管柯林斯本人反对智能设计理论，但智能设计理论并不一定挑战了达尔文理论的（共同起源）部分内容，随着基因组学以及 ENCODE 计划等研究的发展，他论点中的事实基础在很大程度上也已经化为泡影消散不见。因此，这种流行的生物起源观点，以及神与自然界关系的概念，与目前的证据面前形成了鲜明的对比。但是如果这一理论本身已经开始崩溃瓦解，为什么还要像柯林斯那样去试图调和传统的基督教神学和达尔文理论呢？

本书从更宏大的角度提供了一个更连贯一致、更令人满意的方式来解决这些重大问题，或者说把科学和玄学（信仰）糅合在一起，而不是提供一些目前普遍流行的观点。寒武纪大爆发就和进化论本身一样，都恰恰是由它们引出的起源和设计问题，因此产生了更大的关于世界观问题，而且是所有世界观必须解决的问题：这一切事物的事实和实质是什么？但和严格的达尔文唯物主义和新无神论不同，智能设计理论确认的是设计者存在的事实，即生命背后的思维和智慧存在的事实。韦斯顿认为，超载这短暂的物质实体之外的，是人类生命意义的可能性，尤其是有目的、有意义的人类生命。这表明生命可能是由一个有智慧的人设计出来，很多人会认为这个人就是上帝。

然而，智能设计理论和弗朗西斯·柯林斯的神导进化论不同的是，智能设计并不局限于研究宇宙发生的动因，它传达的是关于存在一种明确的客观的自然神论观念。智能设计理论宣称的也不仅仅是生命背后创造性智慧的存在。智能设计理论在生命历史不同节点识别和检测到生命设计师的活动，包括在爆炸性的寒武纪事件表现出的创造力。检测到设计的能力使相信智能设计师（或创物者，或上帝）存在不仅仅是信仰宗旨，也是自然证据的见证。简言之，智能设计理论使科学与信仰真正地和谐统一起来。

同样重要的是，设计理论可能是支撑我们对抗空虚无意义的物质存在，即唯物主义世界观所遵循的为生存而生存的概念。理查德·达尔文和其他新无神论者也许对于宇宙前景的思索并不感到困扰，哪怕是有趣和有益的漫无目的。但对于绝大多数思想成熟的人来说，这是令人惊骇的观念。现代生活令我们觉得悬浮在巨大深渊的高空之中，它引起头晕目眩的焦虑感，眩晕。换句话说，生命背后有目的性设计的证据提供了对生命意义、生命整体性的展望和希望。

当我儿子走出优鹤山谷的群山时，他四周围绕着我们已见过的化石岩层。但是当他勘察这些景观贫瘠的那部分时，他忘记了身处何地，又为何而来，没有地标或稳定的参考点，他感到迷失在感官印象的海洋里。失去感官平衡，他甚至不敢多走一步，因而，他只好求助于自己的父亲。

我很久之后才想到，他的经历与我们人类试图了解我们周围世界的过程有非常密切的相似之处。想要获得真实的世界和我们确切的位置，我们需要的是事实，即经验数据。但我们也需要视野角度，有时候这被称为智慧，是有连贯性的世界观所能提供的参照点。从历史观点上说，西方的神论中认为智慧，也就是我们信奉的上帝创造了男人和女人。智能设计理论令人兴奋的同时又遭人嫌弃，这是因为智能设计理论除了提供令人信服的科学解释，同时又整合了科学和宗教的至高价值，而这一点长久以来被世人所不容[148]。

智能设计理论并没有建立在宗教信仰的基础上，也没有提供上帝存在的证据，但智能设计理论确实又肯定了信仰的影响，正是因为它表明我们观察到的设计在自然界中是真实存在的。当然，其本身并不能成为接受该理论的原因。但当你因为其他一些理由而接受智能设计理论后，你就会发现它的重要是有原因的。

致 谢

虽然我并不是生物学家，只是一个生物哲学家，但是，我曾有幸负责过一个跨学科的科研工作，这使得我对一些杰出科学家的前沿发现和见解有了一个初步鸟瞰。为此，我要感谢发现研究院和生物研究所的同事们，特别是保罗·纳尔逊（Paul Nelson），道格拉斯·阿克斯（Douglas Axe），乔纳森·威尔斯（Jonathan Wells），迈克尔·贝希（Michael Behe），安·高杰（Ann Gauger），理查德·斯腾伯格（Richard Sternberg），保罗·简，凯西·罗斯金（Casey Luskin），正是因为他们的研究才促成了本书的论点。尤其要感谢的是保罗·纳尔逊，他协助我共同完成了本书第6章和第13章，这本书也是对我们计划共同发表技术论著的一个延伸。另外，发现研究院的研究助理凯西·罗斯金，一而再，再而三地，以她娴熟的技能，超范围，超质量，超标准地完成了她所负责的工作。我还要感谢两位匿名的生物学家和两位古生物学家，他们在专家评审中对本书的科学严谨性和正确性提出了宝贵的修改意见。此外，我要感谢保罗·简，马库斯·罗斯（Marcus Ross）以及保罗·纳尔逊三位，他们为我们2003年发表的《寒武纪大爆发：生物学的大爆炸》论文的工作基础做出了重大贡献，这篇文章也构成了开展这次延伸讨论的支架。

除此之外，最诚挚的谢意献给发现研究院的作家和编辑们，乔纳森·威特（Jonathan Witt），大卫·克林霍弗（David Klinghoffer），布鲁斯·查普曼（Bruce Chapman）和伊莱恩·迈耶（Elaine Meyer），感谢他们为拙作的可读性做出的不懈努力。特别是乔纳森·威特先生帮助我启动并推动了本项目的顺利开展。感谢协助整理本书参考文献及相关信息的助理安德鲁·米德（Andrew McDiarmid）先生，以及插画家雷·布朗（Ray Braun）的精美画作。最后，我还要感谢好心人：丽萨·苏尼加（Lisa Zuniga），负责本书生产过程中的协调及运输工作；出色的文字编辑安·莫鲁（Ann

Moru)；以及资深编辑罗杰·弗里特（Roger Freet）的远见、耐心以及非同寻常的策划指导。

注 释

引言

[1] 公平地说，我提及的这些评论家们对书中观点的辩驳实际上是关于生命起源的争论，部分文章已收录到《争论的信号》一书。

[2] 例如，考夫曼的《次序的起源》；古德温的《美洲豹斑点的变化》；埃尔德的《达尔文重塑》；拉夫的《生命的形状》；穆勒和纽曼的《有机体形式的起源》；瓦伦丁的《类群的起源》；阿舍的《动物躯体模式的起源》；夏皮罗的《进化》等这类书，不一而足，都对突变和选择机制的创新力提出新的疑问。

[3] 菲秋马曾断言，“生物学专家对已发生的进化事实没有任何的意见分歧……但关于进化如何发生的理论是另外一种说法，这正是激烈争论的主题。”当然，承认自然选择不能解释外观设计，实际上是承认了它无法作为“替补设计者”。

第1章

[4] 在《物种起源》的494页，达尔文回避了生命“初始的形态是同一个”的结论。

[5] 虽然达尔文强调自然选择是“变化的第一要素”，他还强调“雌雄淘汰”是促成人口进化改变的主要机制，“雌雄淘汰”是指有性生殖动物会在潜在的伴侣前表现出有别于其他个体的不同特征。

[6] 达尔文的《物种起源》的307页。达尔文最开始用的是“志留纪”而不是“寒武纪”一词，这是因为达尔文时期对我们现在所标记的寒武纪时期的划分尚包含在较低的志留纪时期中。在《物种起源》（第6版）中，达尔文采用“寒武纪”一词替代了“志留纪”。详见第6版《物种起源》，286页。

[7] 在大约4.4亿—4.5亿年前，许多物种灭绝了。这被称为奥陶纪灭绝，这一事件导致了大量海洋无脊椎动物的消失。这是生命历史上的第二次大灭绝，只有2.52亿年前的二叠纪大灭绝才能与之比拟。

[8] 同位素年龄测定法所估算出的岩石的年龄是根据已知的放射性衰变率，测量不稳定的放射性同位素及其子体产物的比率后计算出来的。

[9] 德国理想主义者并没有全盘否认物种变异的想法。例如谢林的观点，每个物种都反映了预存的原型，但需通过一个逐步过渡的形式才会出现。

[10] 感谢前校友杰克·罗斯·哈里斯（Jack Ross Harris）的探索工作，以及他在1993年未发表的文章“路易斯·阿加西斯对达尔文自然历史否定观点的再次评估”。他的工作让我第一次注意到在达尔文主义被广泛接受后，历史学家们企图将阿加西斯的反对意见的影响降低到最小。

[11] 达尔文《自传》84页。同样地，格特鲁德·希梅尔法布（Gertrude Himmelfarb）指出达尔文花了20年时间才承认了自己的错误。在他的《自传》中，达尔文将它标记为“彻头彻尾的长期的巨大的错误……因为在当时的知识背景下，没有其他可能的解释，我个人赞同海洋运动；我的错误对我是一个很好的教训，使我不再相信科学排除的原则”。详见希梅尔法布《达尔文和达尔文革命》的讨论，107页。

[12] 阿加西斯《进化及永久的类型》97页。本书里，阿加西斯第一次醒目地表达出他的疑问。例如，在“鱼化石的研究”中，他写道，“已知的超过1 500种鱼化石，告诉我们物种的进化并不是从一种物种逐步演变到另一种物种的，它们的出现和消失都是出人意料的，它们的先祖之间也没有直接关系；因此我认为没有人会真的认为存在多种类型的环状动物和栉状动物，它们几乎同时发生，都起源于盾鳞或硬鳞鱼类。还有一种可能，哺乳动物，包括人类都是直接从鱼类起源。”

第2章

[13] 马尔三叶虫和螯肢动物之间的亲缘关系是最近科学家们的研究热点。

[14] 其他权威人士，如斯密森学会道格拉斯·欧文，已经达到一个更高的境界。正如一些古生物学家把亚门或纲当成门来计数一样，欧文通过群组计数方法，认定化石记录中的33个动物门里第一次出现在寒武纪时期的动物门约有25个。

[15] 如果有什么区别的话，使用“无等级”分类法实际上可能强化了寒

武纪大爆发的神秘感。单一的一个门可能包括了许多独特的组织、器官以及身体部位的模式，而这些组织间的差异可能正用以区分不同类群的躯体模式证据。正如一个无等级分类法的支持者向我推荐该分类法时所说的那样，“蛤蚌和鱿鱼（二者都属于软体动物的同一个门）为什么不能像三叶虫和海星（分别属于节肢动物和棘皮动物的两个不同类群）那样，被视为完全独特的形态结构呢?”然而，在传统系统里，蛤蚌和鱿鱼以及其他许多门类中形态差异显著的动物，都会被归于各自单独的门。因此，仅仅参考寒武纪第一次出现的门的数量来测量寒武纪爆发可能削弱了问题的严重程度，而摒弃分类排列则倾向于强调该问题。

[16] 此外，古生物学家 1999 年在中国南方也发现了寒武纪时期的鱼化石。鱼类是脊椎动物，属于脊索动物门。

[17] 达尔文关于未来事件和过程的预测，当然不是狭义上的预测。但是历史科学家通常说的预言是指根据过去已发生事件来推测将来即将发生的事件。

[18] 欧文和瓦伦丁在 2013 年出版的《寒武纪大爆发》一书中，再次重申寒武纪初期虽然物种表现出极少的多样性，但仍存在显著的形态差异。他们指出，自 1987 年运用经典的林奈氏分类法第一次注意到自上而下的差异多样性的寒武纪模式以来，古生物学家们就发展了系统分类法内的差异测量，即应对无等级分类系统中的同一模式的测量法。

第 3 章

[19] 加拿大多伦多市安大略皇家博物馆，亚伯塔省德兰赫勒的泰利尔博物馆，以及邻近伯吉斯页岩的不列颠哥伦比亚省的戈尔登都有伯吉斯化石的展览。

[20] 一些古生物学家思考得更远，他们甚至认为寒武纪大爆发只是分类的一个部件，因此不需要对其进行解释。例如，巴德（Budd）和詹森（Jensen）认为如果牢记“干”和“冠”之间进化枝的区别，那么寒武纪大爆发则回答了自身的难题。因为“冠”出现的时机是在进化过程中更简单、更原始的“干”发生新的特征的时候，新的门类将不可避免地发生在新干枝出现时。因此，对巴德和詹森而言，

不需要解释“冠”与新门的对应关系，而应该解释更早期的，派生程度更小的，前寒武纪时期“干”的萌芽。然而，因为这些更早期的“干”的定义的派生程度更小，在他们看来要解释这些现象远比解释寒武纪动物起源更容易。总之，巴德和詹森认为不需要解释寒武纪大爆发中的新门类是如何出现的。正如他们所说，“鉴于主进化枝的早期分枝点是进化枝多元化的必然结果，所谓的早期门的出现以及剩余形态学静止现象似乎并不需要特别的解释。”虽然如此，巴德和詹森在尝试解释寒武纪大爆发时仍回避了其中的关键问题。当现存物种出现一个新特征时，结果必然是出现新型形态和更大的形态学差异。但是，什么原因引发了新特性的出现？这些生物学信息又是如何形成新特征的？（见第9—16章）巴德和詹森没有详细说明。他们既没有说明原始形式是如何演变的，也没有说明是什么过程促使了原始形式的出现。只是简单地认为是一些非特定的进化机制的作用结果。然而，正如我在第9—16章中所述，这种假设现在看来是有问题的。巴德和詹森并没有解释是什么导致了寒武纪生物形式和生物信息的起源。

[21] 一些人甚至提出，过渡的中间形式导致寒武纪动物只存在于幼虫阶段。

[22] 尽管当代古生物学家一般把前寒武纪祖先形式的匮乏归于所谓硬件的缺失，更早期的地质学家和古生物学家也认可使用该版本的人工制品假说。例如，1941年查尔斯·舒克特（Charles Schuchert）和卡尔·登巴（Carl Dunbar）指出：“我们可以推断出，前寒武纪时期，尤其是元古宙时期的海洋里有大量丰富的生命存在，但无疑都属于低级的目，组织体积小且柔软，因此，几乎没有保存为化石的可能性”。早在1894年，W. K. 布鲁克斯（W. K. Brooks）就说过：“早寒武纪的动物特征表明它们是明确的近底部的原始动物，在这之上的生命只有微小和简单的表面动物也不可能形成化石”。

[23] 简·贝里斯特伦（Jan Bergström）：“节肢动物和腕足类动物如果没有坚硬的部件就无法生存。因此，前寒武纪时期骨骼和壳的缺乏证明了门的出现不早于寒武纪开始时间，尽管在寒武纪前种系演化已经形成了门。”

[24] 或如瓦伦丁的解释，“关于爆发的解释就如同人工制作的持久的骨骼

在演变过程中的退化一样：这些骨骼或多或少地是人工制品，也是进化过程中的爆发。”

[25] 对螯肢动物或甲壳动物而言，外骨骼不仅只是覆盖软体部位的一个部件，它还提供了附着肌肉和其他组织的位点。因此，肢体（包括口器和某些生殖组件）被外骨骼包裹住，以关节连接，节肢动物才得以移动、进食、交配。

[26] 近来的一篇科学论著把莱克斯诠释为一种头足类软体动物，同时该作者也认可这种动物长期以来的最终分类问题。

[27] 中寒武纪（5.15 亿年前）的伯吉斯页岩化石证实，许多完全软体的寒武纪生物曾长期存在过，并且生活的地域分布广泛。

[28] 大部分进化生物学家都假设海绵是侧枝的代表之一，而不是寒武纪门类的生命进化树的节点。因此，海绵并未被视为前寒武纪和寒武纪形式的一个可能的中间过渡体，也没被视为其他寒武纪动物的祖先。

[29] 一些人质疑这些寒武纪胚胎化石的解释，相反，他们认为这是体积较大的微生物。如，泰瑞兹·赫尔特格伦（Therese Huldtgren）及其同事认为该化石“与多细胞后生动物胚胎的特征不一致”，属于单细胞原生生物。赫尔特格伦认为它们并不是微型后生生物的胚胎。另外还有一种解释，认为这些化石是巨大的硫化菌，因为“硫化菌属硫菌株，体积和外观都接近陡山沱微化石，从三个平面复原的多阶段的对称的细胞簇都极其相似”。这种假说的评论者怀疑硫化菌能否形成化石，是因为其“容易碎裂，不完整的生物膜限制了多层发育”。对陡山沱微化石的争论围绕其应该是后生动物胚胎、原生动物还是巨硫化菌持续进行着。然而，无论结果如何，事实依然存在：某种体积小、易碎、软体生物在寒武纪地层中形成化石，这就引出了一个问题，在同一层岩石中为何没有其他后生动物门的直接祖先保存下来，而在寒武纪沉积岩上面一层的岩石中却突然出现了数目众多的后生动物门动物化石。

[30] 同理，古生物学家们没有找到寄生在软体动物中的寄生生物的痕迹（甚至，寄生生物代表的几个动物门都没有化石记录）。如上所述，地质记录保存的软体组织极其有限。一旦有这种化石被保留下来，研究人员足够幸运，发现寄生物感染或存在的痕迹而不破坏重要标

本（软体组织）。因此，古生物学家在化石记录中找不到寄生物的存在迹象也毫不奇怪。

[31] 另一位统计古生物学家，迈克尔·J. 本顿（Michael J. Benton）及其同事得出了类似结论。他们指出“如果按比例缩小……种的分类级别（及以上），过去的5.4亿年的化石记录提供了记载”。本顿在另一篇文章中写道：“化石在等待着被我们发现。一不注意，就会错过。例如，某些特定的生物化石我们从未找到过……这种参数就不能确切地用来回答问题。然而，努力之后必定有结果。自1859年达尔文提出化石记录会向我们展示生命历史以来，古生物学家们一直坚持不懈地找寻化石，但收获甚微。”

[32] 我应指出对于标注木桶里不同颜色的弹球的比喻未能抓住对寒武纪化石不连续性的本质的解释。如果在得到成堆的红色、蓝色和黄色球之后取出了一个绿色或橙色球，你就会对桶里是否有7种色级的球失去信心。但你至少可以指出红色和黄色球之间有橙色球存在，蓝色和黄色球之间有绿色球（就像两种植物的混合产物）。但自达尔文时期发现的新型寒武纪动物类型并不是我们已知的种属代表的中间过渡体。它们并不是从一个动物门过渡到另一个门的中间体。相反，科学家们认为它们的形态结构是超出现有已知物种的，作为一个新的动物门而不是中间体，其自身也需要过渡体来解释，通过延伸比喻的外延，我们发现了新的初始色彩。

[33] 有几种公认的埃迪卡拉生物群的代表。如，伯吉斯页岩中神秘的叶状的奇翼虫（Thaumaptilon）就是埃迪卡拉叶状生物的后裔。古生物学家在澄江附近的筇竹寺的早寒武世地层中发现了一个可能是头索动物的标本，华夏鳗（Cathaymyrus）。华夏鳗的有效分类群地位也存有争议。

[34] 澄江寒武纪地层中发现的脊索动物不仅代表了新的动物躯体模式，有的是新的门，其他的则属于新的亚门、纲，或已知动物门下的科。例如，古生物学家把圆卵形，有大钳子结构的卵形耙肢虾（Occacaris oviformis）归类于节肢动物门。然而，仅在帽天山地层中找到过的卵形耙肢虾化石以一种独特的方式组合它的器官及组织，与澄江生物群范围以外的已知的节肢动物均不相同。有争议的问题是，它表现出独一无二的躯体模式。还有其他类似的情况，中国古

生物学家们发现的动物形态不同寻常，使得他们无法对其进行准确分类。这些被称为疑问化石，就像神秘的枝状棘丛虫（Batofasciculus ramificans），是一类热气球型仙人掌状的动物，虽然有其独特的躯体模式并已对其进行了归类，但仍没有确切的种系名称。虽然生物展现出的新奇的躯体模式使我们在分类上遇到了很多难题，但这并没有增加寒武纪时期新的动物门的官方统计数目。

第4章

[35] 少数的埃迪卡拉生物幸存下来，并延续到中寒武纪。

[36] 例如，瑞典古生物学家和寒武纪专家格雷厄姆·巴德（Graham Budd）就表达了他对该分类法的疑问。他认为“埃迪卡拉两侧对称动物化石的最有力证据是费东肯（Fedonkin）和瓦格纳（Waggoner）（1997年）发现的金伯拉虫（Kimberella）”，但关于金伯拉虫是否能被归类于无脊椎软体动物也仍存有争议。他认为“金伯拉虫不具备任何软体动物的特征，目前将其分类于软体动物或两侧对称动物都缺乏确切的证据”。

[37] 埃迪卡拉生物化石不能被分为动物类群的另一个原因是它们出现的地层的粗粒度所致。

[38] 雷塔拉克（Retallack）解释如下，“与真菌类和地衣类相似，狄更逊水母对基底贴得更紧，贴地又不乏灵活，抗压性也非常好”。

[39] 最近，格雷戈里·雷塔拉克对埃迪卡拉生物群发表了一个有争议的假设。雷塔拉克对包括狄更逊水母在内的主要的埃迪卡拉化石的沉积环境进行了研究。因为这些生物的沉积地位处陆地，所以他的结论是这些生物不应归类于海洋生物。按照雷塔拉克的说法，包含埃迪卡拉化石的这些岩石“有多种特征，比起平行褶皱更像是沙漠或冻土层的生物土壤结皮层，以及潮间带断坪和浅海的波状含水微生物垫”。然而，其他的埃迪卡拉专家并不待见雷塔拉克的论点。他们不仅质疑雷塔拉克对古代沉积物的分析，还指出雷塔拉克用来分析的埃迪卡拉生物形式非常明确的是来自澳大利亚的海洋沉积物（如，纽芬兰岛），同种生物要同时生活在陆地和海洋中，可能性极小。

[40] 其他人相信这些前寒武纪“蠕虫”踪迹可能是一些巨大的原生生物留下的。

[41] 5.43 亿年前的寒武纪时期的特点是小壳化石的出现，包括管状、锥状、拟刺形，以及体积更大的动物。随着最早的寒武纪地层上移的过程，这些小壳化石与痕迹化石的数量开始逐渐丰富，多样化程度也越来越高。

[42] 以中央体腔为轴心，五重对称扩展的动物的专业学术性的描述是径向对称的“五基数”动物。

[43] 他们进一步详细地解释：“虽然这些化石是五幅放射对称结构，但其体积较小且保存于相对粗的砂粒中，这意味着其他棘皮动物专有特征无法轻易看见。因此，把它归于棘皮动物很大程度是因为其单一的特征，必须承认这是一个悬而未决的问题”。

[44] 例如，刺细胞动物和栉水母门动物，都是径向对称的。（也许有人会认为成年的棘皮动物不是两侧对称，但“其早期发育过程中，棘皮动物有双边结构”，因此将其归于两侧对称动物）

[45] 正如本特森和巴德的解释，“陈均远他们发现的标本展现出的是磷酸盐沉积岩中保存的微体化石的共态，陡山沱组也包括在内”。他们特别指出，“不同标本的岩层的常规条带颜色和厚度不同，但与单个样本本身是一致的”。他们认为“这种模式无法用生物学解释，但很容易地解释为表现了两到三代的成岩增生”。他们还指出“如同期望的变形组织层，而不是蜿蜒地折叠着”，印记岩层表现出典型的（无机）成岩外壳特征。他们的结论是，尽管印记可能包裹了真核生物的微体化石，“它们重建的两侧对称动物形态是一个人为作用合成的，外罩成岩外壳，内部形成孔穴的人工制品。这些化石的外观与形成它们的生物体之间已没有相似之处”。

第 5 章

[46] 按照泽瓦勒贝（Zvelebil）和鲍姆（Baum）的说法，“从一组序列构建一个种系发生树的假设，其关键在于它们是否源自同一个祖先的序列，也就是说，它们都是同源的”。勒宽特（Lecointre）和勒·基亚德（Le Guyader）指出：“不是所有的特征状态都一定是同源的，因此遗传分类学在应用中可能遇到一些困难。某些相似之处趋集于同一点，即独立进化的结果。我们不可能立即检测这些趋同点，同时，这些趋同点的存在可能会否定其他的相似处，我们还没能认识

到‘真正的同源性’。因此，即使我们知道这些特征相互交融混杂，但我们不得不首先假设每种特征的类似之处是同源的”。

[47] 正如艾伦·库珀（Alan Cooper）和理查德·福特（Richard Fortey）的解释，“分子证据表明，长时间的渐进进化和分枝进化在化石记录‘爆发’性出现前就点燃了引线。”同样地，韦尔奇（Welch），丰塔尼利亚斯（Fontanillas）和布朗厄姆（Bromham）也指出：“无论如何，大范围的分子数据研究提示主要的动物种系是在寒武纪之前，大约6.3亿年前出现的。这提出了一种可能性，寒武纪化石爆发前经历了一段神秘的动物进化时期。”

[48] 分子钟……就是假设物种间以相同的速率进化。

[49] 这些蛋白质是ATP酶，细胞色素C，细胞色素氧化酶Ⅰ和细胞色素氧化酶Ⅱ，α－血红蛋白，β－血红蛋白，还原型辅酶Ⅰ。

[50] 他们用于研究的核糖体RNA是18S rRNA。

[51] 这些蛋白质是醛缩酶，甲硫氨酸腺苷基转移酶，ATP合酶β链，过氧化氢酶，延长因子－1α，磷酸丙糖异构酶和磷酸果糖激酶。

[52] 他们用于研究的三种RNA分子是5.8S rRNA，18S rRNA和28S rRNA。

[53] 史密斯（Smith）和彼得森（Peterson）也指出：“分子和形态间存在严重分歧问题的第二个领域聚焦于后生动物门的起源。尽管从分子和形态的差异估算鸟类和哺乳动物的起源可能发生在5 000万年前，但这两个动物门可能在5亿年前就出现了不一致的情况，这个时间长度几乎是贯穿了整个显生宙。”

[54] 为了得到一个可信的校准结果，阿亚拉（Ayala）团队排除了编码基因18s rRNA，此外，他们还额外排除了编码蛋白质的12个基因。

[55] 贝弗斯托克（Baverstock）和莫里茨（Moritz）的详细解释：“系统发育分析的最重要的一个组件……是决定系统发育问题的方法或序列是否恰当。选择的方法对系统发生信息必须是能够产生足量的变异，但实际上没有那么多汇集和类似的变异能够覆盖丰富的变化。”

第6章

[56] 例如，2004年，研究员尤里·沃夫（Yuri Wolf）在美国国家生物技术信息中心（NCBI）发表了一篇论著，是基于在500组蛋白以及类

似的蛋白质中插入/删除模式的分子数据上的系统发育史，这篇论著很好地支持了早期体腔动物门假说。沃夫团队的结论是，“所有这些方法支持体腔动物分枝并显示了蛋白质序列的演变和更高层次的进化事件之间的一致性”。郑洁（Jie Zheng）团队于2007年在美国国家生物技术信息中心上发表的另一篇文章，研究分析了各种动物的基因组中保守的内含子（内含子是一个基因中非编码DNA片段，它分开相邻的编码蛋白质的外显子）的位置；支持了体腔动物的分枝并否认了蜕皮动物。

[57] 例如，2008年美国国家生物技术信息中心的斯考特·罗伊（Scott Roy）和巴塞罗那大学的曼努埃尔·伊里米亚（Manuel Irimia）认为内含子数据实际上是支持蜕皮动物假设的。

[58] 两侧对称动物在蜕皮动物门假说中第一次被划分为原口动物和后口动物。原口动物又细分为两个不同的组：（1）冠轮动物（因其两个独特的解剖学特征命名，纤毛幼虫和纤毛摄食结构）；（2）蜕皮动物。

[59] 梅列（Maley）和马歇尔（Marshall）的结论，“不同的代表性物种，例如节肢动物门的海水丰年虫或狼蛛，虽同属一个门，但亲缘关系相差甚远”。

[60] 根据瓦伦丁、欧文的说法，“分子证据为后生动物的种系发生提供了一个新的视角，促进我们对后生动物的形态、超微结构和发育特征开展新一轮的分析”。

[61] 构建系统发育树中更高的分类群，如动物门是一件非常棘手的问题，而系统发育树描述较低级的分类群，如门的下属单位时，在不同的证据前又展示出一定的一致性。当然严格说来，即使在一个动物门内有证据可以把群组连成一个连贯的树状结构，也对确立动物门的先祖没有任何用处，只适合于特定动物门的较小成员的确立。不过，即使是较低的分类群中，早期的关于系统发育推断的文献都质疑了树状结构的动物史。

例如，甲壳动物纲是节肢动物门的一个大的种群。甲壳动物包括许多熟悉的生物，比如对虾和龙虾。（达尔文曾就他对无脊椎动物藤壶的主要分类工作发表论著，认为该动物属甲壳纲下的蔓足亚纲。）据道金斯、科因和阿特斯金的说法，我们可能在很久以前就期待过进化生物学家对反复研究的动物群组（如甲壳动物）建立了一个意义明确的进化史，那么现在的分子数据只是确认了生物学家们一直知道的事实。然而，英国自然历史博物馆的动物学和甲壳动物专家罗纳德·詹纳（Ronald Jenner）提出了相反意见，他认为甲壳动物系统学“本质上并没有解决”。他说，“冲突是普遍现象，不管是在比较不同形态研究的时候，还是分子研究的时候，或者两者共同研究的时候”。研究领域依然存在“强烈的争议”，“即使用最全面和细致的分析限制比较，研究结果中仍然显示出极少的共识”。

对节肢动物门不同种类的其他研究进一步阐明了这种不确定性。昆虫为这种不协调性提供了另一个重要例子。根据解剖学证据，分类学家一直认为昆虫与多足总纲（包括蜈蚣和千足虫）的关系密切。然而，F.纳迪（F. Nardi）团队对分子的研究结果显示昆虫与甲壳类动物关系更密切。同样的，虽然解剖学研究显示了明显对立的理由，但相同的分子研究表明一些无翅昆虫相比其他的昆虫与甲壳类动物关系更加密切。因此，论文的作者得出了大多数进化生物学家从未预想过的结论，昆虫（六脚的节足动物）不是单源的（译者注：生物物种不是由同一类型的祖先进化而来，物种间有杂交）。因分子证据和依据形态构建的分类树的结果的不一致性，纳迪团队提出了一个令人困惑的观察报告：“虽然这棵树给出了许多有趣的结果，但这里还包含一些有强大统计支持的明显不值一驳的关系”。

对脊索动物门脊椎动物亚门的研究，揭示了相似的系统发育矛盾关系。例如，最近一篇关于系统发生学的论文指出“从形态学和分子数据推断，近十年来新大陆蝙蝠家族叶口蝠科成员之间的进化关系存在矛盾的现象”。作者“排除了叶口蝠类蝙蝠的旁系同源、基因水平转移和不合理的分类抽样和导致不一致的基因树的过程中的外群选择”。作者进一步指出“变化速率的差异和进化机制推动速率产生不同的种系。从不同特征预估的种系发生中的不一致性是普遍存在的现象。随着基因组数据集的出现，种系发育冲突已成为一个更严重的问题。这些大型数据集已证实系统发育冲突是一个非常常见的现象，常态而非例外”。

[62] 例如，詹姆斯·瓦伦丁（James Valentine）作为体腔假说的拥护者极力提倡把体腔作为一个共同的特征来定义体腔动物。瓦伦丁指出，

"单一体腔假设"是"划分该动物门的最主要原则"之一。然而，在他看来，体腔是经历了多次独立进化演变形成的，因此不能作为定义单源类群的同源特征。他认为"体腔是多源的。没有比体腔更简单的特征了，不难想象体腔以多用途为目的发生过多次进化"。

[63] 有性生殖动物必须确保有一个决定生殖细胞的特别重要的细胞类型。这些细胞是成熟个体中精子和卵子的唯一祖细胞，因此在胚胎发育过程中，这些细胞正确的规格对成功繁衍和物种生存是至关重要的。

[64] 突变会影响其他主要的生物体特征，稳定遗传使得在任何动物类群中都不会触发大幅度修改原始生殖细胞的突变。翻阅发育生物学中实验模型的文献，比如果蝇、小鼠、线虫等动物模型，这些文献列举了突变造成结构缺失或功能缺失的例子，包括果蝇的卵母细胞缺失、小鼠生殖细胞减少或不育、雌雄同体的线虫卵母细胞消除随之无法繁殖。

[65] 诺丁汉大学遗传学副教授安德鲁·约翰逊（Andrew Johnson）指出："生殖细胞发育在胚胎形态发生中作为限制条件这种说法起初是不被人们接受的。然而，对任何有性繁殖生物而言，如果无法把遗传性状传给下一代就意味着该个体种系的终结，因此基本的限制条件就是保有的原始生殖细胞池能产生配子。因此，发育过程中对原始生殖细胞有害的改变就无法保留下来。"

[66] 除了趋同进化，进化生物学家还提供了一大堆的解释来说明许多情况下，共有的解剖和分子相似性并不能解释共同祖先来源的垂直继嗣，包括：不同的进化速率，长枝吸引效应，快速进化，全基因组融合，联合，DNA 污染和基因水平转移（HGT）。

基因水平转移通常发生在原核生物如细菌中，指生物将遗传物质传递给非子代的其他细胞的过程。尽管有些关键的管家基因具有拮抗作用，但基因水平转移机制为一些原核生物系统发育的不协调性提供了一个合理的解释。基因水平转移机制是非常有特色的，包括转化（某一基因型的细胞从周围介质中吸收来自另一基因型的细胞的 DNA 而使它的基因型和表现型发生相应变化的现象），转导（由噬菌体将一个细胞的基因传递给另一细胞的过程），以及接合（直接经过细胞间接触的纤毛传递 DNA）。然而，基因水平转移是不合理的，虽然基因水平转移被认为会发生在一些罕见的真核生物和原核生物间，但在真核生物中基因水平转移的发生频率和可能机制远低于预期，基因水平转移还被认为可能会发生在不同的动物之间，不过这种情况更少见。

另外一种对系统发育冲突的解释被称为长枝吸引效应。这种现象经常发生在世系分离时，随之又迅速划分为更多的子物种。第二次分离发生在第一次分离完成之前（即，子物种逐渐获得其独特的遗传特征的过程）。这种现象发生时因遗传漂变的作用伴随着随机变量的丢失，因此导致两个物种归类在同一组里或完全分为不相干的两组。然而，这个过程导致的系统发育的不一致只发生在亲缘关系非常高的物种之间。

虽然这些解释在某些情况下可能是合理的，它们仍然存在如下问题：试图解释没有从共同祖先继承遗传来的基因或特征，两个相似的基因或特征又是怎样出现的。

第 7 章

[67] 1993 年，古尔德和埃尔德雷奇在论文中共同阐述了间断平衡理论。

[68] 正如美国国家科学院的解释，间断平衡通过“总体的迅猛变化可能不会留下很多的过渡性化石”来寻求中间过渡体缺失的原因。

[69] 尽管古尔德和埃尔德雷奇在分子证据的前几年就阐述了间断平衡理论，他们的理论也有助于解释矛盾冲突的系统发育历史。罗哈斯（Rokas）、克罗格（Krüger）和卡罗尔（Carroll）后来也认为，如果进化过程不够快，留下的时间不够积累的关键分子标记物的区分，那么生物学家就应寄期望于系统发育研究可以产生冲突树。

[70] 假设桶内有 100 个球，其中红色球和蓝色球各占半，那么从桶里随机取出 50 个球均为蓝色球的概率由以下因素决定：

第一，要选出的球都是蓝色球，只有一种方法。第二，一个桶里通常有 N 个球，那么就有 C（N，k）种从 N 个球内区分出 k 球的方法（0≤k≤N）。C（N，k）=N！/［k！（N－k）!］，感叹号请读作“阶乘”。因此“6 阶乘”=6！=6×5×4×3×2×1=720。阶乘的增长速率比指数更快。

就上述问题，在忽略颜色的前提条件下，从 100 个球中选出特定的 50 个球的方法总数为 C（100，50），等于 100！/（50！×50!）。

可以对这个数字进行精确运算：C（100，50）=100 891 344 545 564 193 334 812 497 256，大约是 1.00891×10^{29}。

因此，从总数为N的球里挑选出特定的k个球的概率当然就是这个数的倒数，表示为：

$p = k! \times (N-k)!/N!$

应用到这个问题，从红色球和蓝色球各50个的集合中随机挑出50个蓝色球的概率为1÷C（100，50），大概为 9.91165×10^{-30}。

[71] 使用相同的方程，在8个球中选择特定的4个球用该等式：$4! \times (8-4)!/8! = 1/70$。

[72] 古尔德和埃尔德雷奇也着重强调："修订进化论的主要观点要抓住所有实质性的进化改变都应当建立在成功地对某些稳定物种区分的基础上而被接受，而不是被看作世系，即物种的渐进转化。"

[73] 如果自然选择作为一个更大的选择单元，而物种是独特的，那么自然选择就必然遵循进化发生在较大的离散式跳跃的逻辑。然而，古尔德和埃尔德雷奇很少明确地强调物种选择这个概念的含义，反而强调异域物种形成是化石不连续性的主要原因。可是，斯坦利时常描绘出一张物种选择作用的关系图来阐述进化改变和化石不连续性的机制。他指出，"作为大规模进化的基本单位的物种的有效性依赖于生命树上许多物种之间的不连续性的存在"。

[74] 瓦伦丁和欧文指出"过渡联盟是未知的或未经证实的寒武纪动物门"，还有"进化爆发真实地发生在寒武纪初始阶段并产生了大量新型的躯体模式"。

[75] 富特认为"（a）对化石记录的完整性，（b）中间物种的持续时间，（c）进化过渡所需的时间，（d）更高级的转换……数量进行预估时，我们可以得到我们期望能够从化石记录中观察到的主要转变的估算量"。正如他所提供的这个估算方法，"无论记载的主要转变的数量有多小都提供了强力的反进化论证据"。

因为变量（a）、（b）、（d）都可以被确定，（c）产生宏观演变转化合理机制所需的时间就是任一特定的进化模型分析中的关键变量，这也包括间断平衡的模型。如果产生主要进化改变所需的时间参数和新达尔文机制中的那样高，那么（a）、（b）、（d）可以被估算出来，新达尔文理论无法解释化石记录的数据。否则，如间断平衡一类的理论可以确定一个作用速度足够快的机制，那么该理论就可以解释中间过渡体缺乏的原因。

[76] 古尔德和埃尔德雷奇的解释：“我们认为，大多数进化改变都集中快速地（通常是地理上的瞬时）发生在小型、相对孤立种群的物种形成过程中（异域物种形成理论）。”

[77] 因为古尔德的同事们理解古尔德的宏观进化理论，正如塞普科斯基及曾与古尔德一起从事科学研究的许多同事的看法，是一个“激进的（或误导性的）演变进化观点的热心的支持者”。

第8章

[78] 正如迈尔（Mayr）和普罗万（Provine）指出的那样，“这么多的遗传学家，都表明这些看似连续的变化实际上是由不连续的遗传因素（突变）造成的，这是遵循孟德尔遗传模式规则的”。

[79] 在我的网站“SignatureintheCell. com”上可以观看到这部名为“细胞之旅”的动画小短片。

[80] 此外，从一种单细胞生物中构建出一种新动物，不仅需要大量新的遗传信息，还需要将基因产物（蛋白质）排列组合为细胞，组织为更高级的形式。在之后的第14章中，我将讨论这些高级排列组合的重要性，以及为什么他们也构成了一种信息类型——这种信息虽然不单独存储在基因中，然而同样需要解释清楚。

[81] 为了确定任意一段序列的字符中含有多少香农信息，信息学家们使用了一个公式，用负对数函数将概率量转换为信息量。这个简单的公式可以表示为：$I = -\log_2 p$，其中负号表示概率和信息之间的反比关系。

[82] 显然，DNA并不传递具有“知识”意义的，能被有意识的代理所识别的信息，尽管那些精确的碱基序列对DNA功能的执行来说是有意义的。然而，“读取”并使用DNA中的信息以构建蛋白质的细胞机器（cellular machinery）并不是有意识的。一条语义上有意义的信息仅代表了一种特定的功能信息类型。通过香农信息，能在功能信息中的所有字符序列中，根据字符或符号的精确排列而识别出它们的功能。

第9章

[83] 目前在《评论杂志》一篇声名狼藉的文章中谈到了三十年前的这场讨论会，数学家大卫·伯林斯基放大了伊顿的论点。他说，“随机性语言是秩序的敌人，随机性语言不仅在生活中能使所有语言变得毫无意义，而且在有语言作用的系统中也是如此”。

第10章

[84] 科学家们认识到蛋白质具有四级结构，即指亚基之间，或蛋白质与蛋白质之间的立体排布，相互作用及接触部位的布局。

[85] 正如瑞迪哈－奥尔森（Reidhaar－Olson）和索尔（Sauer）所说，“深埋在蛋白质结构中的氨基酸位点，在能容纳的氨基酸残基数量和类型上都受到严重的限制。而在最表面的位点，许多不同数量和类型的氨基酸残基都是允许的。”

[86] 阿克斯和他的同事安·高杰（Ann Gauger）一同进行的实验也证实了这个结果，其研究结果发表在2011年。

[87] 未折叠蛋白质同样也可附着于细胞中的分子实体或包涵体上，并且以这两种形式影响蛋白质的功能。此外，即使是轻微的温度升高也会加速本已不稳定的蛋白质折叠展开。

[88] 阿克斯的实验所用的显示屏，大多数的单个氨基酸的变化也能显示其上，他发现即使是这些小变化加在一起也不会消除蛋白质的功能。

[89] 他们解释说，“疏水核心残基和表面残基对决定蛋白质的结构来说都是很重要的”。

[90] 文中的中性进化是试图从基因复制的角度出发解释新功能基因和蛋白质起源理论。1968年日本遗传学家木村资生提出了分子进化的中性学说。木村的中性进化模型有助于“解释基因复制是怎样获得新功能并最终保留下来”。然而木村的中性学说试图解释的事实和现象并不仅是新基因的起源。因此，不是每个人都能接受他的理论。

[91] 马修·哈恩（Matthew Hahn）指出，“DNA复制有4个主要的机制：(1) 不等交换；(2) 复制性（DNA）转座；(3) 反转录转座；(4) 多倍体化”。

[92] 迈克尔·贝希（Michael Behe）在美国国家科学院院刊上发表的文章中计算到：每年在地球上约有10^{30}个原核生物形成。由于原核生物

在地球上占绝大多数，因此他将这个数字再乘以 10^{10}（地球年龄的两倍）。这让他能计算出地球上所有生物体的数量大约为“略少于 10^{40} 个细胞”。

[93] 德姆斯基（Dembski）经常用 $1/10^{150}$ 来形容他的通用概率界限，但这个说明性的数字实际是他计算出来的。我在《细胞签名》第 10 章中提到了这个讨论。

第 11 章

[94] 计算生物学家西佩（Siepel）指出，“很显然，基因从头起源使得对自然选择进化如何从非编码 DNA 中产生出功能基因的质疑甚嚣尘上。尽管单个基因并不像眼睛、羽毛样的一个完整器官，但它仍有一系列对功能的需求。比如一个开放阅读框，一个有功能的编码蛋白质，一个能启动转录的启动子，以及一段能允许转录发生的开放染色质结构域等。所有的这些是怎样通过随机突变，重组和中性漂移而发生的呢?”

[95] 当然了，有人可能会说龙先生所提出的新基因是从之前就存在的基因盒中突变产生的这一论点，解释了基因信息的起源。他们认为龙先生所提出的这一方案，对于初始生命的起源这个终极问题并没有回避其实质。即，虽然生物信息的产生及生命的起源仍是谜，但后续的生物信息确实是伴随着生物进化而不断增长的。但这种观点解释不了杂乱无章、毫无规律的基因盒里为何可以排列出有特定功能性序列的基因。

[96] 编码这两个蛋白质的基因相差 12 个核苷酸序列。这些核苷酸的差异产生了两种截然不同的蛋白质，反过来这种差异又使得蛋白质 RNASE1B 的 pH 值相比蛋白质 RNASE1 略低。由于其他灵长类动物只有蛋白质 RNASE1，因此三位作者提出假设：在具有选择性优势的猴类族群里，部分动物可能进化出第二个基因。为了解释这第二个基因的起源，他们提出这两个基因可能有一个共同的祖先基因，在基因复制的过程中，由于不同位点突变的积累而产生了另一个副本蛋白质 RNASE1B。

[97] 在这项研究里，马利克（Malik）和海宁科夫（Henikoff）推断，果蝇和拟果蝇都能发生适应性进化，因为它们是由一个共同的祖先分

裂而来。他们分析了这些生物体基因组的同义突变率和非同义突变率。研究发现，在核苷酸碱基序列中许多的差异点/突变点改变了氨基酸序列（即称为“非同义突变”），有的则不改变氨基酸序列（称为“同义突变”或“沉默”突变），非同义突变率比在中性进化中估计的要高得多。基于此，他们提出了上述论点。由于某些突变点存在于染色质的蛋白质结合域，因此它们可能会影响蛋白质的结合能力。但是本文作者也确定这些变异的氨基酸序列中没有特定的功能作用。

[98] 基因重排的实验只有在父母双方的基因都高度相似的情况下才会被证明有效。

[99] 2012 年，华盛顿大学的一个研究小组报道，他们只用了少量的规则，主要通过大量的电脑运算进行实验和失误检验（只有 10% 的蛋白质折叠和预测的一样），设计出了少量的稳定蛋白质折叠。尽管这些蛋白质来自于稳定的折叠，但它们并没有任何生物学功能。研究人员承认，在天然蛋白质的稳定性和功能性之间可能存在着某种平衡。这些测序工程是否能产生新的，具有酶活性的稳定折叠还有待进一步验证。这项研究强调的重点在于表明即使目前拥有最好的人才和计算机资源，智能设计理论也很难解释最初的具有稳定功能的蛋白质到底是怎样产生的。因此，是不可能通过外显子随机的无序重排产生新的稳定的功能蛋白质的。

[100] 龙先生引用的文献内容都是说明自然选择是由功能基因起源的，然而这些功能是由谁选择出来的却无人知道。

第 12 章

[101] 正如达尔文的书中提及，“如果硬要把眼睛比做光学仪器，我们应该想象，这是一层厚厚的透明的组织，底部分布着对光线敏感的神经，然后想象这一层的每个部分在密度上都不停地缓慢变化，从而分离成不同密度和不同厚度的层，彼此之间的距离也不同，每层的表面形式还在缓慢变化”。

[102] 在 1944 年洛克菲勒研究所的奥斯瓦尔德·艾弗里（Oswald Avery）所进行的那场著名的实验之前，许多生物学家都认为蛋白质可能是遗传信息的储存库。

[103] 梅纳德·史密斯（Maynard Smith）在《自然》杂志中写道："如果进化是通过自然选择来发生的话，那么功能蛋白质必定产生于一个连续的网络单元，即使能被单元性突变步骤所打断也不会有非功能性的间隔"。

[104] 贝希争论的目标并不在于突变在一个单一氯喹复杂性集群（CCC）性状的出现中是逐步出现的还是协调相伴的。贝希没有计算一个单一CCC性状出现所需要的时间。根据公共卫生研究数据，氯喹耐药性在每10^{20}个细胞感染病例中只出现一次。贝希所计算的是，如果有一种两倍复杂于CCC的遗传性状，这个特性需要两个协调突变同时发生，而每个协调突变都像CCC一样复杂，那么需要多长时间才能发展出这样一个性状。此外贝希认为单一CCC性状所需的协调突变本身是否发生与之无关，这一点很大程度上被他的批评者所误解。

[105] 假设每个生物体都能通过自然选择来选择其特质——这是完全不切实际的假设。

第13章

[106] 他评论说："如果一个基因的转录是胚胎发育必不可少的，纯合子胚胎（即同一位点上的两个等位基因相同的基因型）的基因被消除，那么胚胎肯定会发育异常……基于这些缺陷，重建每个基因的正常角色应该是可能的。"

[107] 通过从广泛的动物系统中找到的证据，华莱士·阿瑟（Wallace Arthur）写道，"在基本躯体模式的构建中所涉及的这些调控早期发育的关键基因如果发生突变通常是极为不利的，然而可想而知它们却经常发生突变"。阿瑟继续猜测，由于不同门属的生物发育调控基因之间通常有差异，可能"突变的基因有时是有利的"。然而，他除了之前关于祖先基因的假设之外，没有任何证据来证明这些突变的存在。

[108] 尼尔森指出，在一般规则中有一个值得注意的例外：结构的缺失。这方面的例子很多，包括洞穴动物，岛居鸟类和昆虫，海水和淡水鱼类等都表明，发生突变所失去的特质，只要不影响其在特定环境中生存，那么许多动物会容忍这些突变的存在。比如，大突变

（macromutations）所导致的视力丧失，对某些物种如盲眼洞穴鱼就没有有害的影响，因为它们本已经不再需要视力。同样，大突变导致的翅膀受损可能对岛上生活的某类昆虫影响也不大，因为它们不需要飞行。然而，这些例外并不有助于解释在寒武纪大爆发中各种生物形式的起源，用进化过程中结构的丧失来解释生物体的起源显然是不可靠的。

[109] 戴维森解释道，"通过突变来干扰任何基因表达，或是在实验中对发育阶段施以的严重影响，它使得发育的灾难之痛在整个选择性保守的分枝环路里更加凸显"。

第 14 章

[110] 1942 年康拉德·沃丁顿（Conrad Waddington）创造的词："表观遗传学"，是指研究"产生表型效应的过程中参与基因的作用机制"。近期一些生物学家用它来指不依赖于基本 DNA 序列染色质结构信息。而我将用它来指代任何不编码于 DNA 序列中的生物信息。

[111] 当然，细胞内许多蛋白质之间化学性地结合形成复合物的结构。然而，这些"自我组织"的性质并不能完全解释细胞，器官或躯体模式中的更高水平蛋白质组织结构。或者正如莫斯的解释，"DNA 或其他任何非周期性晶体（Aperiodic Crystal）都不能构成细胞中独特的稳定性遗传库；此外，固态化学也不能构成一个独特的，甚至是本体论或因果特权的理论来解释这个世界的存在性和连续性的秩序"。

[112] 具体地说，他们认为在形态发生领域的变化可能造成发育程序的大尺度变化并最终导致生物躯体模式的改变。然而，即使这样的条件对于任何成功的大进化（macroevolution）的因果理论来说都是必要的，他们却拿不出证据来证明在这些领域（如果这些领域是真实存在的）的改变确实使躯体模式产生了有利的变化。

[113] 从美国国立卫生研究院国家生物技术信息中心的生物学家尤金·库宁（Eugene Kooning）的角度来看，这种怀疑论提供了一个很好的例子。他认为："现代综合论（modern synthesis）的体系已经土崩瓦解，显然想修复已无可能。在 150 周年庆典上的总结令人震惊。在后基因组时代，现代综合论的所有主要理论已被彻底推翻，就算

没被推翻，也被一个新的，在进化的关键方面更加复杂的观点所取代。所以坦率地讲，现代综合论已经完蛋了。下一个会是谁？2009年的达尔文论坛上提出了可能的答案，那就是与后现代综合理论较相近的后现代状态。首先，这种状态的特点是进化过程多元性的演变过程和模式，是对任何简单直接的进化理论的彻底挑战。”戴维·J. 迪普（David J. Depew）和布鲁斯·H. 韦伯（Bruce H. Weber），在生物学理论杂志上坦率地写道：“达尔文主义其科学性的化身已走到穷途末路了。”

第15章

[114] 在《次序的起源》一书中，考夫曼试图表明自组织过程有助于解释生命起源以及随后的生命形式的起源，包括了动物新型躯体模式的起源。在《细胞签名》一书中，我分析了考夫曼解释生命起源的具体提议。本书中我分析了考夫曼解释动物形式起源的提议。

[115] 考夫曼明确地指出，“发育早期阶段突变作用的影响破坏性远远超过发育晚期阶段突变作用的影响。干扰脊柱和脊髓形成的突变相对于影响手指数目的突变致死性更高”。

[116] 2011年的一篇论文，纽曼试图解释新达尔文主义长期以来未解之难题，即动物发育过程中的关键卵细胞时期的起源问题。他再次提出，发育-基因调控工具箱和自组织表观遗传学过程的相互作用。他设想了卵细胞阶段发生的三个步骤。第一，他观察到“后生动物发育-基因调控工具箱和某种生理过程”之间的相互作用促成了“单独的原始动物躯体模式卵细胞阶段”。第二，他设想“原始卵细胞”的形成出现是细胞从集聚状态下释放出来后“自适应化”的结果。第三，他指出由于自组织过程（如“卵细胞模式”）是对发育过程中细胞质内容物的重组，过去可能也发生过同样的流程，进一步对原始卵细胞的雕刻加工更像我们现今可观察到的动物发育的卵细胞阶段。此外，他坚称，卵细胞模型过程中产生的结构并不适应“意义上的逐渐达到完全多周期的选择”，而是自组织物理和化学过程的作用结果。

[117] 例如，程序爱好者流行的电脑游戏，英国数学家约翰·霍顿·康威（John Horton Conway）发明的“生命游戏”。

第16章

[118] 古尔德并没有到处使用1980年他那篇著名的文章中的术语“大突变”。不过，他使用了术语“微突变”，而且挑战性地用累积的微突变的充足性来解释“宏观进化”（整篇文章中使用的术语）。

[119] 对不可能发生的影响形态和功能的适应性大规模突变的抑制作用很早就出现了，并长期作为新达尔文综合体界定的一个方面。例如，新达尔文主义的古生物学家和宏观进化理论家杰弗里·雷文顿（Jeffrey Levinson）在描述宏观进化的教科书中，对这种突变的可行性表示出广泛的怀疑：作为一般规律，大多数进化突变体给出的是一幅绝望的怪兽图，而不是充满希望的改变。表观遗传和基因的多效性（即副作用）二者都给主要的发育干扰施加了巨大的负担。因此，突变是不可能影响发育中的任一基础的未定型模式产生功能化的有机体的。激活未定型模式开关的基因在影响期望主要突变表型的其他方面并不能进行有效的隔离。独眼突变对卤虫（丰年虾）而言是致命突变。黑腹果蝇同源异形突变也会引起相似的命运……分裂，也就是突变，强烈的影响表型的某些部分……因此，累积的证据表明主要的发育突变对进化来说是微不足道的。副作用却很强烈。(《遗传学、古生物学和宏观进化》)

[120] 许多新达尔文主义者提出，依赖发育大突变产生新型形态最主要的困难源自于遗传和发育开关系统指向一个“靶点”（稳定的成体形式）作用于另一个开关系统产生新的形式这一过程快速变化的结果。曾受益于美国哥伦比亚大学狄奥多西·杜布赞斯基培训的遗传学家华莱士解释道：“有机体的躯体模式……可以认为是用于控制个体胚胎和随后个体发育过程遗传开关的安排；独立的分化组织的控制在时间普遍性和连续性上必须正确操作。自然选择和人工选择，通过改变开关设置会导致发育改变以及其他的发育修饰……当试图将一个微生物转化到另一个微生物体内时且产生功能，困难极大，困难在于允许个体有序（肉体上）的发展的条件下重置大量控制开关。”第13章的讨论表明，要改变这些功能集成开关的需求也会出现新达尔文主义机制有效性上的障碍。

[121] 当然，后（新）达尔文理论的范围并没有因本章提出的4个突出的

竞争者而筋疲力尽。最近的一篇文献中，印第安纳大学进化生物学家阿明·莫齐克（Armin Moczek）另外采用了三种想法验证莫齐克所谓的以基因为中心的新达尔文理论的“不切实际、徒劳的”假设。这些思想分别是：(1)“促进变异”理论，(2)“基因调节”理论，(3)“生态无理论”。

[122] 迈克尔·帕洛波利和利帕姆·帕特尔提出进化生物学家会忽略族群遗传学家为满足“简便运算”而进行简化假设时发育生物学的作用。他们解释道，“假设基因型进化改变遵循一个模糊的表观遗传规律表现为翻译表型的变化；换句话说，（按新达尔文主义的说法）发育进化被忽略是为了关注种群等位基因频率的动态改变”。

[123] 在20世纪初，哥伦比亚大学托马斯·H. 摩根等育种实验室正式展开了果蝇突变实验（黑腹果蝇）。

[124] 施瓦茨说，“主要的形态学变化在基因水平上瞬间完成。同源框基因开启状态是必要条件”。

[125] 相反，表观遗传信息和结构实际上决定了许多Hox基因（同源异形基因）的功能。引人注目的是，不同种群内相同的同源基因（由核苷酸序列同一性所决定）调控着显著不同（古典非同源）的解剖学性状的发育。例如，对节肢动物而言，同源基因Dlx是肢体正常发育所必需的基因，脊椎动物的同源基因（如小鼠的Dlx基因）也在肢体的发育中扮演关键角色，虽然影响的只是脊椎动物的内骨骼，而不是节肢动物的外骨骼。在诸如棘皮动物等其他的动物门中，Dlx同源基因调控管足和棘刺的发育——此外，节肢动物与脊椎动物肢体的经典解剖特点并非同源。

在不同情况下，更高级的有机体环境“自上而下”的掌控同源基因的作用。

[126] 尽管如此，一些进化论者认为，前寒武纪生物中同源基因的出现可能为躯体模式多样化提供了原材料，进而触发寒武纪大爆发。然而，除了已经提及的那些困难，最近研究也突显出与同源基因相关的躯体模式起源的另一个问题。两侧动物类群发生多样化之前，同源基因就出现了，这就提示我们，考虑到时间滞后的长度，应该有其他的一些因素导致了寒武纪大爆发。正如《科学》杂志一篇论文解释的一样，“网络初始结构和两侧对称动物化石最终外观之间的

时间滞后现象表明，寒武纪大爆发之谜的答案不只是与同源基因组和发育潜力相关，而应该与寒武纪辐射生态本身有关”。

[127] 实际上，林奇进一步解释：“随机遗传漂变可以通过自适应过程加以一个强大的屏障促进分子的细化发展。”

[128] 高格尔（Gauger）指出，林奇“未提供现代物种中可观察到的非自适应促进作用产生功能基因组和生物复杂性的解释”。杰里·科因（Jerry Coyne）观察到同样的现象：“漂变和自然选择产生的基因改变都属于进化。但二者之间有一个重要区别。漂变是一个随机的过程，选择并不随机……一个纯粹的随机过程中，遗传漂变不能引起自适应进化。遗传漂变永远不可能构建出翅膀或是眼睛，这需要非随机的自然选择作用。”

[129] 达尔文的传递遗传学理论，被称为“泛生论”，达尔文认为生物体各部分的细胞都带有特定的自身繁殖的粒子，称为“微芽”或“泛子”。这种粒子可由各系统集中于生殖细胞，传递给子代，使它们呈现亲代的特征。亲代的“获得”性状可传给子代。

[130]《物种起源》插图版（第6版）95页，达尔文写道，“我认为如果我们强化和扩展家畜的某些特性，废弃或削弱另外一些特性；毫无疑问这些修饰可以被遗传下去”。

[131] 本尼迪克·米歇尔注意到，“很显然，细菌严格控制各级SOS反应是很重要的。对生物体来说使用容易出错的聚合酶没有任何效用”。

第17章

[132] 道金斯解释道：“达尔文发现的自然选择，是盲目的、无意识的、自发的过程。我们现在知道，自然选择是对所有生命有目的性的形式和存在的解释，自然选择并没有目标。自然选择没有思想，也没有智慧之眼。”（《盲眼的钟表匠》）

[133] 道金斯指出：“生物学是研究具有目的性设计外观的复杂事物的一门学科”（《盲眼的钟表匠》）。克里克也解释说：“生物看起来好像是已经被设计好，并以一个惊人高效的方式运行着，因此人类思维难以接受生物不需要设计者就达到了进化”（《狂热的追求》）。列万廷还指出，活体生物“似乎都经过精心和巧妙的设计”。（《适应》）

[134] 现在，我们有证据表明，智能研究者可以（并完成）构建设计通道的化学通路来诱导一些复杂的化学合成，甚至是构建基因。那么在一个更广泛的框架内考虑一致性的原理，是否表明DNA从初始阶段就有智能因素的参与？（萨克斯顿、布拉德利和奥尔森，《生命起源之谜》）

[135] 例如，格扎维埃·勒·皮雄回忆说："我被磁性（数据）的说服力逐渐征服"。（《我的板块结构学转换》）

第18章

[136] 同欧文所说的那样，"种种迹象表明，寒武纪可能的形态学革新幅度对今天来说是不可能的"。（《躯体模式的起源》）

[137] 当然，那句"大量的特定信息"引出的是一个量化的问题，换句话说，"在被设计之前，最简单的复杂细胞必须有多少特定信息？"在《细胞签名》一书中，我对这个问题给出了一个精确的量化答案并证明其准确性。我展示了500个或更多的特定信息的从头测序结果，可靠地证明了设计的存在。（迈耶，《细胞签名》）

[138] "同一"（即同源）由阅读框内保守核苷酸序列决定。

[139] 进化论中提出了几点建议，试图解答这个矛盾。也许对新达尔文主义界定的"同源"一词的概念，最流行的修饰为在其前面加上形容词"高度的"——这样一个带着玩世不恭，倾向口语化的修饰词，特别适用于对深夜喜剧小品的讥讽性评价。我们应该记住，严格地说新达尔文主义对基因、表型、同源性的预测都是错误的。把"高度"一词放在"同源"前面修饰并不能证明新达尔文主义的错误不存在。

[140] 古尔德，《进化理论的构建》，1065页。纽曼注意到："它给进化和发育生物学领域的研究者们带来了一个巨大的惊喜……果蝇的（EY）基因与小鼠及人类的Pax－6基因具有广泛的DNA相似性"，因为"进化理论一向认为自然选择产生形态组织的极端差异需要非常长的时间"。然而，他指出，如果经过很长的时间，自然选择和突变产生了形态学上的广泛变化，它也应产生了广泛的基因变化。

[141] 欧文指出："无论是在进化枝或是在生态学系统内，从种群数量到最高的分类范畴的任何规模的有机体形态都是块状分布的。如果差

距是由单一分布的形态灭绝导致，那么化石记录无力证明物种或种内群组之间随着时间而可能增加的形态学差异。随着形态学定量评估作为形态学差异的标准取代高等类群计数，大量研究表明演化辐射早期通常伴随着生物形态空间的快速构建”。

[142] 贝里斯特伦的解释，“当我们追溯到寒武纪早期，门与门之间绝对没有融合的迹象。和现在一样，门与门之间最初相距遥远。层次结构显然不仅包括生物的实质，还包括分类的惯例。实际上，绝大多数生物分类困难是要认识到门类之间的关系，而不是区分它们”。

第19章

[143] 南塞·墨菲（Nancey Murphy）是一位哲学家和神学教授，她强烈肯定了方法论自然主义。下面是她的完整表述：“科学就是为所有的自然进程寻求充满自然主义的解释。在我们的时代，基督徒和无神论者都必须追求科学问题而不是追求一个创造者……任何把所有生物的存在归结于某种智慧型的创造的理论必将落入形而上学或神学的圈子”。

[144] 达尔文自己就已经运用方法论唯物主义来支撑自己的理论了。根据科学历史学家尼尔·吉莱斯皮（Neal Gillespie）的说法，“自然选择理论在达尔文时期很艰难地保留了下来，然后从19世纪90年代到20世纪30年代受到了广泛性排斥……这说明达尔文在自然选择理论解释上的坚持赢得了他们的认同……主要的变化不是来自于物种形成理论而是对自然科学的信仰”。简言之，达尔文的新科学定义排除了对生物“任何直接或间接的设计”，从而使这个理论远离竞争。

[145] 牛顿在他那封给毕晓普·本特利（Bishop Bentley）的著名的信件中写道：“我可不想假装知道重力产生原因的答案。”

[146] 劳丹说，“多数哲学家都会同意这一论点，即科学与非科学之间，或科学与伪科学之间没有界限”。

[147] 奇怪的是，阿舍也指出，“迈耶虽然宣称自己对自然主义不关注，实则对均变论非常关注”。如果是以自然主义来讲，他对所有科学问题用方法论自然主义的原则来处理是合理的，从这方面看，他对我的理解是准确的。

第20章

[148] 正如阿弗烈·诺夫·怀海德（Alfred North Whitehead）所说，“当我们思考对人类而言宗教和科学分别意味着什么的时候，毫不夸张地说历史的未来走向取决于人们对二者之间的关系的理解”。

迈耶的著作《达尔文的疑问》被评为《纽约时报》2013 年最佳畅销书。他撰写的《细胞签名》，2009 年被评为“泰晤士报文学增刊年度奖”。《细胞签名》是他第一本关于智能设计的书，书中探讨了首次出现在地球上的原始生命起源之谜。在《达尔文的疑问》一书中，他将智能设计理念拓展至整个生命史。迈耶的研究着力于最深层、最神秘的生命形式和动物生命的起源之谜：生命产生所必需的生物信息的起源。迈耶在《华尔街日报》、《今日美国》以及《洛杉矶时报》等报纸上都发表过评论文章。同时也频频出现在顶级的美国国家电视网、主要电台谈话节目、美国国家公共广播电台的节目中。此外他还曾两次登上《时代周刊》的头版故事。

斯蒂芬·C. 迈耶，英国剑桥大学科学哲学博士。现任华盛顿西雅图发现研究所的科学与文化中心主任，智能设计论的倡导者之一。迈耶 1981 年毕业于华盛顿的惠特沃思大学，在大西洋富田公司担任物理学研究员。1987 年获得剑桥大学哲学硕士学位。1991 年，迈耶获得了剑桥大学科学史与科学哲学博士学位，他的博士论文题为“线索与原因：对生命起源研究的方法论解读”。之后他回到了惠特沃思大学，担任哲学与科学哲学的教职工作。2002 年他辞去了惠特沃思大学终身教授的职位，专心从事科学与文化中心的工作。